改訂新版

Visual Studio パーフェクトガイド

ナルボ［著］

技術評論社

■ 本書をお読みになる前に

- 本書に記載された内容は、情報の提供のみを目的としています。したがって、本書を用いた運用は、必ずお客様自身の責任と判断によって行ってください。これらの情報の運用の結果について、技術評論社および著者はいかなる責任も負いません。

- 本書記載の情報は、2024年5月現在のものを記載していますので、ご利用時には、変更されている場合もあります。ソフトウェアに関する記述は、特に断りのないかぎり、2024年5月現在での最新バージョンをもとにしています。ソフトウェアはバージョンアップされる場合があり、本書での説明とは機能内容や画面図などが異なってしまうこともあり得ます。本書ご購入の前に、必ずバージョン番号をご確認ください。

- 本書の内容およびサンプルダウンロードに収録されている内容は、次の環境にて動作確認を行っています。

OS	Windows 11 Pro
Visual Studio	Visual Studio 2022（Community / Enterprise）
C#	C# 11

上記以外の環境をお使いの場合、操作方法、画面図、プログラムの動作等が本書内の表記と異なる場合があります。あらかじめご了承ください。
以上の注意事項をご承諾いただいた上で、本書をご利用ください。

- 本書のサポート情報は下記のサイトで公開しています。
https://gihyo.jp/book/2024/978-4-297-14200-1/support

はじめに

本書はVisual Studioを使って初めて開発を行う人が迷わずにVisual Studioのインストールを行うことができ、コーディングからテスト、チーム開発まで理解できるよう幅広く紹介した入門書になっています。

Visual StudioはC#やPython、Node.jsなど様々なプログラミング言語に対応し、Windows、macOS、iOS、Androidなどの様々なプラットフォーム向けにアプリケーションが開発できる強力な統合開発環境です。

本書ではVisual Studioの最新バージョン「Visual Studio 2022」を使いながら、開発でVisual Studioを利用している開発スタッフが実際の開発で使われる機能にフォーカスし、解説する内容になっています。

最近のVisual StudioはAIに関する機能が強化されており、コードの文脈を理解して適切なコード補完を行ったり、テストケースを自動生成してコードの品質を向上させるなど、AI機能を利用してプログラミングの効率を向上させることができるようになってきています。

常に進化し続けているITと同様にVisual StudioもITの進化に即した新しい機能がどんどん追加され進化していきます。新しく追加された機能がどのようなことができるのか把握しておくことで、開発作業に素早くフィードバックすることができ、時代のニーズにあったアプリケーション開発を行うことが出来るようになると思います。

本書を読むことでVisual Studioに関する理解を深め、どのような操作ができてどのような開発が行えるのか、これからVisual Studioを使って開発を行う人の手助けに少しでもなれたなら幸いです。

最後になりますが、本書の執筆にあたり技術評論社のみなさまにご協力をいただきましたこと、心より感謝いたします。ありがとうございました。

2024年5月末日　ナルボ 開発スタッフ一同

第6章 Visual Studioのテスト手法 181

第1章

Visual Studioとは

本章では、Visual Studioとはどのような機能を持つものなのか、まずは概要や特徴について理解を深めていきましょう。Visual Studioを使い始める前に概要や特徴を知っておくことによって、Visual Studioについて理解しやすくなると思います。また、最新版のVisual Studioで提供されているエディションについても紹介していきたいと思います。

本章の内容

1-1 Visual Studioの概要

Visual Studioは、どのような機能を持っていて、どのように進化をしてきたのか、Visual Studioの概要と歴史について紹介していきましょう。

Visual Studioは統合開発環境（IDE）

Visual Studioは、マイクロソフト社から提供される総合開発環境（以後IDE）で、アプリケーションの開発を行ううえで必要となる機能がほぼすべて備わっているIDEです（**表1.1**）。

▼ **表1.1 アプリケーションの開発に必要となる主な機能**

機能	概要
コードエディター	ソースコードなどを記述するためのテキストファイルを編集するツール。IDEから提供されるコードエディターはシンタックスハイライトやインテリセンスなどプログラミングの負担を減らすためのさまざまな機能を備えている
コンパイラー	ソースコードを中間言語に変換したオブジェクトファイルを出力
リンカー	コンパイラーから出力されたオブジェクトファイルに必要なライブラリ※1を付加し、実行可能なアプリケーションを生成する機能
デバッガー	生成したアプリケーションで発生した不具合の特定やメモリ・値を監視する機能

※1 様々な関数や機能をまとめているファイル

アプリケーション開発で必要となるコンパイラーやリンカーなどの機能はほぼCUIで提供されています。各機能を利用する際、コマンド入力による操作でそれぞれ実行する必要があるため、各機能の連携が手間となってしまい開発効率が良くありません（**図1.1**）。

▼ **図1.1 各機能イメージ**

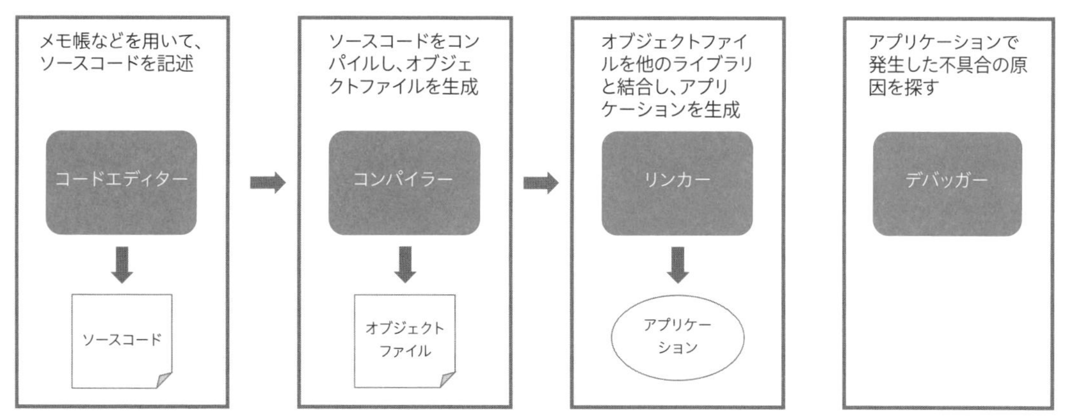

コードエディター、コンパイラー、リンカー、デバッガーがそれぞれ独立しているため、CUIなどで個別に操作

Visual Studioでは各機能を1つの開発環境として統合しており、GUIによる操作で各機能をそれぞれ実行する必要がなく、機能連携がスムーズに行われるため、効率よく生産性の高い開発を行うことができます(**図1.2**)。

▼ **図1.2 Visual Studioによる各ツール連携イメージ**

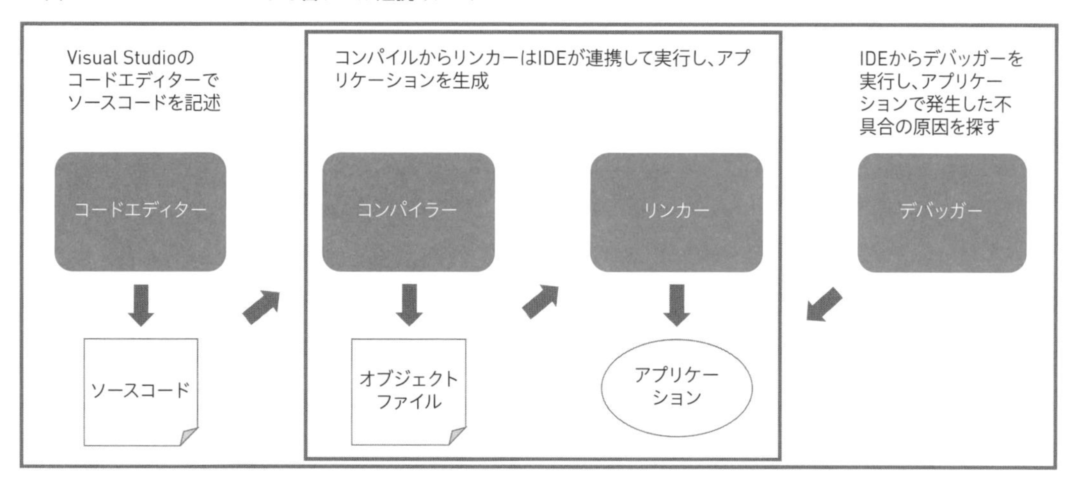

コードエディター、コンパイラー、リンカー、デバッガーなどの機能がIDEで連携して動作

Visual Studioはアプリケーション開発を進めるうえで、効率よく開発するためのIDEであるということを覚えておきましょう。

統合開発環境（IDE）の歴史

世界最初のIDEは1964年に登場したDartmouth BASICと言われています。Dartmouth BASICはコードエディターとコンパイラーが統合されており、プログラムをIDEで開発していました。ただし、ユーザーインターフェイスは対話型CUIだったため、開発効率が決して高いIDEではなかったと言えます。

1970年代になるとデバッガーなどの様々な機能が開発され、徐々にIDEへ組み込まれていきますが、現在のIDEのようにGUIによる操作が可能なIDEの登場は1990年代になってからになります。

現在、利用されている主なIDEを確認してみましょう（**表1.2**）。

▼ **表1.2　代表的なIDE**

IDE	対応OS	公式サイト
Visual Studio	Windows	https://visualstudio.microsoft.com/
Eclipse	Windows、MacOS X、Linux	https://eclipse.org/
XCode	MacOS X	https://developer.apple.com/xcode/
Android Studio	Windows、MacOS X、Linux	https://developer.android.com/studio/

代表的なIDEとして4つ挙げさせていただきましたが、この他にも様々なIDEが登場しており、対応しているOSやプログラミング言語、自分の開発スタイルにあったIDEを選択することで、効率が良い開発が行えるのではないかと思います。

Visual Studioの歴史

Visual Studioが登場するまでは1991年に登場したVisual BasicやVisual C++などプログラミング言語に特化したIDEがマイクロソフト社より提供されていましたが、複数のプログラミング言語を単独のIDEに統合しようという方向性から1997年にVisual Studioが登場しました。

Visual Studioは2002年にプラットフォームを.NET Framework（「1-2 Visual Studioの特徴」で紹介）へ移行し、現在では様々なIDEの中でも開発者に幅広く支持されるIDEとなっています。

Visual Studioがどのように進化してきたのか簡単に確認してみましょう（**表1.3**）。

▼ 表1.3　Visual Studioのバージョン

リリース年	製品名	主な対応内容
1997年	Visual Studio 97	Visual J++、InterDevとMSDNライブラリを統合
1998年	Visual Studio 6.0	構成製品の全てのバージョン番号を統一し、Visual BasicとVisual FoxProを統合
2002年	Visual Studio.NET	プラットフォームを.NET Framework 1.0に移行し、全ての開発言語の開発環境を一つに統合。プログラミング言語C#に対応
2003年	Visual Studio.NET 2003	.NET Framework 1.1に対応
2006年	Visual Studio 2005	.NET Framework 2.0に対応
2008年	Visual Studio 2008	.NET Framework 3.0、.NET Framework 3.5に対応
2010年	Visual Studio 2010	.NET Framework 4.0に対応。プログラミング言語F#に対応
2012年	Visual Studio 2012	.NET Framework 4.5に対応
2013年	Visual Studio 2013	.NET Framework 4.5.1に対応。プログラミング言語TypeScriptに標準対応
2015年	Visual Studio 2015	.NET Framework 4.6に対応。C# 6、TypeScript 1.5などプログラミング言語の最新バージョンに対応
2017年	Visual Studio 2017	C#7、F# 4.1、TypeScript 2.1などプログラミング言語の最新バージョンに対応
2019年	Visual Studio 2019	AIコーディング支援。Live Share機能強化。GitHub統合強化
2021年	Visual Studio 2022	IDE64ビット化

1-2 Visual Studioの特徴

Visual Studioは、どのようなことができるのか最新版Visual Studio 2022で主な特徴を確認していきましょう。

.NET Frameworkと.NET

.NET FrameworkはWindowsアプリケーション開発や実行を行うためのプラットフォームでマイクロソフト社から提供されています。開発したアプリケーションのプラットフォームに.NET Frameworkを利用することで、Windowsのバージョンや環境が異なっていても.NET Frameworkが動作する環境であれば、アプリケーションを動作させることができるのが特徴です（**図1.3**）。

ここではVisual Studioでアプリケーション開発や実行を行うための仕組みと覚えておきま

しょう。

なお、.NET Frameworkとしてはバージョン4.8が最後のメジャーバージョンリリースで、以後はバグ修正やセキュリティ修正のサポートのみとなっています。

また、サポート期限はバージョン4.8がプレインストールされたOSのサポート期限までになりますが、マイクロソフト社が次期OSへバージョン4.8のプレインストールを続けるとアナウンスしていることから、現状ではサポート期限は未定となっています。

図1.3 .NET Frameworkの基本構成

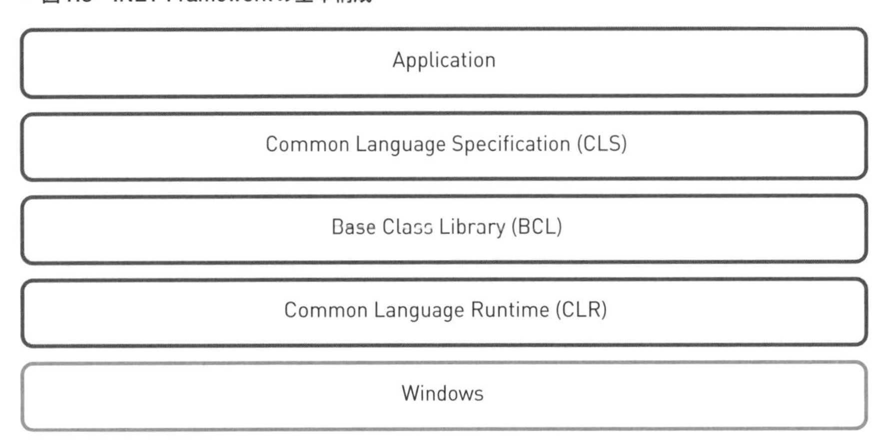

.NET Frameworkの後継として登場したのが.NET 5で、2024年4月時点の最新バージョンは.NET 8です。

.NETはオープンソースでWindows、Linux、macOSなどで動作するWebサイト、サービス、アプリケーションを開発するためのツール、プログラミング言語、およびライブラリを用意しており、マルチプラットフォームでアプリケーションを動作させることができるのが特徴で、.NETの基本構成は.NET Frameworkの基本構成と比較すると様々なプラットフォームに対応していることがわかります（**図1.4**）。

▼ 図1.4　.NETの基本構成

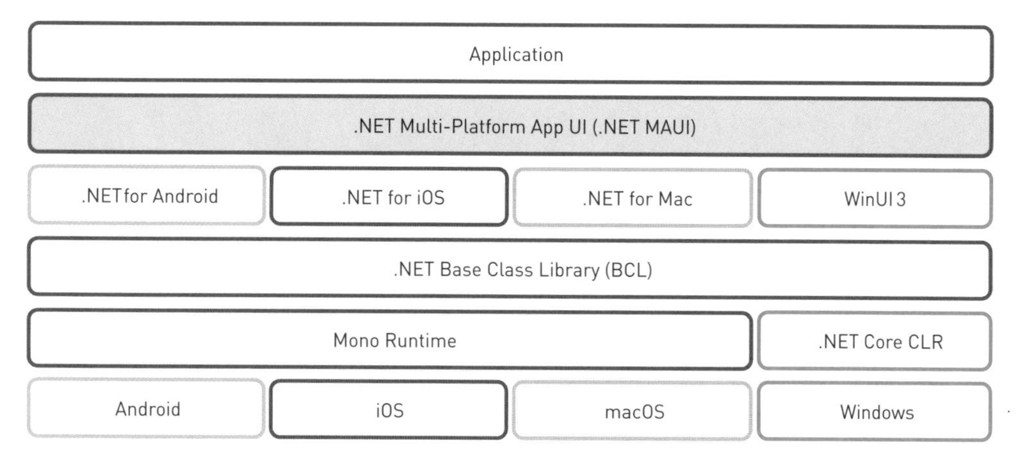

.NET MAUI

.NET MAUIは「.NET Multi-Platform App UI」の略称で、モバイルアプリやデスクトップアプリなどマルチプラットフォーム開発を行うためのフレームワークです。.NET MAUIは2022年5月に正式リリースとなり、Visual Studio 2022（バージョン17.3以降）からサポートされるようになりました。Visual Studio 2022で.NET MAUIを利用した開発を行うには.NET MAUIのワークロードを有効化します。

.NET MAUIを利用したアプリケーション開発では、Android、iOS、macOS、Windowsなどの各APIが1つのAPIに統合されているため、アプリケーションからは.NET MAUIのAPIを呼び出せばプラットフォームごとにコードを書く必要がなく「1度コードを書けば、どのプラットフォーム上でも動く」という開発者の生産性を向上させることが可能です（**図1.5**）。

ここでは.NET MAUIはクロスプラットフォーム開発を行うためのフレームワークと理解しておきましょう（.NET MAUIを利用した基本的な開発手順については「**第8章 マルチプラットフォーム開発**」で紹介します）。

▼ 図1.5　.NET MAUIのアプリケーション構成

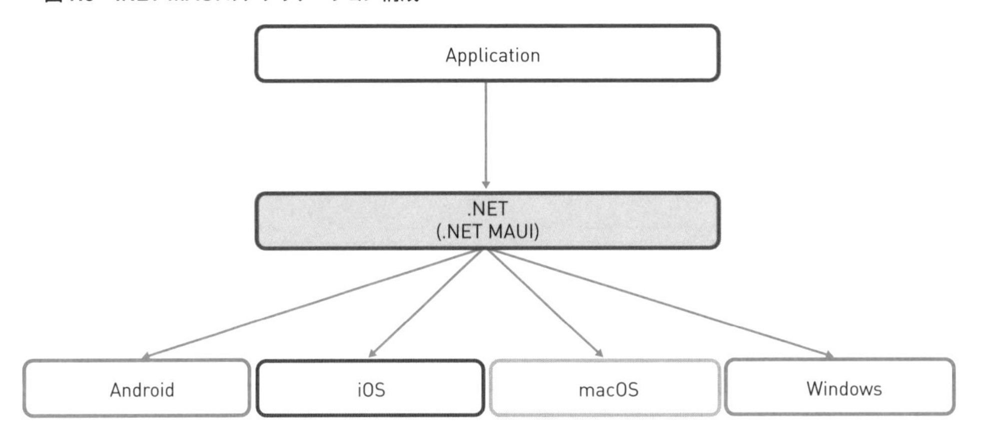

Visual Studioで開発できるアプリケーションとワークロード

最新版のVisual StudioではWindowsアプリケーションやWebアプリケーション、モバイル&ゲーム(iOS/Android)アプリなど、ありとあらゆるアプリケーション開発を行うことができます。

Visual Studioは開発できることが多く、機能が盛り沢山となってしまうため、フルセットでVisual Studioをインストールしてしまうと、膨大な空き容量が必要となります。そこで、開発するアプリケーションに必要なものをワークロードという単位でまとめています。ワークロードはVisual Studioで開発を行うアプリケーションに必要な機能(コンポーネント)をまとめたもので、Visual Studioに付属しているワークロードは大きく4つの分類「Web&クラウド」「デスクトップとモバイル」「ゲーム」「他のツールセット」に分かれており、次の16種類用意されています。

Web & クラウド

Webアプリケーションやクラウド連携用のアプリケーション、データベース/Officeに関連するワークロードがまとめられています(**表1.4**)。

▼ 表1.4　Web & クラウドのワークロード

ワークロード	内容
ASP.NETとWeb開発	ASP.NET、ASP.NET Core、HTML/JavaScript、Containers (Dockerサポートを含む) を利用して、Webアプリケーション開発を行うためのワークロード
Azureの開発	クラウドアプリケーション開発を行うためのワークロード
Python開発	Pythonを利用した開発を行うためのワークロード

Node.js開発	Node.jsを利用したアプリケーション開発を行うためのワークロード

デスクトップとモバイル

デスクトップやモバイル上で動作するアプリケーションの開発に関連するワークロードがまとめられています（**表1.5**）。

▼ **表1.5　デスクトップとモバイルのワークロード**

ワークロード	内容
ユニバーサルWindowsプラットフォーム開発	C#、VB、JavaScriptなど利用してユニバーサルWindowsプラットフォーム（UWP）のアプリケーション開発を行うためのワークロード
.NETデスクトップ開発	C#、VB、F#などを利用して、WPFやWindowsフォーム、コンソールアプリケーションの開発を行うためのワークロード
C++によるデスクトップ開発	Microsoft C++ツールセット、ATL、MFCを利用してWindowsデスクトップアプリケーション開発を行うためのワークロード
.NETマルチプラットフォームアプリのUI開発	C#と.NET MAUIを利用して、単一コードベースのAndroid、iOS、Windows、macOSアプリ開発を行うためのワークロード
C++によるモバイル開発	WindowsやAndroid、iOS用のネイティブなC++アプリケーションを開発することができるワークロード

ゲーム

ゲームを開発するためのワークロードがまとめられています（**表1.6**）。

▼ **表1.6　ゲームのワークロード**

ワークロード	内容
Unityによるゲーム開発	Unityを利用して、2Dと3Dのゲーム開発を行うためのワークロード
C++によるゲーム開発	C++を利用して、DirectX、Unreal、Cocos2dを利用した本格的なゲーム開発を行うためのワークロード

他のツールセット

Visual Studio拡張機能の開発や、Linuxターゲットのアプリケーション開発、.NET Coreを利用したアプリケーション開発を行うワークロードが含まれます（**表1.7**）。

▼ 表1.7　他のツールセットのワークロード

ワークロード	内容
データの保存と処理	SQL Server、Azure Data Lake、またはHadoopを使用したデータソリューションの接続、開発、テストを行うためのワークロード
データサイエンスと分析のアプリケーション	Python、R、F#など、データサイエンスアプリケーション開発を行うためのワークロード
Visual Studio拡張機能の開発	Visual Studio用アドオンや拡張機能を開発するためのワークロード
Office/SharePoint開発	C#、VB、JavaScriptを利用してOfficeアドイン、SharePointアドイン、SharePointソリューション、VSTOアドイン開発を行うためのワークロード
C++を利用したLinuxおよび埋め込み開発	Linux環境、埋め込みデバイスで実行するアプリケーション開発を行うためのワークロード

Visual Studioによるチーム開発

大規模なアプリケーションの開発を行う場合、さすがに一人の力だけでは開発を行うことはできません。そこで複数人によるチーム開発[注1]が必要となりますが複数人で開発を行う場合、コーディングやテストでは共同作業が発生するため、効率的にアプリケーション開発が進められなくてはなりません。

Visual Studioではこのように複数人によるアプリケーション開発を効率的に行う機能も備えており、大規模なアプリケーション開発であっても対応することが可能です。

1-3 Visual Studioのエディション構成

最新のVisual Studioではアプリケーション開発のニーズや役割に合わせて3つのエディションが提供されています。エディションごとの主な違いを確認していきましょう。

Visual Studio 2022のエディション

Visual Studio 2022は「Visual Studio Community」「Visual Studio Professional」「Visual Studio Enterprise」の3つのエディションが提供されています（**図1.6**）。

注1　チーム開発については「第9章　Visual Studioによるチーム開発」で紹介します。

▼ 図1.6　Visual Studio 2022 リリースノート履歴

Visual Studio 2022で提供される各エディションの違いを見てみましょう（**表1.8**）。

▼ 表1.8　Visual Studio 2022のエディション比較

エディション	内容
Visual Studio Community	下記の条件に該当する場合に限り、無償でありながらProfessionalエディションとほぼ同等の機能が利用可能なエディション ・個人開発者 ・PC台数250台未満、年商100万ドル未満の組織に限り5ユーザーまで ・教室の研修環境、学術的調査、オープンソースプロジェクトへの貢献
Visual Studio Professional	個人開発者や小規模な開発チームを対象とした基本となるIDEで、共同開発における情報共有などコミュニケーションを円滑にする機能が組み込まれているエディション
Visual Studio Enterprise	生産性の高い開発環境に加えて、アプリケーションの品質を維持するためのテスト機能やプロジェクトを管理する機能が組み込まれていて、すべての機能が利用可能な最上位のエディション

機能の比較を行うとVisual Studio CommunityとVisual Studio Professionalでは、ほとんど機能による差がなく利用できることがわかります。また、Visual Studio Enterpriseになるとプロジェクト管理やテスト管理などチーム開発に必要な機能が多く含まれるようになっているのがわかるかと思います。

COLUMN Visual Studio Codeとは

マイクロソフト社より無償提供されているVisual Studio Codeはさまざまなプログラミング言語をサポートしているコードエディターがメインのIDEです（**図1.A**）。

Windows、macOS、Linux上で動作させることができ、プログラミング言語ごとにサポートされる機能が異なりますが、シンタックスハイライト、スニペット、インテリセンス、リファクタリング、デバッガーなどの機能が組み込まれています（**表1.A**）。また、プラグインによって他の言語もサポートすることが可能です。

▼ **図1.A Visual Studio Codeの画面（C#）**

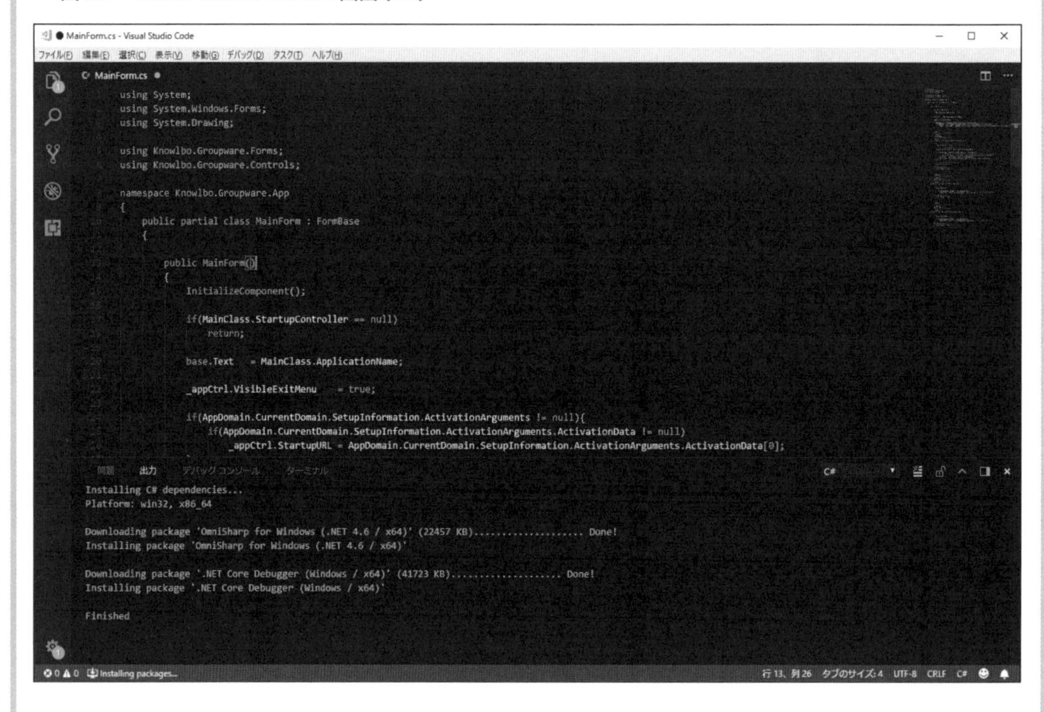

▼ **表1.A 主なプログラミング言語別のサポート機能**

機能	プログラミング言語
シンタックスハイライト	C++, Clojure, CoffeeScript, Docker, F#, Java, Makefile, Objective-C, Perl, PowerShell, Python, R, Razor, Ruby, SQL, Visual Basic, XML
スニペット	Markdown, PHP, Swift
インテリセンス	CSS, HTML, JavaScript, JSON
リファクタリング	C#, TypeScript
デバッグ	JavaScript、TypeScript（Node.js）、C#、F#（Mono）

第2章

Visual Studioをはじめよう

本章では、Visual Studioを利用するにあたってのシステム要件やインストール方法について確認していきましょう。
また画面構成やVisual Studioの拡張機能についても紹介します。

本章の内容

2-1 Visual Studioのインストール

Visual Studioをインストールするにあたって、システム要件やインストール手順を確認していきましょう。

Visual Studio 2022のシステム要件

Visual Studioの最新版であるVisual Studio 2022をインストールするにあたり、インストールを行うコンピューターが主なシステム要件を満たしているかどうかを確認しましょう（**表2.1**）。

▼ 表2.1　Visual Studio 2022の主なシステム要件

サポートOS	Windows 11でサポートされているOSの最小バージョン以上（Home、Pro、Pro Education、Pro for Workstations、Enterprise、Education） Windows 10でサポートされているOSの最小バージョン（Home、Professional、Education、Enterprise） Windows Server Core 2022 Windows Server Core 2019 Windows Server Core 2016 Windows Server 2022 Standard、Datacenter※ Windows Server 2019 Standard、Datacenter※ Windows Server 2016 Standard、Datacenter※
ハードウェア	ARM64またはx64プロセッサ（クアッドコア以上を推奨） 4GBのRAM（16GBのRAMを推奨） 最小850MB、最大210GBの空き領域が必要（インストールする機能により異なりますが、標準的なインストールで20～50GBの空き領域が必要、SSDにWindows、Visual Studioをインストールすることを推奨） 720p（1366x768）以上のディスプレイ解像度をサポートするビデオカード（Visual Studioは1920 x 1080以上の解像度で最適に動作）
その他	管理者権限が必要 インストールするために.NET framework 4.7.2以上が必要 インターネットへ接続できる環境

※アプリサーバーモードで実行する場合、サポート対象外

ONEPOINT

Visual Studio 2022からIDEが64ビット対応したことにより、32ビットOSはサポートされなくなりました。

Visual Studio 2022の入手先

Visual Studio 2022を入手するにはVisual Studioポータルサイトにアクセスし、必要なエディションを選択して、インストーラーのダウンロードを行います（**図2.1**）。本書ではあらゆる機能が利用可能なVisual Studio 2022 Enterpriseをダウンロードしてインストールを行います。

- Visual Studio 2022のダウンロードサイトのURL
  https://visualstudio.microsoft.com/ja/downloads/

▼ **図2.1　Visual Studio 2022ダウンロードページ**

Visual Studio 2022のインストール

Visual Studio 2022のインストーラーはシンプルになっており、迷わずにインストールを完了することができます。Visual Studio 2022のインストール手順は以下の通りです。

1. ダウンロードしたVisual Studio 2022インストーラーをダブルクリックすると、インストールプログラムが起動します（ユーザーアカウント制御の通知が表示された場合は［はい］をクリックします）。
2. プライバシーに関する声明とマイクロソフトソフトウェアライセンス条項の同意画面が表示されます。内容を確認し、同意する場合は［続行］をクリックします（**図2.2**）。

▼ **図2.2　プライバシーに関する声明とマイクロソフトソフトウェアライセンス情報の同意**

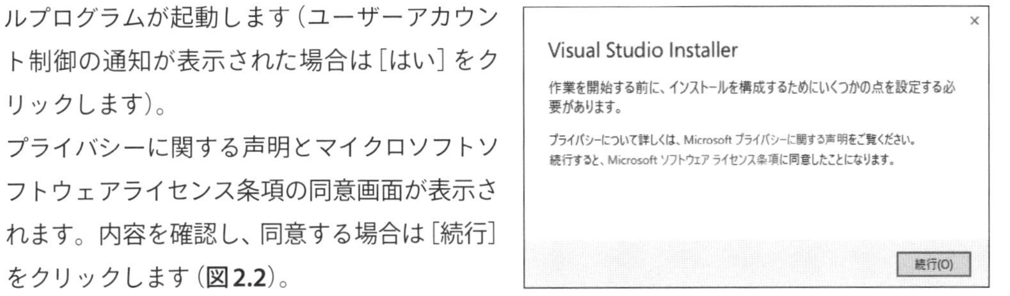
Visual Studio Installer
作業を開始する前に、インストールを構成するためにいくつかの点を設定する必要があります。
プライバシーについて詳しくは、Microsoft プライバシーに関する声明をご覧ください。
続行すると、Microsoft ソフトウェア ライセンス条項に同意したことになります。
続行(O)

3. Visual Studio Installerが必要なファイルのダウンロードとインストールを開始し、完了するとワークロードの選択画面が表示されます（**図2.3**）。

▼ **図2.3　ワークロードの選択**

4. 既定ではワークロードが選択されていないため、自分の開発の目的に合ったワークロードを選択し［インストール］をクリックします（何も選択しない場合は、IDEと必要最低限の機能がインストールされます）。本書では［.NETデスクトップ開発］［ASP.NETとWeb開発］［.NETマルチプラットフォームアプリのUI開発］のワークロードを利用します。
5. インストールが開始されたらインストールの進行状況を確認し、インストール完了まで待ちます。インストールが正常に完了したら画面を閉じてインストールを終了します。

 ワークロードの追加、変更

Visual Studio 2022をインストールした後で開発するアプリケーションが変わった場合、下記の手順でワークロードの追加や変更を行うことができます。

1. Visual Studio Installerを起動して、［変更］をクリックします（**図2.4**）。

▼ 図2.4 Visual Studio Installer

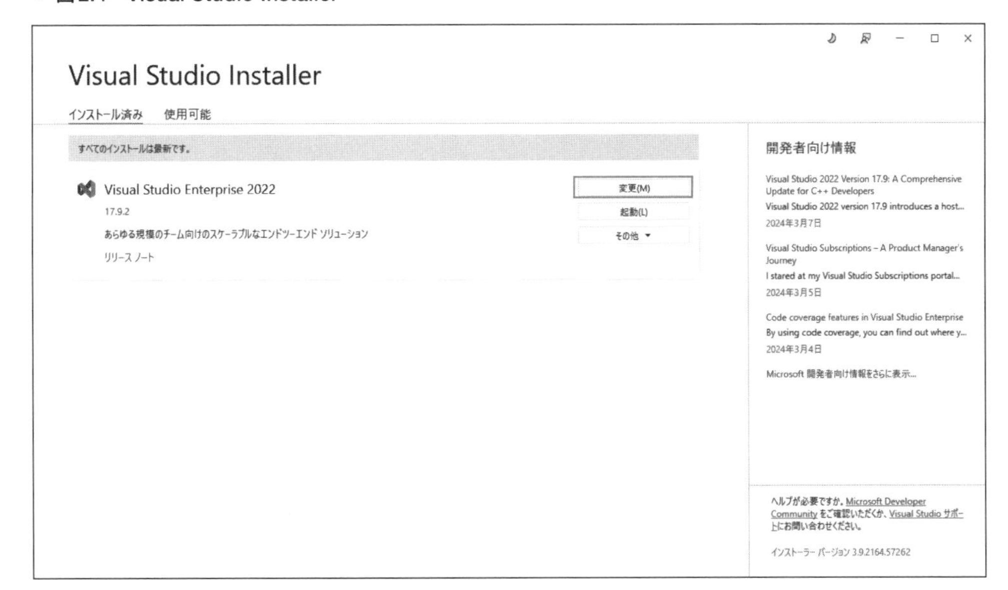

2 すでにインストール済みのワークロードにはチェックが入った状態でワークロードの選択画面が表示されます。追加や変更を行いたいワークロードを選択御、［変更］をクリックして変更を開始します（**図2.5**）。

▼ 図2.5 ワークロードの追加、変更

3 変更が正常に完了したらVisual Studio Installerを終了します。

個別のコンポーネント構成

ワークロードの既定インストールだけでは機能が不足しているような場合は、個別のコンポーネントを下記の手順で追加インストールすることができます。

1 Visual Studio Installerを起動して、[変更]をクリックします。
2 ワークロードの選択画面から「個別のコンポーネント」を選択し、追加したいコンポーネントを選択して[変更]をクリックします(**図2.6**)。

▼ 図2.6 個別のコンポーネント

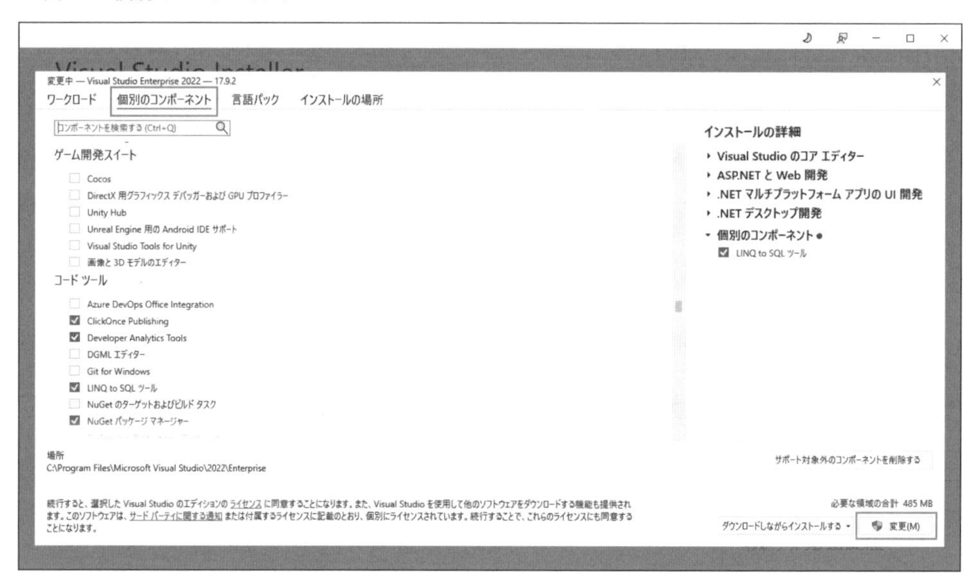

3 変更が正常に完了したらVisual Studio Installerを終了します。

言語パックのインストール

利用する言語はインストーラーがオペレーティングシステム言語から判別し、既定の言語がインストールされます。言語の追加や変更を行いたい場合は、下記の手順で言語パックを追加することができます。

1. Visual Studio Installerを起動して［変更］をクリックします。
2. ワークロードの選択画面から「言語パック」を選択し、追加したい言語パックを選択して［変更］をクリックします（**図2.7**）。

▼ **図2.7　言語パック**

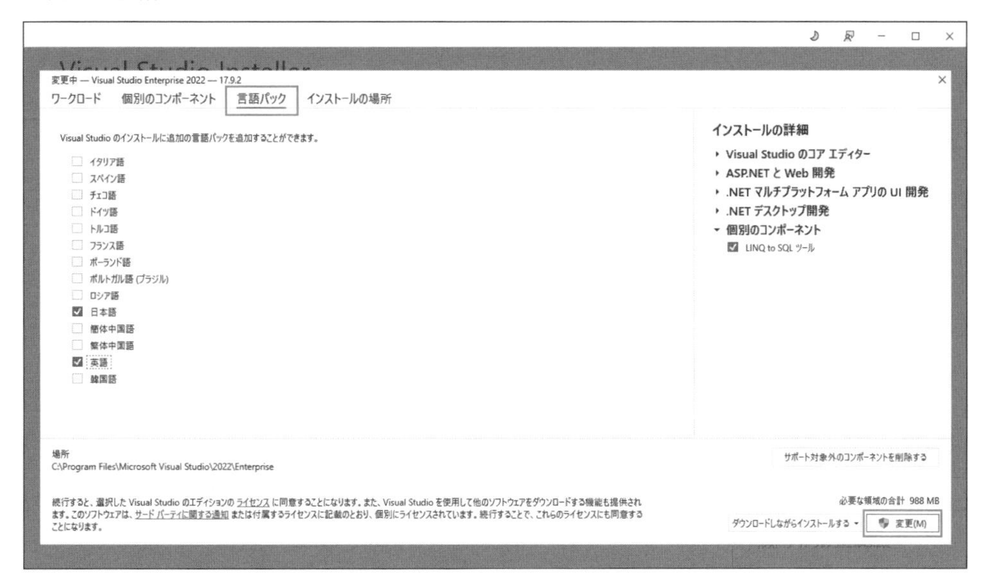

3. 変更が正常に完了したらVisual Studio Installerを終了します。

2-2 Visual Studioの起動と構成

インストールしたVisual Studio 2022の起動方法とVisual Studio 2022の画面構成を確認していきましょう。

 Visual Studio 2022の起動

Visual Studio 2022を起動するにはスタートメニューのプログラムから起動します。なお、タスクバーなどにショートカットを作成しておくと便利です（**図2.8**）。

▼ 図2.8　Windows 11スタートメニュー

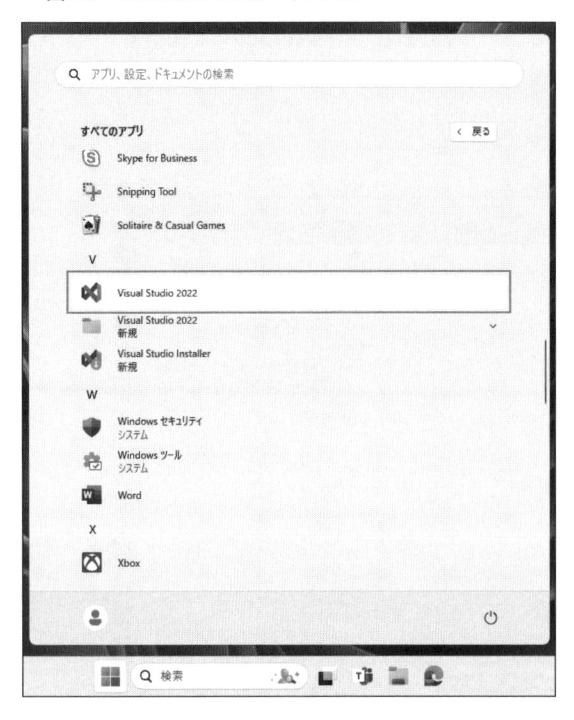

初回起動時は［サインイン］画面が表示されるので、マイクロソフトアカウントでサインインします（**図2.9**）。マイクロソフトアカウントを持っていない場合はアカウント作成してサインインを行います。なお、評価期間内であればアカウントを作成せずに利用することが可能なので、サインインしない場合は［今はスキップする］をクリックします。

▼ 図2.9　サインイン

サインイン後、[開発設定]および[配色テーマの選択]画面が表示されます(**図2.10**)。[開発設定]は、「全般」「Web開発」「Visual C#」などから選択することができ、それぞれの開発に適した開発環境の初期設定になります。

ここでは設定を既定値のまま、[Visual Studioの開始]をクリックします。

▼ **図2.10 開発設定および配色テーマの選択**

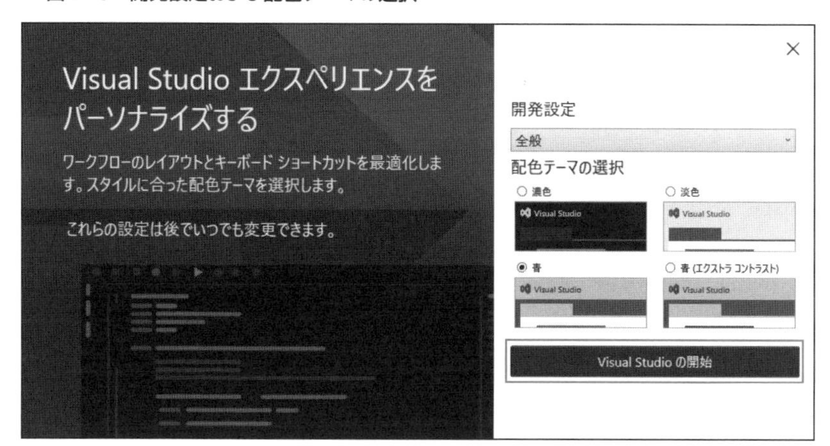

ここまでの画面は初回起動時のみで、次回以降は直接Visual Studio 2022が起動するようになります(**図2.11**)。

▼ **図2.11 Visual Studio 2022 起動**

Visual Studio 2022の開発画面

新しいプロジェクトの作成やプロジェクトを開くと、開発を行うための画面が起動します（プロジェクトの作成については「第3章 Visual Studioの基本」で紹介します）。Visual Studioには数多くのウィンドウが用意されており、開発を行っていくうえでよく利用するウィンドウについて紹介していきましょう（**図2.12**）。

▼ **図2.12　Visual Studio 2022 開発画面**

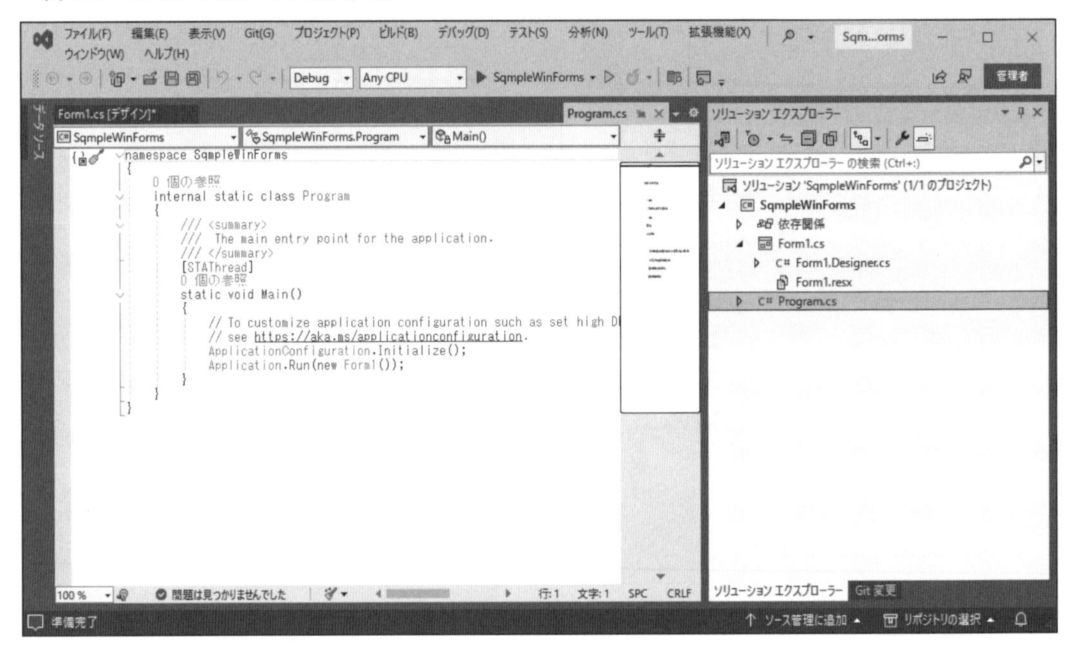

コードエディターウィンドウ

コードとテキストの記述や管理をサポートする機能が数多く用意されており、デザイナーによりフォームのデザインを行うこともできます（**図2.13**、**図2.14**）。コードエディターの使い方については「第4章 エディターを使いこなす（コーディング）」で紹介します。

▼ 図2.13　コードエディターウィンドウ

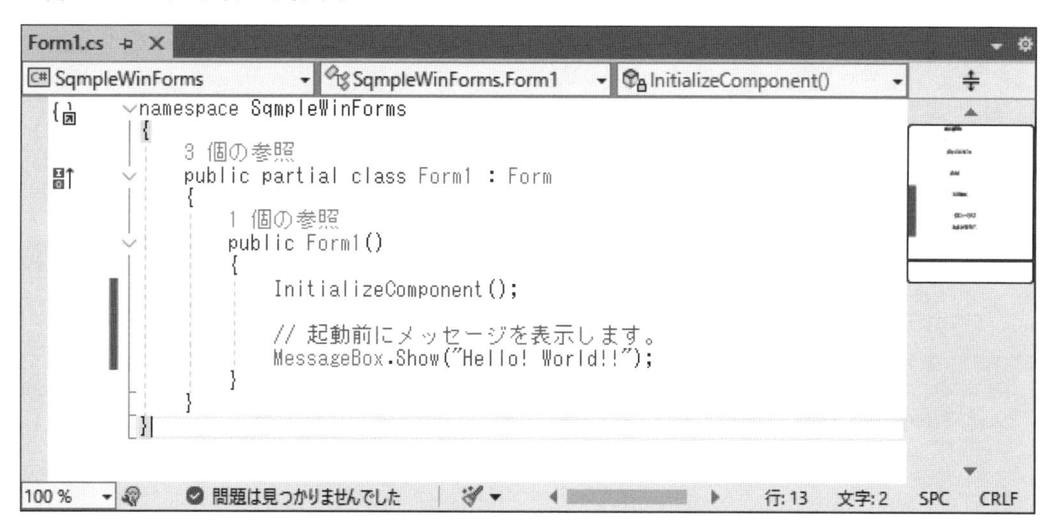

▼ 図2.14　コードエディター（デザイン）ウィンドウ

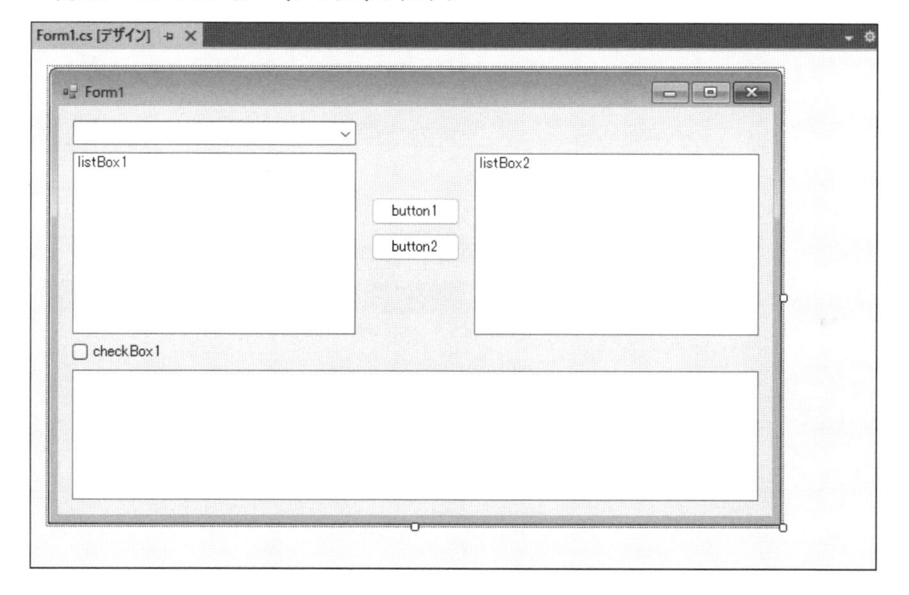

ソリューションエクスプローラーウィンドウ

ソリューション、プロジェクト、フォルダー、ファイルが階層的に表示され、このソリューションエクスプローラーでプロジェクトを管理します（**図2.15**）。ウィンドウが表示されてない場合は、Ctrl+Alt+Lで表示させることができます。

ツールボックスウィンドウ

コードエディター（デザイン）のフォーム上に配置するボタンやテキストボックスなどのアイテムが表示されます（**図2.16**）。ウィンドウが表示されてない場合は、Ctrl+Alt+Xで表示させることができます。

▼ **図2.15　ソリューションエクスプローラーウィンドウ**

▼ **図2.16　ツールボックスウィンドウ**

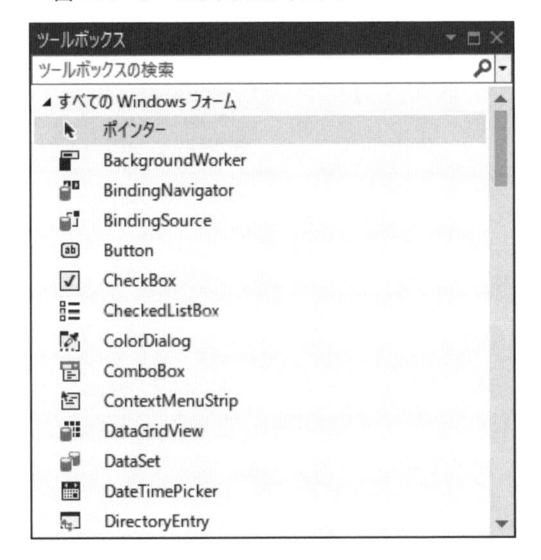

プロパティウィンドウ

プロジェクトやフォーム、ボタンなどのプロパティを表示します（**図2.17**）。プロパティの値を編集して反映させることも可能です。ウィンドウが表示されてない場合は、F4で表示させることができます。

▼ **図2.17　プロパティウィンドウ**

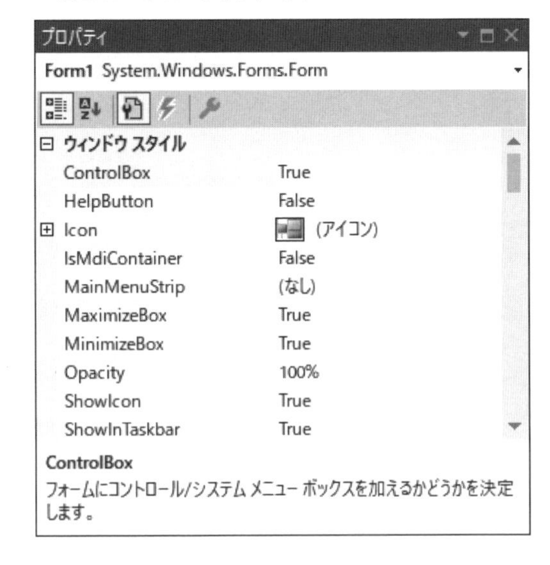

出力ウィンドウ

ビルドの進行状況やエラーが発生時の情報、デバック情報などVisual Studioの様々な情報が出力ウィンドウに表示されます(**図2.18**)。ウィンドウが表示されてない場合は、Ctrl+Alt+Oで表示させることができます。

▼ **図2.18 出力ウィンドウ**

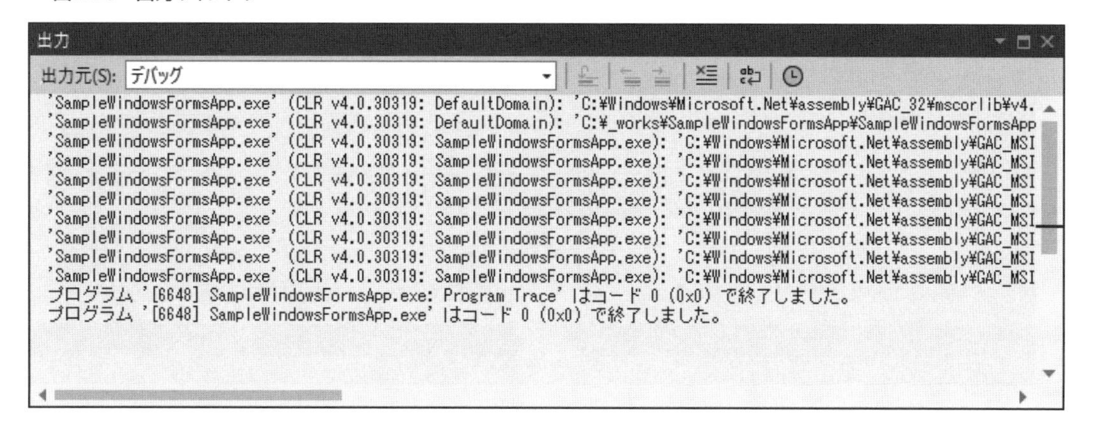

エラー一覧ウィンドウ

ファイル、またはプロジェクト内のどこかに問題がある場合、エラー、警告、メッセージとして情報を表示します(**図2.19**)。表示されているエラーメッセージのエントリーをダブルクリックすることで問題のあるファイルを開き、該当のコードの場所へ移動することができます。ウィンドウが表示されてない場合は、Ctrl+\を行ったあとにEで表示させることができます。

▼ **図2.19 エラー一覧ウィンドウ**

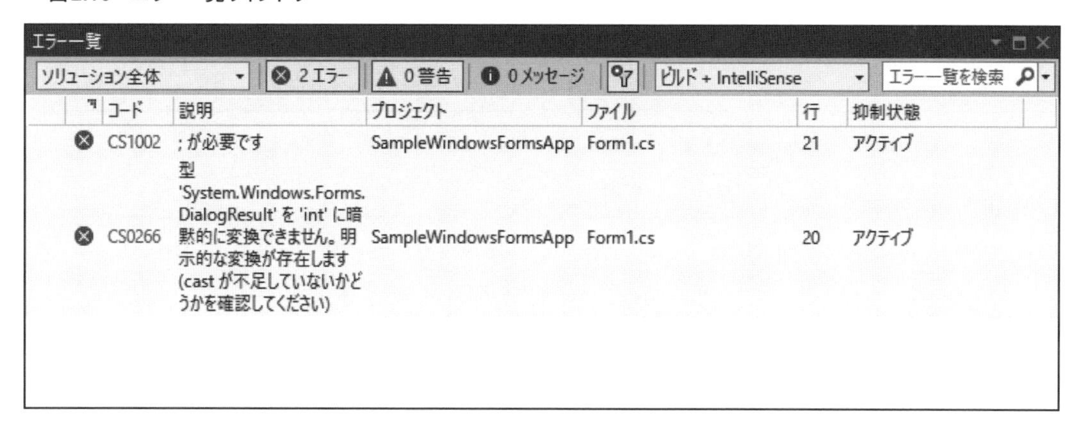

チームエクスプローラーウィンドウ

チームエクスプローラーウィンドウでは、プロジェクトの開発作業をチームメンバーと共有し、自分やチームに割り当てられている作業を管理することができます（**図2.20**）。ウィンドウが表示されてない場合は、Ctrl+\ を行ったあとに Ctrl+M で表示させることができます。チームエクスプローラーの使い方については「第9章 Visual Studioによるチーム開発」で紹介します）。

サーバーエクスプローラーウィンドウ

サーバーエクスプローラーウィンドウは、ネットワーク上にあるサーバーやAzureサービスなどの様々なリソースへ接続管理することができます（**図2.21**）。サーバーエクスプローラーの操作方法については「第3章 Visual Studioの基本」で紹介します。

▼ 図2.20 チームエクスプローラーウィンドウ

▼ 図2.21 サーバーエクスプローラーウィンドウ

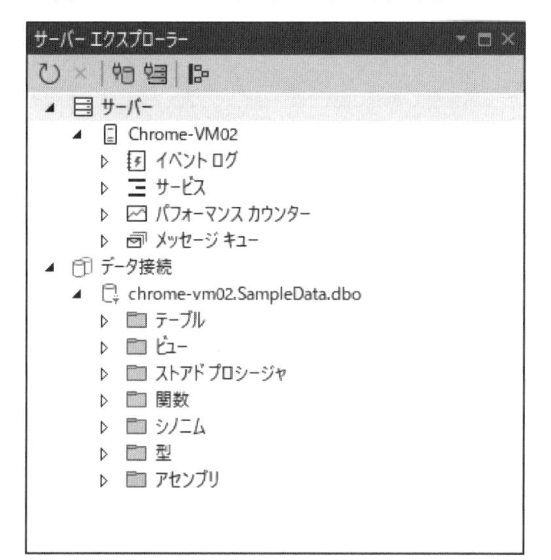

ONEPOINT

Visual Studioは自分の開発スタイルにあわせて、各のウインドウ位置やサイズなどを自由にレイアウトを変更することができます。また、ウィンドウレイアウトを保存できるので、コーディング用のレイアウトやデバッグ用のレイアウトを作成し、ウィンドウレイアウトを利用シーンに応じて適用することもできます。

2-3 アプリケーション開発の基礎知識

Visual Studio 2022を利用したアプリケーション開発を行う上での基礎知識ついて簡単に触れておきたいと思います。

プロジェクトとソリューション

Visual Studio 2022は1つのアプリケーションを作成するために最低1つのプロジェクトを用意する必要があります。ゲームのようなアプリケーションを構築するような場合では、複数の関連するプロジェクトが必要になってきますが、そのプロジェクトを個々で管理してしまうとアプリケーションの管理がしにくくなってしまいます。

そこで複数のプロジェクトをまとめて管理するためにコンテナ（フォルダーのようなもの）と呼ばれるものが必要となり、このコンテナのことをソリューションと呼んでいます（**図2.22**）。

▼ **図2.22　ソリューションとプロジェクトの関係**

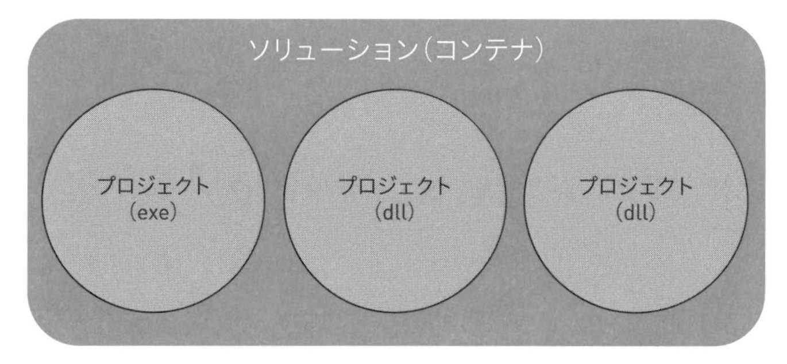

Visual Studio 2022でソリューションを開くとソリューションに含まれているすべてのプロジェクトは自動的に読み込まれるようになっています。

ビルドとコンパイル

ビルドを実行することでプログラム構文の誤りや、スペルミス、型の不一致などのコンパイル時エラーを特定することができます。また、ライブラリやアセンブリの静的参照が解決済みであることも確認されます。

ビルドが成功するとアプリケーション実行可能ファイル（exe）が生成され、デバッグ環境でアプリケーションが正しく動作することを確認することができるようになります。アプリケーションの動作確認で問題がなければリリースバージョンをコンパイルして配布します(**図2.23**)。

▼ **図2.23 ビルドの流れ**

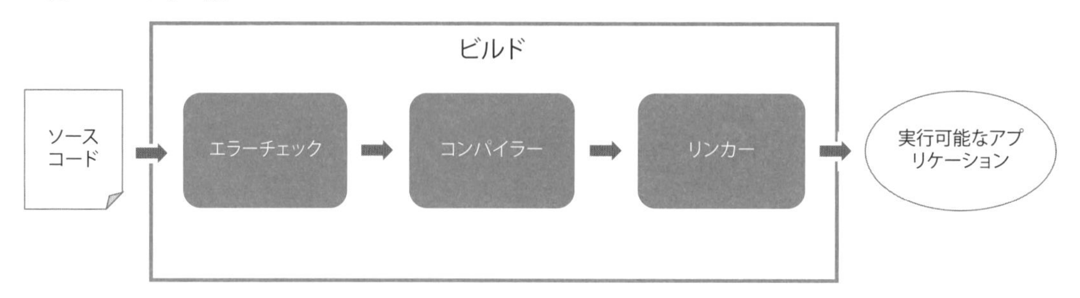

デバッグ

Visual Studio 2022のデバッガーを利用するとブレークポイントを設定した箇所でプログラムの実行を中断し、ソースコードのチェック、変数に格納されている値の確認などを行うことができます(詳細は「第5章 Visual Studioのデバッグ手法」で紹介します)。

Visual Studioの拡張機能

Visual Studio 2022は足りない機能を拡張することが可能です。Visual Studio 2022で、どのように拡張ができるのか見ていきましょう。

拡張機能の追加方法

Visual Studio 2022の拡張機能を利用することで、アプリケーション開発に役立つ便利な機能を追加し生産性の向上を図ることができます。なお、拡張機能のほとんどは無償提供されていますが、有償で提供されている拡張機能もあります。

Visual Studioに拡張機能を追加するには大きく下記の2通りあります。

- 拡張機能の管理
- Visual Studio Marketplace

拡張機能の管理から追加する方法

Visual Studio 2022の拡張機能を管理する機能で欲しい拡張機能の検索やインストール、また、すでにインストールされた拡張機能のアップデートを行うことができます。
操作手順は下記の通りです。

1. [メニュー]→[拡張機能]→[拡張機能の管理]を選択します(**図2.24**)。

▼ **図2.24 拡張機能の管理を選択**

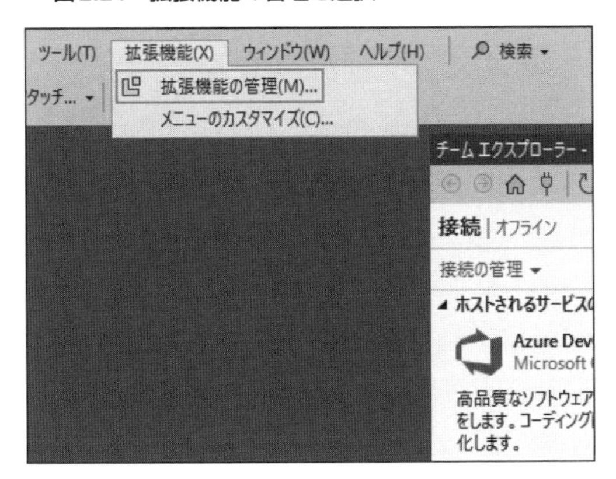

2. 表示された[拡張機能の管理]画面から「オンライン」を選択して、追加したい拡張機能を検索します(**図2.25**)。[検索]に拡張機能のキーワードを入力すると自動的に検索結果が表示されるので、今回は[install]と入力し、マイクロソフト社が提供するWindowsアプリケーションのインストーラーを作成するための拡張機能を検索します。追加したい機能を選択し、「ダウンロード」をクリックしてダウンロードを行ったあと、[閉じる]をクリックし、起動中のVisual Studio 2022を終了させます。

▼ **図2.25 拡張機能の管理**

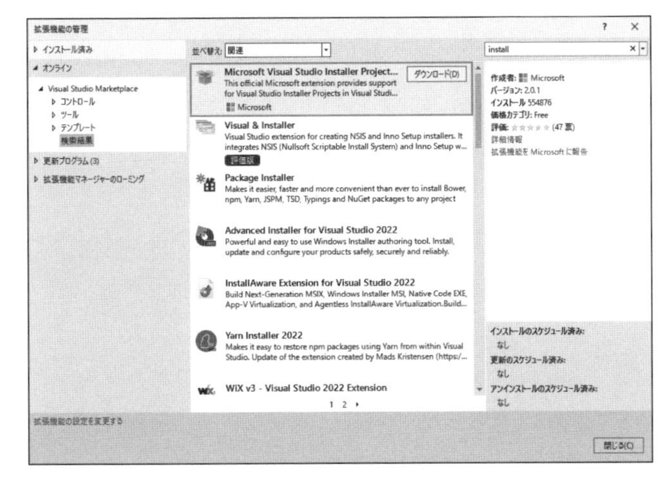

3　Visual Studio 2022を終了させると拡張機能のインストーラーが起動するので、「Modify（変更）」をクリックして、拡張機能をインストールします（**図2.26**）。

▼ 図2.26　拡張機能のインストール

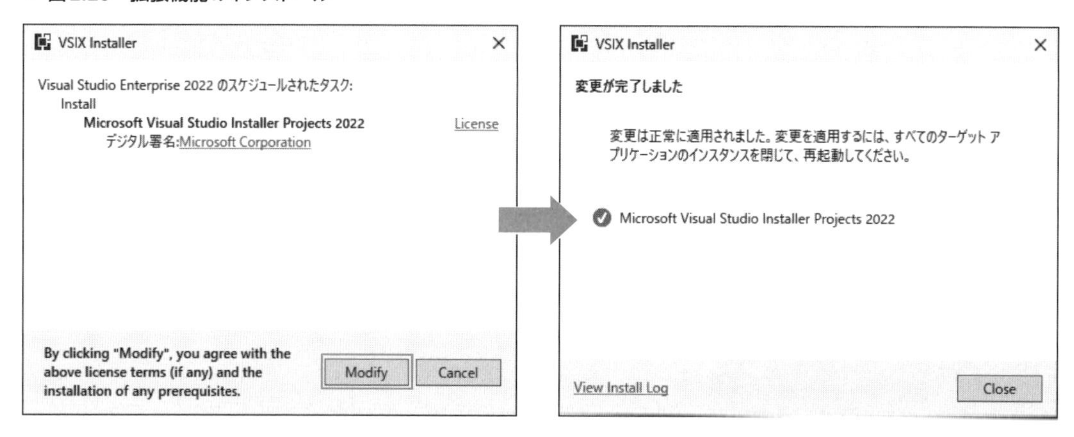

4　インストール完了後、Visual Studio 2022を再度起動し、[メニュー]→[拡張機能]→[拡張機能の管理]を選択して、[インストール済み]に追加した拡張機能が表示されていることを確認します（**図2.27**）。

▼ 図2.27　インストール済み拡張機能の管理

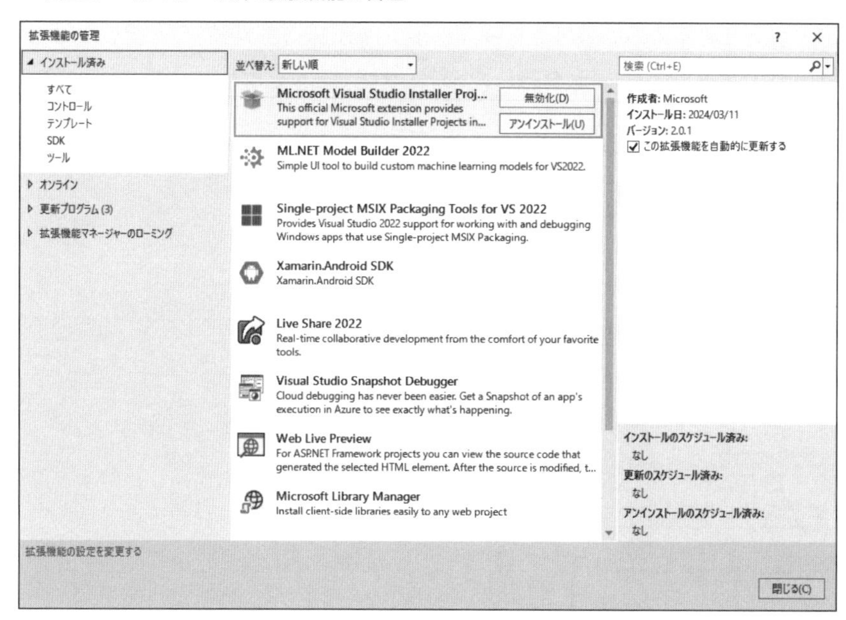

Visual Studio Marketplaceからの追加方法

Visual Studio MarketplaceはVisual Studio 2022で利用可能なさまざまな拡張機能が公開されています。「拡張機能と更新プログラム」もVisual Studio Marketplaceの情報を使っているため、同様の拡張機能が表示されています。

Visual Studio Marketplaceから拡張機能を追加する手順は以下の通りです。

1. Visual Studio Marketplaceサイトにアクセスします。

 - Visual Studio Marketplace
   https://marketplace.visualstudio.com/

2. 検索テキストに拡張機能のキーワードを入力して検索を行います。今回は[install]と入力し、マイクロソフト社が提供するMicrosoft Visual Studio Installer Projectsの拡張機能を検索します(**図2.28**)。

▼ **図2.28** Visual Studio Marketplace検索ページ

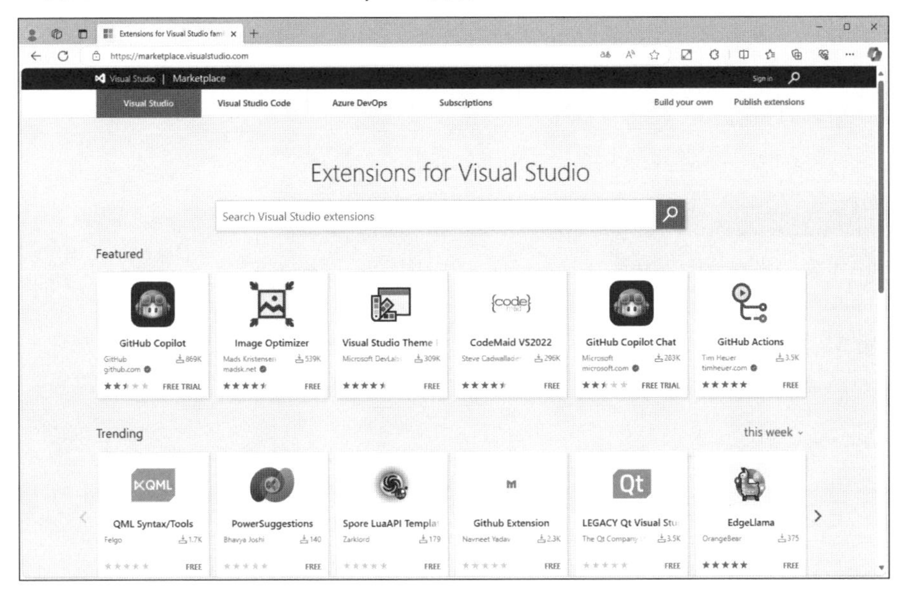

3. 検索した結果から追加したい拡張機能が見つかったら、対象の拡張機能をクリックします(**図2.29**)。

▼ 図2.29　Visual Studio Marketplace検索結果

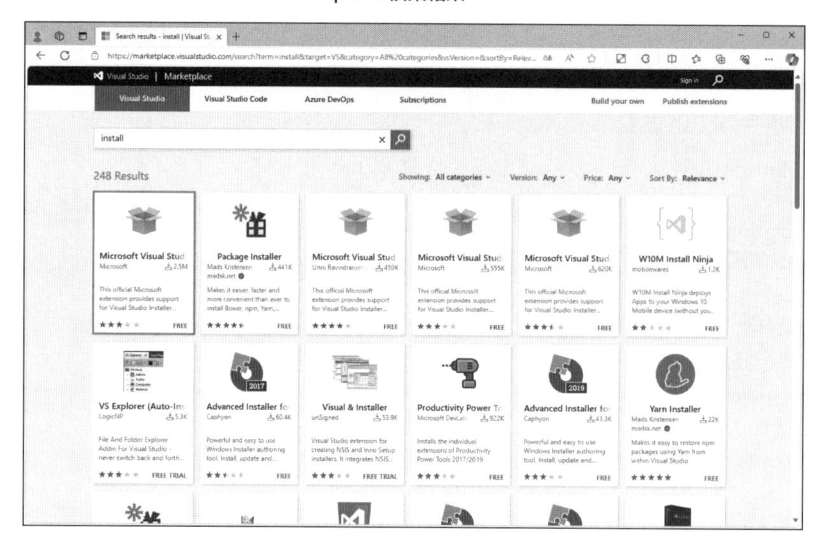

4　拡張機能のページへ遷移し、内容を確認したうえで「Download（ダウンロード）」をクリックします（**図2.30**）。

▼ 図2.30　拡張機能のダウンロードページ

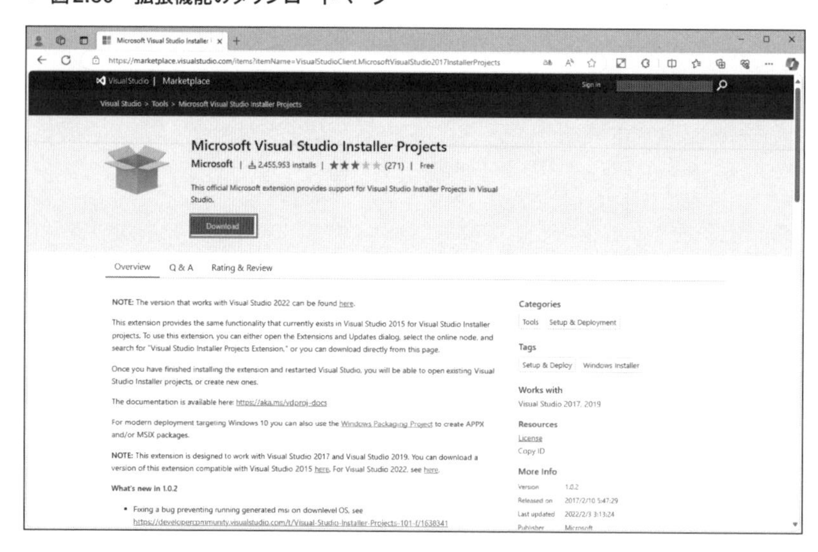

5　ダウンロードしたファイル（VSIXインストーラー）を起動し、[インストール]をクリックします。

6　Visual Studioを起動し、[メニュー]→[ツール]→[拡張機能と更新プログラム]を選択して、[インストール済み]に追加した拡張機能が表示されていることを確認します。

第3章

Visual Studioの基本

第2章では、Visual Studioのインストールから起動までの手順を紹介するなど、主にVisual Studioを導入するにあたっての基本的な部分に触れました。本章では、プロジェクトの作成やウィンドウの操作など、Visual Studioを構成する要素の詳細について見ていくことにしましょう。

本章の内容

3-1 Visual Studioの基礎知識

第1章でも説明した通り、Visual Studioは統合開発環境（IDE）です。この節では、Visual Studioでできることを紹介した上で、それらを利用して行う実際の開発の流れについても解説します。

Visual Studioでできること

開発を行うには、ソースコードを書くためのコードエディター、書いたソースコードから実行可能なアプリケーションを生成するコンパイラーやリンカー、アプリケーションに不具合が見つかった時に原因を究明するためのツールであるデバッガーなどが必要になります。

Visual Studioは様々なツールを統合して開発を行うことができる統合開発環境であると説明してきましたが、実際にはどのような機能があり、どのようなプロジェクトを作成できるのか確認していきましょう。

コーディング

Visual Studioのエディターを利用してコーディングを行う場合、コーディングを効率よく行うための機能が数多く用意されています。例えば、入力補完機能や、よく使うソースコードの自動生成、不適切なソースコードの指摘や修正案の提示、特定の箇所へのジャンプなどです（**図3.1**）。

UIを持つアプリケーションについては、デザイナーを使って視覚的にデザインすることもできます（**図3.2**）。

> **ONEPOINT**
>
> Visual Studioでコーディングを行う際「すべてに移動」機能を利用することで任意のファイルや型、メンバーなどに素早く移動することができます。「すべてに移動」機能は、メニューバーの「編集」→「移動」→「すべてに移動」（または、Ctrl+T）で小ウインドウを表示し、特定の項目を検索して利用します。

▼ 図3.1　Visual Studioのコードエディター

```
Form.cs
SampleWinFormsApp    SampleWinFormsApp.Form    initialize()
1  namespace SampleWinFormsApp
2  {
       3 個の参照
3      public partial class Form : System.Windows.Forms.Form
4      {
           1 個の参照
5          public Form()
6          {
7              InitializeComponent();
8
9              // 初期化します。
10             this.initialize();
11         }
12
13         /// <summary>
14         /// 初期化します。
15         /// </summary>
           1 個の参照
16         private void initialize()
17         {
18             this._clearResult();
19         }
20
21         /// <summary>
22         /// 「0」ボタンがクリックされたときに発生します。
23         /// </summary>
24         /// <param name="sender">呼び出し元。</param>
25         /// <param name="e">イベントデータを格納しているEventArgs。</param>
           1 個の参照
26         private void _0Button_Click(object sender, EventArgs e)
100 %   問題は見つかりませんでした   行: 18   文字: 33   SPC   CRLF
```

▼ 図3.2　Visual Studioのコードエディター（デザイナー）

ビルド

コンパイラーとリンカーについては**第1章**でも説明しましたが、これらの処理は、Visual Studioにおいては「ビルド」と呼ばれる処理の中で行われます。ビルドを行うと、コンパイル時のエラーを事前に検出し、問題が無ければ実行可能なアプリケーションが生成されます。

Visual Studioのビルド（**図3.3**）は、コンパイラーやリンカーなどが行っている複雑な処理を意識せずに、ショートカットキー1つで行うことができます。

▼ 図3.3　Visual Studioのビルド

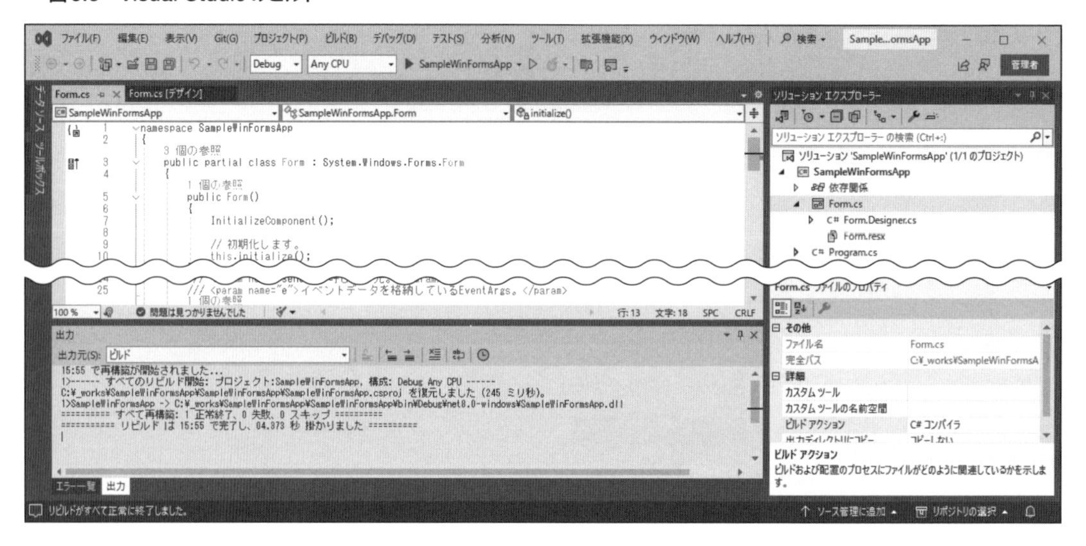

> **ONEPOINT**
>
> 昔、コンパイルはアプリケーションの実行時にしか行えませんでした（インタプリター方式と言います）。コンパイルを事前に行えるようになったことで、デプロイ前にコンパイル時のエラーを検出しておけるだけでなく、コンパイルの処理がなくなるため、実行速度も速くなりました。

デバッグ

Visual Studioのデバッガ（**図3.4**）では、特定の箇所でプログラムの実行を一時停止し、変数の中身を確認したりできることはもちろん、特定の条件にマッチする場合のみ一時停止したりできるなど、細かくピンポイントなデバッグが行えます。

▼ 図3.4　Visual Studioのデバッグ

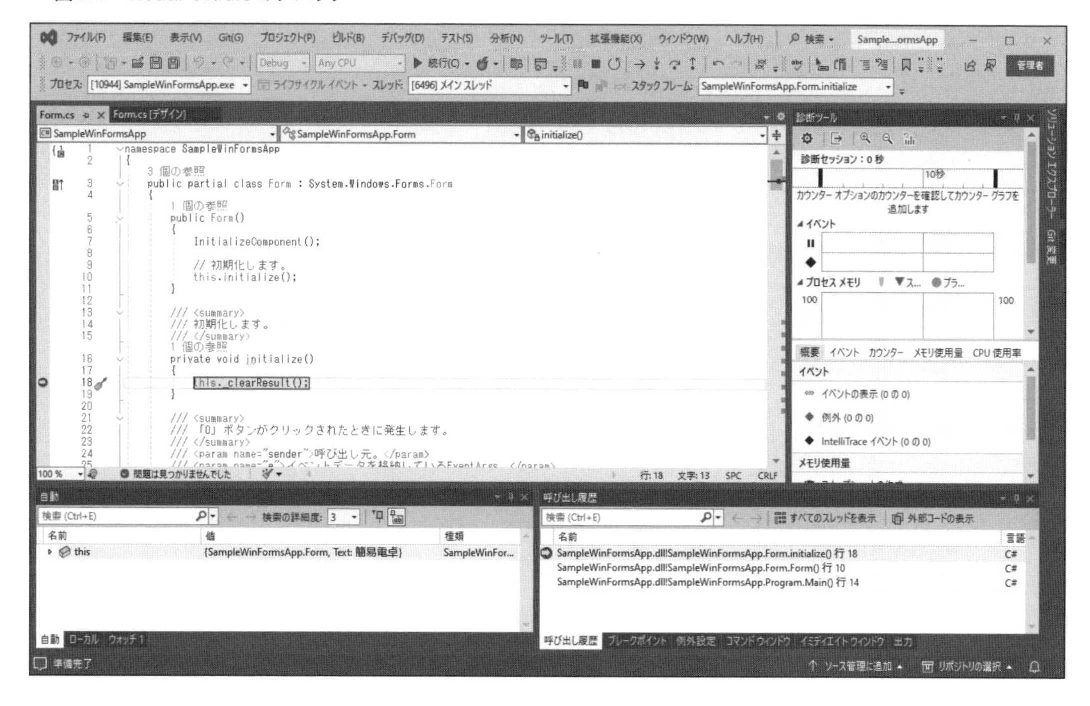

テスト

以前、テストは手動で行うのが普通でした。しかし、Visual Studioのテスト機能（**図3.5**）を使えば自動で行うことができます。もちろん、自動テストだけで完結することは難しいでしょうが、これらの機能を使いこなすことで一部のテストを自動化し、工数を削減できるだけではなく、正確なテストを実行できるというメリットがあります。

▼ 図3.5　Visual Studioの自動テスト

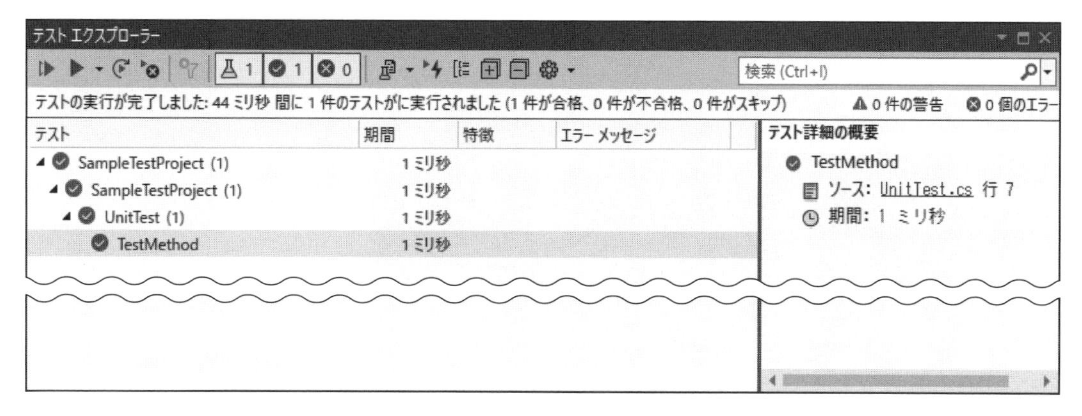

デプロイ

デプロイも、テストと同様、以前は手動で行うのが普通でした。しかしこれも、Visual Studioのデプロイ機能(**図3.6**)を使えば自動で行うことができます。

デプロイも自動化すれば、手間を省けるだけではなく、毎回、正確なデプロイを行えるため、デプロイ作業のミスによる不具合を防ぐことができます。

▼ **図3.6 Visual Studioのデプロイ**

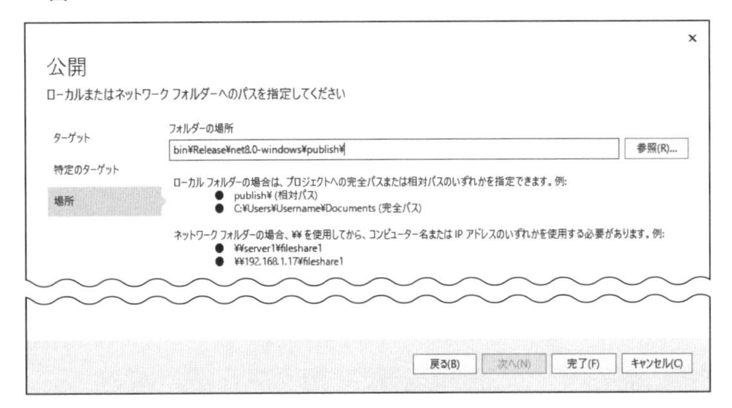

Visual Studioで開発できるアプリケーションの種類

Visual Studioで開発できるアプリケーションには次のようなものがあります。ここですべてを紹介することはできませんが、代表的なものをピックアップして紹介します。

コンソールアプリ

図3.7のようなコマンドプロンプトから実行される、GUIを持たないアプリケーションです。

コマンドと必要に応じてパラメータを入力して実行し、定期的に実行されるバッチプログラムなどを開発する場合に利用されます。

▼ **図3.7 コンソールアプリ**

Windowsフォームアプリケーション

UIを持つ、Windowsにインストールして利用するタイプのアプリケーション（**図3.8**）です。例えば、Visual StudioもWindowsフォームアプリケーションです。

UIはデザイナーを使って視覚的にデザインすることができます。

▼ **図3.8　Windowsフォームアプリケーション**

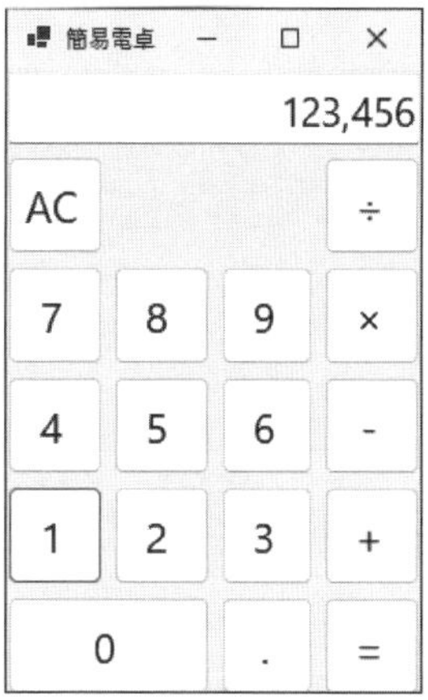

ASP.NET Webアプリケーション

ASP.NET上で動作するWebアプリケーション（**図3.9**）です。

UIを開発する場合は、Windowsフォームアプリケーションと同様、デザイナーを使って視覚的にデザインすることができます。

▼ **図3.9　ASP.NET Webアプリケーション**

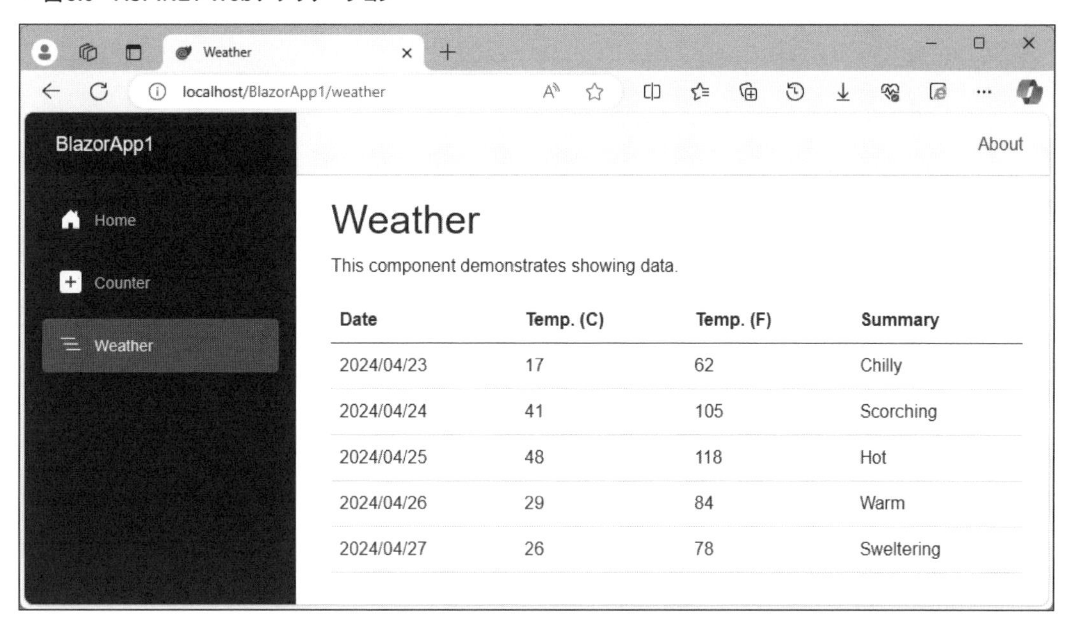

ASP.NET Webアプリケーションには**表3.1**に示すような種類があります。

▼ 表3.1　ASP.NET Webアプリケーションの種類（フレームワーク）

種類 （フレームワーク）	説明
Webフォーム	イベント駆動型の動的なWebサイトを構築できる従来の開発手法です。いくつも用意されたコンポーネントを利用できるので、短時間で開発することができます
MVC	MVC（Model-View-Controller）モデルのWebアプリケーションです。表示用のHTMLとプログラムコードが分離して開発することができます。プログラムコードが分離しているため、テストプログラムを作成しやすいのが特徴です。スマホアプリや、シンプルアプリケーションの開発に最適とされています
Webページ	動的なWebページを作成することができるフレームワークで、新規開発において推奨されています。クライアント、サーバーのプログラムコードをC#（もしくはVisual Basic）のみで記述できることが特徴です。Razor構文を使って、Webページにプログラムコードを埋め込むことができます

ONEPOINT

これに加え、WindowsだけではなくLinuxやmacOS上でも動作する.NET CoreベースのASP.NET Webアプリケーションも開発できます。

モバイルアプリ

iPhoneやAndroidなどのモバイル端末で動作するモバイルアプリ（**図3.10**）を開発できます。

iPhoneやAndroidは、例えば、WindowsとLinuxのようにOSが違うため、単純には同じアプリケーションが動作しませんが、Visual Studioで利用できるフレームワークではそのような違いを吸収して、なるべく同じソースコードで動作するような考慮もなされています。

▼ 図3.10　モバイルアプリ

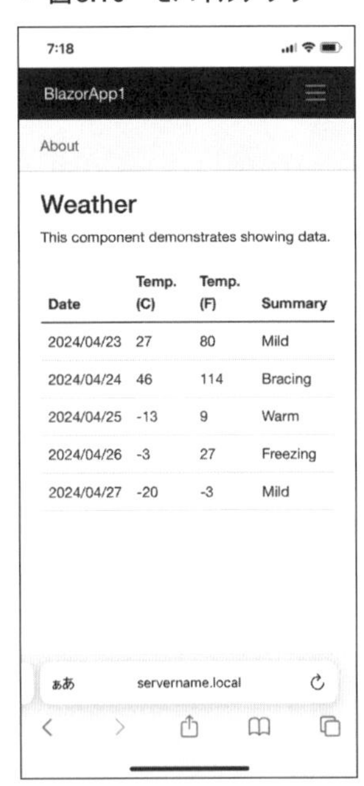

Windowsサービス

Windowsのバックグラウンドで動作する常駐型のアプリケーション（**図3.11**）です。例えば、セキュリティソフトなどがWindowsサービスです。Windowsサービスとしてインストールするためのインストーラーも開発できます。

▼ 図3.11 Windowsサービス

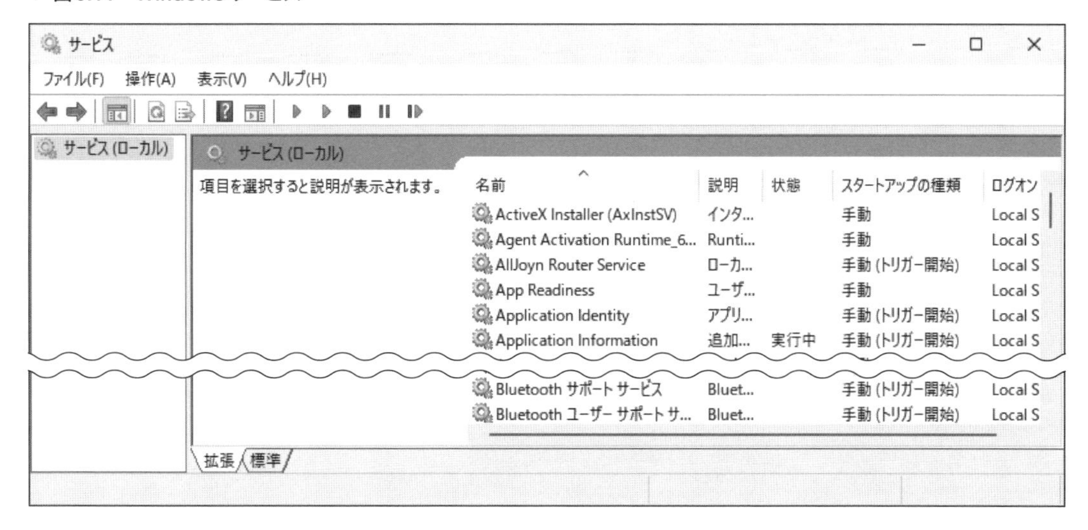

タイプライブラリ

タイプライブラリはプログラムを部品化して1つにまとめたファイルで他のアプリケーションから呼び出されて動作します（**図3.12**）。

データベースへ接続したり、ログを出力したりする処理など様々なライブラリが用意されており、このライブラリを活用することで開発効率や品質向上など様々なメリットを得られます。

▼ 図3.12 タイプライブラリ

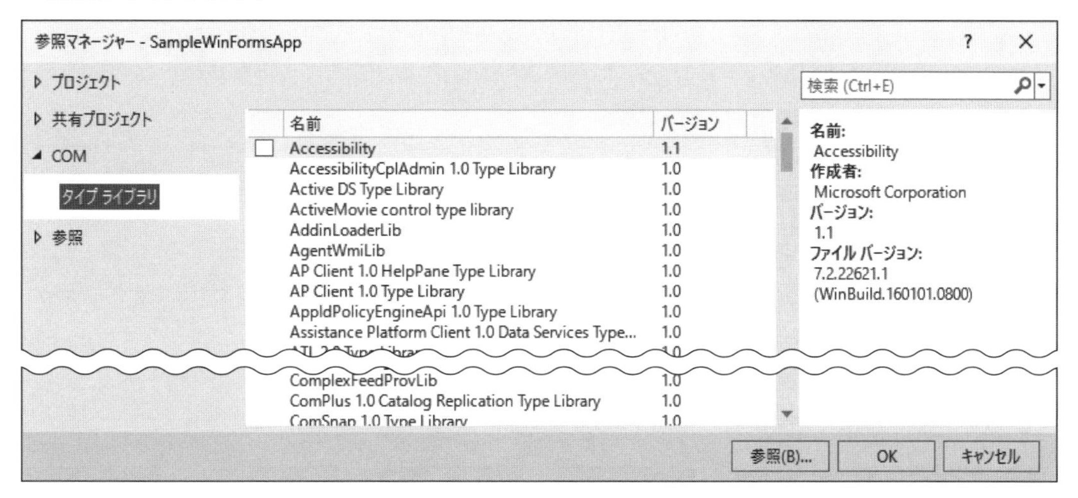

COLUMN

「アセンブリ」タブ

.NET Frameworkを利用するプロジェクトの参照マネージャーには「アセンブリ」タブがあり、参照に使うことができるすべての.NETアセンブリが一覧で表示されます(**図3.A**)。

▼ 図3.A 「アセンブリ」タブ

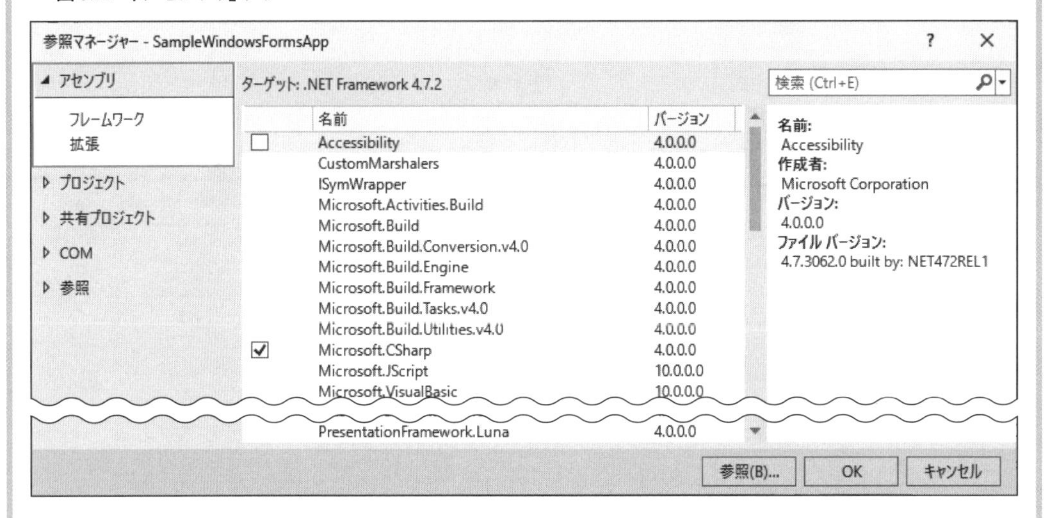

.NET 5以降は.NET Coreと.NET Frameworkの統合であり、.NET Frameworkとの互換性がないため「アセンブリ」タブは.NET Coreまたは.NET 5以降を対象とするプロジェクトでは表示されなくなっています。

なお、.NET 5以降のプロジェクトで.NET Framework用のアセンブリを参照したい場合、.NET Frameworkプロジェクトのクラスライブラリを別途作成して、そのアセンブリを参照する必要があります。

Visual Studioにおける開発の流れ

それではVisual Studioを利用して開発する場合の、実際の流れについて見ていきましょう。一般的には、**図3.13**のような流れになります。

▼ 図3.13 一般的な開発の流れ

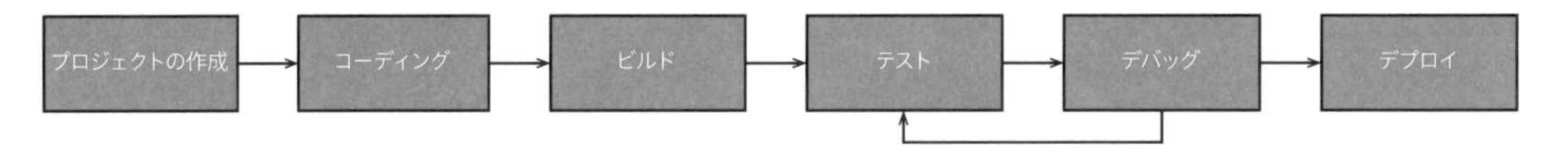

プロジェクトは、「第2章 Visual Studioをはじめよう」でも簡単に説明しましたが、いわば開発の「単位」のことを言います。具体的な例で見ていきましょう。例えば、電卓を開発するとします。そのような場合、例えば下記のような開発の単位に分けることができます（**図3.14**）。

▼ **図3.14　開発の単位の例**

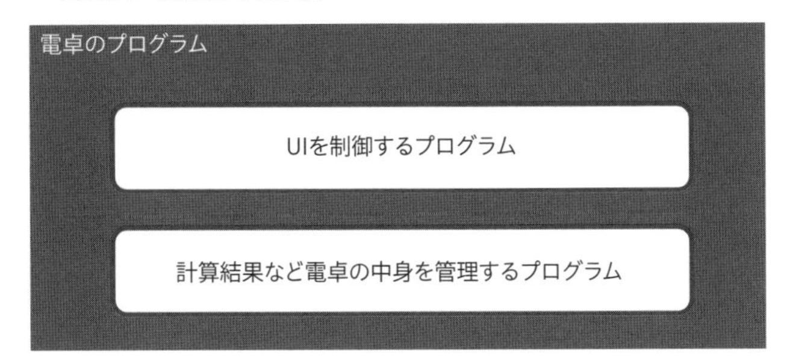

この例では、「UIを制御するプログラム」や「計算結果など電卓の中身を管理するプログラム」のことをそれぞれ「プロジェクト」と呼びます。ちなみに、「電卓のプログラム」（プロジェクトのまとまり）のことは「ソリューション」と呼びます。

プロジェクトの分け方は、開発者の嗜好に分かれると思います。極端な話、上記の「UIを制御するプログラム」と「計算結果など電卓の中身を管理するプログラム」はプロジェクトを分けなくても構いません。ですが、プロジェクトを分けるメリットとしては、

- 開発の単位が小さくなるため、ビルドの時間が短縮される
- どちらかに不具合があっても影響を与えない
- テスト工数を減らせる

などのメリットがあります。その辺りも考慮しながら、プロジェクト構成を考えていくと良いでしょう。

Visual Studioでは、開発するアプリケーションの種類ごとに数多くのプロジェクトテンプレートが用意されています。開発者はそれらの中から対象のプロジェクトテンプレートを選択し、すぐに開発を始めることができるようになっています。

3-2 プロジェクトを使いこなす

それでは、前節で説明した開発工程のうち、プロジェクトの作成を行ってみましょう。開発の起点となるものがこの「プロジェクト」です。本節ではプロジェクトの基本的な作成方法に加え、プロジェクトに関するその他の操作や設定などの詳細についても解説します。

プロジェクトを作成する

プロジェクトを作成するには、Visual Studioを起動して表示されるメニューで「新しいプロジェクトの作成」を選択します(**図3.15**)。

▼ 図3.15 「新しいプロジェクトの作成」を選択

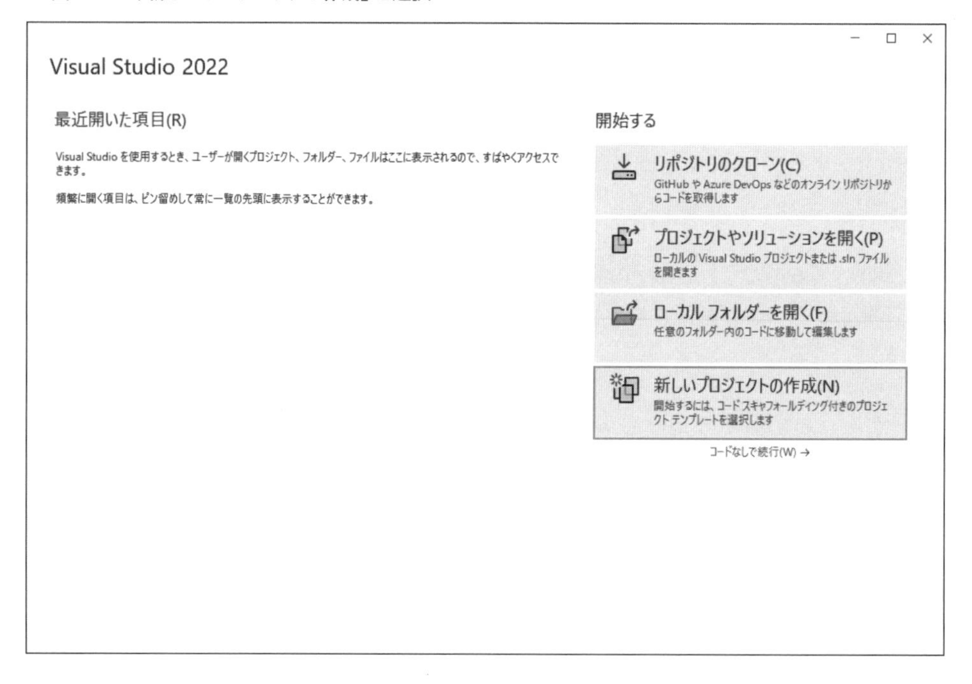

作成するプロジェクトの種類を選択し、「次へ」ボタンをクリックします(**図3.16**)。ここでは、「Windowsフォームアプリ」を選択します。

▼ 図3.16 プロジェクトの種類を選択し、「次へ」ボタンをクリック

下記の手順でプロジェクトの構成情報を入力します（**図3.17**）。

1. プロジェクト名を入力します。
2. プロジェクトを作成する場所を入力します。
3. プロジェクトを格納するソリューションの名前を入力します。既定ではプロジェクト名が入ります。例えば、他にもプロジェクトを追加する予定があるなど、ソリューション名を変えたい場合はここを変更します。
4. ソリューションとプロジェクトを同じディレクトリに配置するかを指定します。通常は、ソリューションフォルダーの下にプロジェクトフォルダーが作成されますが、そのようにせず、同じフォルダ内に格納したい場合はここをチェックします。例えば、ソリューションにプロジェクトが1つしか含まれない予定で、フォルダー階層をなるべく浅くしたい時などにチェックすると良いでしょう。
5. フレームワークのバージョンを指定します。基本的には既定（最新）のままで良いと思いますが、特別、動作環境のフレームワークのバージョンを考慮しなければならない場合はここで設定します。

6 「作成」ボタンをクリックします。

▼ 図3.17 「プロジェクトの構成」ダイアログ

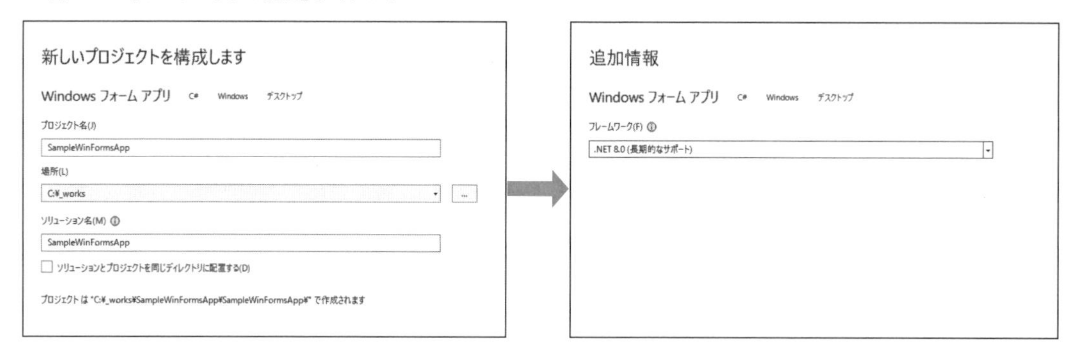

Visual Studioが起動し、作成したプロジェクトが読み込まれます（**図3.18**）。

▼ 図3.18 プロジェクトが作成される

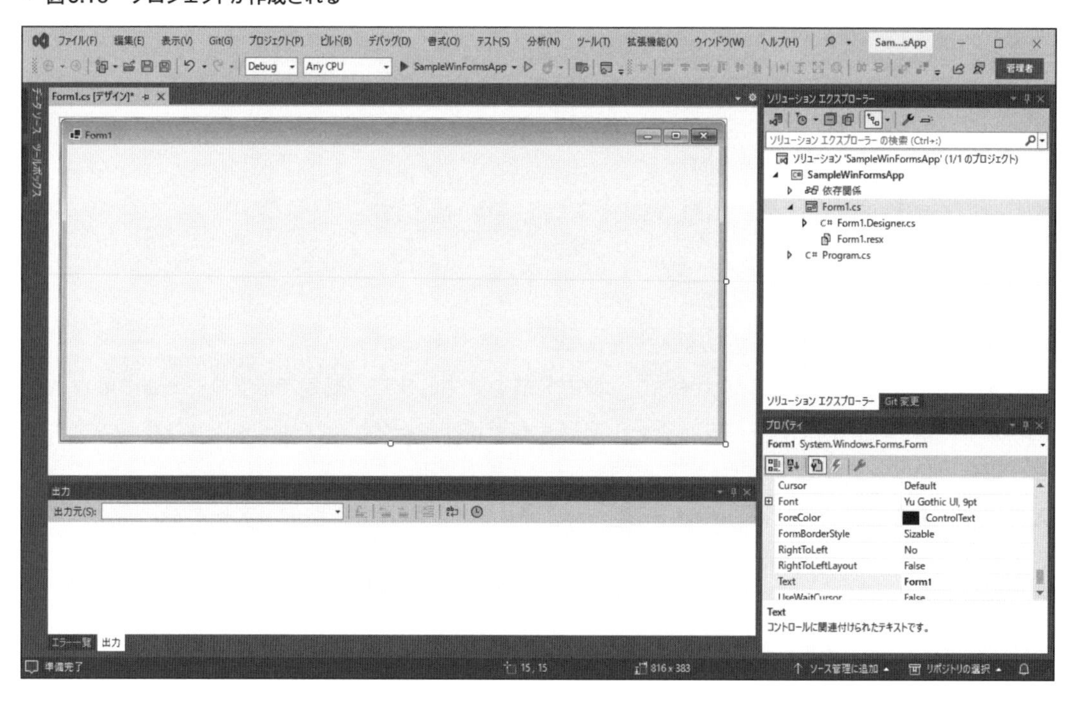

C#クラスを作成する

プロジェクトが作成されたら、次はソースコードを書くためのソースファイル（C#クラス）を用意します。ソースファイルは下記の手順で追加できます。

1 ソリューションエクスプローラーでソースファイルを追加したい箇所を右クリックし、コンテキストメニューから「追加（D）」→「クラス（C）」を選択します（**図3.19**）。

▼ **図3.19　「クラス」を選択**

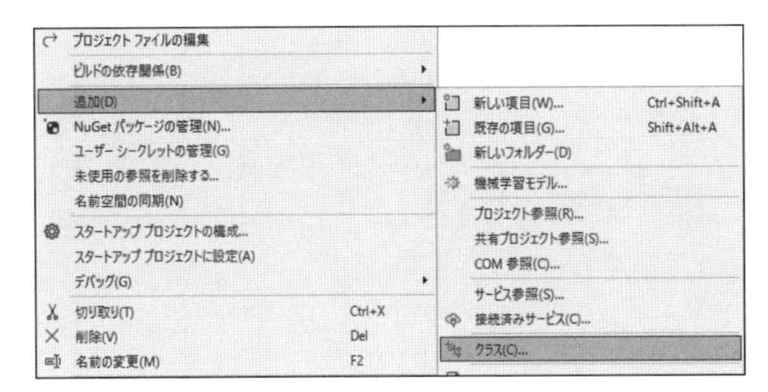

> **ONEPOINT**
> 「追加（D）」→「新しい項目（W）」から追加することもできますが、よく使う項目のため、個別にメニューが用意されています。

2 クラス名を「名前」に入力し、「追加」ボタンをクリックします（**図3.20**）。

▼ **図3.20　クラス名を入力し、「追加」ボタンをクリック**

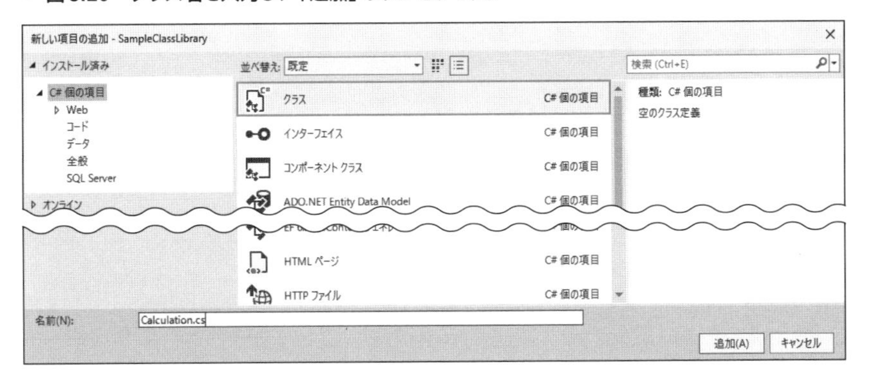

ソリューションエクスプローラーの指定した箇所には、手順2で入力した名前のソースファイルが追加されます（**図3.21**）。

誤ってソースファイルを追加してしまったりして、削除したい場合は、ソリューションエクスプローラーで削除したいソースファイルを右クリックし、コンテキストメニューから「削除」を選択することで削除できます（**図3.22**）。

▼ 図3.21　ソースファイルが追加される

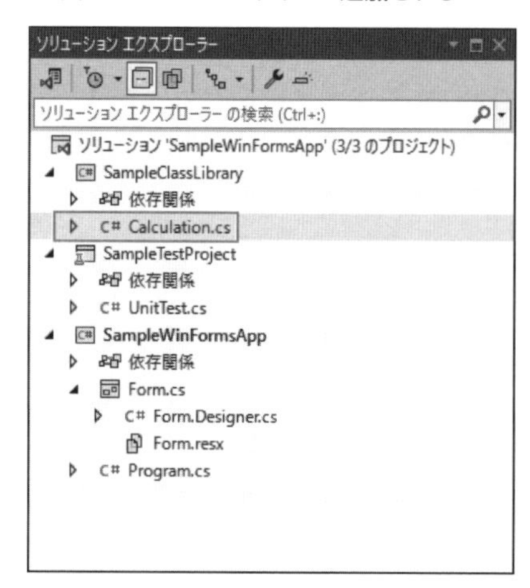

▼ 図3.22　削除したいソースファイルを右クリックし、「削除」を選択

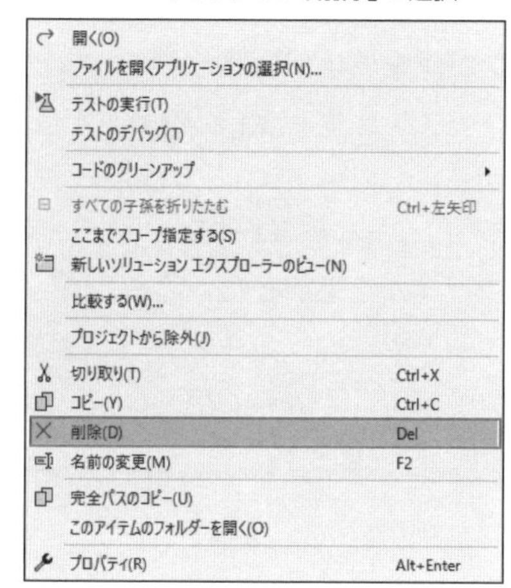

ソリューションエクスプローラーから、ソースファイルが削除されます(**図3.23**)。

▼ 図3.23　ソースファイルが削除される

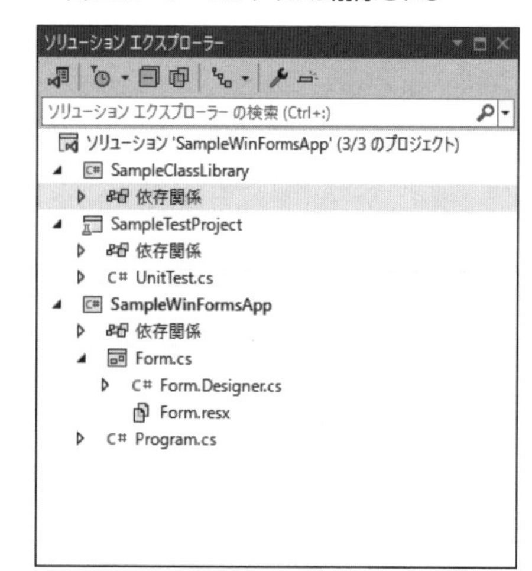

 ソリューションを閉じる

現在開いているソリューションを閉じる場合について説明します。ソリューションを閉じるには、「ファイル/ソリューションを閉じる」メニューを選択します。Visual Studio自体を終了することでも閉じることができます。

 プロジェクト/ソリューションを開く

既存のプロジェクト/ソリューションを開く場合について説明します。ソリューションを開くには、下記の2通りの方法があります。

「ファイル」メニューから開く

Visual Studioを起動して、「ファイル(F)」→「開く」→「プロジェクト/ソリューション」を選択します(**図3.24**)。

▼ **図3.24　「プロジェクト/ソリューション」を選択**

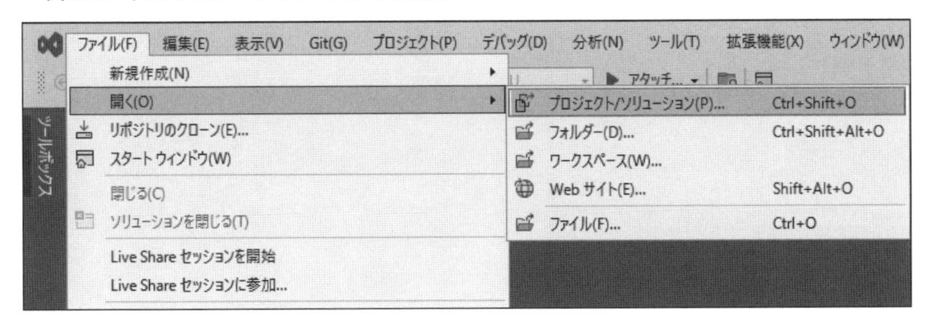

対象のソリューションのソリューションファイル(*.sln)を選択し、「開く」ボタンをクリックします(**図3.25**)。

▼ **図3.25　対象のソリューションを選択し、「開く」ボタンをクリック**

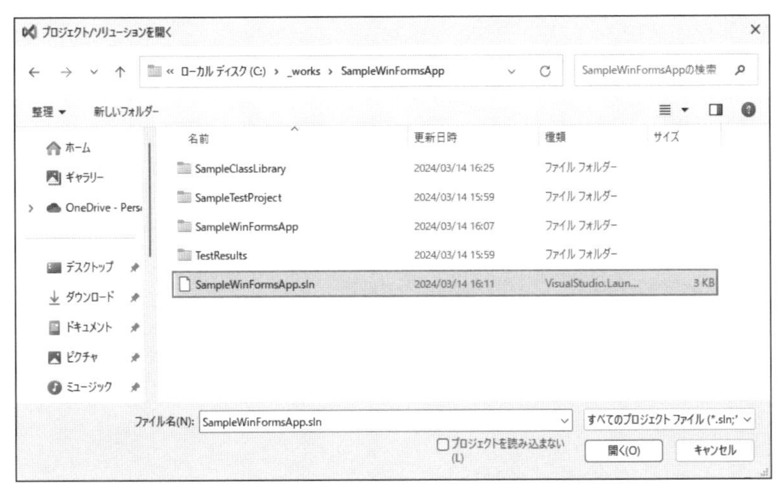

Visual Studioには、選択したソリューションが読み込まれます（**図3.26**）。

▼ 図3.26　選択したソリューションが読み込まれる

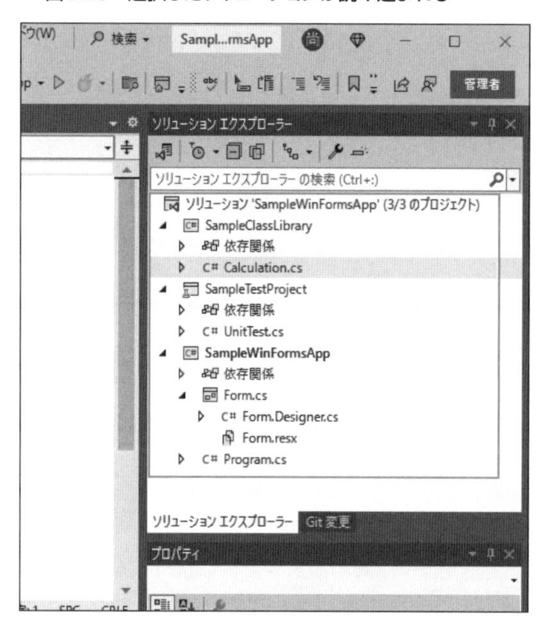

ソリューションファイル（*.sln）をダブルクリックして開く

Windowsエクスプローラーで対象のソリューションのソリューションファイル（*.sln）をダブルクリックします（**図3.27**）。

▼ 図3.27　ソリューションファイルをダブルクリック

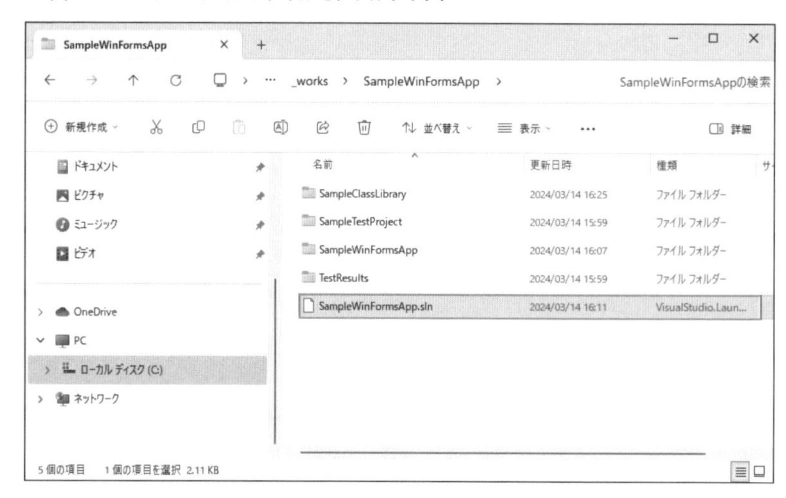

Visual Studioには、選択したソリューションが読み込まれます（**図3.28**）。

▼ **図3.28　選択したソリューションが読み込まれる**

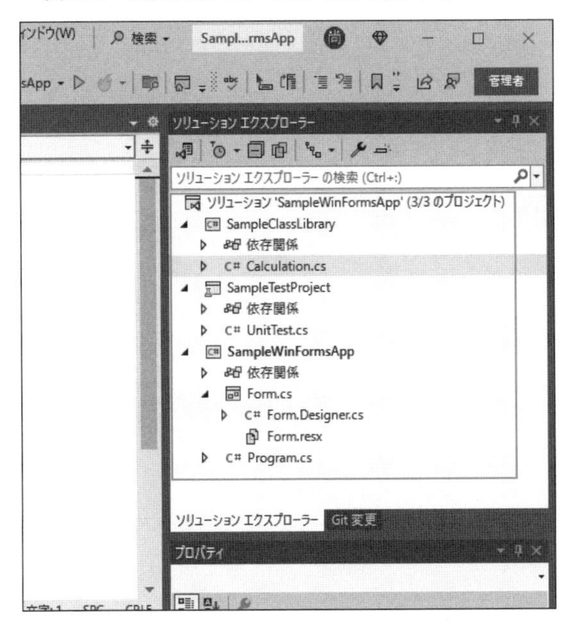

複数のプロジェクトを開く

ソースコードを比較したり、移植したりする場合には、複数のプロジェクトを開きたくなることがあると思います。

同じソリューション内のプロジェクトであれば、対象のソースコードを開いてタブで並べるなどすれば良いですが、異なるソリューションのプロジェクトだとそのようなことはできません。試しに、何かプロジェクトを開いている状態で、「ファイル(F)」→「開く」→「プロジェクト/ソリューション」から異なるソリューションのプロジェクトを開いてみましょう。

すると、もともと開いていたプロジェクトが閉じて、新しく開いたプロジェクトのみが表示されてしまったと思います（**図3.29**）。

▼ 図3.29　もともと開いていたプロジェクトは閉じられる

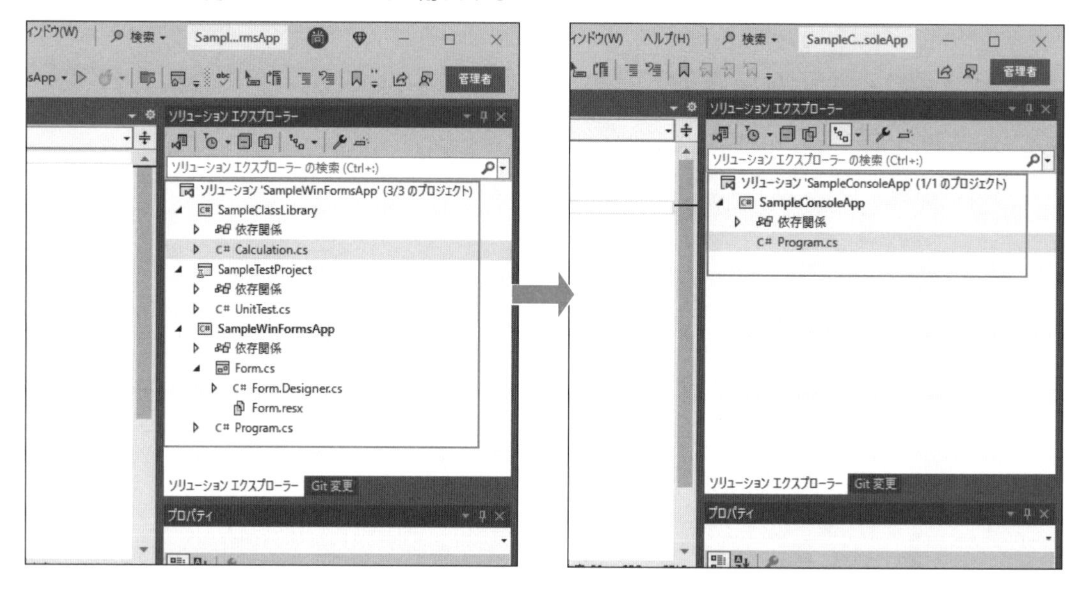

そこで、Visual Studioにおいて異なるソリューションのプロジェクトを複数開く場合には、下記の2通りの方法があります。

「ファイル」メニューから開く

この方法で開く場合は、上記の通り、もともと開いていたプロジェクトが閉じられるため、先にVisual Studioを新たにもう1つ起動して、そちらから「ファイル(F)」→「開く」→「プロジェクト/ソリューション」で開くと複数開くことができます。

ソリューションファイル(*.sln)をダブルクリックして開く

この方法で開く場合は、自動的にVisual Studioが新たに起動してプロジェクトが開くため、複数開くことができます。

ソリューションを移行する

ソリューションをバックアップして、別の環境に移行したい場合について説明します。

バックアップは、Windowsエクスプローラーで対象のソリューションのフォルダーをコピーするだけです(**図3.30**)。

▼ 図3.30　対象のソリューションのフォルダーをコピー

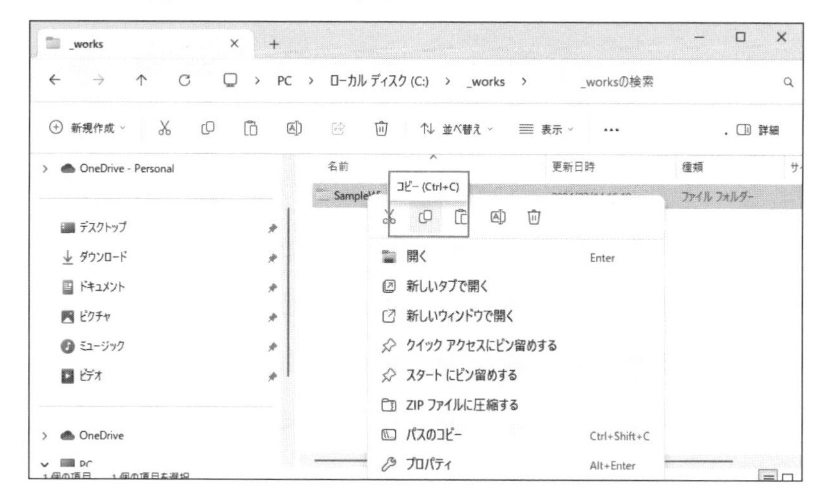

1
2
3
4
5
6
7
8
9

ONEPOINT

対象のソリューションのフォルダーの場所は、ソリューションエクスプローラーでソリューションノードを選択すると、プロパティウィンドウで確認できます。

コピーしたソリューションのフォルダーを移行先にコピーすれば、移行は完了です。あとは、これまで通り、ソリューションを開いて開発を再開することができます。

プロジェクトの取り込み

既存のプロジェクトを取り込み、同じソリューションで管理するようにするには、下記の手順を行います。

1 取り込み先のソリューションを開いた状態で、「ファイル(F)」→「追加(D)」→「既存のプロジェクト(E)」を選択します(**図3.31**)。

▼ 図3.31　「既存のプロジェクト」を選択

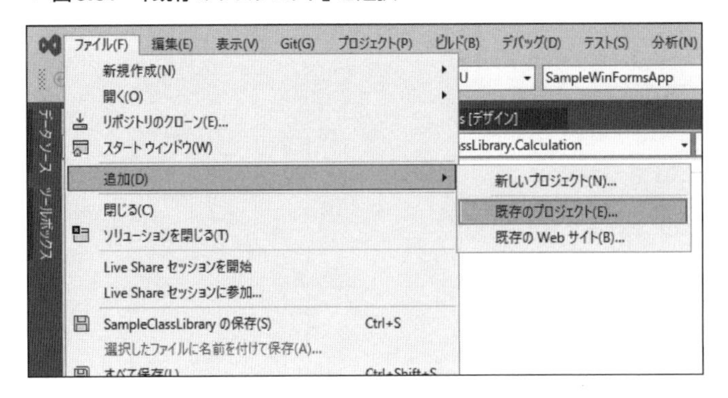

2　取り込みたいプロジェクトのプロジェクファイル（*.csprojなど）を選択し、「開く」ボタンをクリックする（**図3.32**）。

▼ 図3.32　プロジェクトファイルを選択し、「開く」ボタンをクリック

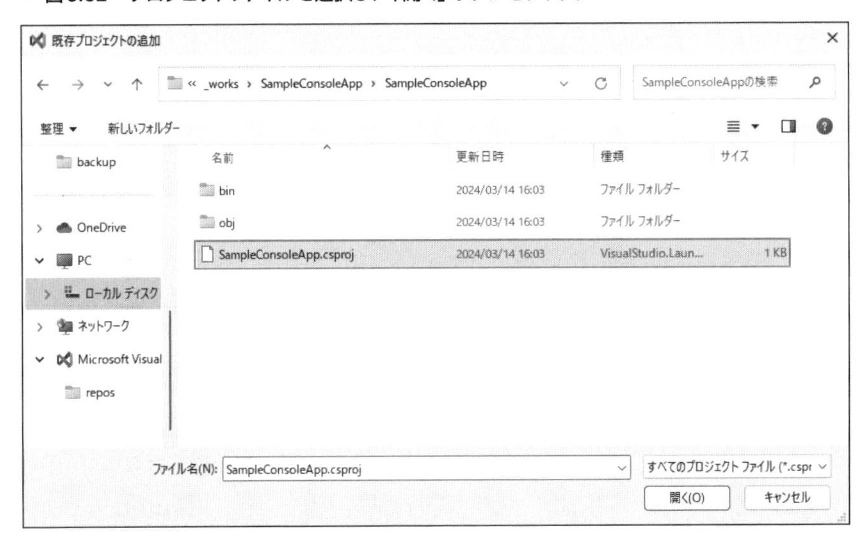

ソリューションエクスプローラーには、手順2で選択したプロジェクトが取り込まれます（**図3.33**）。

▼ 図3.33　プロジェクトが取り込まれる

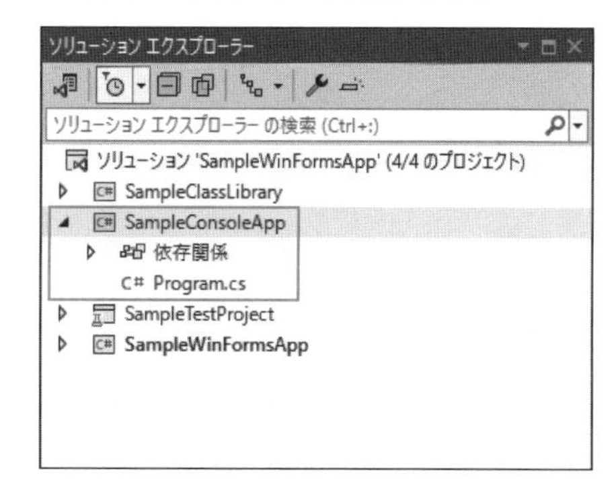

 ファイルの取り込み

プロジェクトを丸ごとではなく、一部のファイル（ソースファイルやリソースファイルなど）だけを取り込みたい場合は、下記の手順で取り込むことができます。

1 ソリューションエクスプローラーでファイルを取り込みたい箇所を右クリックし、コンテキストメニューから「追加(D)」→「既存の項目(G)」を選択します（**図3.34**）。

▼ 図3.34　「既存の項目」を選択

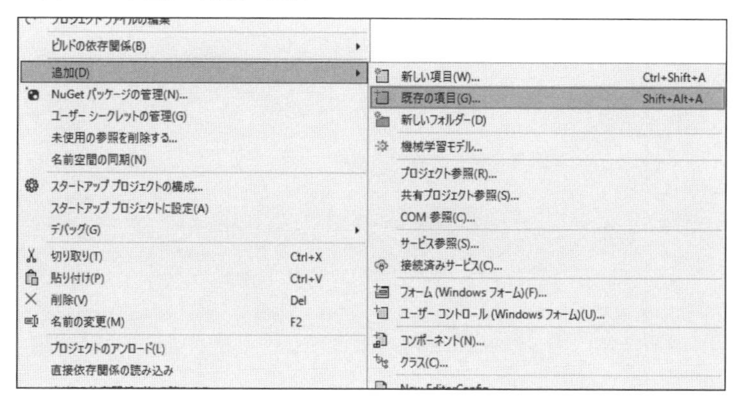

2 追加したいファイルを選択し、「追加」ボタンをクリックします（**図3.35**）。

▼ 図3.35　ファイルを選択し、「追加」ボタンをクリック

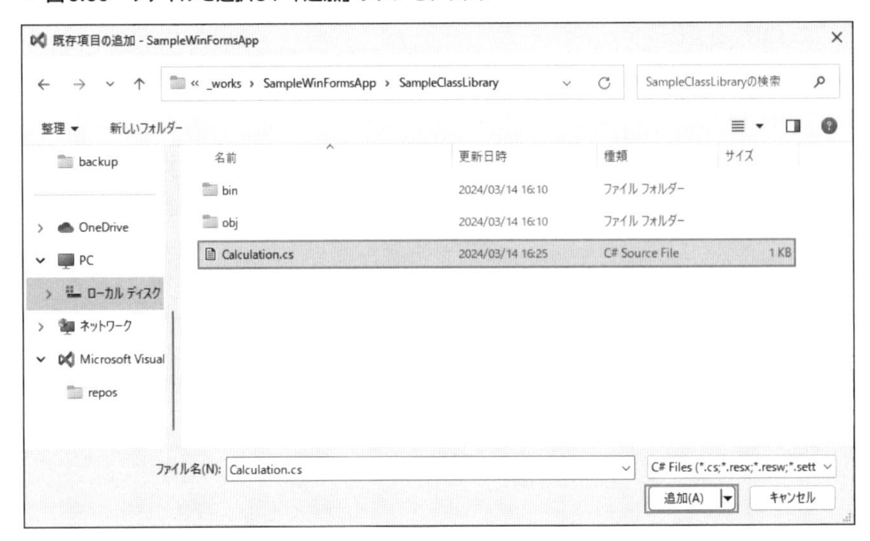

ソリューションエクスプローラーの指定した箇所には、手順2で選択したファイルが追加されます（**図3.36**）。

▼ 図3.36　ファイルが追加される

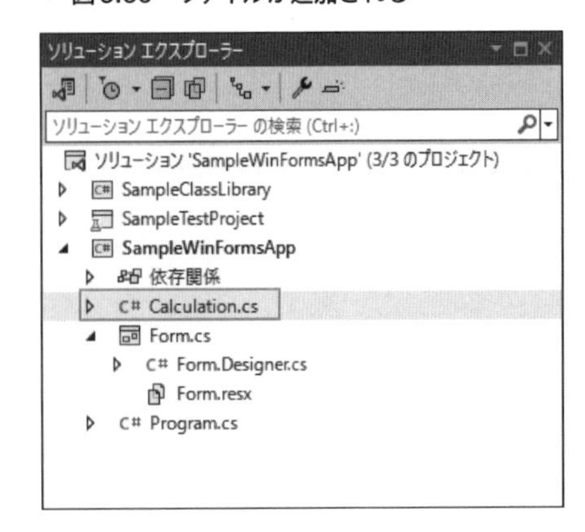

 プロジェクトの設定を理解する

プロジェクトに関する設定はたくさんあります。すべての設定を意識して利用することはあまり無いと思いますので、ここでは代表的なものについて紹介します。

プロジェクトに関する設定画面を開くには、ソリューションエクスプローラーで対象のプロジェクトを右クリックし、コンテキストメニューから「プロパティ(R)」を選択します(**図3.37**)。

プロジェクトに関する設定画面が開きます。

▼ **図3.37 「プロパティ」を選択**

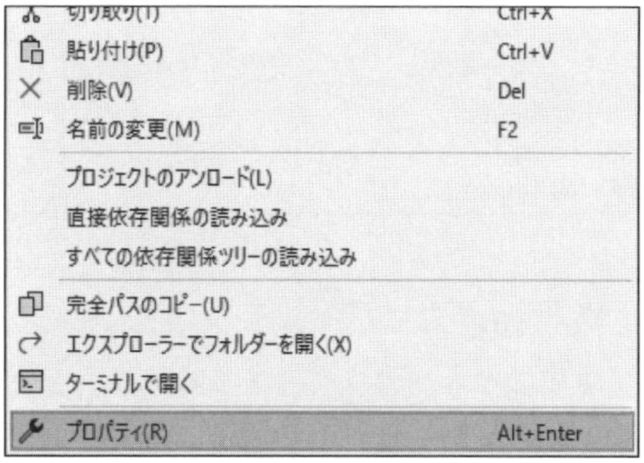

貼り付け(P)	Ctrl+V
削除(V)	Del
名前の変更(M)	F2
プロジェクトのアンロード(L)	
直接依存関係の読み込み	
すべての依存関係ツリーの読み込み	
完全パスのコピー(U)	
エクスプローラーでフォルダーを開く(X)	
ターミナルで開く	
プロパティ(R)	Alt+Enter

ターゲットフレームワーク

プロジェクトが対象とするフレームワークのバージョンを変更したい場合は、ここから変更します(**図3.38**)。既定では、プロジェクト作成時に指定したバージョンが選択されています。バージョンを下げる時には参照エラーに注意しましょう。

▼ **図3.38 フレームワークのバージョンを選択**

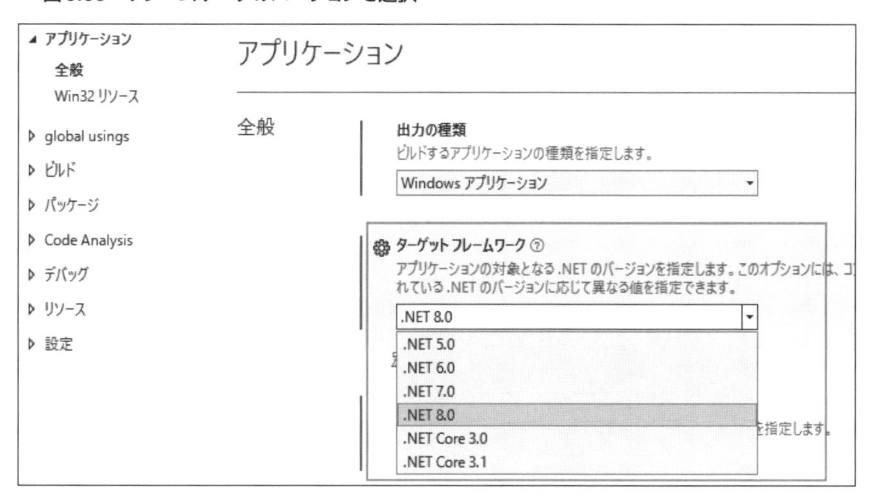

アイコン

Windowsエクスプローラーにて表示される、アプリケーションのアイコンを設定したい場合は、ここから設定します(**図3.39**)。「参照」ボタンをクリックし、設定したいアイコンファイル(*.ico)を選択します。

アイコンファイル(*.ico)は、フリーソフトを使って簡単に作成することができます。

▼ 図3.39　アイコンファイルを選択

条件付きコンパイルシンボル

特定の顧客へのリリースの時のみ、一部のソースコードを有効にしたい場合などがあります。そのような場合にこの設定が利用できます。例えば、「株式会社XX」へのリリース時のみ、有効にしたいソースコードがあるとします。

対象のソースコードは**図3.40**のように記述します。

次に、プロジェクトに関する設定画面で「条件付きコンパイルシンボル」に「株式会社XX」と入力します(**図3.41**)。

これで、対象のソースコードが有効になります。逆に無効にしたい場合は、「条件付きコンパイルシンボル」から「株式会社XX」を削除するだけです。

▼ 図3.40　「#if 株式会社XX ～ #endif」と記述

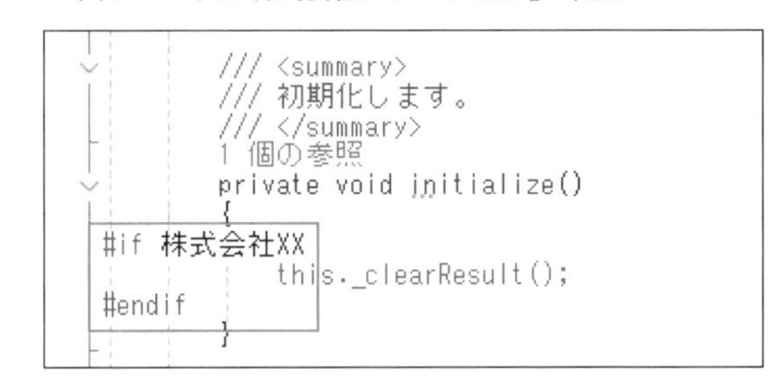

▼ 図3.41　「条件付きコンパイルシンボル」に「株式会社XX」と入力

DEBUG定数の定義

アプリケーションに不具合が発生し、調査のため、デバッグ用のログを出力したくなることがあります。そのような場合、調査用のソースコードを記述して調査し、調査が終わったらそのソースコードを削除する、というやり方をすると、手間がかかるだけでなく、作業ミスにより新たな不具合に繋がる可能性もあります。

この設定を利用すると、デバッグ時にのみ実行されるソースコードを簡単に記述することができます。デバッグ時にのみ実行したいソースコードは**図3.42**のように記述します。

▼ 図3.42 「#if DEBUG ～ #endif」と記述

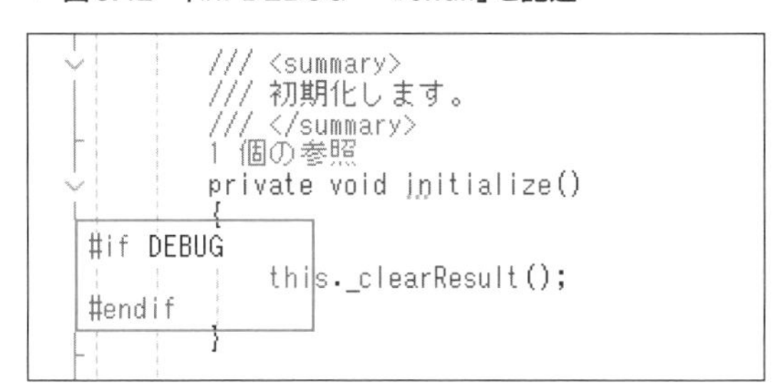

デバッグモードでアプリケーションを実行する際、DEBUGシンボルが使用されます(**図3.43**)。デバッグモードではデバッガーがアタッチされている状態でプログラムが実行され、バグを見つけるためのデバッグ機能を利用することができます。

▼ 図3.43 DEBUGシンボル

出力パス

基本的には既定のままで問題ないと思いますが、ビルドしたアプリケーションの出力先を変更したい場合は、ここから変更します(**図3.44**)。

ビルドのモードでDebugが選択されている場合はDebugビルドの出力先、Releaseが選択されている場合はReleaseビルドの出力先の指定となります。

▼ 図3.44 出力先を指定

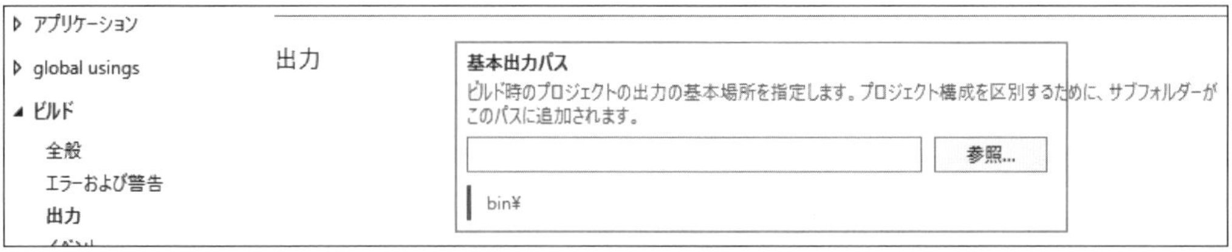

▷ アプリケーション
▷ global usings
◢ ビルド
全般
エラーおよび警告
出力
出力
基本出力パス
ビルド時のプロジェクトの出力の基本場所を指定します。プロジェクト構成を区別するために、サブフォルダーがこのパスに追加されます。
参照...
bin¥

アセンブリに署名する

アセンブリに署名をしたい場合は、ここから設定します（アセンブリに署名することの目的などについての説明は割愛します）。

下記の手順で設定できます。

1 「アセンブリに署名する（A）」にチェックし、「参照」ボタンからキーファイルを選択します（**図3.45**）。

▼ 図3.45 「キーファイル」を選択

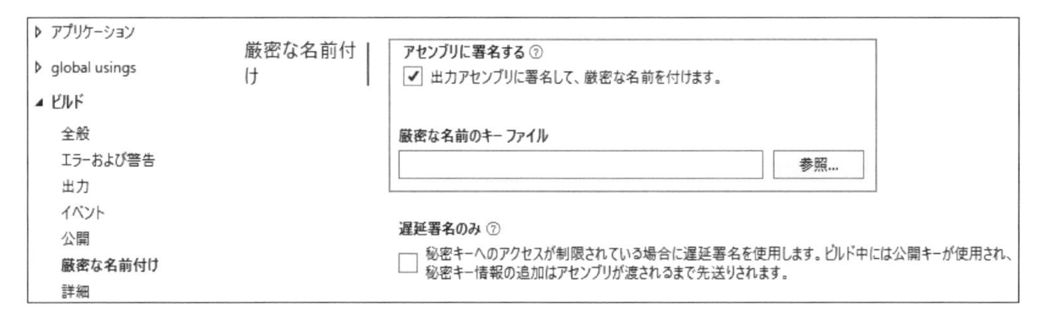

 NuGetパッケージを管理する

最近の開発では他の開発者が作成した素晴らしいコードを全世界に公開し、皆で利用するということが珍しくはなくなりました。このときのコードは多くが「パッケージ」となっています。このパッケージにはコンパイルされたコード（DLL）に加えて、このパッケージが使用されるプロジェクトに必要であるその他のコンテンツも含まれています。

「NuGet」とは、マイクロソフト社がサポートする「.NET（.NET Coreを含む）」に対するオープンソースのパッケージマネージャーです。ではこのNuGetで何を行えるかを紹介します。

NuGetで行えることは主に3つです。

- NuGetパッケージのインストール
- プロジェクトにインストール済みのパッケージの管理
- インストール済みパッケージの更新管理

NuGetパッケージのインストール

それではNuGetパッケージのインストールを行ってみましょう。

1 メニューから「プロジェクト」→「NuGetパッケージの管理」を選択します。またはプロジェクトを右クリックから「NuGetパッケージの管理」を選択します。すると「NuGetパッケージマネージャー」が表示されます（**図3.46**）。はじめは「インストール済み」が選択されています。

▼ **図3.46 NuGetパッケージマネージャーの表示**

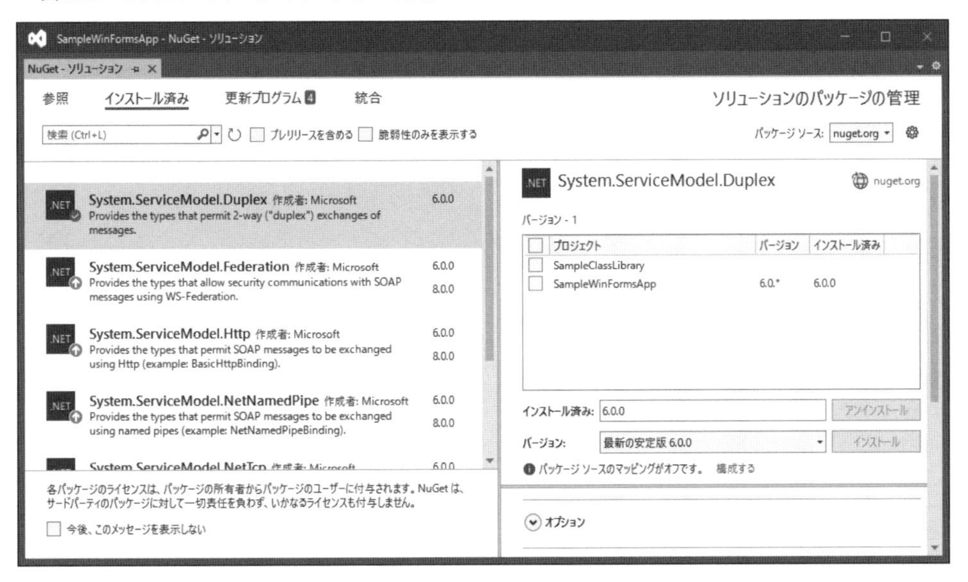

2 「参照」を選択すると、参照可能なNuGetパッケージが一覧で表示されます。しかし膨大な数があるため、インストールを行いたいパッケージの名前で絞り込みを行います。ここでは例として実際の開発現場で多用されているログ処理のパッケージである「log4net」をインストールします。検索ボックスに「log4net」と入力してください。すると一番上に「log4net」が表示されます（**図3.47**）。編集現在ではバージョンが2.0.16のようです。それでは「log4net」を選択しましょう。すると右ペインに詳細と主にインストールするバージョン選択とインストールボタンが表示されます。ここではあとで更新の説明を行うため、最新版ではなく、少し古いものをインストールします。

▼ 図3.47　log4netの検索結果

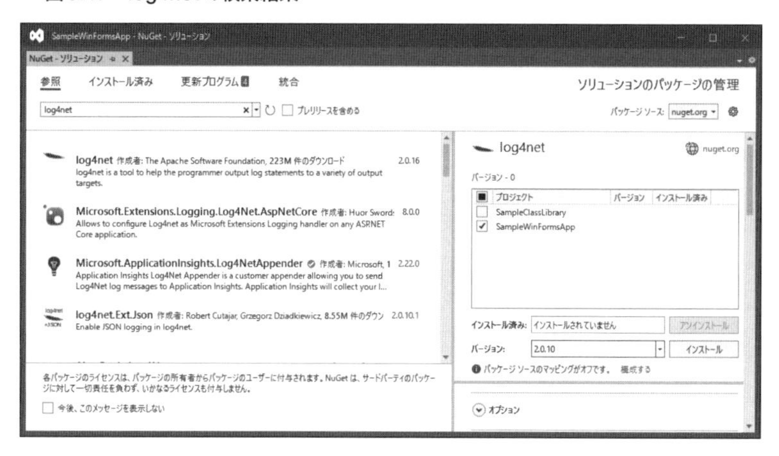

③ インストールボタンを押すと、出力ウィンドウに処理内容が表示されていき、ダイアログが表示されます（**図3.48**）。このダイアログにインストールされるものが表示されるので、内容を確認後、「OK」ボタンを押しましょう。

▼ 図3.48　インストール中の表示

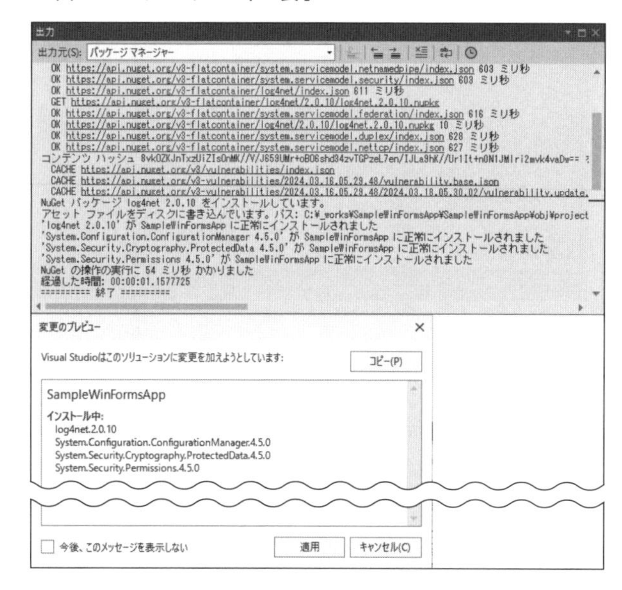

④ インストールが終わると一覧の「log4net」のバージョン表記の隣にアイコンが追加されます（**図3.49**）。また、プロジェクトの参照一覧にインストールした「log4net」の表記が追加されます（**図3.50**）。

▼ 図3.49 インストール後の画面

▼ 図3.50 プロジェクトの参照一覧

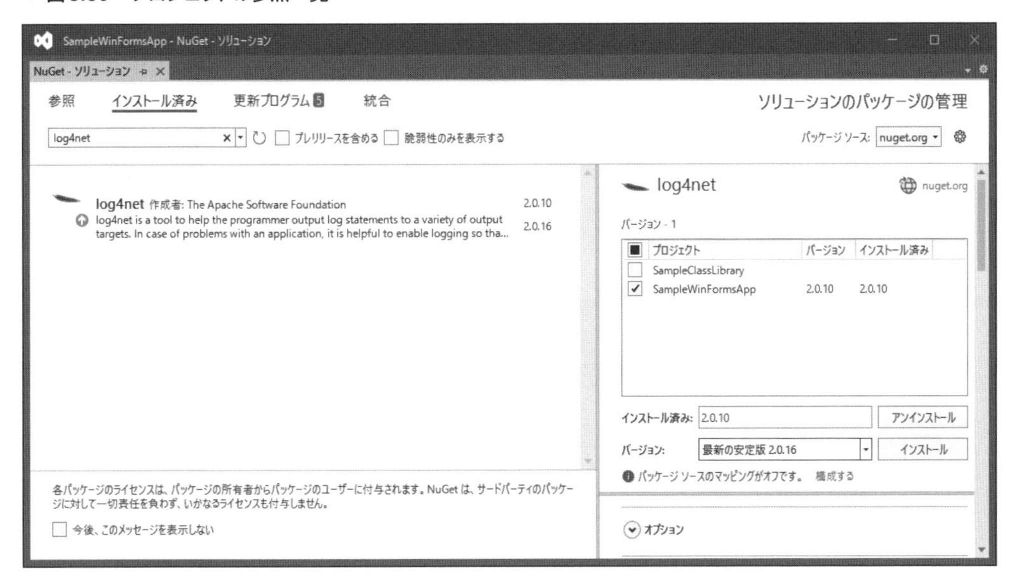

プロジェクトにインストール済みのパッケージの管理

インストールが終わったので、最初の画面へ戻ってみましょう。「インストール済み」を選択します。すると先程は何も表示されていなかった画面に「log4net」が追加されます。

ここでインストール済みのパッケージ一覧を見ることができます。パッケージのアンインストールなどの行うことができます。

インストール済みパッケージの更新管理

「log4net」をインストール時、わざと古いバージョンをインストールしました。ここではパッケージの更新を行いましょう。「更新プログラム」を選択し、表示します（**図3.51**）。

前の画面とあまり変わっていないように見えますが、この画面には更新可能なパッケージの一覧が表示されます。それでは実際に更新を行いましょう。

▼ **図3.51　更新プログラム画面**

1. 「log4net」の左側のチェックボックスにチェックを入れます。すると更新ボタンを押すことができるようになりますので、更新ボタンを押しましょう（**図3.52**）。すると「変更のプレビュー」というダイアログが表示されます（**図3.53**）。内容を確認後、「OK」ボタンを押しましょう。更新が終了すると、更新したパッケージは一覧から消えます（**図3.54**）。

▼ 図3.52　更新するパッケージを選択する

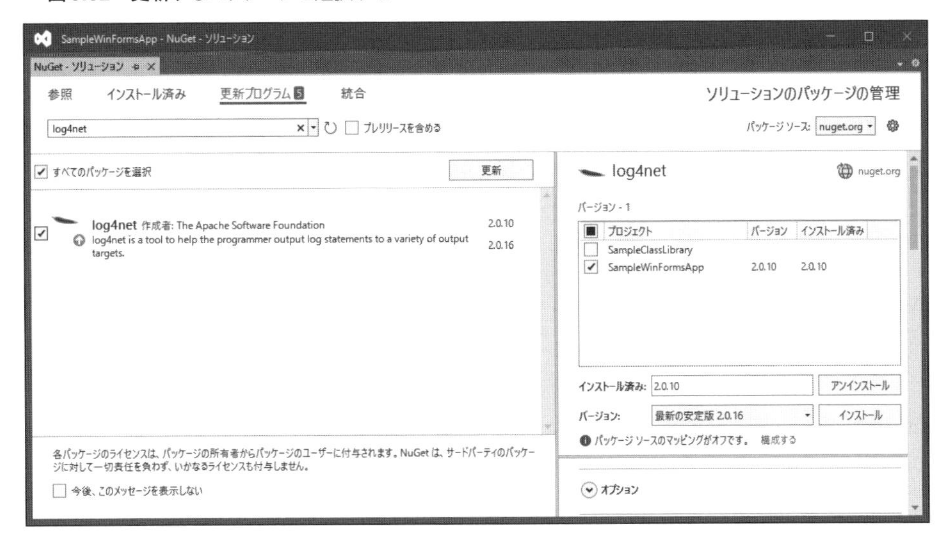

▼ 図3.53　変更のプレビュー

▼ 図3.54　更新後の画面

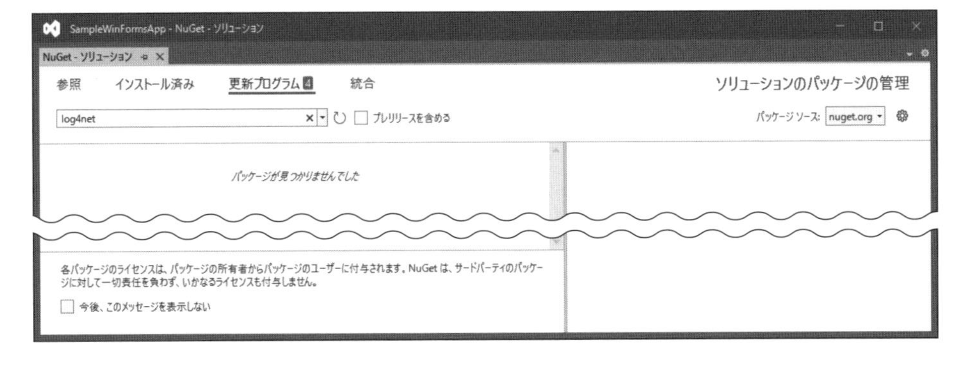

3-3 ソリューションエクスプローラー

ここで、Visual Studioの要とも言えるソリューションエクスプローラーの機能について説明していきます。

概要

ソリューションエクスプローラーはその名の通り、ソリューションを構成する項目をツリー形式で表示（**図3.55**③）するウィンドウです。

各項目の操作をコンテキストメニューから行えるため、コーディング以外のほとんどの操作をソリューションエクスプローラーで行うことができます。また、ツールバー（**図3.55**①）と検索テキストボックス（**図3.55**②）が上側にあり、ソリューションエクスプローラーの表示内容に関する操作を行うことができます。

▼ 図3.55　ソリューションエクスプローラーの表示内容

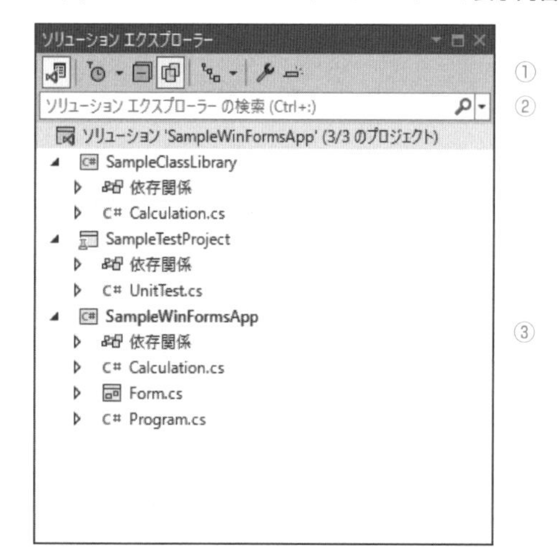

表示位置

ソリューションエクスプローラーはツールウィンドウのため表示位置を自由にカスタマイズできますが、既定では右側に表示されます（**図3.56**）。

▼ 図3.56 ソリューションエクスプローラー

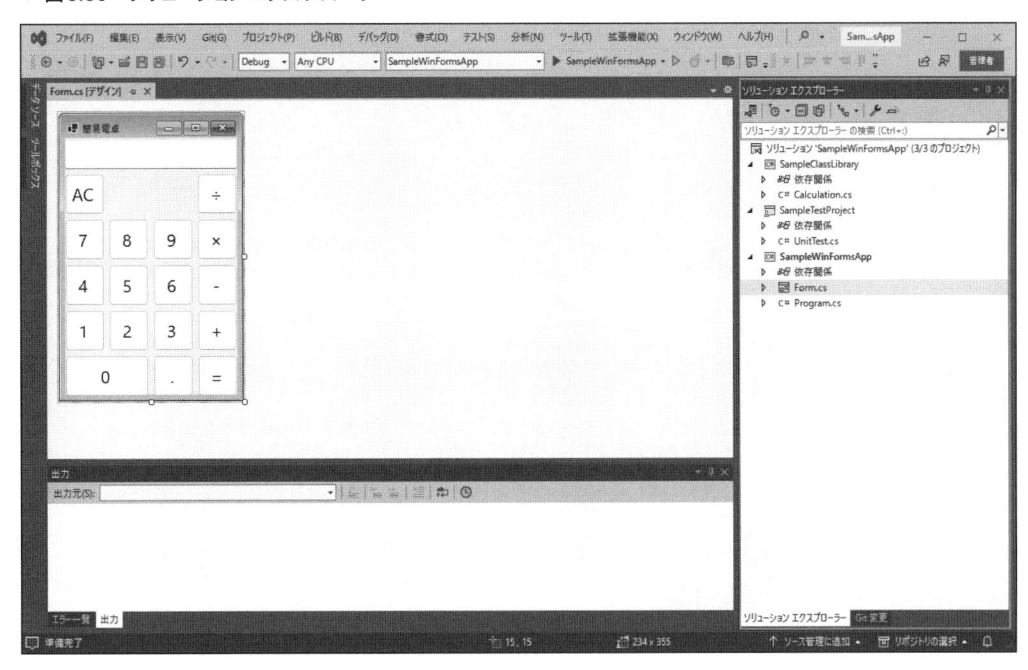

非表示にすることもできるので、表示されていない場合は、「表示」メニューの「ソリューション エクスプローラー」(**図3.57**)を選択するか、ショートカットキー(既定では Ctrl + W、S)で表示します。

▼ 図3.57 表示メニュー

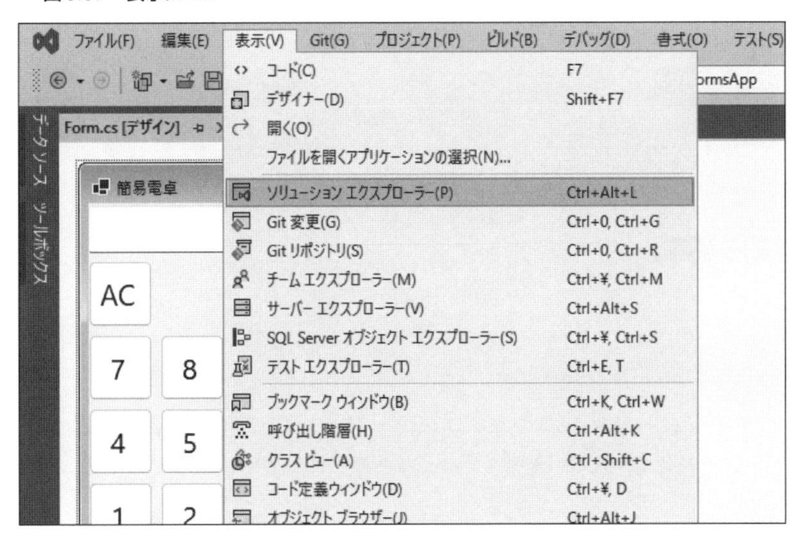

表示項目

ソリューションエクスプローラーのツリーには、主に**表3.2**のような項目がノードとして表示されます。**図3.58**は、ノードをすべて展開した状態です。

▼ 表3.2 ソリューションエクスプローラーの表示項目

項目	説明
ソリューション(図3.58①)	開いているソリューションです
プロジェクト(図3.58②)	ソリューションに含まれているプロジェクトです
依存関係(図3.58③)	プロジェクトが参照しているアナライザーやフレームワークです
ファイル(図3.58④)	プロジェクトに含まれるファイルです。コードファイルだった場合は、配下にクラスやメンバーなどが表示されます

▼ 図3.58 ソリューションエクスプローラー

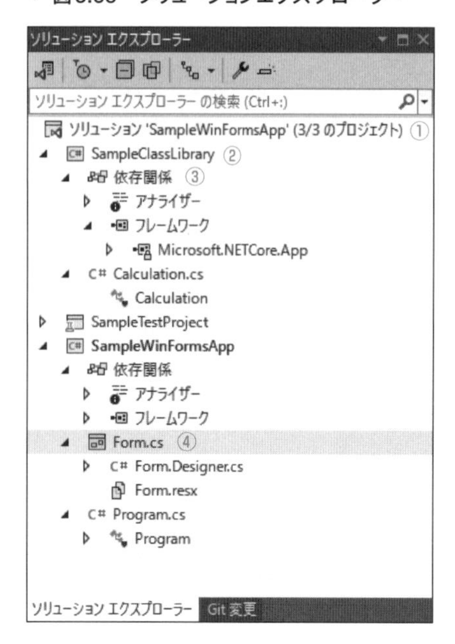

ツールバー

ツールバーを利用すると、ソリューションエクスプローラーに表示する内容に関する操作を行うことができます。ここからは、各ボタンの機能について確認してきます。

1
2
3
4
5
6
7
8
9

「戻る／進む／ホーム」ボタン

ツリーのコンテキストメニュー「ここまでスコープ指定する」や、クラスやメソッドのコンテキストメニューからクラスの構成、メソッドの関係を辿った際の表示の切り替えの履歴を、「戻る」ボタンで戻ったり、「進む」ボタンで進んだりすることができます（**図3.59**）。「ホーム」ボタンをクリックすると、元の表示に戻ることができます。

▼ 図3.59 ツールバーの「戻る／進む／ホーム」ボタン

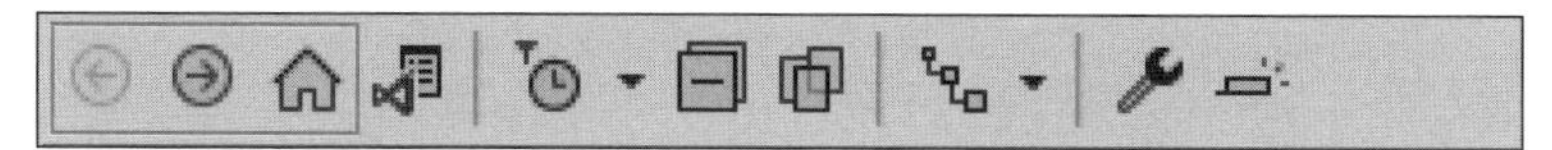

「ソリューションビューとフォルダービューを切り替える」トグルボタン

このボタンを選択すると、ソリューションのフォルダー配下のフォルダーとファイルを表示することができます（**図3.60**）。フォルダービュー、ソリューションビューにそれぞれ切り替えることができます。（**図3.61**）。

▼ 図3.60 ツールバーの「ソリューションビューとフォルダービューを切り替える」ボタン

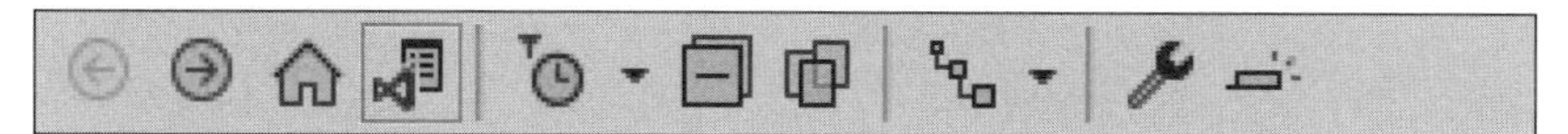

ONEPOINT

ソリューションエクスプローラーのウィンドウは、ツールバー、検索バー、メインウィンドウなどで構成されています。

- ツールバー
  ファイルやメインウインドウの表示方法などを制御します
- 検索バー
  ファイルの内容を検索したり、外部の項目内を検索します
- メインウィンドウ
  ファイル、プロジェクト、ソリューションを表示します

▼ 図3.61　ソリューションビューとフォルダービュー

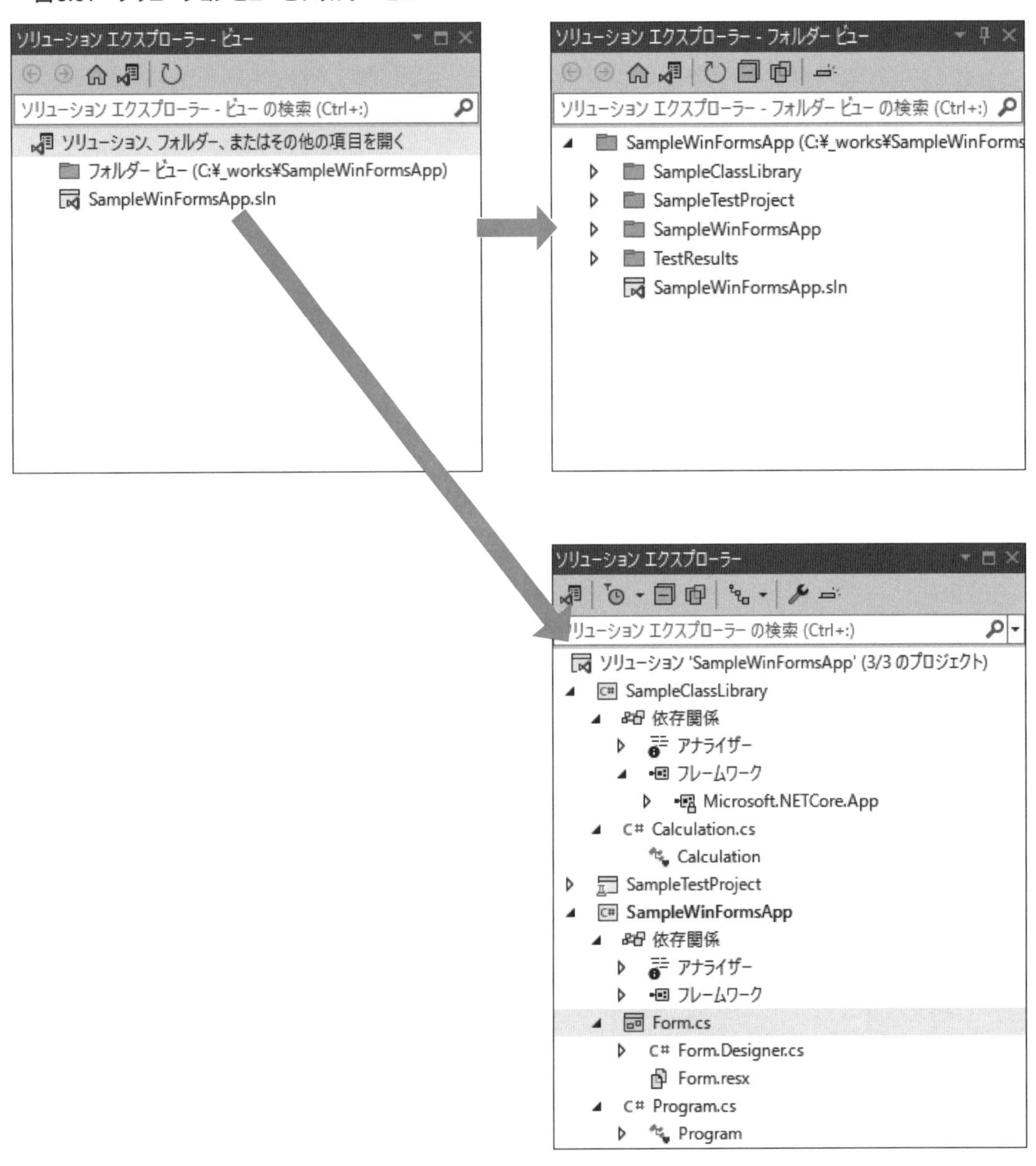

「保留中の変更フィルター／開いているファイルフィルター」トグルボタン

このボタンはドロップダウンリストになっていて、ドロップダウンリストで選択されているフィルターが動作対象になります（**図3.62**）。

▼ 図3.62 ツールバーの「開いているファイルフィルター」ボタン

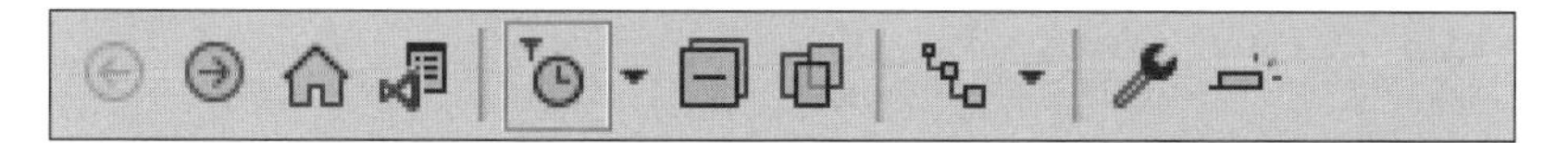

「保留中の変更フィルター」は、ソース管理をしている場合のみ機能します。「保留中の変更フィルター」が選択されている状態でこのボタンを選択すると、「保留中」の状態のファイルのみを表示することができます。変更したファイルの確認や、チェックインする場合に利用すると便利です。「開いているファイルフィルター」が選択されている状態でこのボタンを選択すると、エディターウィンドウで開いているファイルのみの表示にすることができます（**図3.63**）。

どちらの場合も、選択を外すと通常の表示に戻すことができます。

▼ 図3.63 開いているファイルのみの表示

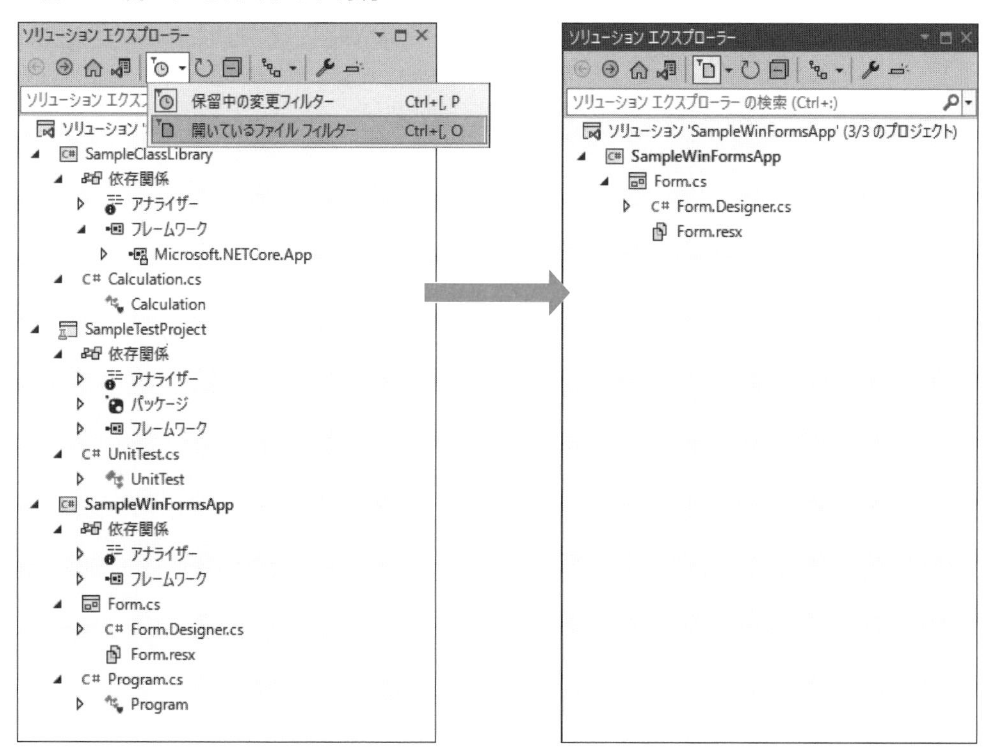

「アクティブドキュメントとの同期」ボタン

このボタンをクリックすると、エディター ウィンドウで表示しているファイルをソリューションエクスプローラーで選択した状態にします（**図3.64**）。

▼ 図3.64　ツールバーの「アクティブドキュメントとの同期」ボタン

このボタンは、「オプション」ダイアログの「アクティブな項目をソリューション エクスプローラーで選択された状態にする」設定(**図3.65**)がチェックされている場合は表示されません。

この設定をチェックすると、エディターウィンドウで開いているアクティブなファイルが、自動的にソリューションエクスプローラーで選択されるようになります。

▼ 図3.65　「オプション」ダイアログ

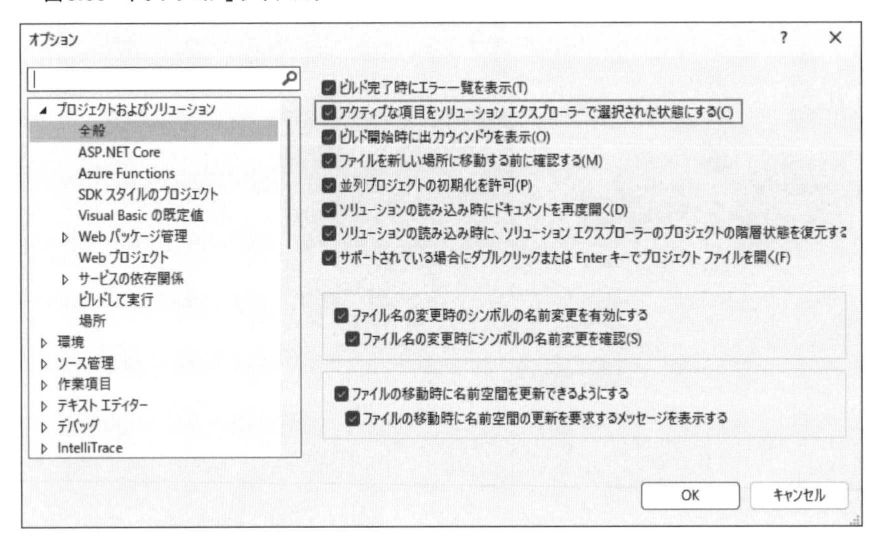

「最新の情報に更新」ボタン

このボタンをクリックすると、ソリューションエクスプローラーの表示内容を最新の情報に更新します(**図3.66**)。ソリューションエクスプローラーは、リアルタイムで表示内容を更新してくれるため利用する機会は少ないですが、表示内容が同期できていない場合はクリックしましょう。

▼ 図3.66　ツールバーの「最新の情報に更新」ボタン

「すべて折りたたむ」ボタン

このボタンをクリックすると、展開したツリー表示をすべて折りたたんでくれます(**図3.67**)。

▼ 図3.67 ツールバーの「すべて折りたたむ」ボタン

「すべてのファイルを表示」トグルボタン

このボタンを選択すると、プロジェクトに含まれていないために表示されていないファイル、フォルダーを表示することができます(**図3.68**)。コピーしたファイルを、プロジェクトに含めたい場合などで利用する機能です。このボタンの選択状態は、プロジェクトのノード単位で保持されます。

▼ 図3.68 ツールバーの「すべてのファイルを表示」ボタン

「プロパティ」ボタン

このボタンをクリックすると、選択されている項目のプロパティを設定するウィンドウを表示します(**図3.69**)。

▼ 図3.69 ツールバーの「プロパティ」ボタン

ソリューションが選択されている場合は、**図3.70**のように設定画面がダイアログを表示します。

▼ 図3.70 ソリューションの「プロパティページ」ダイアログ

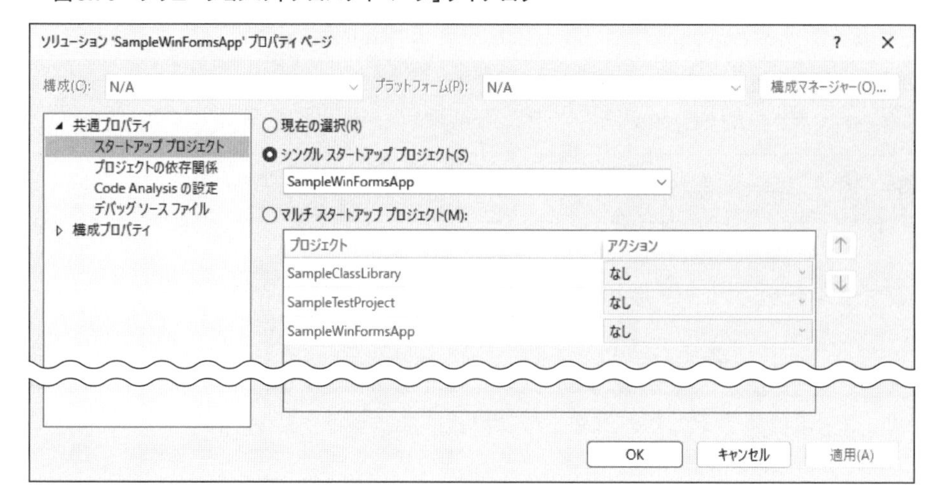

プロジェクトが選択されている場合は、**図3.71**のように設定画面がエディターウィンドウに表示されます。

▼ 図3.71 プロジェクトの「プロパティ」設定画面

ファイルが選択されている場合は、**図3.72**のように設定画面がツールウィンドウに表示されます。

▼ 図3.72 ファイルの「プロパティ」設定画面

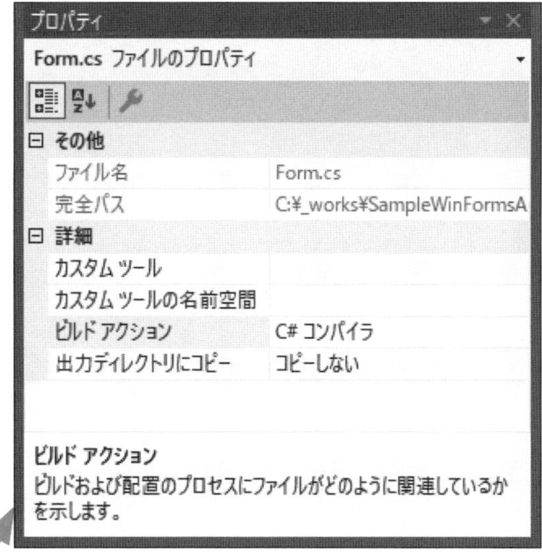

「選択された項目のプレビュー」トグルボタン

このボタンを選択すると、ツリーで選択したノードがコードファイルだった場合に、選択しただけでその内容がエディターウィンドウに表示されるようになります(**図3.73**)。

▼ 図3.73 ツールバーの「選択された項目のプレビュー」ボタン

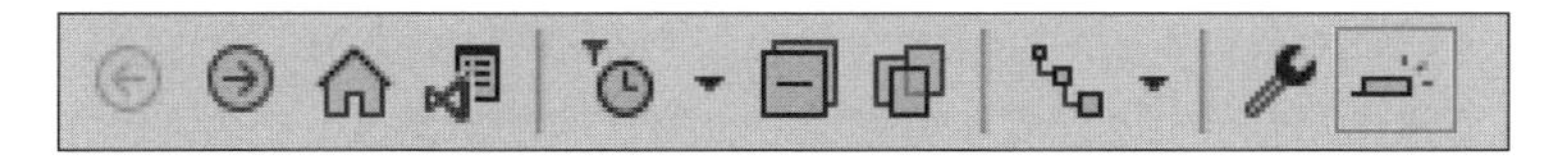

すでにエディターウィンドウで開いているファイルだった場合は、そのファイルがアクティブになります。開いていないファイルだった場合は、**図3.74**のようにタブを右側に表示した形式でファイルの内容を表示します。

▼ 図3.74 ツールバーの「選択された項目のプレビュー」ボタン

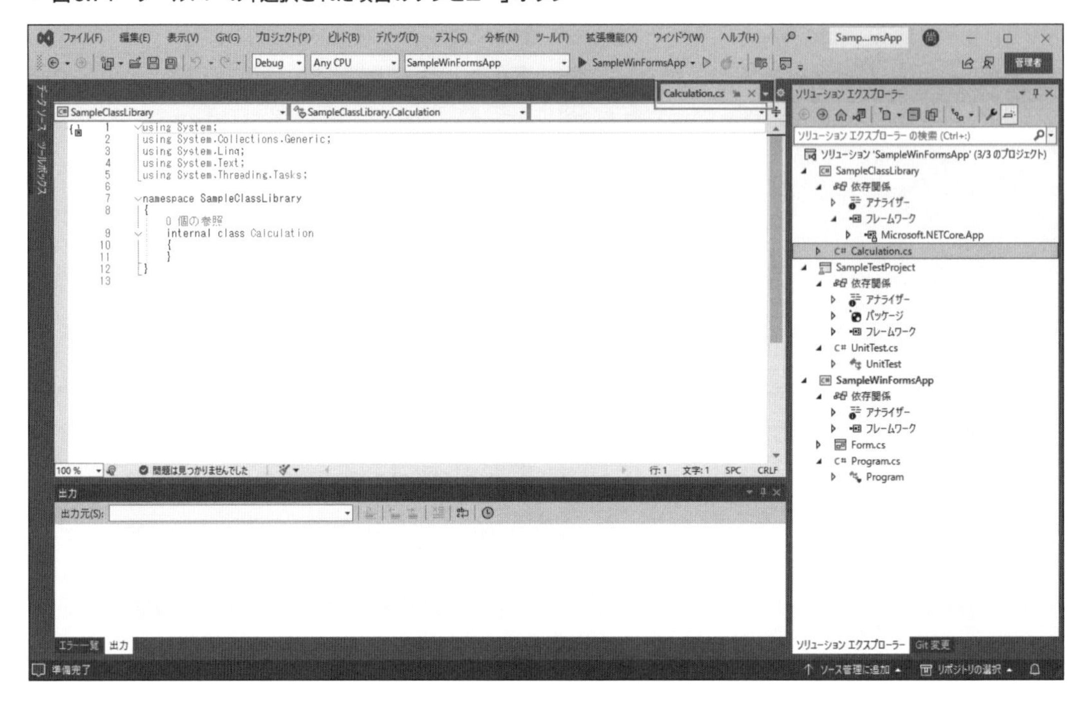

検索テキストボックス

このテキストボックスに文字列を入力すると、ソリューションエクスプローラーに表示されている項目の名前を対象にして検索を行うことができます（**図3.75**）。検索結果は、そのままツリーに表示されます。

ファイルに加え、クラス、メソッドなどのメンバーも検索対象になるため便利です。

▼ 図3.75 検索テキストボックス

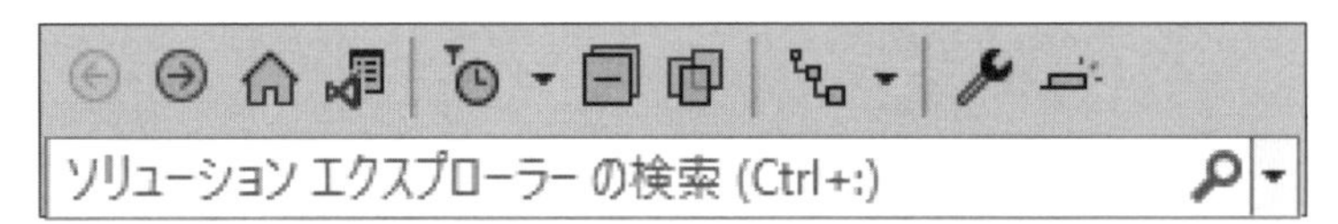

コンテキストメニュー

ソリューションエクスプローラーに表示されている各項目の操作は、コンテキストメニューから行えます。

そのため、コーディング以外のほとんどの操作をソリューションエクスプローラーで行うことができます。

ここからは、代表的な以下の項目／ノードのコンテキストメニューについて確認してきます。

- ソリューション
- プロジェクト
- ファイル
- クラス
- メソッド

「ソリューション」ノードのコンテキストメニュー

「ソリューション」ノードのコンテキストメニューは項目が多いため、カテゴライズして確認してきます（**図3.76**）。

▼ **図3.76 「ソリューション」ノードのコンテキストメニュー**

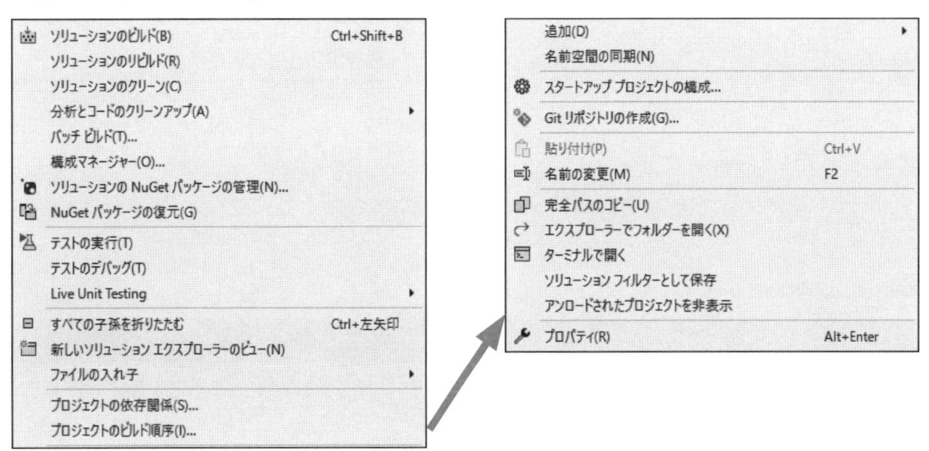

すべてのプロジェクトに対して行うメニュー

表3.3のメニューは、ソリューションに含まれるすべてのプロジェクト対して、対応したメニューを実行します。

▼ 表3.3 すべてのプロジェクトに対して行うメニュー

メニュー	対応したプロジェクトのメニュー
ソリューションのビルド	ビルド
ソリューションのリビルド	リビルド
ソリューションのクリーン	クリーン
分析とコードのクリーンアップ／ソリューションでコード分析を実行	解析／コード分析を実行
分析とコードのクリーンアップ／コードメトリックスの計算	解析／コードメトリックスの計算
分析とコードのクリーンアップ／コードクリーンアップ（プロファイル①）の実行	保存時にコードクリーンアップをプロファイル①で実行
分析とコードのクリーンアップ／コードクリーンアップ（プロファイル②）の実行	保存時にコードクリーンアップをプロファイル②で実行
分析とコードのクリーンアップ／コードクリーンアップの構成	コードクリーンアップの構成を設定（プロファイル①、プロファイル②）
分析とコードのクリーンアップ／分析スコープの設定	「既定値（現在のドキュメント）」「現在のドキュメント」「開かれているドキュメント」「ソリューション全体」「なし」から分析スコープを選択
テストの実行	テストの実行
テストのデバッグ	テストのデバッグ
プロジェクト依存関係を読み込む	プロジェクト依存関係を読み込む

ソリューション固有のメニュー

表3.4のメニューは、ソリューション固有のメニューです。

▼ 表3.4 ソリューション固有のメニュー

メニュー	動作
バッチ ビルド	「バッチビルド」ダイアログを表示して、複数のプロジェクトの構成をビルドすることができます
構成マネージャー	構成マネージャーを表示して、ビルドの構成を編集することができます。追加することもできます
ソリューションのNuGetパッケージの管理	NuGetのパッケージの管理画面を表示します。インストール先のプロジェクトを複数指定することができます
NuGetパッケージの復元	コピーしたプロジェクトにNuGetパッケージが含まれていなかった場合に実行すると、NuGetパッケージを復元することができます
プロジェクトの依存関係	「プロジェクトの依存関係」ダイアログを表示して、各プロジェクトの依存関係を設定することができます
プロジェクトのビルド順序	「プロジェクトの依存関係」ダイアログを表示して、ビルドの順序を確認することができます

追加	サブメニューで選択した項目をソリューションに追加します。「インストール構成ファイル」だけはソリューションに追加する項目ではありませんが、選択するとVisual Studio Installerが表示されるので、インストール構成をエクスポートすることができます ／新しいプロジェクト ／既存の Web サイト ／新しい項目 ／既存の項目 ／新しいソリューション フォルダー ／インストール構成ファイル
ソリューションをソース管理に追加	ソース管理をする場合に利用します。選択すると、既定でローカルリポジトリのGitで管理できるようになります。ローカルリポジトリを利用すると、ソースのバージョン管理がサーバーなしでも行えるので、ぜひ利用しましょう
スタートアッププロジェクトの構成	「ソリューションのプロパティページ」ダイアログを表示して、デバッグする際に起動するプログラムのプロジェクトを設定することができます
ソリューションフィルターとして保存	複数のプロジェクトが含まれている場合に、プロジェクトをアンロードした状態をフィルターとして保存することができます。このフィルターからソリューションを読み込むと、プロジェクトが多い場合に読み込みを速くすることができます。また、ツールバーの「ソリューションビューとフォルダービューを切り替える」トグルボタンの選択項目にもなります
アンロードされたプロジェクトを非表示（表示）	選択すると、アンロードされたプロジェクトを表示、非表示にすることができます

共通的なメニュー

表3.5のメニューは、別の項目のコンテキストメニューでも表示される共通的なメニューです。

▼ **表3.5　共通的なメニュー**

メニュー	動作
新しいソリューションエクスプローラーのビュー	図3.77のように、ソリューションエクスプローラーをもう一つ表示します
貼り付け	無効なままです
名前の変更	ソリューションの名前を変更します。ファイル名に反映されます
エクスプローラーでフォルダーを開く	ソリューションのフォルダーをファイルエクスプローラーで開きます
プロパティ	ソリューションの「プロパティページ」ダイアログを表示します

▼ 図3.77 新しいソリューションエクスプローラーのビュー

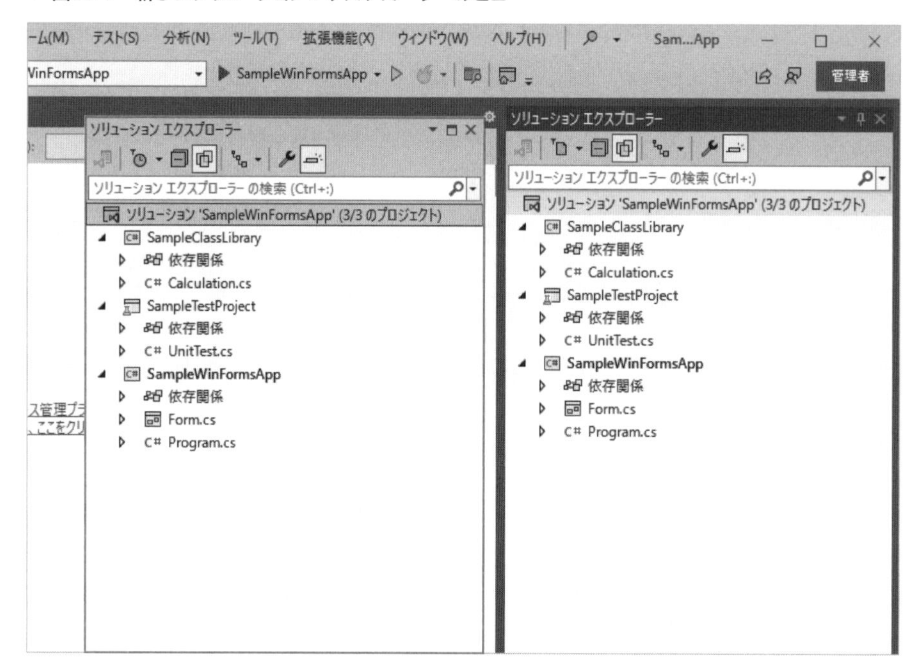

「プロジェクト」ノードのコンテキストメニュー

「プロジェクト」ノードのコンテキストメニューも項目が多いため、カテゴライズして確認してきます(**図3.78**)。

▼ 図3.78 「プロジェクト」ノードのコンテキストメニュー

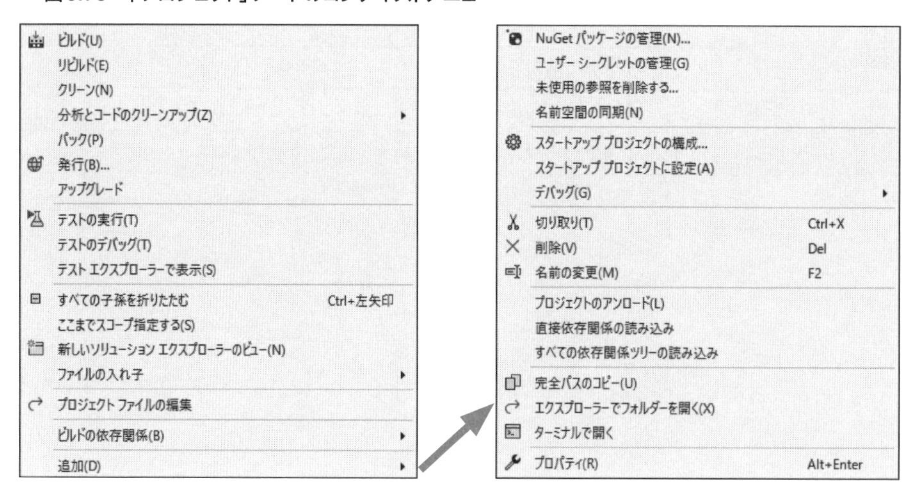

プロジェクト固有のメニュー

表3.6のメニューは、プロジェクト固有のメニューです。

▼ **表3.6　プロジェクト固有のメニュー**

メニュー	動作
ビルド	プロジェクトをビルドします。ビルドすると、ソースコードからアセンブリが作成されます。アセンブリは、.NETアプリケーションの構成要素で、実行可能ファイル（.exe）および、ダイナミックリンクライブラリファイル（.dll）のことです
リビルド	クリーンを実行してからビルドを実行します
クリーン	ビルドで作成された、中間ファイル、出力ファイルをすべて削除します
解析	これらのメニューは、コードの品質や保守性を向上させるためのツールを実行してくれます。手軽に実行できるため、ぜひ利用しましょう。「コード分析の実行」は、プログラミングやデザインに関する規則違反などを出力してくれます。「コードメトリックスの計算」は、保守容易性指数やサイクロマティック複雑度など、開発者が保守しやすいコードか、どの部分が複雑になっているかなどを示す値を出力してくれます ／コード分析の実行 ／アクティブな懸案事項のビルドと抑制 ／コードメトリックスの計算
発行	アプリケーションを配置するための「発行ウィザード」を起動します。プロジェクトがアプリケーションだった場合に利用できます。内容については、第7章を参照してください
追加	サブメニューで選択した項目をプロジェクトに追加します。プロジェクトに、作成するクラスやフォーム、リソースなどを追加します。また、プロジェクトで利用するアセンブリやサービス、アナライザーを追加することもできます。アナライザーはコード分析で利用するツールです。通常はNuGetからインストールします ／新しい項目 ／既存の項目 ／新しいフォルダー ／REST APIクライアント ／参照 ／Web参照 ／サービス参照 ／接続済みサービス ／アナライザー ／Windowsフォーム ／ユーザーコントロール ／コンポーネント ／クラス
デバッグ	サブメニューで選択した形式で、デバッグを実行します。Visual Studioのデバッガーは非常に強力で、便利な機能を多数備えています（内容については、「第5章 Visual Studioのデバッグ」を参照してください） ／新しいインスタンスを開始 ／新しいインスタンスにステップ イン
プロジェクトでインタラクティブを初期化	インタラクティブ／REPL（Read-eval-print loop）を初期化して、「C# Interactive」ウィンドウを表示します。このウィンドウでは、1行ごとにコードを実行することができるため、自分が作成したクラスなどの確認を手軽に行うことができます

ソリューションと共通的なメニュー

表3.7のメニューは、ソリューションと共通的なメニューです。

▼ 表3.7　プロジェクト固有のメニュー

メニュー	動作
NuGetパッケージの管理	NuGetのパッケージマネージャーの画面を表示します。この画面から、プロジェクトで利用するNuGetパッケージの検索やインストールを行うことができます
ビルドの依存関係	「プロジェクトの依存関係」ダイアログを表示して、「プロジェクトの依存関係」の設定、「ビルドの順序」の確認をすることができます ／プロジェクトの依存関係 ／プロジェクトのビルド順序
スタートアップ プロジェクトに設定	対象のプロジェクトをスタートアップ プロジェクトに設定します。スタートアッププロジェクトとは、デバッグする際に起動するプログラムのプロジェクトのことです
ソース管理	ソース管理をする場合に利用します。ソリューションのコンテキストメニューと同様の動作です ／ソリューションをソース管理に追加
プロジェクトのアンロード	選択すると、プロジェクトをアンロードします。プロジェクトが多くなった場合に、利用しないプロジェクトをアンロードしておくと、ソリューションの起動やビルドなどが速くなります
プロジェクト依存関係を読み込む	依存しているプロジェクトがアンロードされている場合に選択すると、依存しているプロジェクトをロードしてくれます

共通的なメニュー

表3.8のメニューは、別の項目のコンテキストメニューでも表示される共通的なメニューです。

▼ 表3.8　共通的なメニュー

メニュー	動作
テストの実行	対象のプロジェクトが単体テストプロジェクトだった場合、そのプロジェクトすべての単体テストを実行します
テストのデバッグ	対象のプロジェクトが単体テストプロジェクトだった場合、そのプロジェクトすべての単体テストをデバッガーで実行します
ここまでスコープ指定する	対象のプロジェクトをルートとしたツリー表示に切り替えます。ツールバーの「戻る」ボタン、「ホーム」ボタンで、表示を戻すことができます
新しいソリューションエクスプローラーのビュー	ソリューションエクスプローラーをもう一つ表示します
切り取り	プロジェクトを切り取ります
貼り付け	コピーしたファイルを、プロジェクトに貼り付けます
削除	ソリューションからプロジェクトを削除します。物理ファイルは削除されません
名前の変更	プロジェクトの名前を変更します。ファイル名に反映されます。この操作では、アセンブリ名や名前空間は変更されません
エクスプローラーでフォルダーを開く	プロジェクトのフォルダーをファイル エクスプローラーで開きます

プロパティ	プロジェクトの「プロパティ」設定画面をエディター ウィンドウに表示します

「ファイル、クラス、メソッド」ノードのコンテキストメニュー

「ファイル、クラス、メソッド」ノードの各コンテキストメニューは固有のメニューが少ないため、まとめて確認していきます(**図3.79**～**図3.81**)。

▼ **図3.79 「ファイル」ノードのコンテキストメニュー**

開く(O)
ファイルを開くアプリケーションの選択(N)...
テストの実行(T)
テストのデバッグ(T)
すべての子孫を折りたたむ Ctrl+左矢印
ここまでスコープ指定する(S)
新しいソリューション エクスプローラーのビュー(N)
比較する(W)...
プロジェクトから除外(J)
切り取り(T) Ctrl+X
コピー(Y) Ctrl+C
削除(D) Del
名前の変更(M) F2
完全パスのコピー(U)
このアイテムのフォルダーを開く(O)
プロパティ(R) Alt+Enter

▼ **図3.80 「クラス」ノードのコンテキストメニュー**

ここまでスコープ指定する(S)
テストの実行(T)
テストのデバッグ(T)
テスト エクスプローラーで表示(S)
基本型
派生型
使用元
実装
新しいソリューション エクスプローラーのビュー(N)

▼ **図3.81 「メソッド」ノードのコンテキストメニュー**

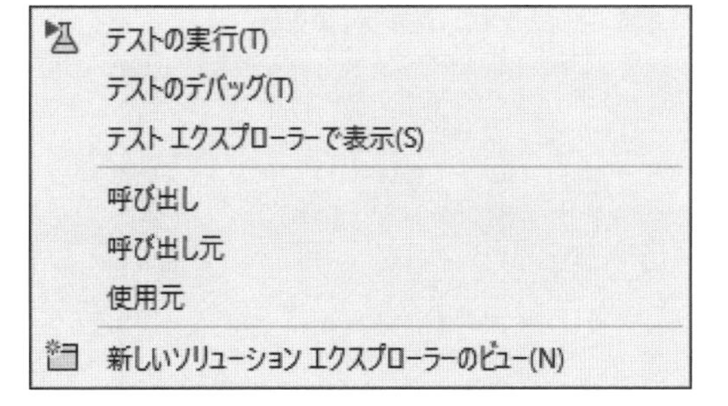

ファイル固有のメニュー

表3.9のメニューは、ファイル固有のメニューです。

▼ 表3.9 ファイル固有のメニュー

メニュー	動作
開く	既定値として設定されているアプリケーションで対象のファイルを開きます
ファイルを開くアプリケーションの選択	「プログラムから開く」ダイアログを表示します。選択したプログラムで対象のファイルを開きます。このダイアログで、対象のファイルの既定のアプリケーションを設定することもできます
コードの表示	対象のファイルのコードをエディターウィンドウに表示します。フォームやリソースなど、デザイナーで表示するファイルのコードを表示する際に利用します

クラス固有のメニュー

表3.10のメニューは、クラス固有のメニューです。

▼ 表3.10 クラス固有のメニュー

メニュー	動作
基本型	対象のクラスの基本クラスをツリー形式で表示してくれます（図3.82）
派生型	対象のクラスから派生しているクラスをツリー形式で表示してくれます
使用元	対象のクラスを利用しているコードファイルを一覧表示してくれます
実装	対象のクラスが実装しているインターフェイスを一覧表示してくれます（図3.83）。インターフェイスを実装しているクラスから派生している場合に便利です
実装先（インターフェイス）	対象のノードがインターフェイスだった場合に表示されるメニューです。対象のインターフェイスを実装しているクラスを一覧表示してくれます

▼ 図3.82 クラスの「基本型」の表示

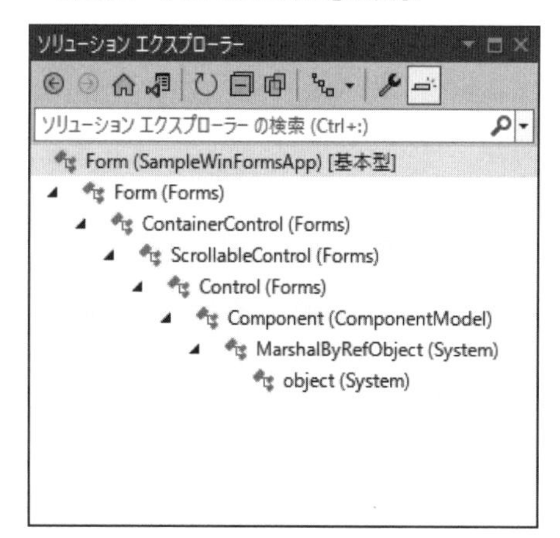

▼ 図3.83 クラスの「実装」の表示

メソッド固有のメニュー

表3.11のメニューは、メソッド固有のメニューです。

▼ 表3.11　メソッド固有のメニュー

メニュー	動作
呼び出し	対象のメソッドから呼び出しているメソッドをツリー形式で表示してくれます（図3.84）
呼び出し元	対象のメソッドを呼び出しているメソッドをツリー形式で表示してくれます
使用元	対象のメソッドを呼び出しているコードを一覧表示してくれます
オーバーライド	対象のメソッドがオーバーライドだった場合、基本クラスのオーバーライドをツリー形式で表示してくれます
オーバーライド元	対象のメソッドがオーバーライドか仮想メソッドだった場合、派生クラスのオーバーライドをツリー形式で表示してくれます

▼ 図3.84　メソッドの「呼び出し」の表示

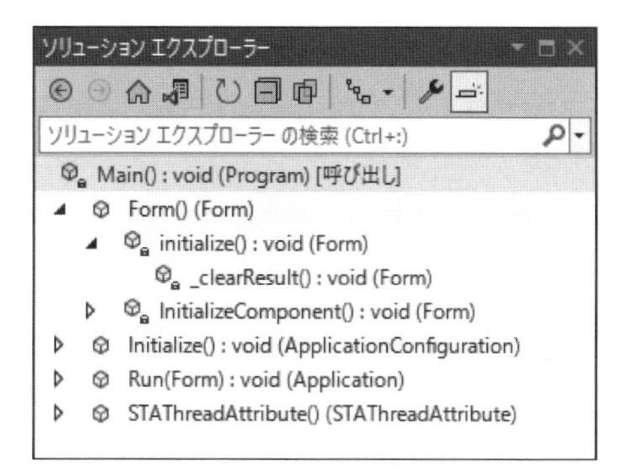

共通的なメニュー

表3.12のメニューは、別の項目のコンテキストメニューでも表示される共通的なメニューです。

▼ 表3.12　共通的なメニュー

メニュー	動作
テストの実行	対象のファイルが単体テストプロジェクトのファイルだった場合、そのファイル、クラスに記述されているすべての単体テストを実行します。単体テストのメソッドの場合は、そのメソッドの単体テストのみ実行します
テストのデバッグ	対象のファイルが単体テストプロジェクトのファイルだった場合、そのファイル、クラスに記述されているすべての単体テストをデバッガーで実行します。単体テストのメソッドの場合は、そのメソッドの単体テストのみ実行します
ここまでスコープ指定する	対象のファイル、クラスをルートとしたツリー表示に切り替えます。ツールバーの「戻る」ボタン、「ホーム」ボタンで、表示を戻すことができます
新しいソリューションエクスプローラーのビュー	ソリューションエクスプローラーをもう一つ表示します
削除	プロジェクトからファイルを削除します。物理ファイルも削除されます
プロパティ	ファイルの「プロパティ」設定画面をツールウィンドウに表示します

3-4 サーバーエクスプローラー

Visual Studioが提供するサーバーエクスプローラーとは、どのようなことができるものなのか機能を確認していきましょう。

サーバーエクスプローラーとは

サーバーエクスプローラーは、ネットワーク上にあるサーバーやAzureサービスなどの様々なリソースへVisual Studioから接続する機能を提供しています。主にデータベースへの接続に利用する機会が多く、SQL ServerやOracle、MySQLなど様々なデータベースへ接続することができます。この機能を利用することでVisual Studioから別アプリケーションを切り替えることなくデータを操作することができるため、非常に便利な機能になっています。

サーバーエクスプローラーを表示するには、メニューバーから[表示]→[サーバーエクスプローラー]を選択することで表示できます。

データベースへの新しい接続の作成

それでは、データベースへの接続はどのように行うのか、SQL Serverへの接続方法を見ていきましょう。

1. サーバーエクスプローラーから「データベースへの接続」アイコンをクリックして、データソースの選択画面を表示します。
2. SQL Serverへの新しい接続を作成するため、データソースは「Microsoft SQL Server」を選択して[続行]をクリックします(**図3.85**)。
3. 接続したいSQL Serverのサーバー名をドロップダウンから選択、または入力します。SQL Serverの認証はWindows認証を利用します。なお、認証は接続するデータベースによって、許可している認

▼ **図3.85　データソースの選択**

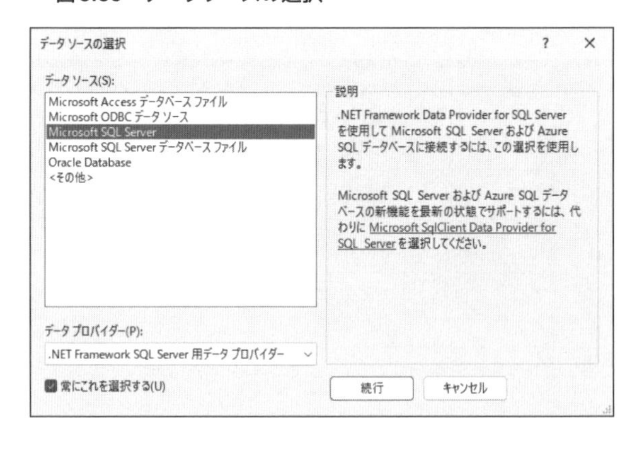

証が異なりますので事前に確認を行う必要があります。

4. 接続が正しく行えている場合、データベース名をドロップダウンから選択することができるようになりますので、データベースを選択後、「OK」をクリックします（**図3.86**）。
5. サーバーエクスプローラーのデータ接続ノード配下に追加したデータベース表示され、テーブルやビュー、ストアドプロシージャなどの追加、変更、削除をVisual Studioから行うことができるようになります（**図3.87**）。

▼ **図3.86　接続の追加**

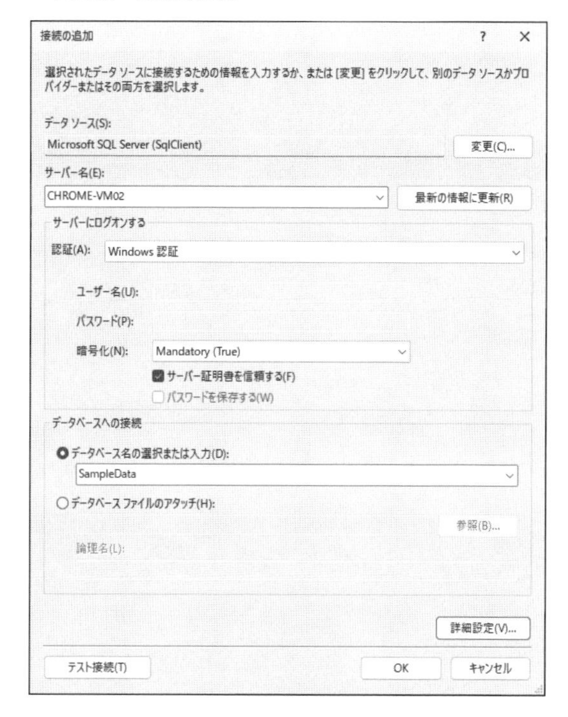

▼ **図3.87　サーバーエクスプローラー**

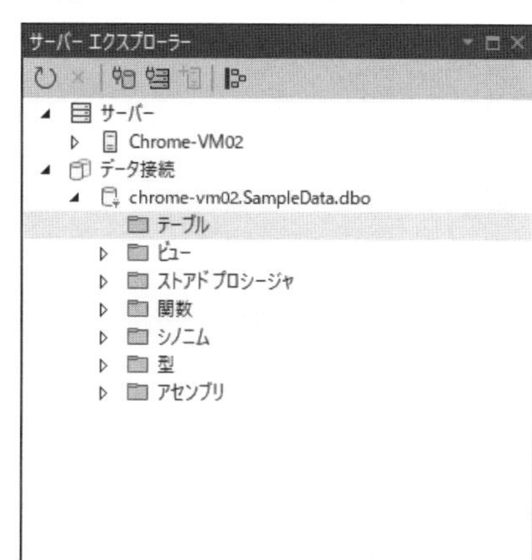

テーブルの追加

次にサーバーエクスプローラーに追加したデータベースへテーブルをどのように追加するのか手順を紹介していきます。

1. サーバーエクスプローラーからデータベースを展開し「テーブル」フォルダーを右クリックで表示されるコンテキストメニューの「新しいテーブルの追加」を選択します（**図3.88**）。
2. 表示されたテーブル デザイナーで名前やデータ型を設定し、「更新」をクリックします（**図3.89**）。

▼ 図3.88　新しいテーブルの追加

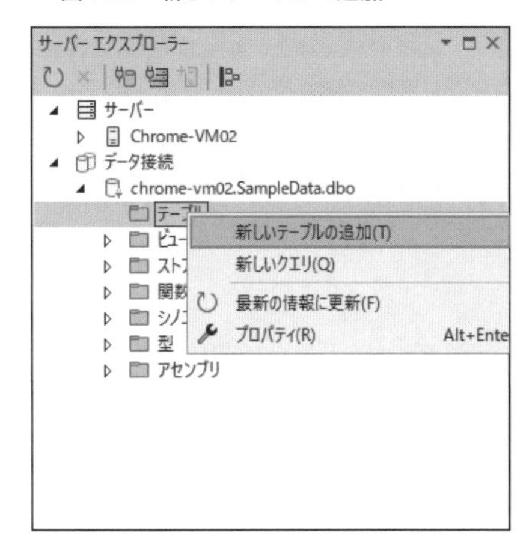

▼ 図3.89　テーブルデザイナー

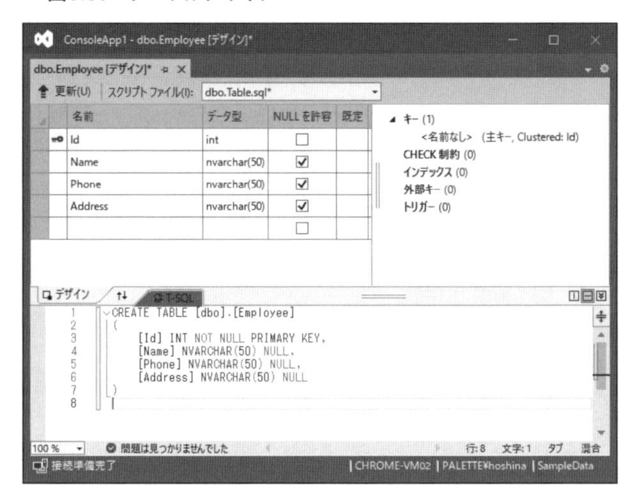

3　データベース更新のプレビューで問題がなければ、「データベースの更新」をクリックしてデータベースへ反映します（**図3.90**）。

▼ 図3.90　データベース更新のプレビュー

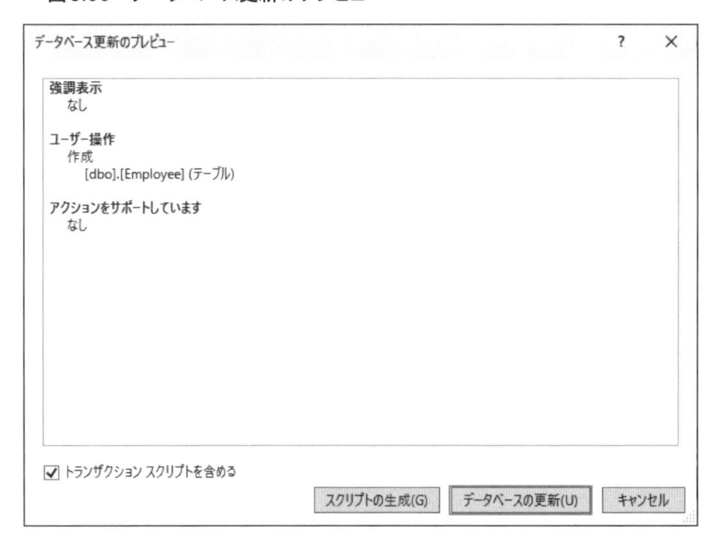

4　サーバーエクスプローラーの「テーブル」フォルダー配下に追加したテーブルが表示されます（**図3.91**）。

図3.91 追加されたテーブル

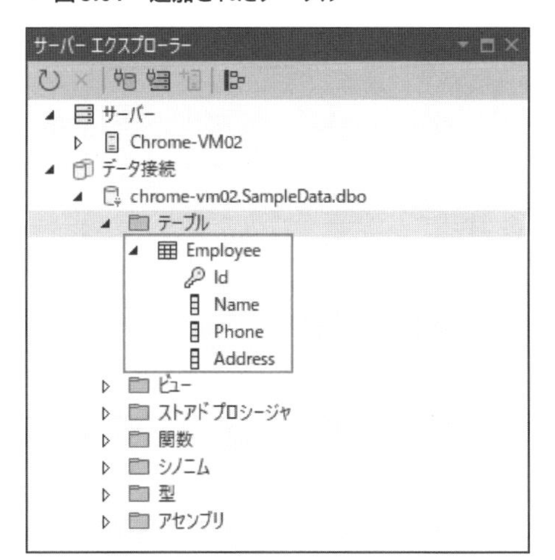

Entity Framework Coreの利用

Entity Framework Coreは、リレーショナルデータベースとオブジェクト指向プログラム間でデータの橋渡しを行う.NETの最新オブジェクトデータベースマッパー(ORM、またはO/Rマッパー)で、このEntity Framework Coreを利用することでプログラマーが直感的にデータベース操作することができます。

どのようにEntity Framework Coreを利用してデータベース操作を行うことができるのか手順を確認してみましょう。

ONEPOINT

Entity Framework Coreを利用するには、Nugetから以下2つのパッケージををインストールしておく必要があります(図3.B)。

- Microsoft.EntityFrameworkCore.SqlServer
- Microsoft.EntityFrameworkCore.Tools

プロジェクトのターゲットフレームワークに合わせたバージョンをインストールするようにしてください。

▼ 図3.B Nuget

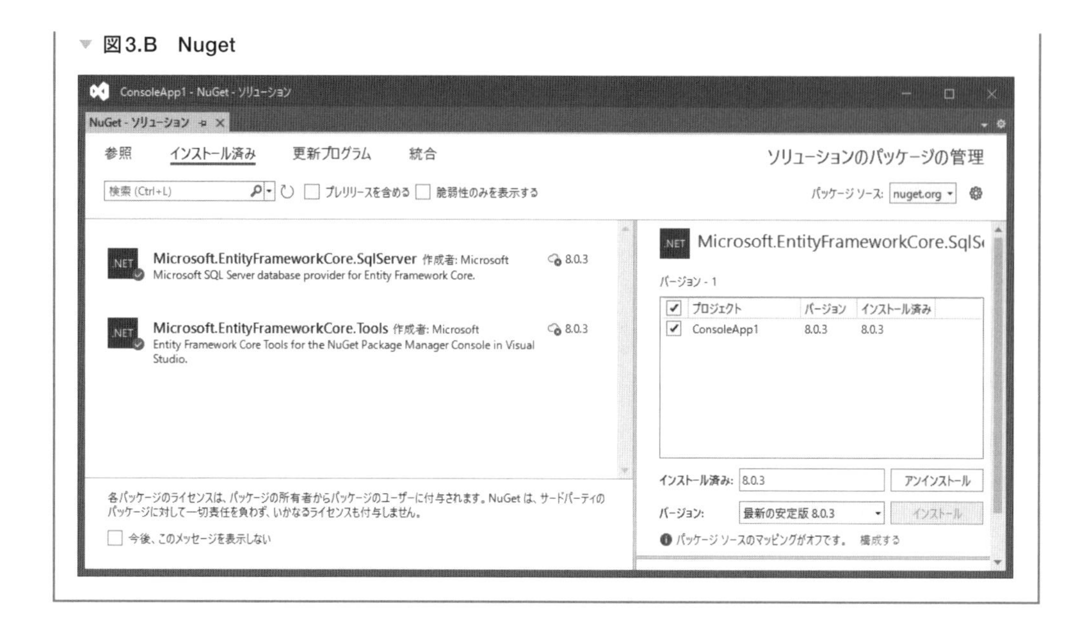

1. ソリューションエクスプローラーのプロジェクトを右クリックしてコンテキストメニューから「新しい項目」を選択し、データテーブルに対応するEntityクラスとデータベースとEntityクラスの橋渡しを行うDbContextクラスを作成します(**図3.92**～**図3.94**)。

▼ 図3.92 EntityクラスのDbContextクラスの追加

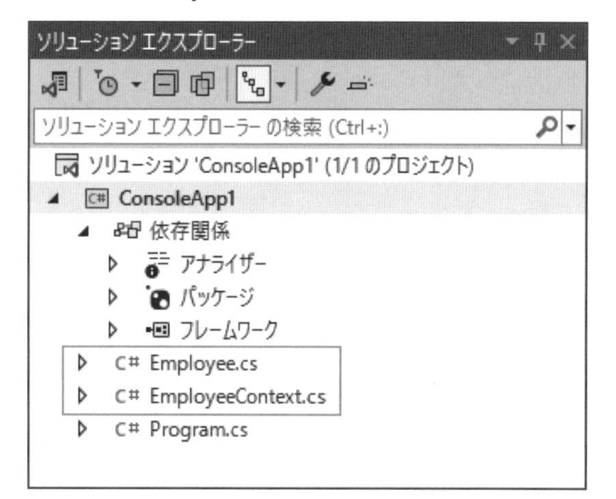

▼ 図3.93 Entityクラスの実装(サンプルコード)

```
/// <summary>
/// EmployeeテーブルのEntityクラスを表します。
/// </summary>
1 個の参照
internal class Employee
{
    /// <summary>
    /// IDを取得、または設定します。
    /// </summary>
    1 個の参照
    public int Id { get; set; }

    /// <summary>
    /// Nameを取得、または設定します。
    /// </summary>
    1 個の参照
    public string? Name { get; set; }

    /// <summary>
    /// Phoneを取得または設定します。
    /// </summary>
    0 個の参照
    public string? Phone { get; set; }

    /// <summary>
    /// Addressを取得または設定します。
    /// </summary>
    0 個の参照
    public string? Address { get; set; }
}
```

▼ 図3.94　DbContextクラスの実装（サンプルコード）

```
/// <summary>
/// Entityクラスと橋渡しを行うDbContextクラスを表します。
/// </summary>
3 個の参照
internal class EmployeeContext : DbContext
{
    /// <summary>
    /// Employeeテーブルのエンティティクラスです。
    /// </summary>
    1 個の参照
    public DbSet<Employee> Employee { get; set; }

    /// <summary>
    /// EmployeeContextに使用するデータベースを構成します
    /// </summary>
    /// <param name="optionsBuilder">EmployeeContextのオプションを作成または変更するために使用されるビルダー。</para
    0 個の参照
    protected override void OnConfiguring(DbContextOptionsBuilder optionsBuilder)
    {
        optionsBuilder.UseSqlServer(
            @"Data Source=CHROME-VM02;Initial Catalog=SampleData;Integrated Security=True;Persist Security Info=Fals
    }
}
```

2 NuGetパッケージマネージャーの「パッケージマネージャーコンソール」を起動し、以下のコマンドを実行してマイグレーションを行います（**図3.95**）。

```
Add-Migration InitialCreate
Update-Database
```

▼ 図3.95　マイグレーション

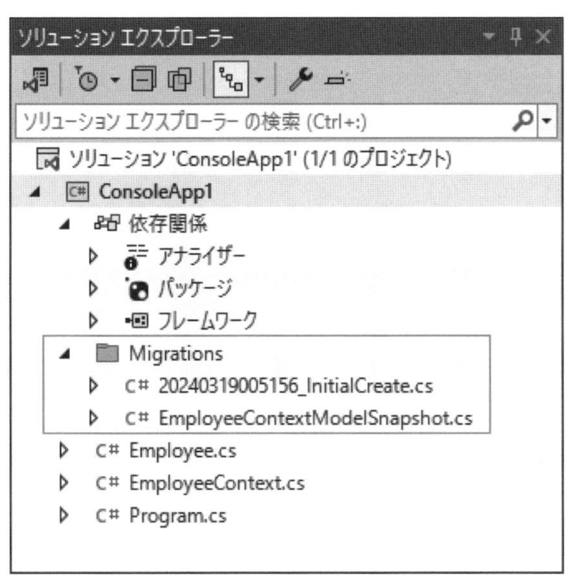

3 マイグレーション実行後、プロジェクト直下にMigrationsフォルダが作成されます（**図3.96**）。

▼ 図3.96 Migrationsフォルダー

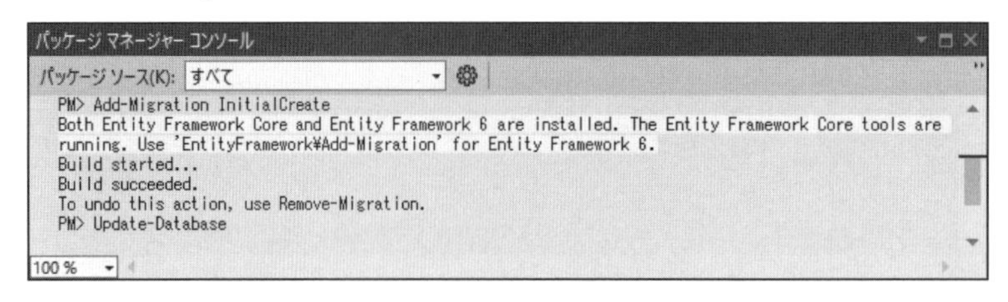

4 作成されたテーブルに対して、データ取得を行う実装を行います(**図3.97**)。

▼ 図3.97 データ取得の実装(サンプルコード)

```
using ConsoleApp1;
using Microsoft.EntityFrameworkCore;

using (var context = new EmployeeContext())
{
    // 全件取得
    var emp = await context.Employee.ToListAsync();

    emp.ForEach(item => Console.WriteLine(
        $" Id : {item.Id}, Name : {item.Name}, Phone : {item.Phone}, Address : {item.Address}"
        ));
}

Console.ReadLine();
```

このようにEntity Framework Coreを利用することでC#などのコードからデータ操作を行うことが可能となり、.NET開発者にとって開発を効率化できる強力なツールとなります(**表3.13**)。ただし、パフォーマンス面や柔軟性など考慮すべき点もあるため、開発要件によって適切な選択を行う必要があります。

▼ 表3.13 Entity Framework Coreの主なメリット

主なメリット	説明
開発時間の短縮	SQLクエリを直接記述する必要がなく、C#などのコードでデータ操作が可能です
データベースの抽象化	データベースの種類に依存せずにコードを書くことができるため。異なるデータベース間での移行が簡単になります
LINQのサポート	LINQを使用して安全なクエリを書くことができるため、コンパイル時にクエリのエラーを検出することができます
マイグレーション	データベーススキーマの変更をコードで管理できるので、バージョン管理も簡単になります

第4章

エディターを使いこなす（コーディング）

本章では、コーディングを行う際に利用するエディターについて解説します。基本操作から、コーディングを効率化する便利な機能まで見ていき、Visual Studioのエディターを使いこなせるようになりましょう。

本章の内容

4-1 エディターの基礎知識

第3章までに、実際にプログラムを作成することができる環境を整えました。それではこれから実際にプログラムを記述していきますが、その前に、記述に使用する「テキストエディター」について軽く説明します。

テキストエディターとは

テキストエディターとは、コンピューターで文字（テキスト）データのみのファイル、すなわちテキストファイルを「作成・編集・保存」するためのソフトウェアのことです。一般的なものの機能として「文字情報の入力・削除・コピー・貼り付け・検索・置換・整形」を備えています。ソフトウェアの例としては、Windowsならば「メモ帳・ワード」、Macならば「テキストエディット」、UNIX系OSならば「vi・Emacs」などがあります。

Visual Studioエディターの特徴

Visual Studioのエディターには、上記に上げたエディターの機能に加え、プログラムコードを書くことを効率化できる機能が備わっています。詳細は次節で紹介しますが、例を挙げると「文字の色を種類によって自動で色分けする・意味のある文字の塊ごとに表示を切り替える・変数単位で文字を置換する」などです。

4-2 エディターの基本操作

それでは、エディターの基本操作について見ていきましょう。メモ帳などの一般的なテキストエディタと同様、コードの編集ができるのはもちろんですが、コードの編集向けに用意された機能があります。

選択範囲のコメントアウト／コメント解除

この機能を利用すると、選択範囲を一括でコメントアウト、またはコメント解除することができます。対象の範囲が複数行の時に、併せてインデントも調整してくれたりして便利です。

1 コメントアウトしたい範囲を選択し、ツールバーの「コメントアウト」ボタンをクリックします（**図4.1**）。

2 手順1で選択した範囲がコメントアウトされます（**図4.2**）。コメント解除したい場合は、コメント解除したい範囲を選択し、ツールバーの「コメントの解除」ボタンをクリックします（**図4.3**）。

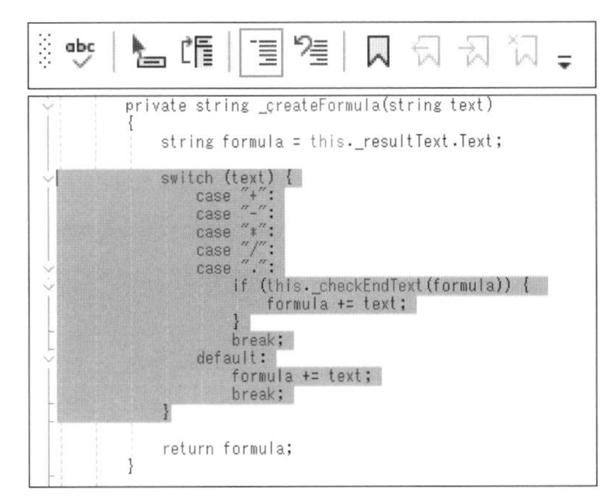

▼ **図4.1　範囲を選択して「コメントアウト」ボタンをクリック**

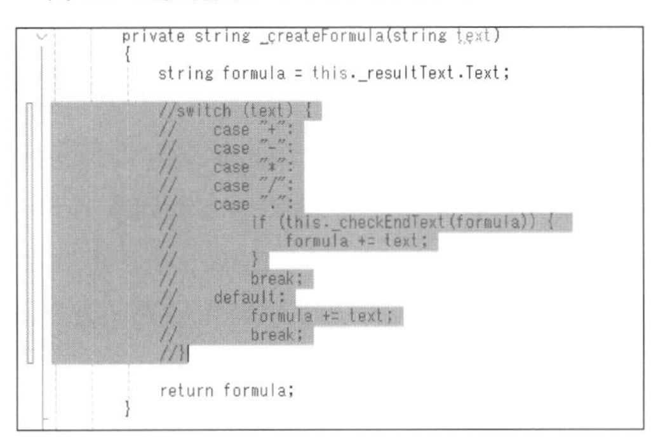

▼ **図4.2　選択範囲がコメントアウトされる**

▼ **図4.3　範囲を選択して「コメントの解除」ボタンをクリック**

```
private string _createFormula(string text)
{
    string formula = this._resultText.Text;

    switch (text) {
        case "+":
        case "-":
        case "*":
        case "/":
        case ".":
            if (this._checkEndText(formula)) {
                formula += text;
            }
            break;
        default:
            formula += text;
            break;
    }

    return formula;
}
```

> **ONEPOINT**
>
> コメントアウト/コメント解除はショートカットキーに対応しています（ショートカットキーは設定によって変更することができます）。
>
> - コメントアウト
>   Ctrl+K→Ctrl+C
> - コメント解除
>   Ctrl+K→Ctrl+U

選択範囲のインデント／インデント解除

この機能を利用すると、選択範囲を一括でインデント、またはインデント解除することができます。

Visual Studioでは、インデントは基本的に自動で設定されますが、例えば、コードを一部削除したりしてインデントのレベルが変わり、手動で調整したくなることがあります。複数行の時に便利な機能を紹介します。

1. インデントしたい範囲を選択し、ツールバーの「インデント」ボタンをクリックします（**図4.4**）。
2. 手順1で選択した範囲がインデントされます（**図4.5**）。インデントを解除したい場合は、インデント解除したい範囲を選択し、ツールバーの「インデントの解除」ボタンをクリックします（**図4.6**）。

▼ **図4.4　範囲を選択して「インデント」ボタンをクリック**

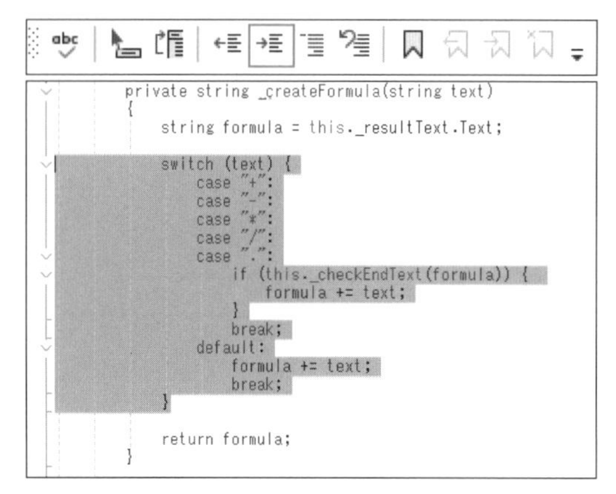

▼ **図4.5　選択範囲がインデントされる**

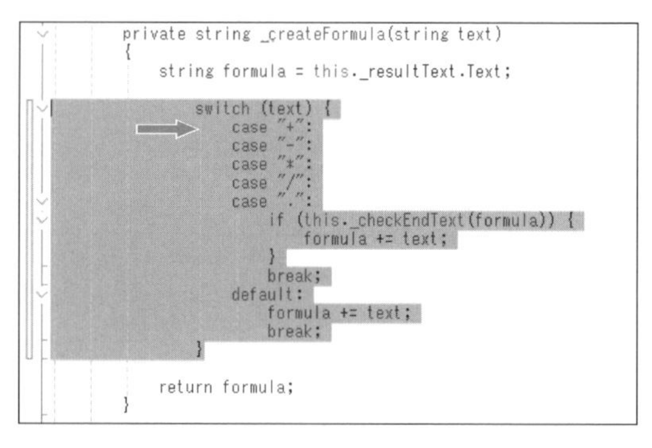

ONEPOINT

「インデント」ボタンが表示されていない場合は、ツールバーの「ボタンの追加または削除」→「行インデント」から追加してください。

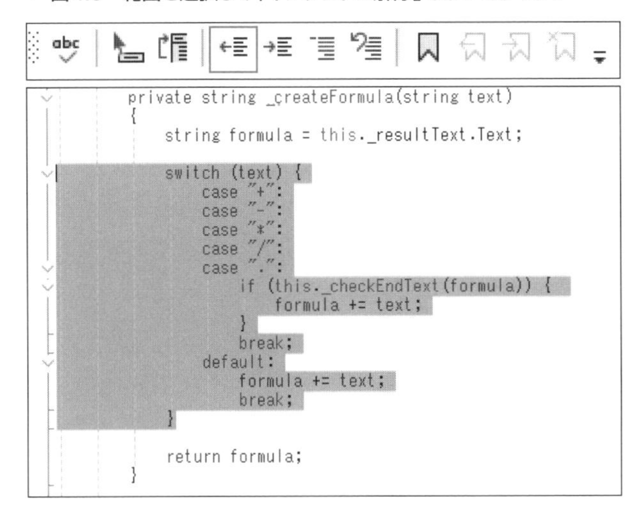

図4.6 範囲を選択して「インデントの解除」ボタンをクリック

ONEPOINT

「インデントの解除」ボタンが表示されていない場合は、ツールバーの「ボタンの追加または削除」→「行インデント解除」から追加してください。

インデントの挿入/解除は一般的なエディターと同様に、ショートカットキーに対応しています。

- インデントの挿入
  Tab
- インデントの解除
  Shift + Tab

COLUMN インデントが乱れてしまったときの対処法

何らかが原因でインデントが乱れてしまったとき、インデントの挿入、解除を判断するのが大変だと思います。

その時はドキュメントのフォーマット自動調整機能を使いましょう。「編集」→「詳細」→「ドキュメントのフォーマット」を選択すると現在開いているソースコードのインデントが自動で揃います。ショートカットキーは Ctrl + K → Ctrl + D です。選択範囲のみのフォーマット自動調整をしたい場合は Ctrl + K → Ctrl + F です。

ソースコードの折りたたみ／展開

コードの量が多くなってくると、スクロールの回数も多くなり、コーディングの効率が悪くなってきます。特に、読む必要がないコードがずらずらと表示されている場合は非表示にしたくなるでしょう。

Visual Studioでは、メソッドやプロパティなどの単位でコードを折りたたんだり、展開したりすることができます。

1. 「－」マークが付いている箇所は折りたたむことができます。「－」マークをクリックします(**図4.7**)。
2. クリックした「－」マークの箇所が折りたたまれて非表示になります(**図4.8**)。折りたたまれた箇所は「＋」マークに変わります。再度展開したい場合は、「＋」マークをクリックします。

▼ **図4.7　「－」マークをクリック**

```
private string _createFormula(string text)
{
    string formula = this._resultText.Text;

    switch (text) {
        case "+":
        case "-":
        case "*":
        case "/":
        case ".":
            if (this._checkEndText(formula)) {
                formula += text;
            }
            break;
        default:
            formula += text;
            break;
    }

    return formula;
}
```

▼ **図4.8　折りたたまれて非表示になる**

```
private string _createFormula(string text) [...]

/// <summary>
/// 計算式の最終文字が数字をチェックします。
```

ONEPOINT

ソースコードの折りたたみ/展開はショートカットキーに対応しています。

- 折りたたみ/展開

  Ctrl+M → Ctrl+M

開発で使用するプログラミング言語によってはソースコードを折りたたむための記述が存在します。これを適宜用いることでソースコードをより細かく折りたたむことができます。しかし使いすぎるとかえって読みづらくなってしまうので、乱用は控えましょう。

C#の場合は「#region #endregion」で囲われた部分となります。入れ子にすることも可能です。

例)

```
#region 初期化
 var max = 100;
 var min = 0;
#endregion 初期化
```

検索／置換

メモ帳などの一般的なテキストエディターにもある検索と置換の機能ですが、Visual Studioの検索と置換の機能には、コードの編集向けに用意されたオプションがあり、それらを利用することで効率的に検索や置換を行うことができます。

検索

まずは検索について見ていきましょう。

1 メニューの「編集」→「検索と置換」→「クイック検索」をクリックし、検索したいキーワードを入力します（**図4.9**）。またはショートカットキー Ctrl + F で表示します。**図4.9**の画面では、**表4.1**に示すオプションを指定することでより細かく検索することが可能です。

▼ **図4.9　キーワードを入力**

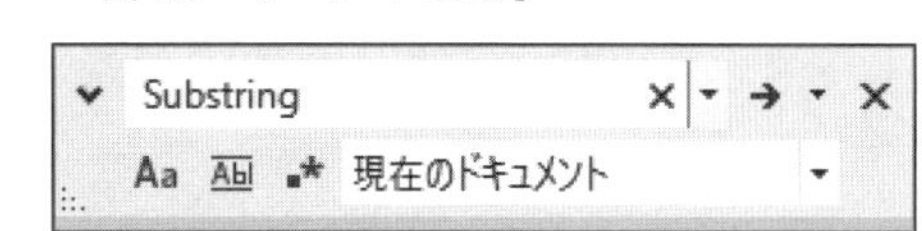

▼ **表4.1　検索オプション**

オプション	概要
大文字と小文字を区別する	大文字と小文字を区別するかどうかです
単語単位で一致するもののみを検索する	単語単位で一致するもののみを対象とするかどうかです
正規表現を使用する	正規表現を使用するかどうかです
対象範囲	対象範囲です

2 条件に一致したキーワードがハイライトされるので（**図4.10**）、**図4.11**に示す検索方法で検索を進めます。ショートカットキー F3 でも行うことができます。検索を戻りたいときは Shift + F3 で行うことができます。

▼ **図4.10　キーワードがハイライトされる**

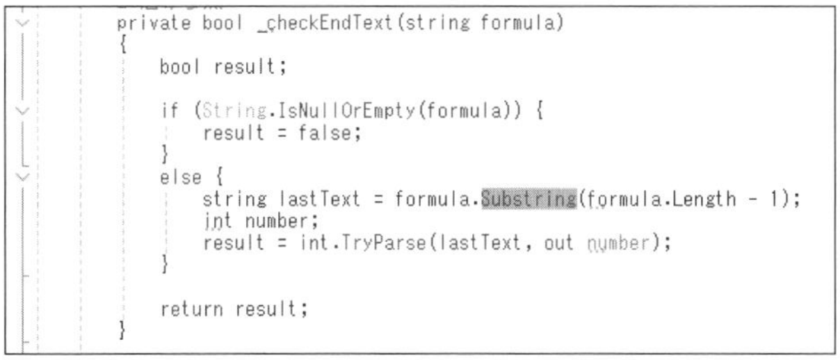

```
private bool _checkEndText(string formula)
{
    bool result;

    if (String.IsNullOrEmpty(formula)) {
        result = false;
    }
    else {
        string lastText = formula.Substring(formula.Length - 1);
        int number;
        result = int.TryParse(lastText, out number);
    }

    return result;
}
```

▼ 図4.11 検索を進める

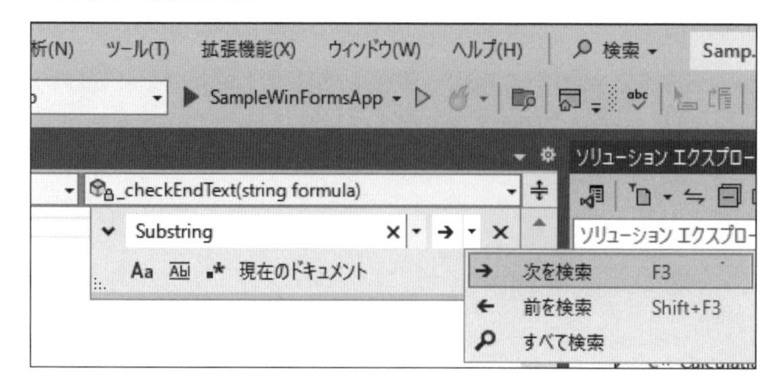

[3] 「すべて検索」を選択すると、「検索結果」ウィンドウに一覧表示されます。また、検索結果をクリックすると、該当の場所にジャンプすることができます(**図4.12**)。

▼ 図4.12 「検索結果」ウィンドウ

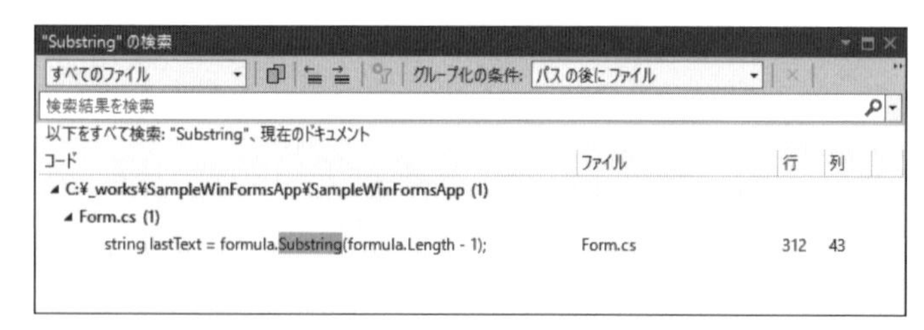

ONEPOINT

フォルダーを指定して検索を行いたい場合、または通常の検索時、ソリューション全体で検索をよく使うという人は、「検索と置換」ウィンドウを表示しましょう。検索対象のデフォルトが「ソリューション全体」となっています。

表示方法：

メニューの「編集」→「検索と置換」→「フォルダーを指定して検索」

ショートカットキーは Ctrl + Shift + F です。

置換

次に置換について見ていきましょう。

[1] メニューの「編集」→「検索と置換」→「クイック置換」をクリックし、置換前／置換後のキーワードを入力します(表示ショートカッ

▼ 図4.13 置換前／置換後のキーワードを入力

トキー Ctrl + H)。検索と同様、**図4.13**の画面で**表4.2**に示すオプションを指定することで細かく置換することが可能です。

▼ 表4.2　置換オプション

オプション	概要
大文字と小文字を区別する	大文字と小文字を区別するかどうかです
単語単位で一致するもののみを検索する	単語単位で一致するもののみを対象とするかどうかです
正規表現を使用する	正規表現を使用するかどうかです
対象範囲	対象範囲です

2 条件に一致したキーワードがハイライトされるので**図4.14**、**図4.15**に示す置換方法で置換を進めます。

▼ 図4.14　キーワードがハイライトされる

```
public Form()
{
    InitializeComponent();

    // 初期化します。
    this._initialize();
}

/// <summary>
/// 初期化します。
/// </summary>
11 個の参照
private void _initialize()
{
    this._calculated = false;
    this._clearResult();
}
```

▼ 図4.15　置換を進める

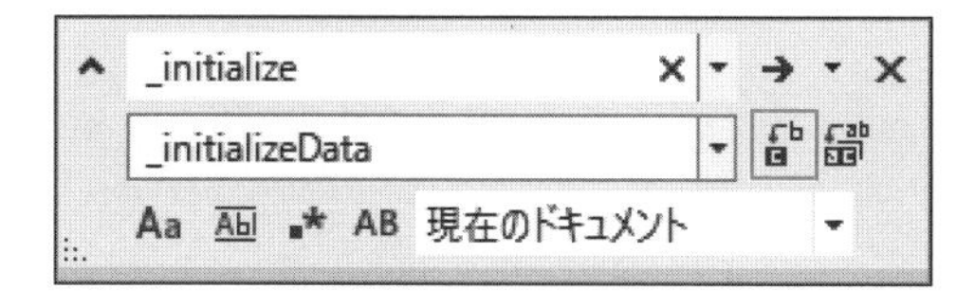

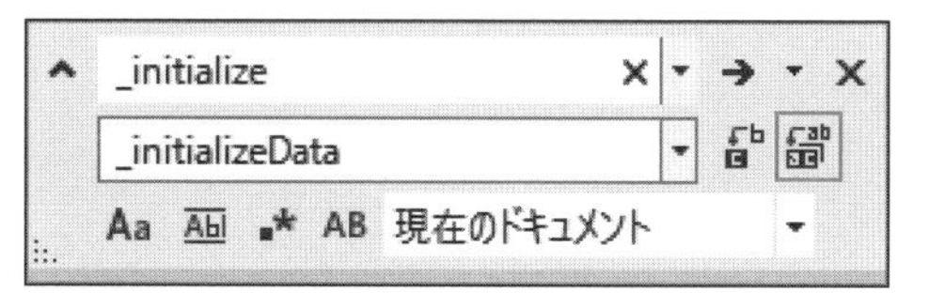

名前の変更

前項では、検索と置換の方法について解説しました。もちろん、それも1つの方法ですが、コーディングをしている時は、単にワードが一致するかだけではなく、参照先についてのみ検索し、置換したいことが多いと思います。

そのような時に便利なのが、「名前の変更」機能です。

1. 変更したい変数などの名前を右クリックし、コンテキストメニューの「名前の変更」をクリックします(**図4.16**)。またはショートカットキー F2 か Ctrl+R→Ctrl+R で表示します。
2. 変更のオプションを指定します(**図4.17**)。指定できるオプションは**表4.3**の通りです。

▼ 図4.16 名前を右クリックして「名前の変更」メニューをクリック

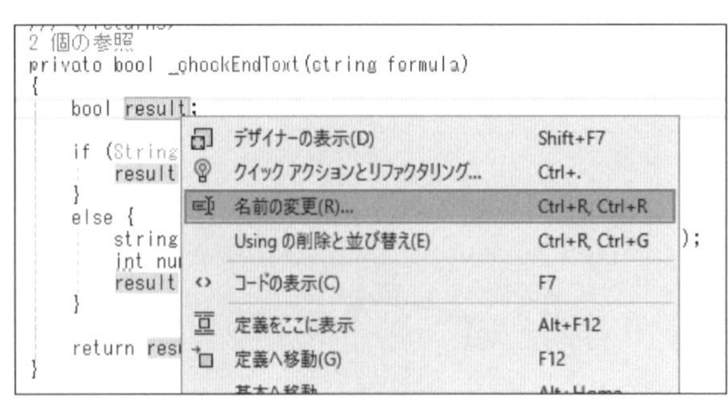

▼ 図4.17 変更のオプション

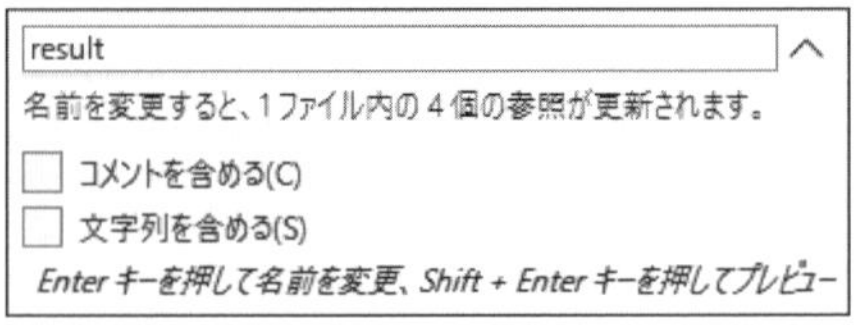

result
名前を変更すると、1ファイル内の 4 個の参照が更新されます。
コメントを含める(C)
文字列を含める(S)
Enter キーを押して名前を変更、Shift + Enter キーを押してプレビュー

▼ 表4.3 指定可能なオプション一覧

オプション	概要
コメントを含める	コメントも変更対象に含めるかどうかです
文字列を含める	文字列も変更対象に含めるかどうかです
プレビューの変更	変更確定前にプレビューを表示するかどうかです

3. ハイライトされている名前を変更し(**図4.18**)、Enter を押すと(**図4.19**)、変更が適用されます(**図4.20**)。

▼ 図4.18　名前を変更

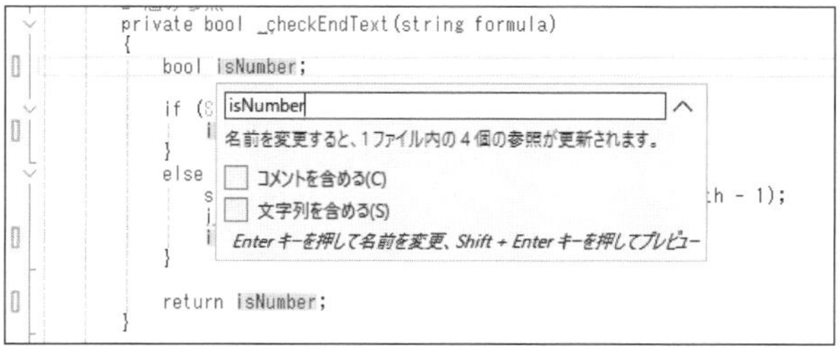

```
private bool _checkEndText(string formula)
{
    bool isNumber;

    if (S
    }
    else
    }

    return isNumber;
}
```

isNumber
名前を変更すると、1ファイル内の4個の参照が更新されます。
コメントを含める(C)
文字列を含める(S)
Enter キーを押して名前を変更、Shift + Enter キーを押してプレビュー

▼ 図4.19　Enter を押す

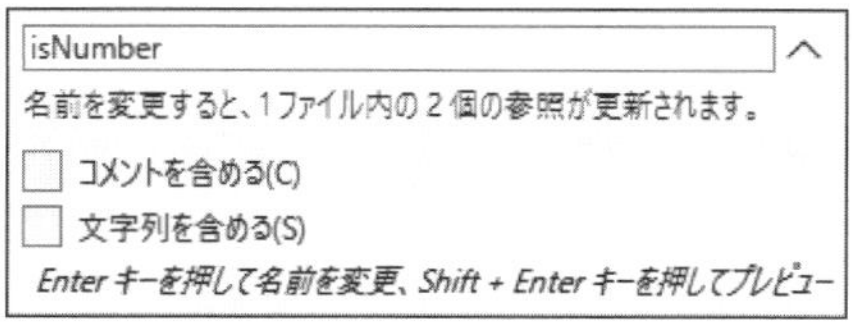

isNumber
名前を変更すると、1ファイル内の2個の参照が更新されます。
コメントを含める(C)
文字列を含める(S)
Enter キーを押して名前を変更、Shift + Enter キーを押してプレビュー

▼ 図4.20　変更の適用

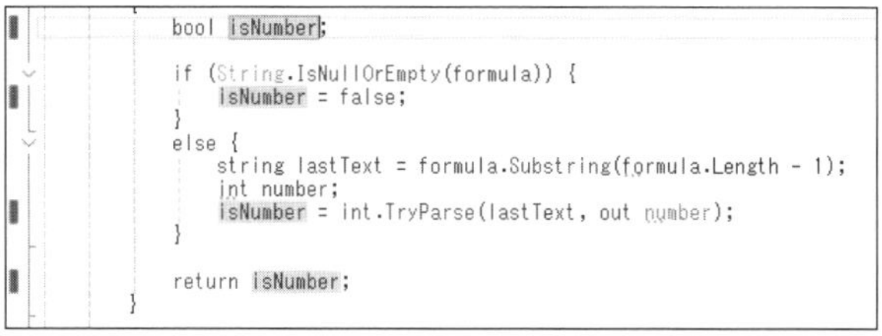

```
    bool isNumber;

    if (String.IsNullOrEmpty(formula)) {
        isNumber = false;
    }
    else {
        string lastText = formula.Substring(formula.Length - 1);
        int number;
        isNumber = int.TryParse(lastText, out number);
    }

    return isNumber;
}
```

ONEPOINT

Shift ＋ Enter を押すと変更内容がプレビューされます（図4.A）。変更から除外したいものがある場合は、チェックをはずすことで除外することができます。変更内容に問題がなければ、「適用」ボタンをクリックします。

▼ 図4.A　変更内容のプレビュー

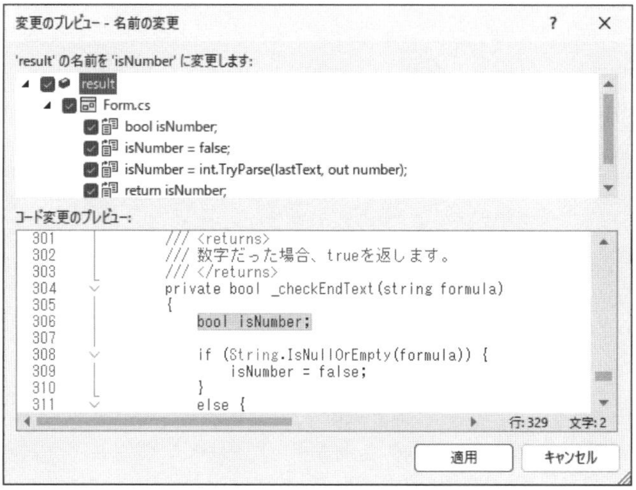

変更のプレビュー - 名前の変更

'result' の名前を 'isNumber' に変更します:

- result
  - Form.cs
    - bool isNumber;
    - isNumber = false;
    - isNumber = int.TryParse(lastText, out number);
    - return isNumber;

コード変更のプレビュー:

```
301             /// <returns>
302             /// 数字だった場合、trueを返します。
303             /// </returns>
304             private bool _checkEndText(string formula)
305             {
306                 bool isNumber;
307
308                 if (String.IsNullOrEmpty(formula)) {
309                     isNumber = false;
310                 }
311                 else {
```

行: 329　文字: 2

適用　キャンセル

デザイナーの利用

Windowsフォームアプリケーションや WPF アプリケーションなど、ボタンやテキストボックスなどといった一般的なユーザインタフェースを持つアプリケーションを開発する場合は、デザイナを利用して直観的にユーザインタフェースを開発することができます。

Windowsフォームアプリケーションを例に、デザイナーの利用方法について見ていきましょう。

まず、デザイナを表示するには、ソリューションエクスプローラーでフォームの項目をダブルクリックします（**図4.21**）。デザイナーの画面構成は**図4.22**のようになっています。

▼ **図4.21　Windowsフォームの項目をダブルクリック**

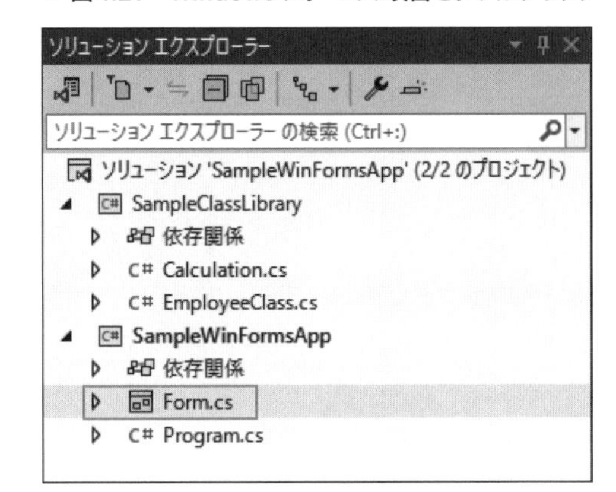

▼ **図4.22　画面構成**

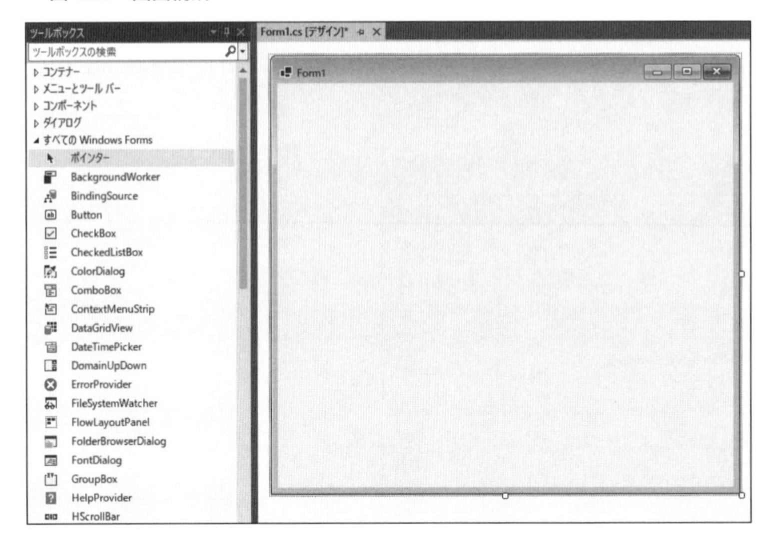

ツールボックス

Visual Studioでは一般的なユーザインタフェースの雛形が用意されています。その雛形は「ツールボックス」にまとめられています。ここでは「ツールボックス」から「ボタン」と「テキストボックス」を作ってみましょう。

1 「表示」→「ツールボックス」を選択し（**図4.23**）、ツールボックスを表示します（**図4.24**）。ショートカットキー Ctrl + W → Ctrl + X でも表示することができます。

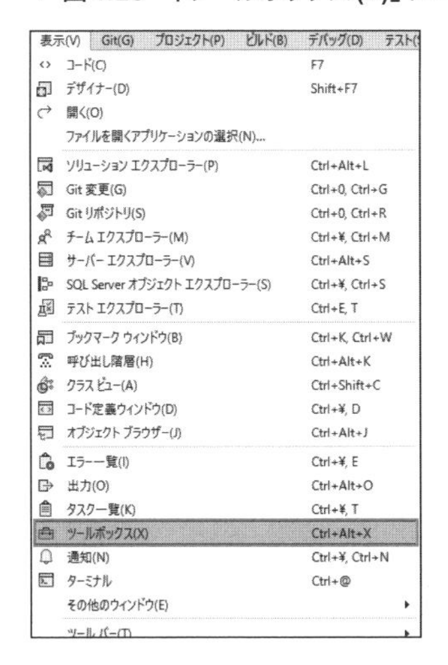

▼ **図4.23　「ツールボックス(X)」メニューを選択**

▼ **図4.24　ツールボックス（一部）**

2 「ツールボックス」から「Button」を選択してフォームへドラックドロップまたはダブルクリックすると、フォームにボタンを配置することができます（**図4.25**）。

3 同様に「ツールボックス」から「TextBox」を選択してフォームへドラックドロップまたはダブルクリックし、フォームに配置しましょう（**図4.26**）。配置するとコードが自動的に記述されています（**図4.27**）。

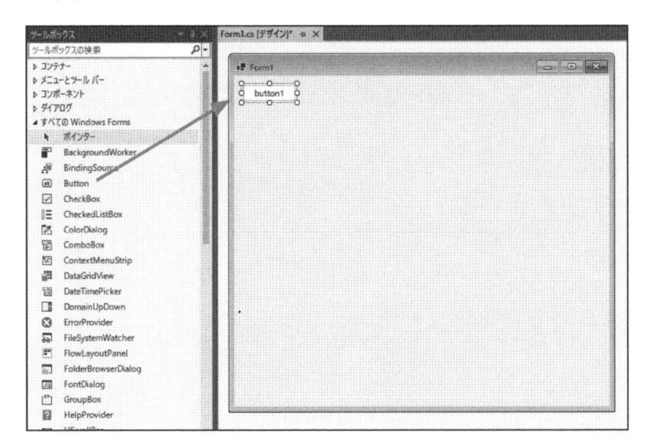

▼ **図4.25　ツールボックスからボタンを配置する**

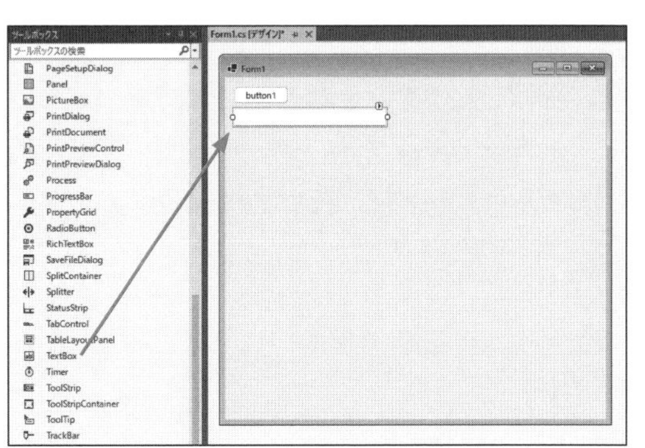

▼ **図4.26　ツールボックスからテキストボックスを配置する**

▼ 図4.27　ボタンとテキストボックスのコードが自動追加されている

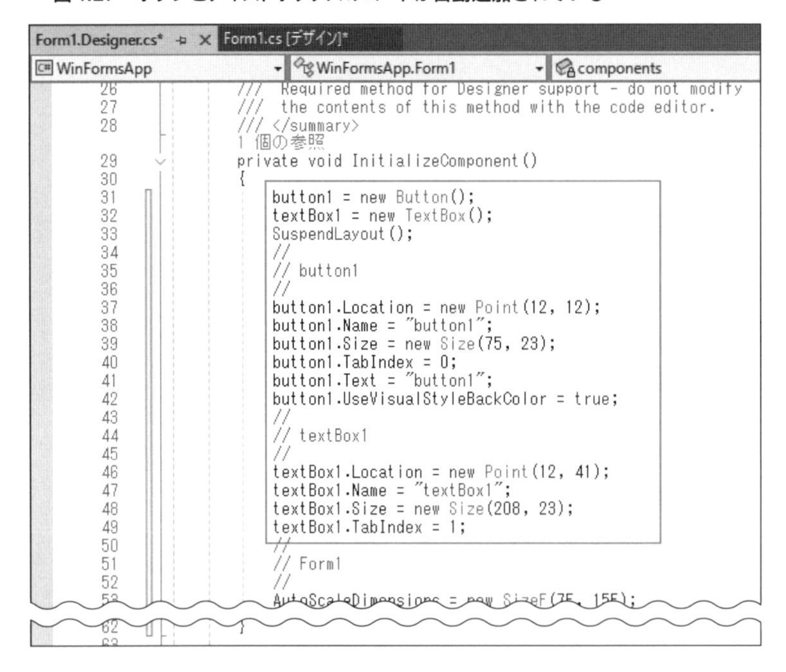

Form1.Designer.cs*
Form1.cs [デザイン]*
WinFormsApp
WinFormsApp.Form1
components
/// Required method for Designer support - do not modify
/// the contents of this method with the code editor.
/// </summary>
1 個の参照
private void InitializeComponent()
{
button1 = new Button();
textBox1 = new TextBox();
SuspendLayout();
//
// button1
//
button1.Location = new Point(12, 12);
button1.Name = "button1";
button1.Size = new Size(75, 23);
button1.TabIndex = 0;
button1.Text = "button1";
button1.UseVisualStyleBackColor = true;
//
// textBox1
//
textBox1.Location = new Point(12, 41);
textBox1.Name = "textBox1";
textBox1.Size = new Size(208, 23);
textBox1.TabIndex = 1;
//
// Form1
//
}

プロパティ

Visual Studioではツールボックスから簡単にユーザインタフェースの追加ができました。はじめての人は、ここから設置したインタフェースに自身でコードを書かねばいけないと思うかもしれません。しかしまだソースコードを記述しないで設定できることがあります。例としてあげると、インタフェースのサイズや色、何もしないで表示するテキストなどです。

ここではそれらを設定できるプロパティについて紹介します。

1. 配置したボタンを選択し、「表示」→「プロパティウィンドウ」を選択します（**図4.28**）。ショートカットキー Ctrl + W → Ctrl + P でも表示することができます。するとボタンについてのプロパティが表示されます（**図4.29**）。

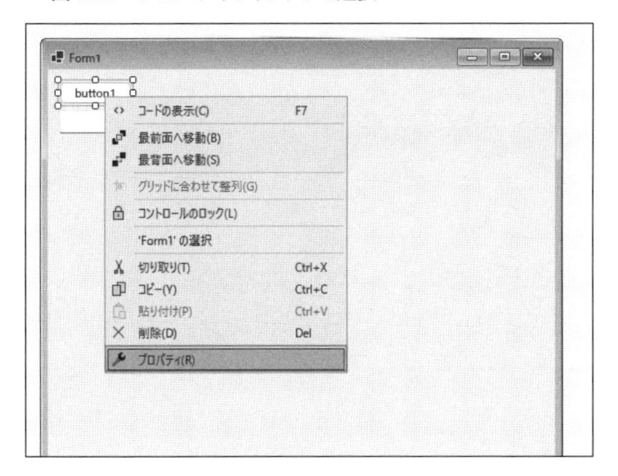

▼ 図4.28 プロパティウィンドウを選択

▼ 図4.29 ボタンについてのプロパティ

2 ここでは試しにボタンの表示テキストを変更して見ましょう。「共通」の中の「Content」を「表示変更」と入力し、確定しましょう（**図4.30**）。すると配置したボタンのテキストが変更されます（**図4.31**）。

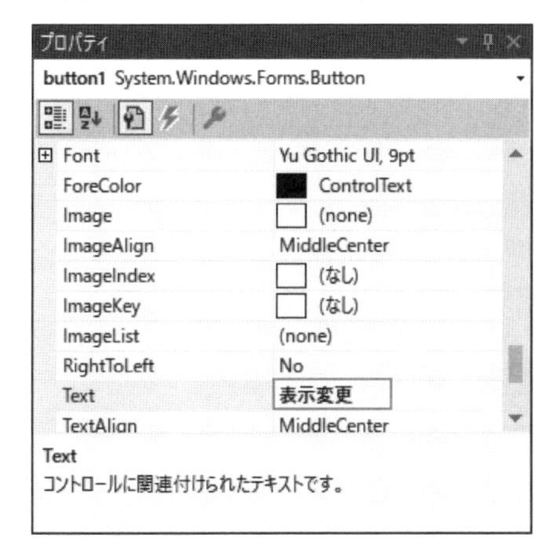

▼ 図4.30 ボタンのテキストを設定する

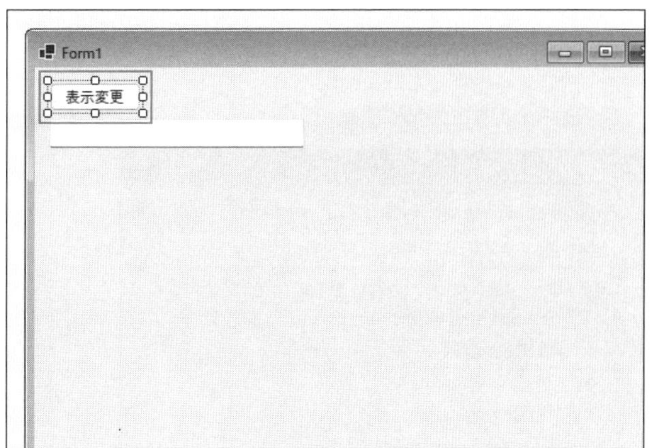

▼ 図4.31 ボタンのテキストが変更される

3 続いてテキストボックスも変更してみましょう。ここでは背景色を変更してみます。「表示」のなかの「BackColor」を選択し、表示されたカラーパレットから色を選択します（**図4.32**）。すると選択した色がテキストボックスに設定されます（**図4.33**）。

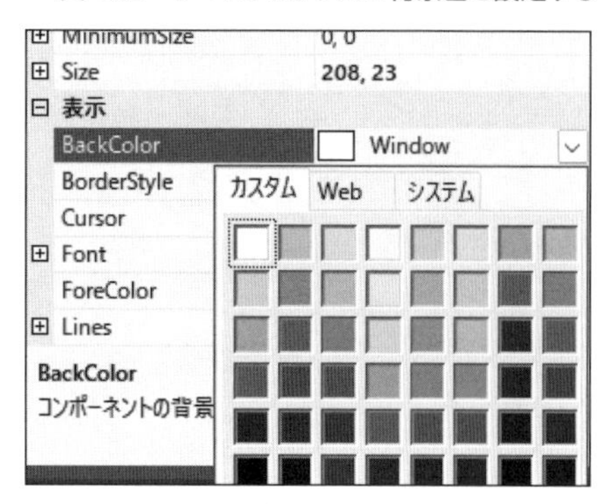

▼ 図4.32　テキストボックスの背景色を設定する

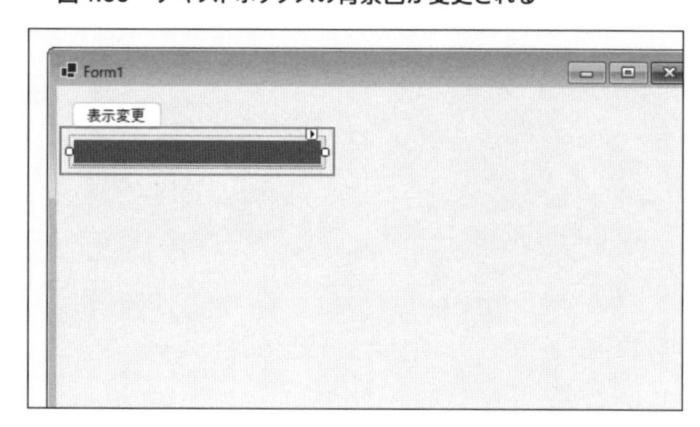

▼ 図4.33　テキストボックスの背景色が変更される

プロジェクト参照の追加

プロジェクトの参照を行うことにより、コード内で別のプロジェクトのクラスやメソッドを呼び出すことができるようになります。どのようにプロジェクト参照を行うのか追加する手順を見ていきましょう。

1. ソリューションエクスプローラーで「依存関係」を右クリックします（**図4.34**）。
2. コンテキストメニューから、「プロジェクト参照の追加」を選択します（**図4.35**）。

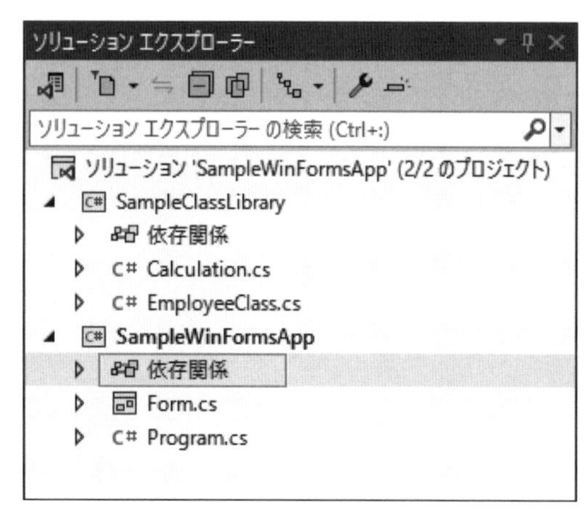

▼ 図4.34　参照を右クリックする

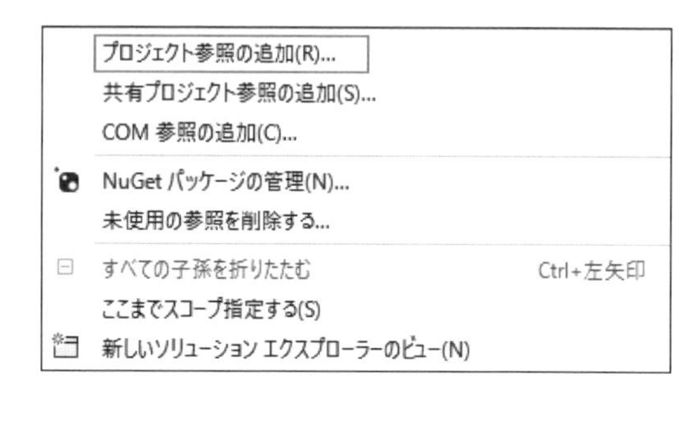

▼ 図4.35　コンテキストメニュー

3. 「参照マネージャー」ダイアログボックスが表示されたら、追加したいプロジェクトを選択し、［OK］ボタンをクリックします（**図4.36**）。なお、Visual Studio 2022で利用できる参照の種類は**表4.4**に示すものがあります。

▼ 図4.36　「参照マネージャー」ダイアログボックス

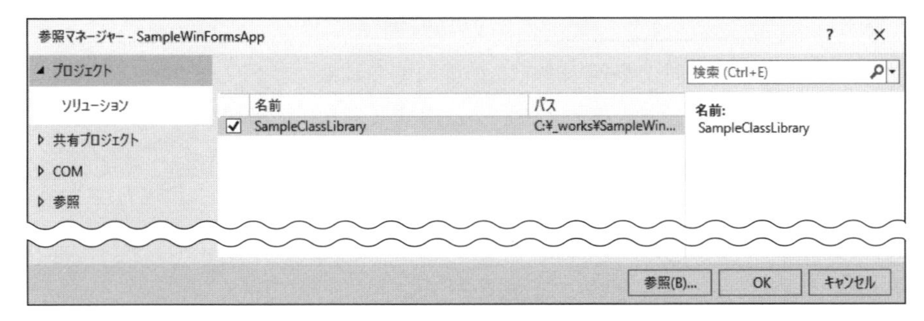

▼ 表4.4　Visual Studio 2022で利用できる参照の種類

項目	説明
アセンブリ	.NET Frameworkのアセンブリを参照します。.NET5以降のプロジェクトでは表示されません
プロジェクト	現在のソリューション内に存在し、互換性のあるプロジェクトを参照します。異なるバージョンのフレームワークを利用したプロジェクトも参照できます。例えば、.NET Framework 4を対象とするプロジェクトから、.NET Framework2を対象とするプロジェクトを参照することができます
共有プロジェクト	共有プロジェクトの参照を追加できます。共有プロジェクトを利用することで、同じソリューション内の複数のプロジェクトで共通のコードを共有することができ、コードの重複を避け、保守性を向上させることができます
COM	COMコンポーネントを参照します

Visual Studioの「ソリューションエクスプローラー」には、手順3で選択したプロジェクト(SampleClassLibrary)が表示されています(**図4.37**)。

言語によってはプロジェクトの参照を行っただけでは使用することができません。C#を例とすると、使用したいソースファイルの上部に「using System;」などと書かれている箇所があると思います。そこへ使用したいプロジェクトのネームスペースを記述しましょう。

▼ 図4.37　参照されたアセンブリの例

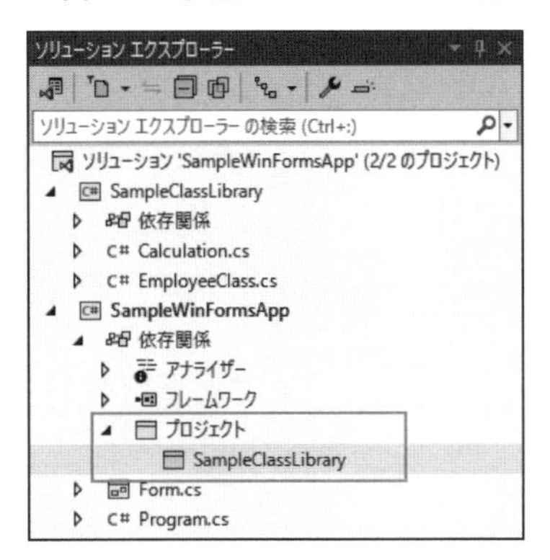

▼ 図4.38　C#における参照したプロジェクトを利用するためのusing宣言

```
using SampleClassLibrary;

namespace SampleWinFormsApp
{
    /// <summary>
    /// 簡易電卓フォームクラスを表します。
    /// </summary>
    3 個の参照
    public partial class Form : System.Windows.Forms.Form
    {
        /// <summary>
        /// 計算済みフラグ。
```

サービスの参照

サービスとは、異なるプログラム同士が連携するために公開されるプログラムのことです。プロジェクトはサービスを参照することで、そのサービスに含まれるプログラムを利用することができるようになります。ここでは、Webサービスを参照する手順を見ていきましょう。

1. ソリューションエクスプローラーで「プロジェクト」を右クリックし、コンテキストメニューの「追加」から「サービス参照」を選択します(**図4.39**)。

▼ **図4.39　コンテキストメニュー**

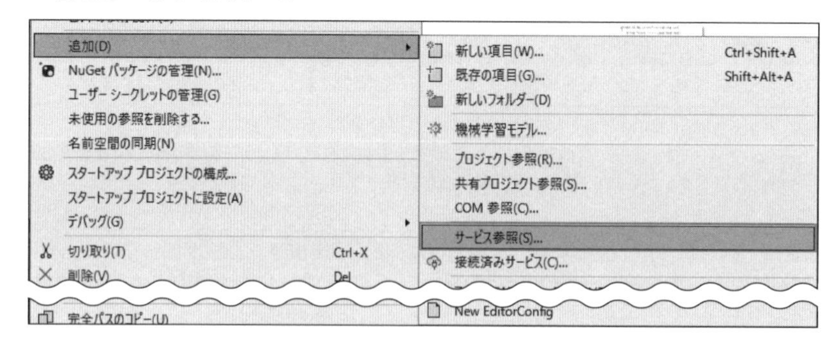

2. 「サービス参照の追加」ダイアログボックスが表示されたら、追加したいサービスの種類を選択します。ここでは「WCF Web Service」を選択します(**図4.40**)。

▼ **図4.40　追加するサービス参照を選択**

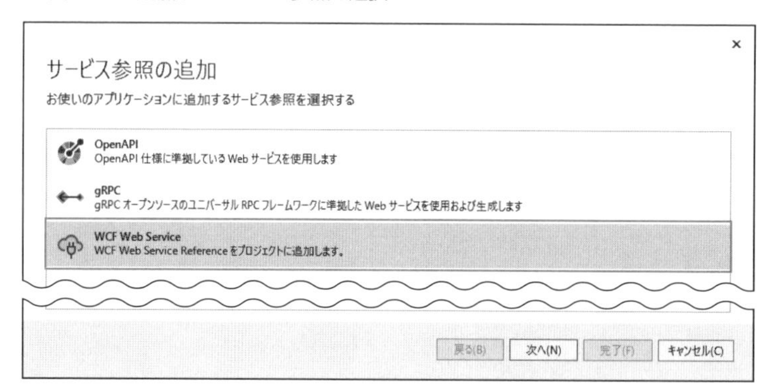

3. 追加したいサービスのURLを入力し、[移動]ボタンをクリックします(**図4.41**)。

▼ 図4.41 追加するサービスの指定

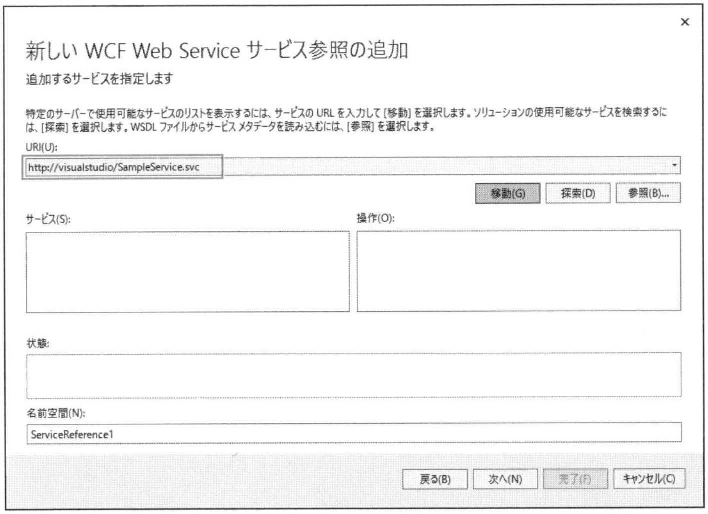

新しい WCF Web Service サービス参照の追加
追加するサービスを指定します
特定のサーバーで使用可能なサービスのリストを表示するには、サービスの URL を入力して [移動] を選択します。ソリューションの使用可能なサービスを検索するには、[探索] を選択します。WSDL ファイルからサービス メタデータを読み込むには、[参照] を選択します。
URI(U):
http://visualstudio/SampleService.svc
移動(G)
探索(D)
参照(B)...
サービス(S):
操作(O):
状態:
名前空間(N):
ServiceReference1
戻る(B)
次へ(N)
完了(F)
キャンセル(C)

ONEPOINT

現在のソリューションに定義されているサービスを検索する場合は［探索］ボタンをクリックすると便利です。

4 利用可能なサービスや操作に表示される情報を確認、名前空間を設定して「次へ」ボタンをクリックします（**図4.42**）。信頼できないソースのサービス参照を追加するとセキュリティが損なわれる可能性があるため、信頼できるソースのサービスのみを追加するようにしましょう。

▼ 図4.42 追加するサービスの確認

新しい WCF Web Service サービス参照の追加
追加するサービスを指定します
特定のサーバーで使用可能なサービスのリストを表示するには、サービスの URL を入力して [移動] を選択します。ソリューションの使用可能なサービスを検索するには、[探索] を選択します。WSDL ファイルからサービス メタデータを読み込むには、[参照] を選択します。
URI(U):
http://visualstudio/SampleService.svc
停止(S)
探索(D)
参照(B)...
サービス(S):
WorkflowService
IWorkflowService
操作(O):
DiscussionDisapproveDocument
ConditionalApproveDocument
CirculationReadDocument
RemoveDocument
SendOperationMail
状態:
検出されたサービスの数: 1
名前空間(N):
ServiceReference1
戻る(B)
次へ(N)
完了(F)
キャンセル(C)

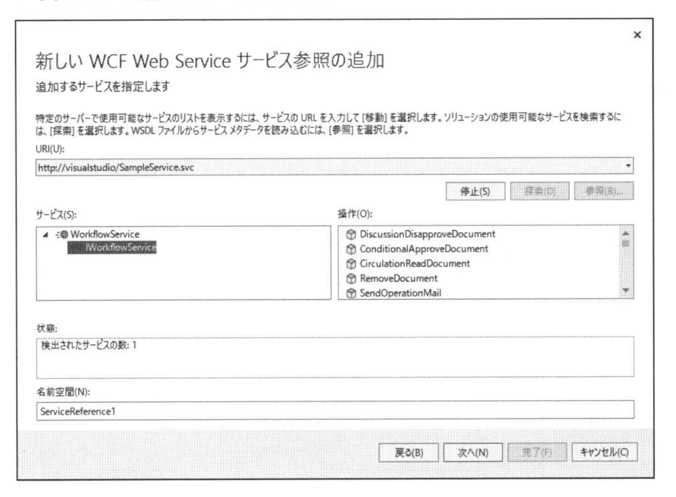

ONEPOINT

名前空間とは、関数やクラスなどのグループ名のようなものです。ここでは、参照するサービスにつける名前と捉えてください。

5. データ型のオプションを指定します（**図4.43**）。「参照されたアセンブリで型を再利用」のチェックをONにしておくことで、既存のデータ型を再利用してコンパイル時の型の不整合や実行時の問題を回避することができて便利です。
6. 生成されるクラスのアクセスレベルを選択し、［完了］ボタンをクリックします（**図4.44**）。ここでは既定値のままとします。
7. 進行状況（**図4.45**）が表示されサービス参照が正常に追加されるとプロジェクトの依存関係に追加したサービスが表示されます（**図4.46**）。

▼ **図4.43　データ型のオプションを指定**

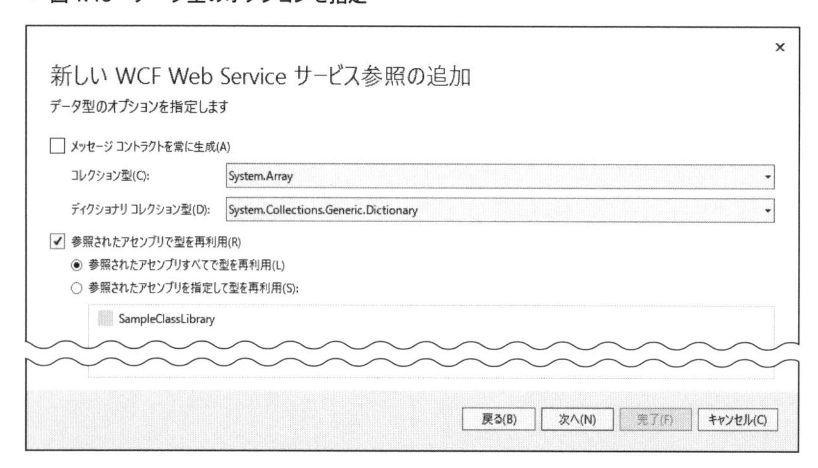

▼ **図4.44　クライアント オプションを指定**

▼ 図4.45 進行状況

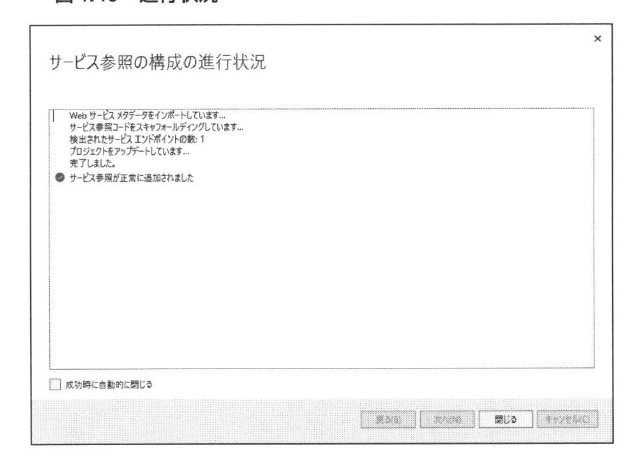

▼ 図4.46 追加されたサービス

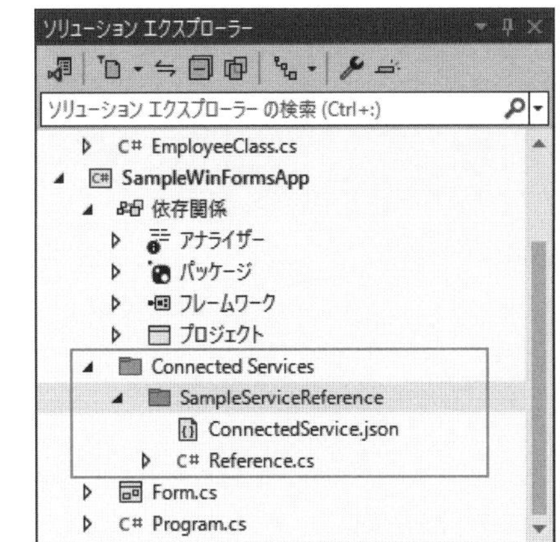

パッケージ情報の設定

作成したプログラムにはタイトルやバージョンなどのパッケージ情報を設定することができます。ここではパッケージ情報を設定する手順を見ていきましょう。

1. ソリューションエクスプローラーでプロジェクトを選択し、右クリックから［プロパティ］をクリックします。
2. 「パッケージ」を選択してパッケージ情報を入力します（**図4.47**）。パッケージ情報の項目には**表4.5**に示すものがあります。

▼ 図4.47 パッケージ情報

▼ 表4.5　パッケージ情報の項目

項目	説明
パッケージID	.NET名前空間の規則に従ったパッケージの識別子を設定します
タイトル	UIで使用されるパッケージのタイトルを設定します
パッケージ バージョン	パッケージのバージョンを設定します
作成者	パッケージ作成者のリストを設定します
会社	会社名を設定します
製品	製品名を設定します
説明	パッケージの表示用説明を設定します
著作権	パッケージ著作権の詳細を設定します
プロジェクトのURL	パッケージのホームページURLを設定します
アイコン	パッケージのアイコン画像を設定します
README	READMEドキュメント（マークダウン形式のファイルを設定）を設定します
リポジトリのURL	ビルド元となるリポジトリのURLを設定します
リポジトリの種類	リポジトリの種類を設定します（既定はgit）
タグ	パッケージに関するタグ、キーワードを設定します
リリースノート	パッケージに行われた変更の説明を設定します
アセンブリニュートラル言語	言語を設定します
アセンブリバージョン	アセンブリのバージョンを設定します
ファイルバージョン	ファイルのバージョンを設定します

プログラムのプロパティには、手順2で入力したアセンブリ情報が表示されています（**図4.48**）。

▼ 図4.48　設定されたパッケージ情報の例

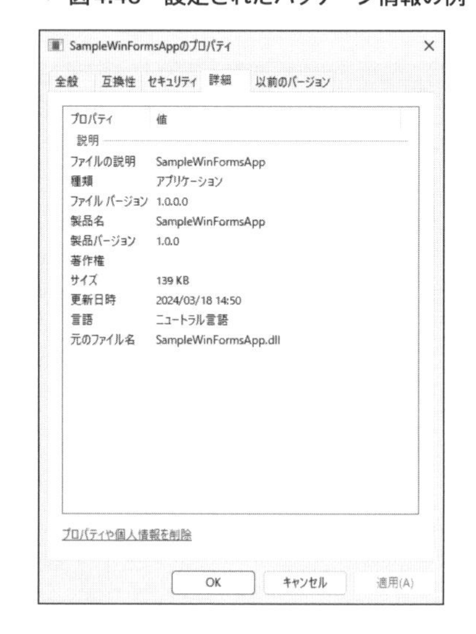

4-3 便利な編集機能

前節では、エディターの基本操作について見てきました。ここからは、知っていると便利な、コーディングをより効率化してくれる機能についても見ていきましょう。

特定の場所への移動

コードの量が多くなってくると、特定のメソッドなどが定義されている場所を探すのも大変になってきます。Visual Studioではいくつかの移動方法が用意されており、これらを利用することで、効率良く特定の場所に移動することができます。

定義へ移動

メソッドや変数などの定義に移動したい場合はこの移動方法を利用します。定義に移動したいメソッドや変数などを右クリックし、コンテキストメニューの「定義へ移動」をクリックします（**図4.49**）。ショートカットキーは F12 です。

「定義へ移動」では、その定義場所へと画面が切り替わりますが、「定義をここに表示」を利用すると画面を切り替えず、もとの画面に留まったまま、定義を並べて確認することができます（**図4.50**）。もとの画面と定義の画面を行き来したくない時に便利です（**図4.51**）。ショートカットキーは Alt + F12 です。

▼ **図4.49　定義へ移動**

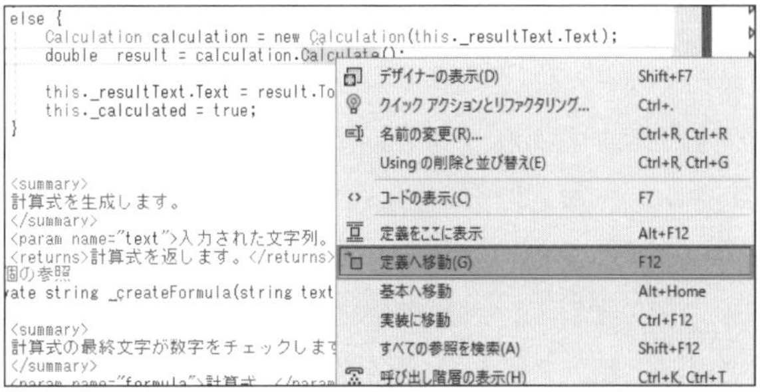

▼ **図4.50　定義をここに表示**

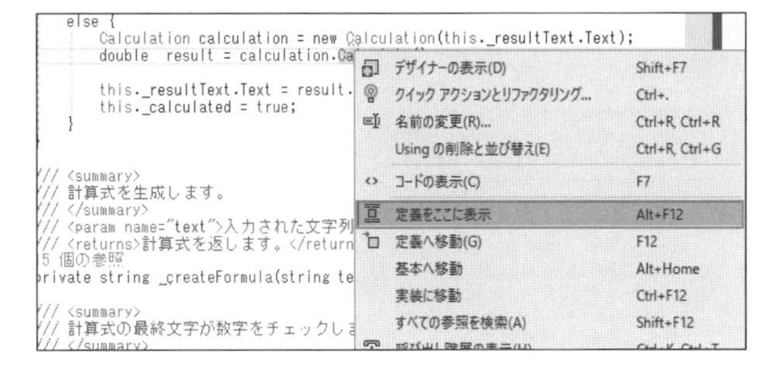

▼ **図4.51　すべての参照を検索**

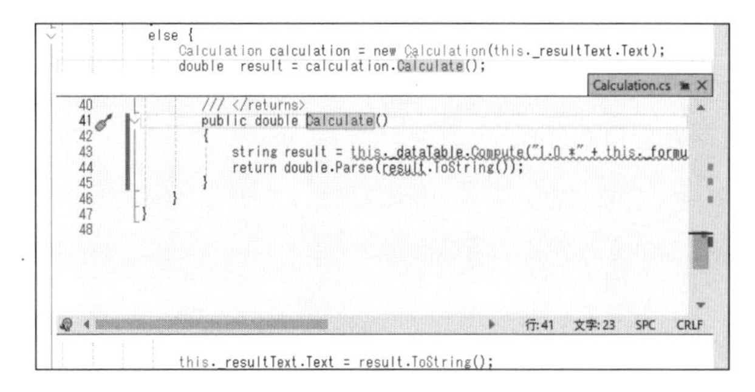

すべての参照を検索

メソッドやプロパティなどの参照先をすべて検索し、検索結果の場所に移動したい場合はこの移動方法を利用します。実装を変更する場合など、影響範囲を確認したい時などにも便利です。

参照先を検索したいメソッドやプロパティなどを右クリックし、コンテキストメニューの「すべての参照を検索」をクリックします（**図4.52**）。検索結果をクリックすると、対象の場所にジャンプすることができます（**図4.53**）。

▼ **図4.52　すべての参照を検索**

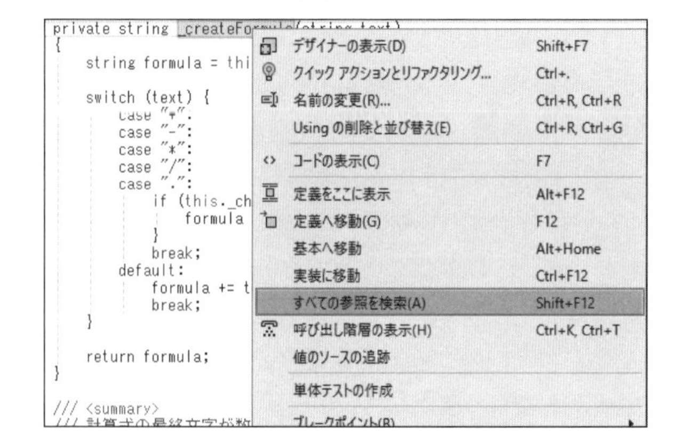

▼ **図4.53　対象の場所にジャンプ**

'_createFormula' の参照 - ソリューション全体

ソリューション全体　グループ化の条件: プロジェクトのみ　結果を保持(K)　リスト ビュー(L)

SampleWinFormsApp (16)

コード	ファイル	行	列	プロジェクト	含んでいるメンバー	...	種類
this._resultText.Text = this._createFormula("0");	Form.cs	46	42	SampleWinFormsApp	_0Button_Click	F...	読み取
this._resultText.Text = this._createFormula("1");	Form.cs	61	42	SampleWinFormsApp	_1Button_Click	F...	読み取
this._resultText.Text = this._createFormula("2");	Form.cs	76	42	SampleWinFormsApp	_2Button_Click	F...	読み取
this._resultText.Text = this._createFormula("3");	Form.cs	91	42	SampleWinFormsApp	_3Button_Click	F...	読み取
this._resultText.Text = this._createFormula("4");	Form.cs	106	42	SampleWinFormsApp	_4Button_Click	F...	読み取
this._resultText.Text = this._createFormula("5");	Form.cs	121	42	SampleWinFormsApp	_5Button_Click	F...	読み取
this._resultText.Text = this._createFormula("6");	Form.cs	136	42	SampleWinFormsApp	_6Button_Click	F...	読み取
this._resultText.Text = this._createFormula("7");	Form.cs	151	42	SampleWinFormsApp	_7Button_Click	F...	読み取
this._resultText.Text = this._createFormula("8");	Form.cs	166	42	SampleWinFormsApp	_8Button_Click	F...	読み取
this._resultText.Text = this._createFormula("9");	Form.cs	181	42	SampleWinFormsApp	_9Button_Click	F...	読み取
this._resultText.Text = this._createFormula(".");	Form.cs	192	42	SampleWinFormsApp	_dotButton_Click	F...	読み取
this._resultText.Text = this._createFormula("+");	Form.cs	214	42	SampleWinFormsApp	_plusButton_Click	F...	読み取
this._resultText.Text = this._createFormula("-");	Form.cs	225	42	SampleWinFormsApp	_minusButton_Click	F...	読み取
this._resultText.Text = this._createFormula("*");	Form.cs	236	42	SampleWinFormsApp	_multiplicationButton_Click	F...	読み取
this._resultText.Text = this._createFormula("/");	Form.cs	247	42	SampleWinFormsApp	_divisionButton_Click	F...	読み取
private string _createFormula(string text)	Form.cs	275	24	SampleWinFormsApp		F...	

呼び出し階層の表示

あるメソッドの呼び出し階層を表示し、それぞれの場所に移動したい場合はこの移動方法を利用します。呼び出し階層を表示したいメソッドを右クリックし、コンテキストメニューの「呼び出し階層の表示」をクリックします（**図4.54**）。

表示された呼び出し階層のそれぞれのメソッドをクリックすると、対象の場所にジャンプすることができます（**図4.55**）。

▼ **図4.54　呼び出し階層の表示**

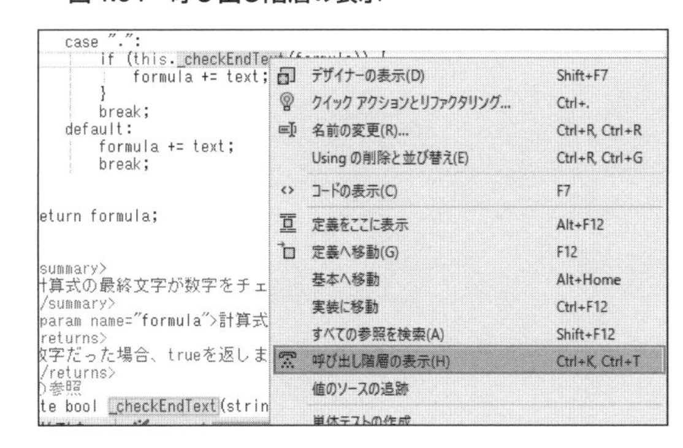

▼ **図4.55　対象の場所にジャンプ**

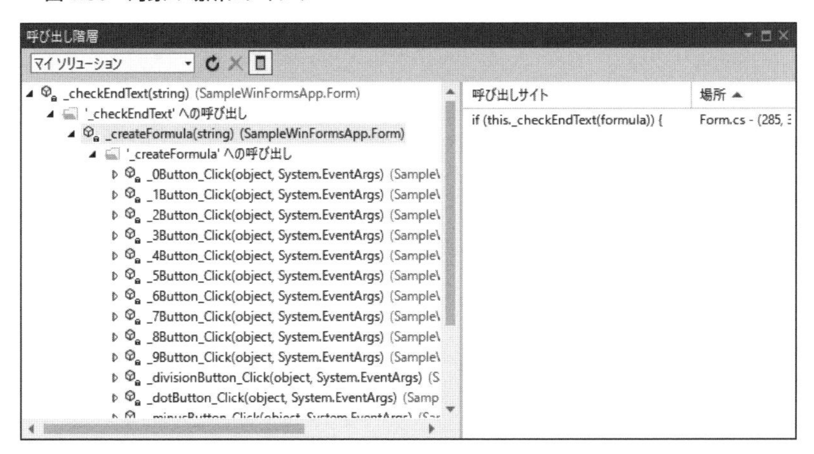

プロジェクト、クラス、メンバを指定して移動

特定のメソッドやプロパティなどを、プロジェクト、クラス、メンバの順に絞り込んで探し、移動したい場合はこの移動方法を利用します。左から順にプロジェクト、クラス、メンバを指定すると、対象のメンバの場所に移動することができます（**図4.56**）。

▼ 図4.56 プロジェクト、クラス、メンバを指定して移動

ブックマーク

▼ 図4.57 ブックマークの設定

```
275    private string _createFormula(string text)
276    {
277        string formula = this._resultText.Text;
278
279        switch (text) {
280            case "+":
281            case "-":
282            case "*":
283            case "/":
284            case ".":
285                if (this._checkEndText(formula)) {
```

任意の箇所をよく訪れ、そこへ移動したいと思ったときはこの移動方法を利用します。移動したい箇所へカーソルを移動させてから、メニューより「編集」→「ブックマーク」→「ブックマークの設定/解除」を選択します。またはショートカットキー Ctrl + K → Ctrl + K でもよいです。すると選択業の左側にブックマークアイコンが表示されます（**図4.57**）。解除も同じ手順でできます。

設定したブックマークを表示するにはブックマークウィンドウを表示します（**図4.58**）。メニューから「表示」→「その他のウィンドウ」→「ブックマークウィンドウ」です。表示されている項目をダブルクリックすることでその箇所へ移動することができます。またはメニューから「前のブックマーク」、「次のブックマーク」で移動ができます。ショートカットキーは Ctrl + K → Ctrl + P、Ctrl + K → Ctrl + N です。Previous のP、Next のNと覚えれば覚えやすいです。

左のチェックボックスを切り替えることで、そのブックマークの有効/無効を切り替えることができます。またブックマーク自体に名前をつけることもできるので、よく利用するものは変更してみてはいかがでしょうか。

図4.58　ブックマークウィンドウ

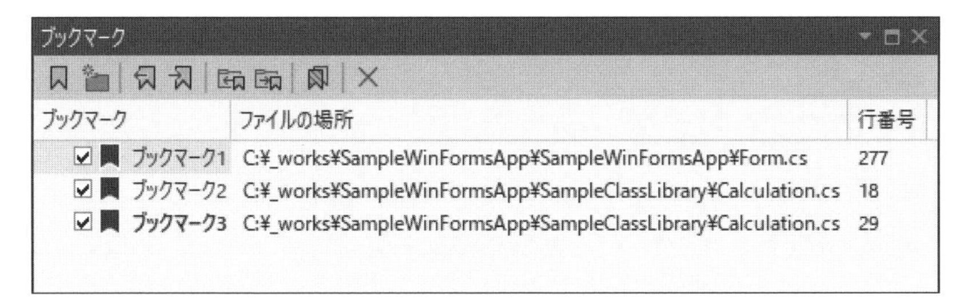

指定行へ移動

指定した行数へ飛びたいときに使用します。メニューから「編集」→「移動」→「指定行へ移動」を選択します。ショートカットキーは Ctrl + G です。表示されたダイアログ（**図4.59**）に行数を入れ、[OK] を押すことでその行へ移動します。

図4.59　指定行へ移動

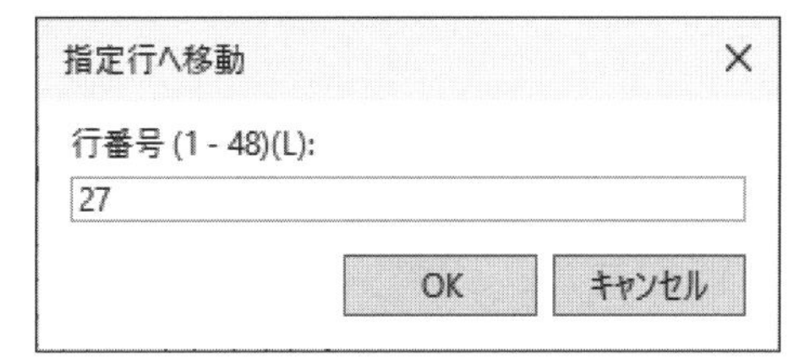

 Usingの削除と並べ替え

デフォルトで記載されていて使用していないUsingや、たくさん追加しているうちに順番が乱れてしまったUsingはコードの可読性を低下させます。そのような場合にこの機能を使うことで、Usingを簡単に整理することができます。

Usingを整理したいコード上で右クリックし、コンテキストメニューの「Usingの削除と並べ替え」メニューをクリックすると（**図4.60**）、Usingが整理されます（**図4.61**）。

図4.60　Usingの削除と並べ替え

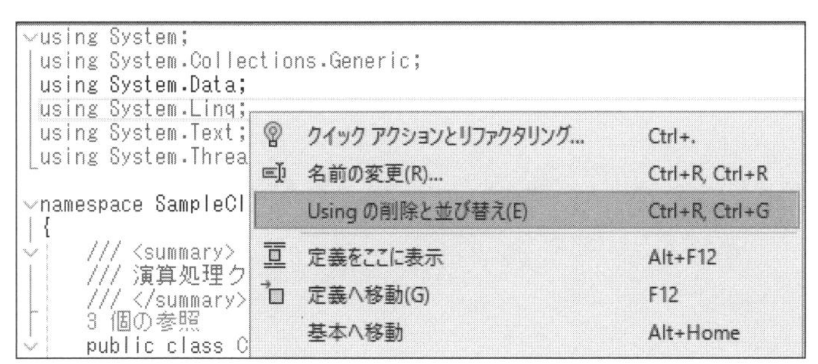

▼ 図4.61　Usingが整理される

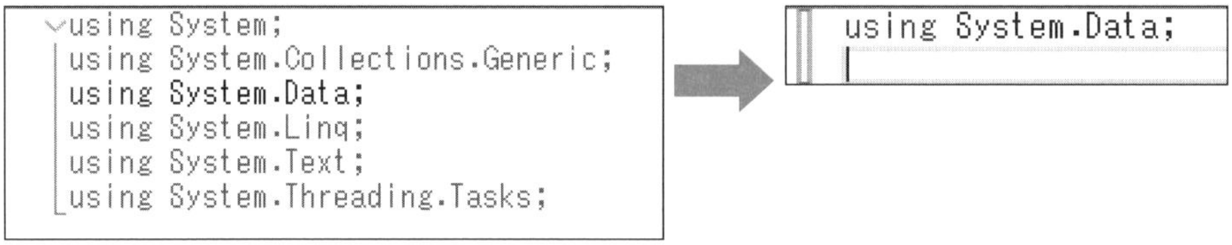

```
using System;
using System.Collections.Generic;
using System.Data;
using System.Linq;
using System.Text;
using System.Threading.Tasks;
```

```
using System.Data;
```

コード生成（スニペット、クイックアクションなど）

Visual Studioにはよく使うコードを自動で生成したり、自動で修正したりしてくれる機能もあります。これらを活用することで、コーディングのスピードの向上や、コーディングミスを減らしたりすることができます。

ここからはそれらの機能について見ていきましょう。

コードスニペット

コードスニペットとは、よく使うコードを簡単に入力できる機能です。for文などもともと登録されているものに加え、自分自身で登録して使うこともできます。例えば、for文のコードスニペットを例にして、利用方法を見ていきましょう。

1. 「for」と入力し、図4.62に示すように[Tab]キーを2回押します（「for」は「for」文のコードスニペットです）。
2. 「for」文が入力されます（図4.63）。

▼ 図4.62　「for」文のコードスニペット

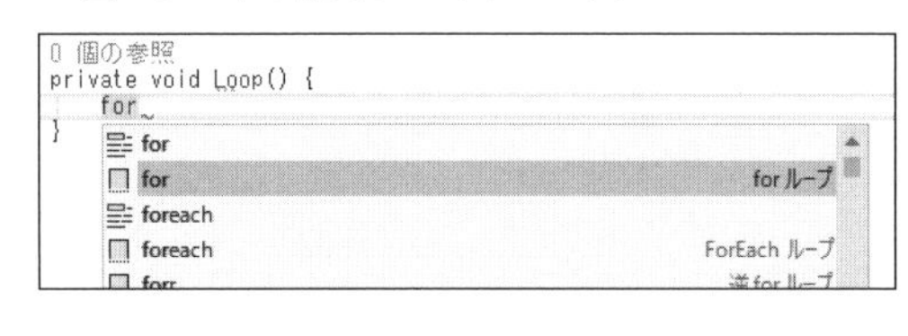

▼ 図4.63　「for」文が入力される

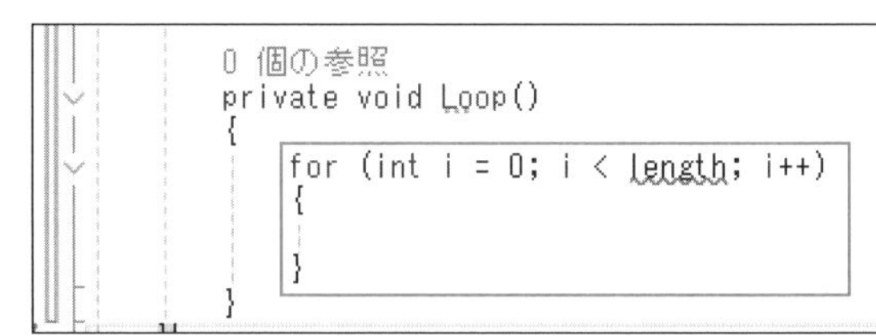

Visual Studioで利用できるコードスニペットには、表4.4に示すようなものがあります。

▼ 表4.4　Visual Studioで利用できるコードスニペット

コードスニペット	仕様例
for	for (int i = 0; I < length; i++) {}
foreach	foreach (var item in collection) {}
while	while (true) {}
if	if (true) {}
else	else {}

switch	switch (switch_on) {
	　default:
	}

using	using (resource) {}

propfull	private int myVar;
	public int MyProperty {
	　get { return myVar; }
	set { myVar = value; }
	}

try	try { }
	catch (Exception) {
	　throw;
	}

クイックアクション

クイックアクションとは、コードの誤りを検知した場合に、修正案を提案し、自動で修正してくれる機能です。例えば、for文でコーディングミスをした場合を例にして、利用方法を見ていきましょう。

1. 赤線が表示されている箇所にカーソルを重ね、「考えられる修正内容を表示する」をクリックします（図4.64）。

▼ 図4.64　「考えられる修正内容を表示する」をクリック

```
0 個の参照
private void Loop()
{
    for (int i = 0; i < length; i++)
    {
                CS0103: 現在のコンテキストに 'length' という名前は存在しません
                考えられる修正内容を表示する (Alt+EnterまたはCtrl+.)
    }
}
```

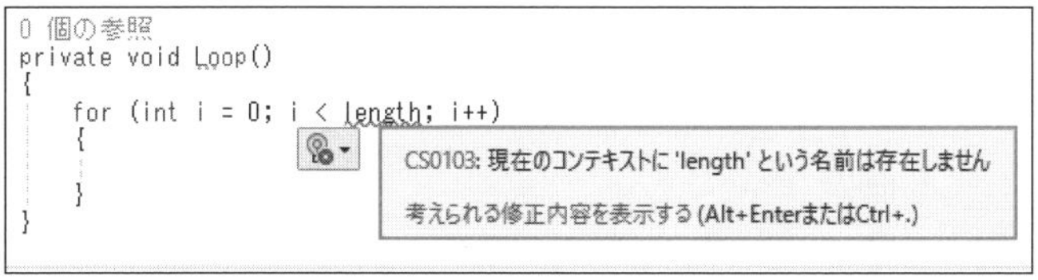

2. 適用したい修正内容を選択します（図4.65）。
3. 修正が適用されます（図4.66）。

▼ 図4.65　修正内容を選択

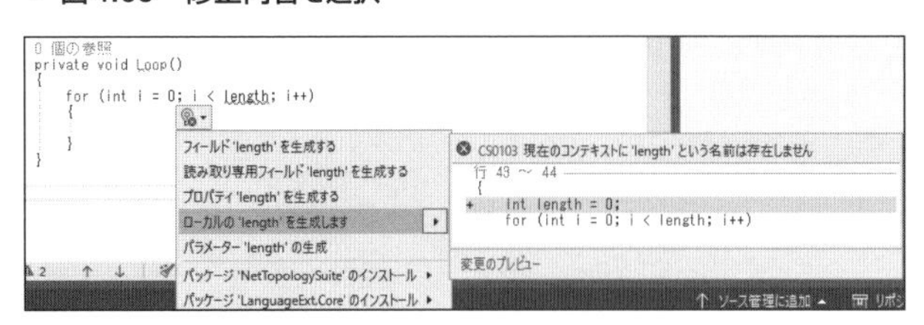

▼ 図4.66　修正の適用

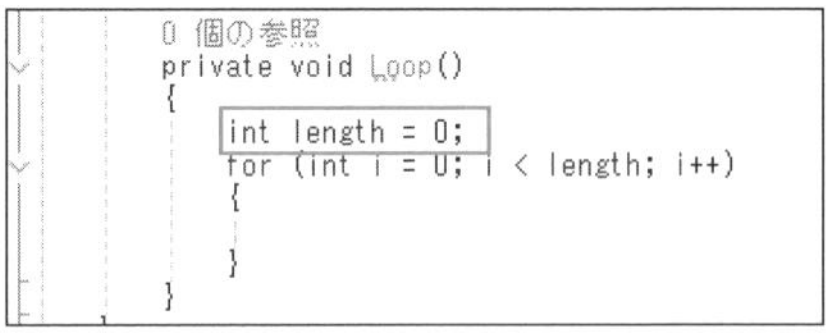

```
0 個の参照
private void Loop()
{
    int length = 0;
    for (int i = 0; i < length; i++)
    {

    }
}
```

画面の切り替えと分割

ここでは同一ソースファイルの表示範囲を分割、ソースファイルを複数同時に表示、同一ソースファイルを複数開く方法を紹介します。

分割

メニューから「ウィンドウ」→「分割」を選択してみましょう。すると**図4.67**のようにソースコードの表示領域が上下に分割されると思います。この領域はそれぞれ独立して表示を変更することができます（**図4.68**）。

分割を戻すには「ウィンドウ」→「分割の解除」を選択するか、分割された画面の間にカーソルを持っていくとアイコンが変わると思いますので、その状態で上下のどちらかに目一杯移動させてください。

▼ 図4.67　画面の分割

▼ 図4.68　分割画面の表示範囲

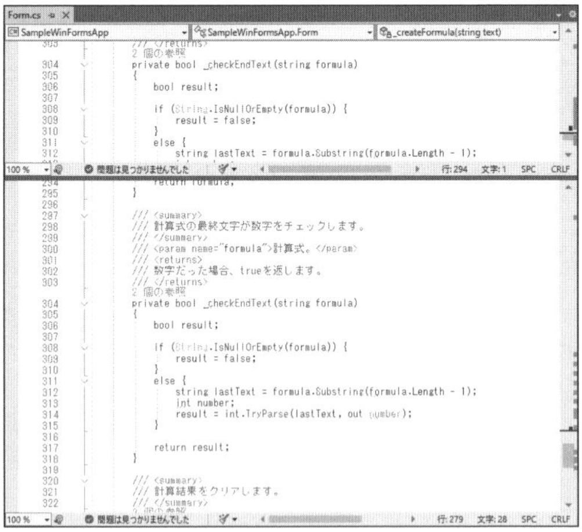

タブグループの作成

タブに2つ以上ファイルを開いている状態にしてください。その状態でメニューから「ウィンドウ」→「水平タブグループの新規作成」または「垂直タブのグループの新規作成」を選択してください。すると**図4.69**または**図4.70**のように複数ファイルが同時に表示されます。

▼ **図4.69　水平タブグループ**

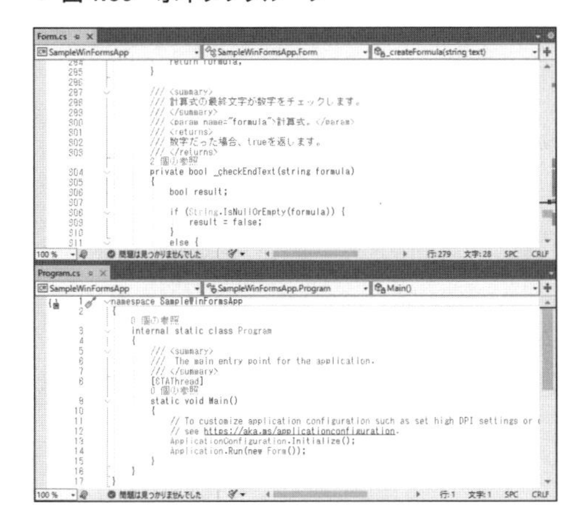

▼ **図4.70　垂直タブグループ**

新規ウィンドウを開く

メニューから「ウィンドウ」→「新規ウィンドウ」を選択してください。すると**図4.71**に示すように表示中だったファイルがもう一つ新たに開くことができます（タブに:1、:2が付与される）。

また、この項で紹介した「分割」「タブグループ」「新規ウィンドウ」はすべて同時に使用することができます（**図4.72**）。自分にあった画面レイアウトを用いて快適に開発を行いましょう。

▼ **図4.71　新規ウィンドウ**

▼ **図4.72　機能の組み合わせ**

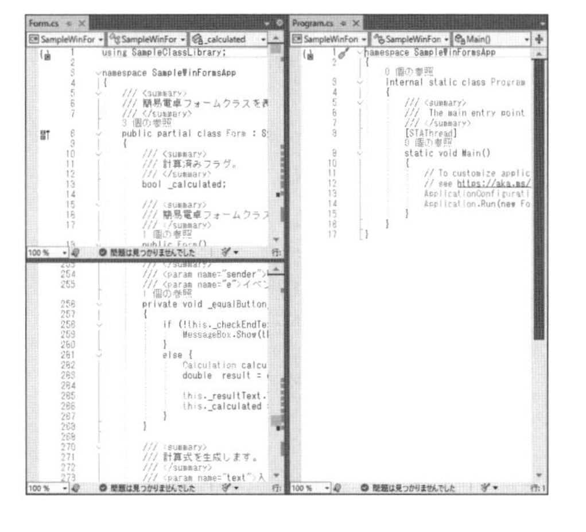

ズームイン・ズームアウト

ソースコードの表示を一時的に拡大表示したいときはズームアウト機能を使用しましょう。コード表示領域の左下にある「100%」という箇所をクリックしてみましょう。するとソースコードの拡大率を変更することができます（**図4.73**）。

この機能は Ctrl ＋ マウスホイールでも変更できます。たまに操作を誤り、ズームイン・ズームアウトが発生することがあるので、覚えておくとよいでしょう。

▼ **図4.73　拡大率の変更**

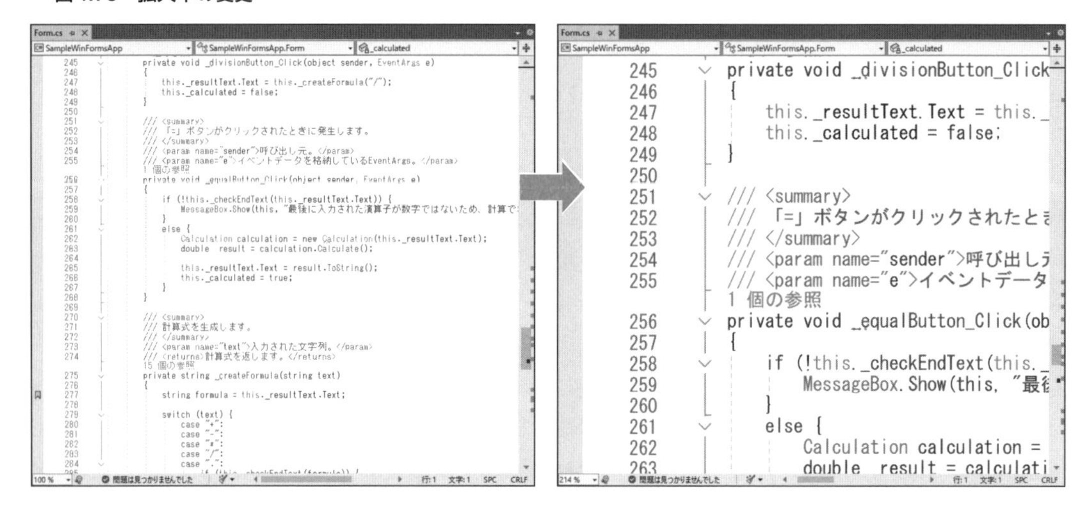

ブロック選択モードの切り替え

Ctrl ＋ Alt ＋ 矢印キーまたは Alt ＋ マウス操作で矩形選択（=ブロック選択）を行うことができます（**図4.74**）。

▼ **図4.74　ブロック選択**

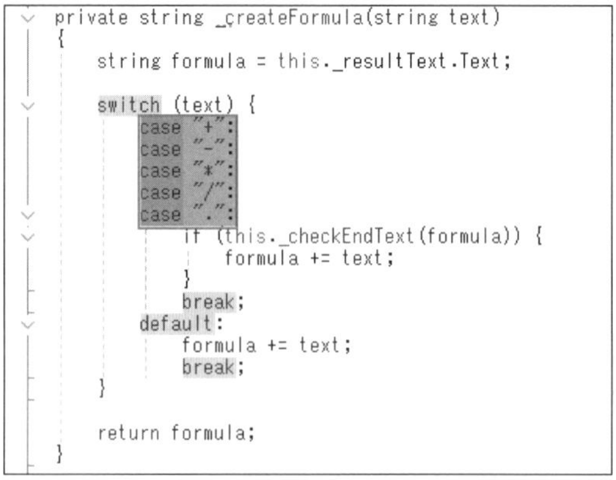

```
private string _createFormula(string text)
{
    string formula = this._resultText.Text;

    switch (text) {
        case "+":
        case "-":
        case "*":
        case "/":
        case ".":
            if (this._checkEndText(formula)) {
                formula += text;
            }
            break;
        default:
            formula += text;
            break;
    }

    return formula;
}
```

差分のクイック表示

修正したソースコードがソースコード管理されている最新ソースコードと比較して、どのような変更を行ったのか確認したいような場合があります。そのような場合、Visual Studioでは、差分のクイック表示を利用して、変更した内容を簡単に確認、比較することができます。どのように操作するか確認してみましょう。

1 テキストエディターで追加や変更、削除を行った行の余白をクリックします（**図4.75**）。

▼ **図4.75　テキストエディター**

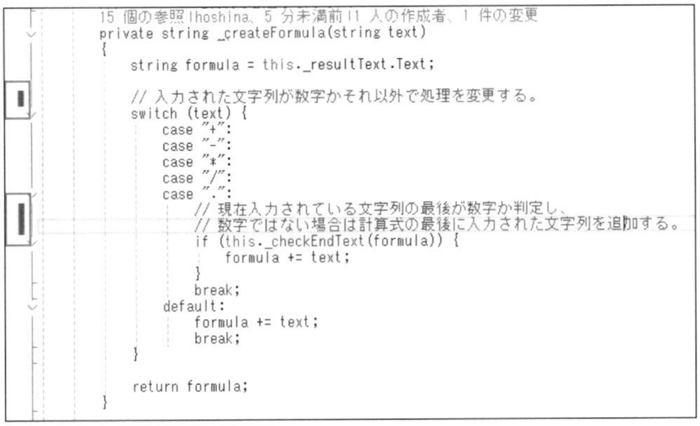

```
15 個の参照 | hoshina、5 分未満前 | 1 人の作成者、1 件の変更
private string _createFormula(string text)
{
    string formula = this._resultText.Text;

    // 入力された文字列が数字かそれ以外で処理を変更する。
    switch (text) {
        case "+":
        case "-":
        case "*":
        case "/":
        case ".":
            // 現在入力されている文字列の最後が数字か判定し、
            // 数字ではない場合は計算式の最後に入力された文字列を追加する。
            if (this._checkEndText(formula)) {
                formula += text;
            }
            break;
        default:
            formula += text;
            break;
    }

    return formula;
}
```

2 差分ビューが表示され、変更内容を確認することができます（**図4.76**）。また、差分ビューから行単位でコミットすることもできます（詳細は「第9章 Visual Studioによるチーム開発」にて紹介します）。

▼ **図4.76　差分ビュー**

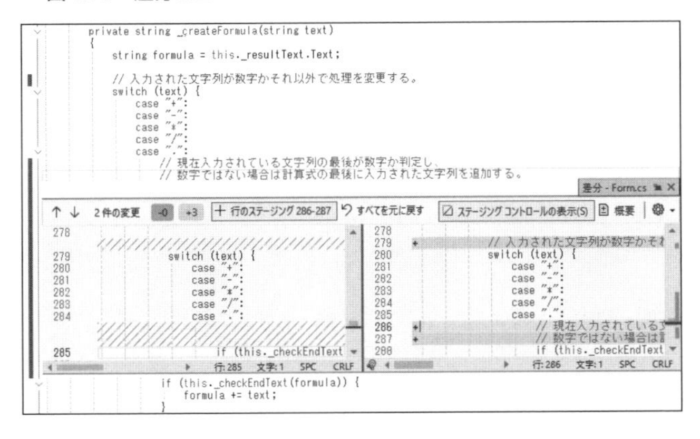

4-4 入力予測機能の使用

次は、Visual Studio の入力予測機能について見ていきましょう。入力予測機能というと、スマートフォンでの入力などでも馴染みがあると思いますが、Visual Studioでは「IntelliSense」という機能として存在しています。加えて、Visual Studio 2022 からは「IntelliCode」という新しい入力予測機能が追加されました。これらの違いを踏まえて、それぞれの利用方法を見ていきましょう。

IntelliSense

まずはIntelliSense について見ていきましょう。IntelliSense はいわゆる入力予測機能です。

文字を入力すると、入力した文字に近いものを、過去に入力した変数名やプロパティ名、メソッド名などから候補として表示してくれます。そして、その候補から選択し、入力することができます。

1. 変数名「message」を入力しようとすると、入力候補として「message」が提案されます。Tab を1回押します（**図4.77**）。
2. 変数名「message」が入力されます（**図4.78**）。

▼ 図4.77　入力候補が提案される

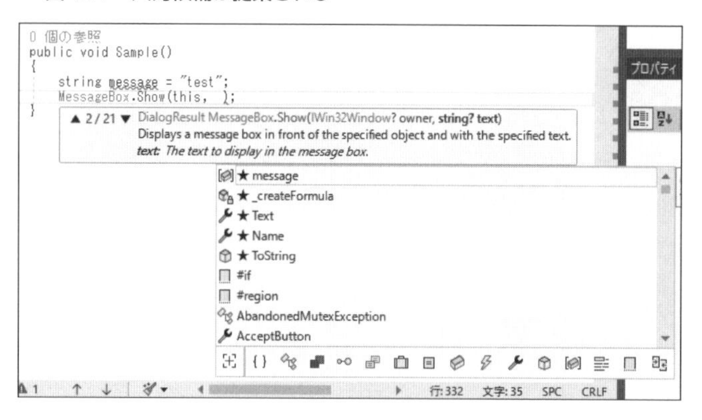

▼ 図4.78　変数名「message」が入力される

```
0 個の参照
public void Sample()
{
    string message = "test";
    MessageBox.Show(this, message);
}
```

ONEPOINT

入力候補が表示されない場合は Ctrl + Space で表示させることができます。候補が一つしか存在しないところまで入力後、Ctrl + Space を入力すると候補を表示することなく、残りを補完してくれます。入力ミスも防ぎ、コードライティングも短縮することができるため、入力補完機能は積極的に使用しましょう。

IntelliCode

次にIntelliCodeについて見ていきましょう。

IntelliCodeは単に入力した文字に近い入力候補を提案するだけでなく、利用頻度やコードの前後の流れを考慮して入力候補を提案してくれる、いわばAI機能を搭載した入力予測機能です。これにより、開発者はよりスムーズにコーディングが行えるようになります。

IntelliCodeを利用するには、事前準備としてIntelliCodeのインストールが必要です。まずはIntelliCodeがインストールされているか確認しましょう。

1. メニューの「ツール」→「ツールと機能を取得」をクリックします。
2. 「個別コンポーネント」からIntelliCodeを検索し、IntelliCodeにチェックが入っていない場合はチェックを入れてインストールを行います（**図4.79**）。

▼ **図4.79　「ツールと機能を取得」**

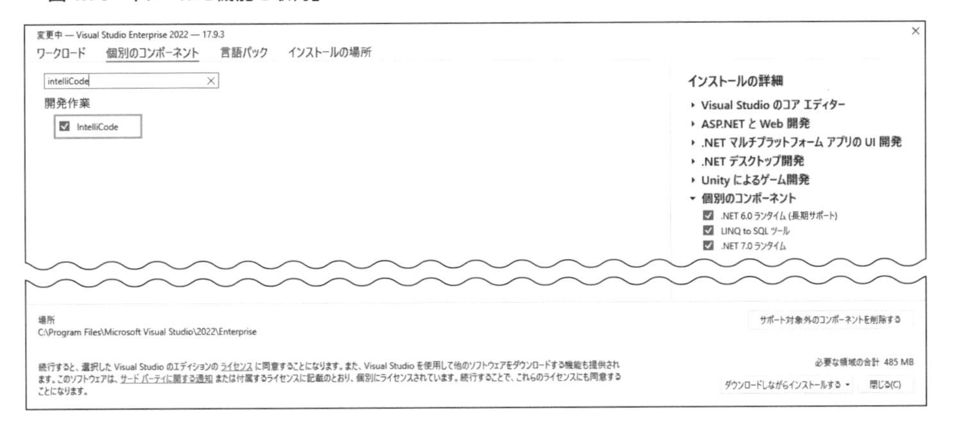

以上のインストール後、IntelliCodeが利用できるようになっています。

例えば、「Console.」と入力すると、IntelliCodeのおすすめとして「WriteLine」や「ReadLine」などが「★」マーク付きで提案されます（**図4.80**）。提案から選択し、Tab を1回押すと入力されます（**図4.81**）。

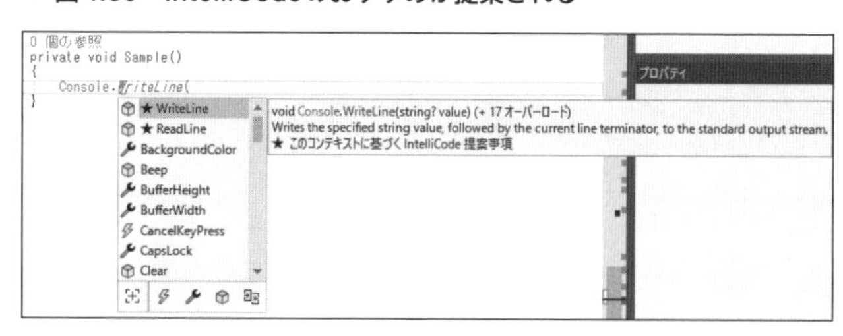

▼ 図4.80　IntelliCodeのおすすめが提案される

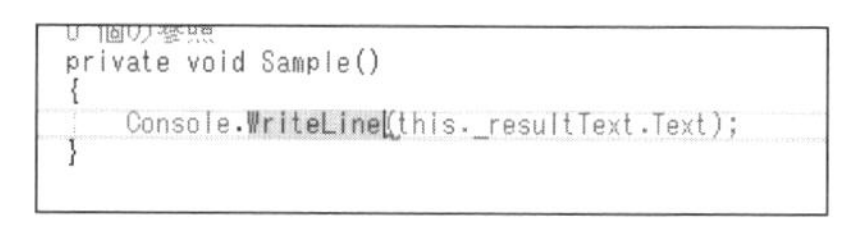

▼ 図4.81　選択した候補が入力される

4-5 エディターのカスタマイズ

最後に、エディターのカスタマイズについて見ていきましょう。エディターは、デザインやコード入力時の動作などを自分好みにカスタマイズすることができます。自分に合った開発環境で、より快適に開発を行いましょう。

配色のカスタマイズ

Visual Studioの配色テーマを変更できます。まずはオプション画面を表示しましょう。メニューから「ツール」→「オプション」を選択し、オプション画面を表示します。

オプション画面が表示できたら「環境」→「全般」を選択します。右部に全般で設定できる内容が表示されるので、一番上の「配色テーマ」を変更します（**図4.82**）。変更後、「OK」を押し、オプション画面を閉じるとVisual Studioに配色テーマが反映されます（**図4.83**）。

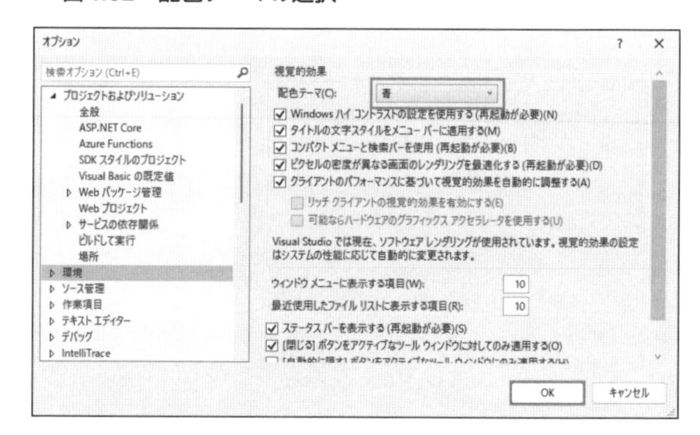

▼ 図4.82　配色テーマの選択

近年様々なアプリやWebページがダークモードに対応されてきています。Visual Studioでは「濃色」が該当します。

▼ 図4.83　配色テーマ「濃色」に変更

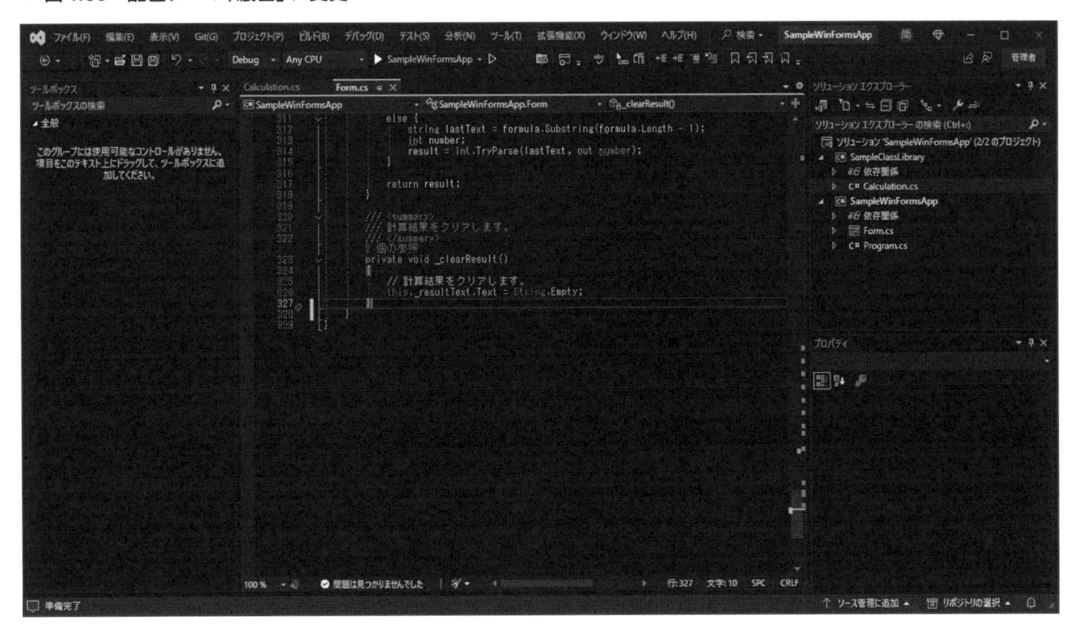

フォントのカスタマイズ

Visual Studioで使用するフォントの設定を変更できます。オプション画面から「環境」→「フォントおよび色」を選択し、フォントの設定を表示します（**図4.84**）。

「設定の表示」という項目でフォントを設定変更したい項目を選択できます。選択後、フォントの種類とサイズを変更します。その下に表示されている「表示項目」では項目ごとに「前景色」と「背景色」と太文字にするかを設定できます。サンプルが表示されますので見ながら調整しましょう。

▼ 図4.84　フォントの変更

ONEPOINT

プログラミング中にO（オー）と0（ゼロ）、l（小文字のエル）と|（バーティカルバー）など似ている文字を区別ができずに困ったことはありませんか？そういうときは「プログラミング用フォント」の導入をおすすめします。フリーのものもあるのでいろいろ試して、自分にあったフォントを導入しましょう。

現在表示中のファイルを選択状態にする

「4-3　便利な編集機能」で紹介した「特定の場所へ移動」機能により、別のファイルに移動した際、ソリューションエクスプローラーでその移動先ファイルをアクティブな状態にすることができます（**図4.85**）。オプション画面から「プロジェクトおよびソリューション」→「アクティブな項目をソリューションエクスプローラーで選択された状態にする」を有効にします（**図4.86**）。

図4.85　「定義へ移動」で別ファイルへ移動したとき、選択ファイルが移動先のファイルとなる

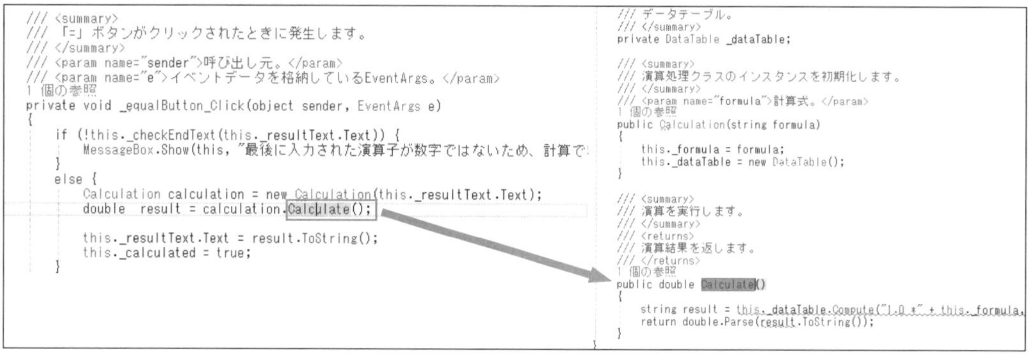

```
/// <summary>
/// 「=」ボタンがクリックされたときに発生します。
/// </summary>
/// <param name="sender">呼び出し元。</param>
/// <param name="e">イベントデータを格納しているEventArgs。</param>
1 個の参照
private void _equalButton_Click(object sender, EventArgs e)
{
    if (!this._checkEndText(this._resultText.Text)) {
        MessageBox.Show(this, "最後に入力された演算子が数字ではないため、計算で
    }
    else {
        Calculation calculation = new Calculation(this._resultText.Text);
        double  result = calculation.Calculate();

        this._resultText.Text = result.ToString();
        this._calculated = true;
    }
```

```
/// データテーブル。
/// </summary>
private DataTable _dataTable;

/// <summary>
/// 演算処理クラスのインスタンスを初期化します。
/// </summary>
/// <param name="formula">計算式。</param>
1 個の参照
public Calculation(string formula)
{
    this._formula = formula;
    this._dataTable = new DataTable();
}

/// <summary>
/// 演算を実行します。
/// </summary>
/// <returns>
/// 演算結果を返します。
/// </returns>
1 個の参照
public double Calculate()
{
    string result = this._dataTable.Compute("1.0 *" + this._formula,
    return double.Parse(result.ToString());
}
```

図4.86　アクティブな項目をソリューションエクスプローラーで選択された状態にする

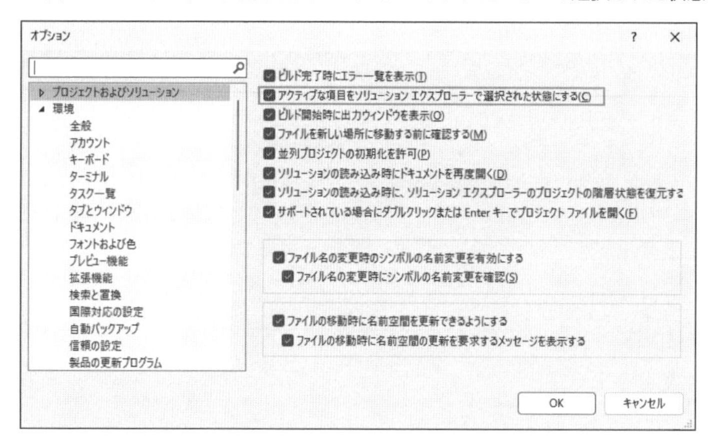

固定されたタブを別の行で表示する

ファイル名が表示されているタブのピンステータスを切り替えることで、そのタブをロックすることができます。このロックしたタブを別の行に表示することができます（**図4.87**）。

▼ 図4.87　ロックされたタブ（Program.cs）が別行に表示される

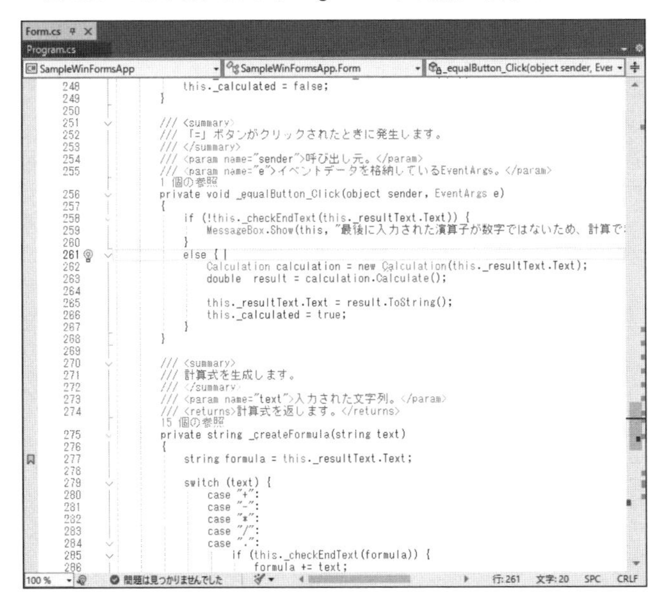

オプション画面から「環境」→「タブとウィンドウ」の「固定されたタブ」→「固定されたタブを別の行で表示する」を有効にします（**図4.88**）。

▼ 図4.88　固定されたタブを別の行で表示する

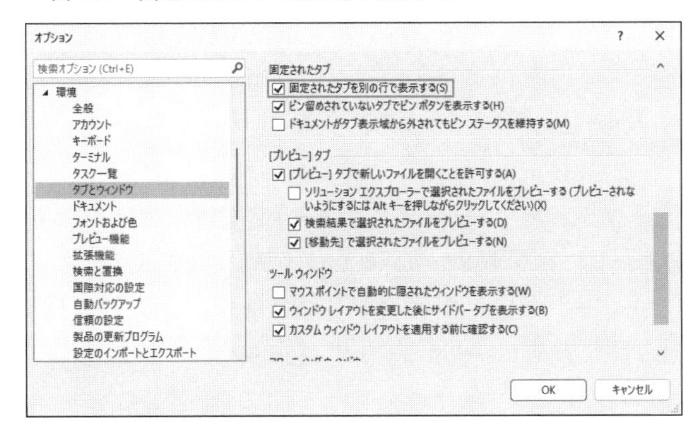

空白を表示する

空白文字である「Tab、半角・全角スペース」などを記号で表示することができます(**図4.89**)。

オプション画面から「テキストエディター」→「全般」の「表示」→「空白の表示」を有効にします(**図4.90**)。

▼ **図4.89　左から Tab、半角スペース、全角スペースの表示**

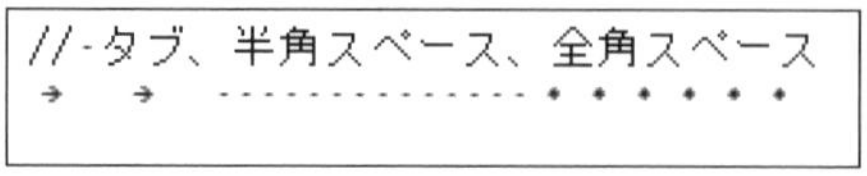

//·タブ、半角スペース、全角スペース

▼ **図4.90　空白の表示**

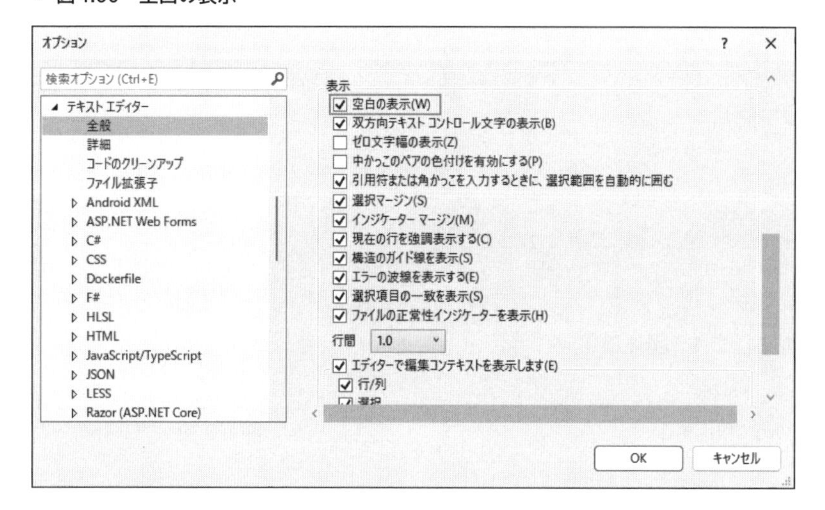

スクロールバーの動作を変更する

スクロールバーにソースファイルのマップを表示することができます(**図4.91**)。これにより大雑把ではありますが目的の位置がどのあたりに存在するかの目星がつけやすくなります。

オプション画面から「テキストエディター」→「"設定したい言語"」→「スクロールバー」の「動作」→「垂直スクロールバーでのマップモードの使用」を有効にします(**図4.92**)。

オプションで「プレビューツールヒントの表示」と「ソースの概要」があります(**図4.93**)。

▼ 図4.91　スクロールバーにマップを表示

```
Form.cs  Program.cs
SampleWinFormsApp    SampleWinFormsApp.Form    _equalButton_Click(object sender, I
248            this._calculated = false;
249        }
250
251        /// <summary>
252        /// 「=」ボタンがクリックされたときに発生します。
253        /// </summary>
254        /// <param name="sender">呼び出し元。</param>
255        /// <param name="e">イベントデータを格納しているEventArgs。</param>
           1 個の参照
256        private void _equalButton_Click(object sender, EventArgs e)
257        {
258            if (!this._checkEndText(this._resultText.Text)) {
259                MessageBox.Show(this, "最後に入力された演算子が数字ではないため
260            }
261            else { |
262                Calculation calculation = new Calculation(this._resultText.Text
263                double  result = calculation.Calculate();
264
265                this._resultText.Text = result.ToString();
266                this._calculated = true;
267            }
268        }
269
270        /// <summary>
271        /// 計算式を生成します。
272        /// </summary>
273        /// <param name="text">入力された文字列。</param>
274        /// <returns>計算式を返します。</returns>
           15 個の参照
275        private string _createFormula(string text)
276        {
277            string formula = this._resultText.Text;
278
279            switch (text) {
280                case "+":
281                case "-":
282                case "*":
283                case "/":
284                case ".":
```

▼ 図4.92　垂直スクロールバーでのマップモードの使用

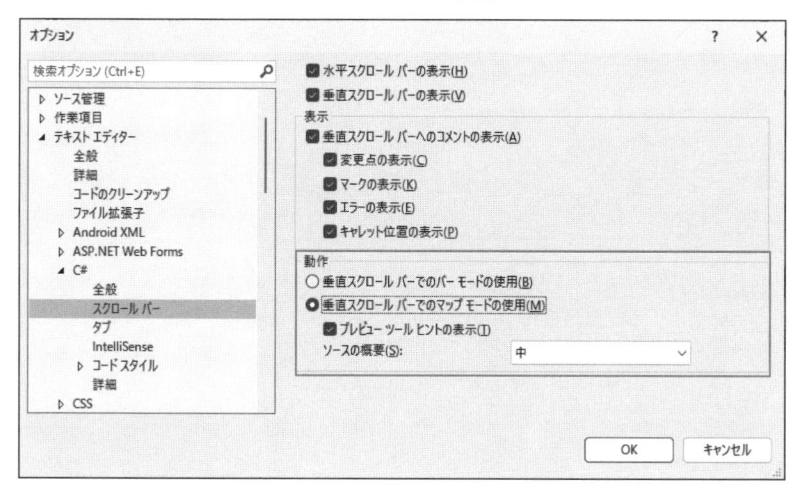

▼ **図4.93　「プレビューツールヒントの表示」と「ソースの概要」**

```
            this._resultText.Text = result.ToString();
            this._calculated = true;
        }
    }

    /// <summary>
    /// 計算式を生成します。
    /// </summary>
    /// <param name="text">入力された文字列。</param>
    /// <returns>計算式を返します。</returns>
    15 個の参照
    private string _createFormula(string text)
    {
        string formula = this._resultText.Text;

        switch (text) {
            case "+":
            case "-":
            case "*":
            case "/":
            case ".":
                if (this._checkEndTe
                    formula += text;
                }
```

```
{
    bool result;

    if (String.IsNullOrEmpty(formula)
        result = false;
    }
    else {
```

タブを設定する

タブを挿入時の設定ができます（タブを挿入するか、スペースにするか、スペースはいくつ入れるかなど）。

オプション画面から「テキストエディター」→「"設定したい言語"」→「タブ」を有効にします（**図4.94**）。

▼ **図4.94　タブの設定**

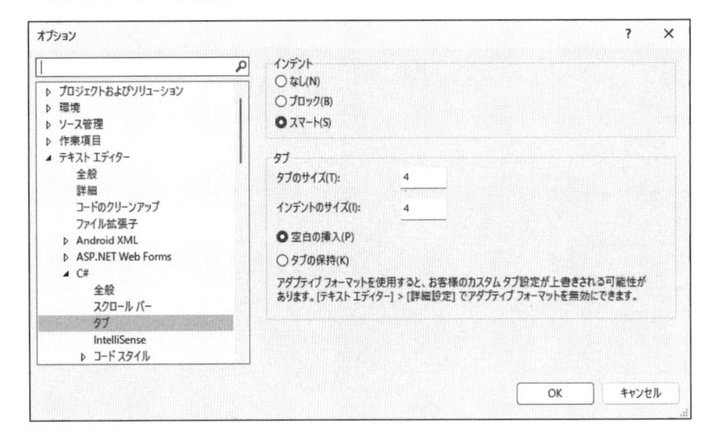

COLUMN

Visual Studio Online

マイクロソフト社はWebブラウザ上で動作する開発環境である「Visual Studio Online」も提供する予定です。「Microsoft Build 2019」で発表されたばかりで、まだプライベートプレビュー版であり、一般公開の時期は未定ですが、マイクロソフト社の公式ホームページ(https://online.visualstudio.com)にアクセスして利用可能になる予定です。

Visual Studio Onlineは、「第1章 Visual Studioとは」で紹介した「Visual Studio Code」をベースにしており、無償提供されます。イメージ的には、「Visual Studio Code」がOnline化したものと考えて良いでしょう。

ちなみに、Visual Studio Onlineという名前は、以前にも、DevOps 開発との絡みで広まったことがありましたが、それとは別物ですので切り離して考えてください。

Visual Studio Online のメリットとしては、下記のようなことがあります。

- Webブラウザ上で動作するため、開発環境のOSを選ばない
- データがクラウド上で管理されるため、開発場所が変わっても、すぐに続きから開発できる

特に、「開発場所が変わっても、すぐに続きから開発できる」ことのメリットは大きいと思います。企業のソースコードだと、クラウド上で管理することがセキュリティ的な観点などで難しいかもしれませんが、個人の開発であれば、ソースコードを持ち運ぶ必要が無く、極端な話をすれば、スマートフォン1 台があれば、いつでもどこでも開発ができることになります。急な空き時間なども開発にあてることができます。ぜひ、積極的に利用してみると良いでしょう。

COLUMN　エラー一覧ウィンドウのフォント変更

エラー一覧ウィンドウの文字が小さく読みにくいことがあるかと思います。そのような場合は環境のフォントを変更することでエラー一覧ウィンドウのフォントを変更することができます。

ただ、Visual Studio環境全体への適用になりメニューバーなどのフォントも変更となるため、エラー一覧ウィンドウの文字が小さく読みにくいような場合は該当行をコピーしてメモ帳などに張り付けて内容を確認するとよいかと思います。

1. ［ツール］メニュー→［オプション］ダイアログ→［環境］→［フォントおよび色］の項目を選択し、［設定の表示］ドロップダウンから「環境」を選択して、フォントやサイズの設定を変更します（**図4.B**）。
2. エラー一覧ウィンドウを含むメニューなどVisual Studio環境全体のフォントが変更されます（**図4.C**）。

▼ 図4.B　フォントおよび色

▼ 図4.C　環境のフォント変更前後

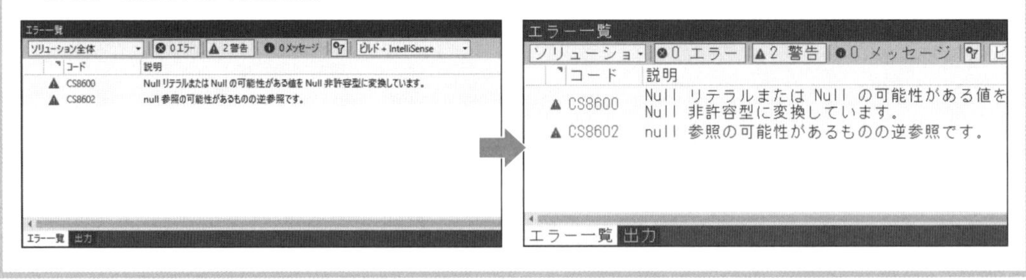

第5章

Visual Studioのデバッグ手法

この章では、Visual Studioのデバッグについて解説します。デバッグとは何かを深く理解し、Visual Studioのデバッグ機能を使いこなしましょう。また、Visual Studio Enterpriseに付属しているIntelliTraceについても説明していきます。

本章の内容

5-1 デバッグ手法を学ぶ前の基礎知識

デバッグはプログラム開発において非常に重要な作業です。開発能力の高い技術者はデバッグも同等に高い能力を発揮します。デバッグとは何かをここでは説明していきます。

デバッグとは

デバッグとはプログラムに含まれる「バグ」取り除くことです。ちなみに「バグ」は「bug」で「欠陥」を意味しています。バグフィックスと呼ばれることもあります。バグとは「プログラムの間違っているところ」です。バグがあるとプログラムは思い通りには動いてくれません。

ただの誤字や脱字を発見するのはコンパイラーがやってくれますが、プログラムは変数という値が変化する過程があるので、ただプログラムを眺めていただけではバグを取り除くことは困難です。

そこでVisual Studioのデバッグ機能を使います。デバッグの基本は「ブレークポイントの設定」→「トレース」→「値のウォッチ」となります。

サンプルプロジェクトの作成

実際にプロジェクトを作成して、Visual Studioではどのようにデバッグを行うのか確認していきましょう。

1. Visual Studioを起動して<新しいプロジェクトの作成>を選択します（**図5.1**）。プロジェクトは［コンソールアプリ（.NET Core）］を選択し（**図5.2**）、<次へ>ボタンを選択します。［新しいプロジェクトの構成］ページ（**図5.3**）で**表5.1**を指定します。

▼ **図5.1　Visual Studio スタートウィンドウ**

▼ 図5.2　新しいプロジェクトの作成

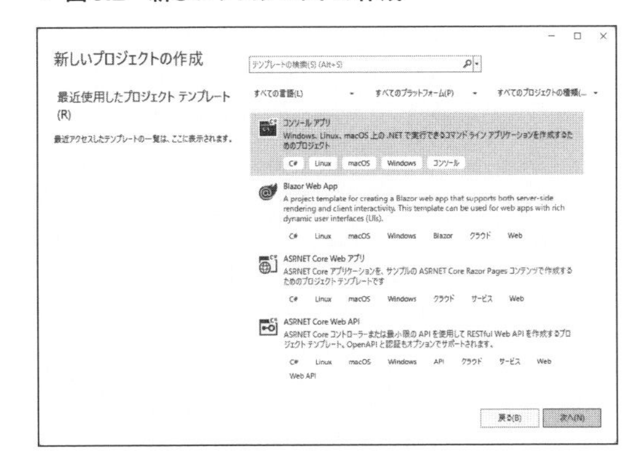

▼ 図5.3　プロジェクトの構成

▼ 表5.1　プロジェクトの設定項目

項目名	内容
プロジェクト名	CountDayData
場所	（任意）
ソリューション名	CountDayData

2　デバッグで使用するためのソースコード（**図5.4**）をProgram.csに記述します。

▼ 図5.4　Visual Studioソースコード

```
var dayDatas = new[] {
    new { Day = new DateTime (2024, 1, 1), Value = "aaa@xxx.com" },
    new { Day = new DateTime (2024, 1, 1), Value = "bbb@xxx-com" },
    new { Day = new DateTime (2024, 1, 2), Value = "ccc@xxx-com" },
    new { Day = new DateTime (2024, 1, 2), Value = "aaa@xxx-com" },
    new { Day = new DateTime (2024, 1, 2), Value = "ddd@xxx-com" },
    new { Day = new DateTime (2024, 1, 3), Value = "bbb@xxx-com" },
};

var day = new DateTime (1, 1, 1);
var count = 0;

foreach (var data in dayDatas) {
    if (data.Day != day) {
        WriteLog(day, count);

        day = data.Day;
        count = 0;
    }
    count++;
}

Console.ReadLine();

void WriteLog(DateTime day, int count)
{
    Console.WriteLine("{0}は{1}件です。",
            day.ToString("yyyy/MM/dd"), count);
}
```

ソリューションのプロパティ

「ソリューションのプロパティ」ページは「スタートアッププロジェクト」の指定や「プロジェクトの依存関係」を設定する項目、「構成プロパティ」が入っています。

「ソリューションのプロパティ」ページを表示するには、「ソリューションエクスプローラー」ウィンドウからソリューションを右クリックし、ポップアップメニューから＜プロパティ＞を選択します（**図5.5**）。

▼ **図5.5　ソリューションのプロパティ**

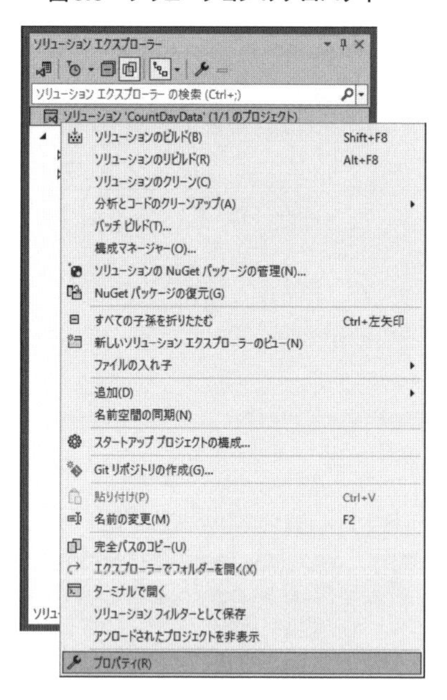

スタートアッププロジェクト

「スタートアッププロジェクト」はデバッグを開始した際にどのプロジェクトを開始するかを指定します。開始するプロジェクトは1つだけでなく複数も指定できます。

ここでは「シングルスタートアッププロジェクト」が指定され「CountDayData」が選択されていることを確認します（**図5.6**）。

▼ **図5.6　スタートアッププロジェクト**

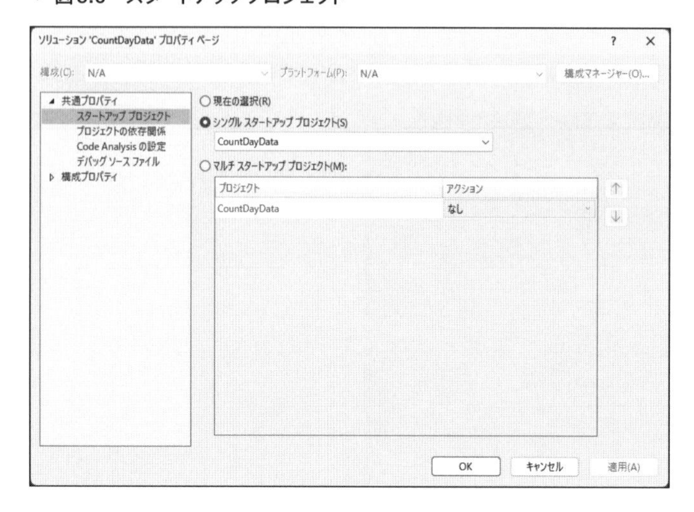

プロジェクトの依存関係

プロジェクトの依存関係はソリューション内で他のプロジェクトを参照するとそのプロジェクトに依存関係が発生します。基本的にはプロジェクトの参照から自動的にプロジェクトの依存関係が設定されますが、参照設定をしていなくても依存関係がある場合はここで設定する必要があります(**図5.7**)。今回はプロジェクトが1つのみなので依存関係はありません。

▼ **図5.7 プロジェクトの依存関係**

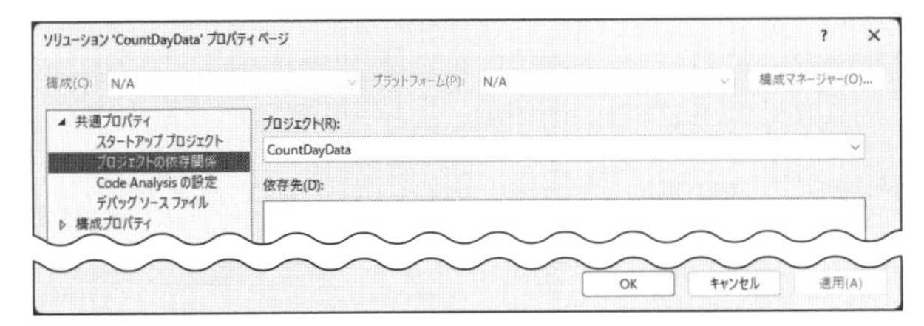

構成プロパティ

構成プロパティは各プロジェクトのビルド構成やプラットホームを指定できます(**図5.8**)。

ビルド構成はリリースかデバッグでビルドするかの指定です。プラットホームは64bitか32bitか、またはそのどちらでも可能なAny CPUかを指定します。今回の構成はデバッグでプラットホームはAny CPUを指定します。

デバッグとリリースの違いはコードの最適化が行われるのはリリースです。開発は、基本的にデバッグで行います。十分にデバッグが終わった後、リリースでビルドします。しかし、コーディングによってはコードの最適化によって挙動が変わる場合があります。その場合は、プロジェクトのプロパティから設定することでコードの最適化を行いながらデバッグすることができます。

設定方法は次の「プロジェクトのプロパティ」で説明します。

▼ **図5.8 構成プロパティ**

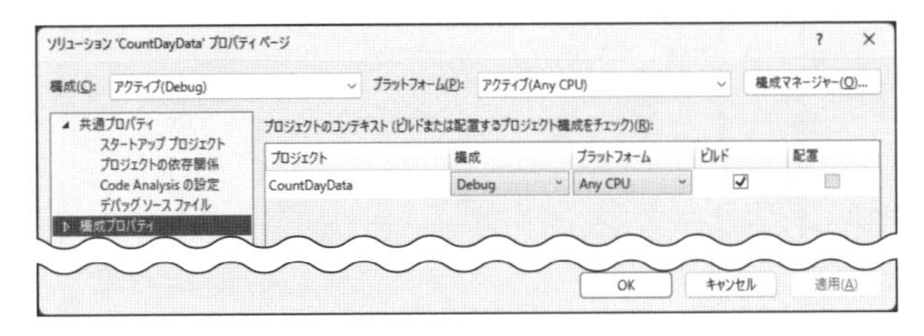

プロジェクトのプロパティ

プロジェクトのプロパティもグループごとに分かれており、「アプリケーション」「ビルド」「ビルドイベント」「パッケージ」「デバッグ」「署名」「リソース」に分かれています。主にプロジェクトのビルドや実行に関係する項目になります。

ソリューションエクスプローラーから対象のプロジェクトを右クリックし、＜プロパティ＞

を選択する(**図5.9**)とプロジェクトのプロパティページが表示されます。

プロジェクトのプロパティ「アプリケーション」グループ(**図5.10**)には「アセンブリ名(ファイル名)」があります。ビルドして出力されるファイル名はプロジェクト名ではなくこちらの「アセンブリ名(ファイル名)」になります。「既定の名前空間」はクラスやフォームなど新しく項目を追加したときにnamespaceで指定される既定の名前空間になります。どちらも「CountDayData」になっていることを確認してください。

その他には「対象のフレームワーク」「出力の種類」「スタートアッププロジェクト」「リソース」を指定する項目があります。

また、コードの最適化を行いながらデバッグするには「ビルド」グループ(**図5.11**)の「最適化コード」にチェックします。コードの最適化を行ったソースデバッグするとステートメントが順番に実行されずデバッグ行が上や下に移動して非常にデバッグしづらいので普段はチェックを外しておきましょう。

▼ **図5.9 プロジェクトのプロパティ**

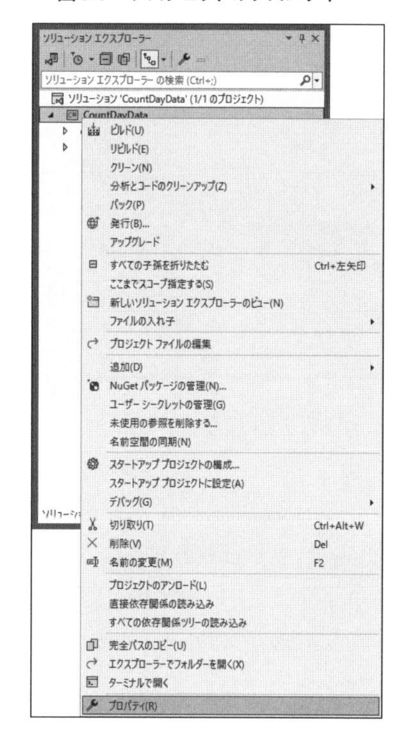

▼ **図5.10 プロジェクトのプロパティ(アプリケーション)**

▼ **図5.11 プロジェクトのプロパティ(ビルド)**

サンプルプロジェクトのビルド

実際に入力したサンプルコードをビルドしてみましょう。

1. Visual Studioのメニューから＜ビルド＞→＜ソリューションのビルド＞を選択して、サンプルプロジェクトのビルドを行います（ショートカットキー Ctrl ＋ Shift ＋ B でも行えます）。
2. ビルド結果は出力ウィンドウに表示されます（**図5.12**）。出力ウィンドウが表示されない場合は＜表示＞→＜出力＞で表示させることができます。

▼ **図5.12　出力ウィンドウ**

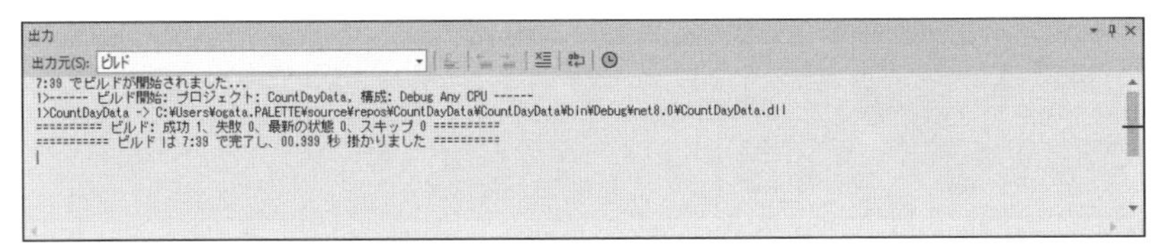

出力ウィンドウに「ビルド：1 正常、0 失敗」と出力されればビルドが成功となりますが、出力ウィンドウに「1 失敗」と出力された場合はビルドが失敗しています。その場合はエラー一覧ウィンドウにエラーが表示されていますのでエラーを確認します。

エラー一覧

エラー一覧ウィンドウにはコードを記述した際のエラー、警告、メッセージが表示されます。

その他にビルド時に発生したエラーなども表示されます。メニューから＜表示＞→＜エラー一覧＞を選択します。

図5.13には1件のエラーが表示されていますので、説明に従いエラーを修正します。表示されているエラーをダブルクリックすると問題が発生したファイルを開き、エラーの行へ移動してくれます。

▼ **図5.13　エラー一覧ウィンドウ**

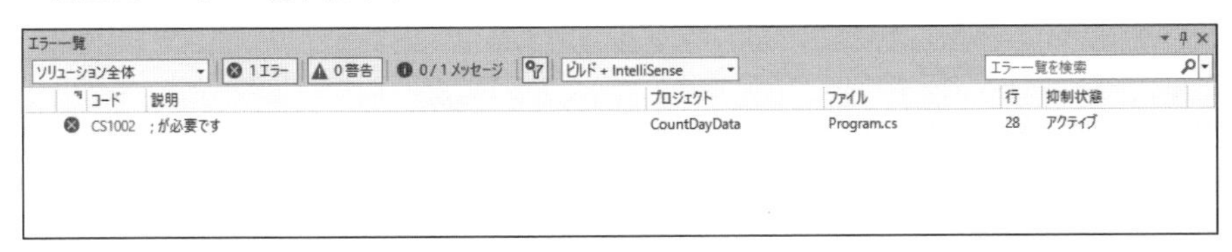

場合によっては原因が1つなのに大量のエラーが表示されるケースがあります。その場合はフィルター機能を使い、コンパイルを妨げている重大なエラーを特定します。

1. エラー一覧ウィンドウを選択します。表示されていない場合は、メニューから<表示>→<エラー一覧>を選択します。
2. エラー一覧ウィンドウの左側にあるドロップダウンリストで使用するコードのファイルセットを指定します。指定は［ソリューション全体］、［開かれているドキュメント］、［現在のプロジェクト］、［現在のドキュメント］から選択できます（**図5.14**）。

▼ **図5.14　エラー一覧ウィンドウ（フィルター）**

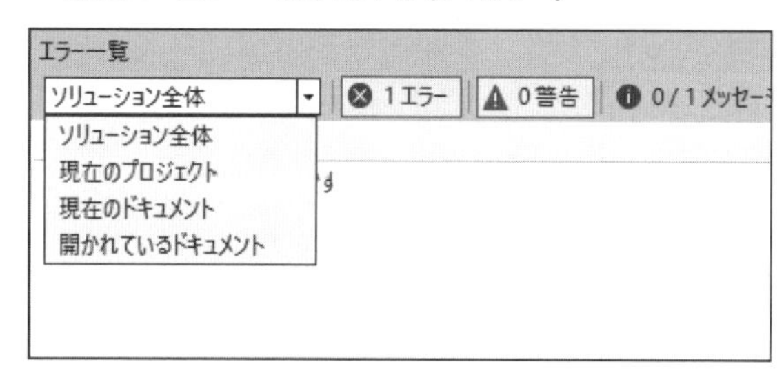

3. ［エラー］、［警告］、［メッセージ］のタブを選択することで異なるレベルのフィルターを行うことができます。

リビルド

再度、ショートカットの Ctrl ＋ Shift ＋ B でビルドすると修正したコードはビルドされます。

ただ、複数のプロジェクトが存在し、すでにビルドが正常に終了したプロジェクトはビルドされません。ソリューションすべてをビルドしたい場合はメニューから<ビルド>→<ソリューションのリビルド>を選択します。

> **ONEPOINT**
> ビルドは変更が行われたプロジェクトを対象に行いますが、リビルドは変更にかかわらずすべてのプロジェクトを対象に行います。

デバッグの開始

実際にコードを打ち込んでビルドが通ったところでプログラムを動かしながらデバッグを学んでいきましょう。

ブレークポイントの設定

ブレークポイントは開発ツールの中でもっとも重要なデバッグ手法のひとつです。デバッグを開始する前にブレークポイントを設定します。

1. ソースコードの左側の余白をクリックするか（**図5.15**）、またはブレークポイントを設定したい位置にカーソルを移動します。
2. F9 を押します。

▼ **図5.15　ブレークポイントの設定**

```
 9
10  var day = new DateTime (1, 1, 1);
11  var count = 0;
12
13  foreach (var data in dayDatas) {
14      if (data.Day != day) {
15          WriteLog(day, count);
16
17          day = data.Day;
18          count = 0;
19      }
20      count++;
21  }
22
```

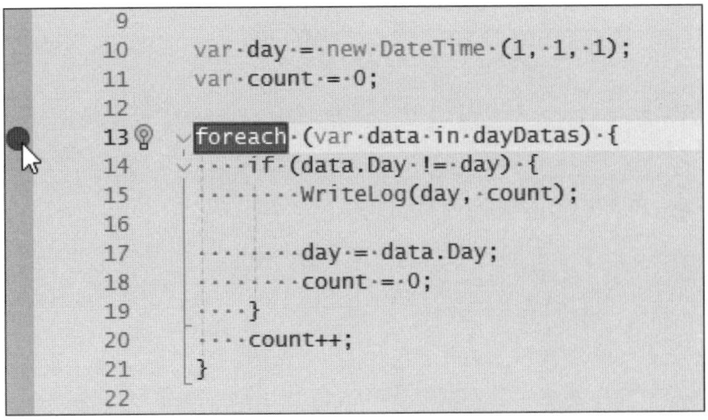

デバッグする際にいろいろな操作が必要になりますのでアイコンやショートカットキーをまとめておきます（**表5.2**）。

▼ **表5.2　デバッグの基本操作一覧**

アイコン	意味	説明
▶ CountDayData ▾ ▶ 続行(C) ▾	開始または続行（F5）	プログラムの実行を開始するか、次のブレークポイントに進む
⏸	すべて中断（Ctrl ＋ Alt ＋ Break）	実行中のプログラムを一時停止する
■	終了（Shift ＋ F5）	プログラムの実行を終了する
↓	ステップイン（F11）	メソッドの中にステップ実行する
↷	ステップアウト（F10）	次の行にステップ実行する
↑	ステップオーバー（Shift ＋ F11）	メソッドを抜けるまで実行する

ブレークポイントが設定された場所の一覧を確認するには、メニューから<デバッグ>→<ウィンドウ>→<ブレークポイント>または、ショートカットから Ctrl + Alt + B でブレークポイントウィンドウが表示されます（**図5.16**）

▼ **図5.16　ブレークポイントウィンドウ**

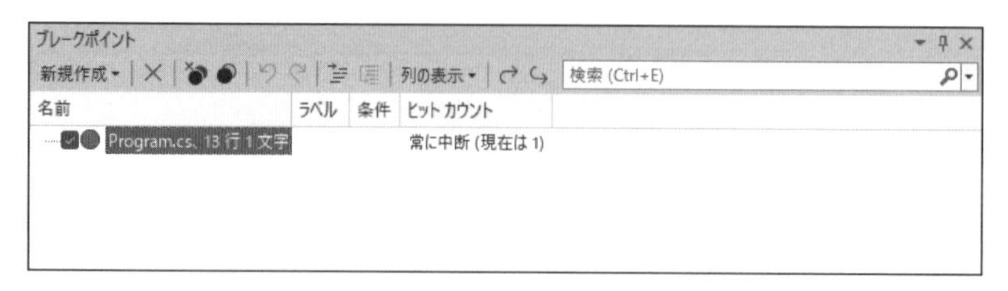

では、実際にこのコードを実行してみましょう。

1. ショートカット（ F5 ）でビルドが始まりデバッグ実行されます。
2. デバッグ実行が開始すると、ブレークポイントを設定した行で実行が一時停止します。
3. 一時停止した場所は黄色で表示されます（**図5.17**）。

再度、 F5 を押すとデバッグ実行が続行されます。このプログラムはコンソールアプリなので、実行結果がコンソールに表示されます（**図5.18**）。 Shift + F5 を押すと実行は停止します。

▼ **図5.17　一時停止状態**

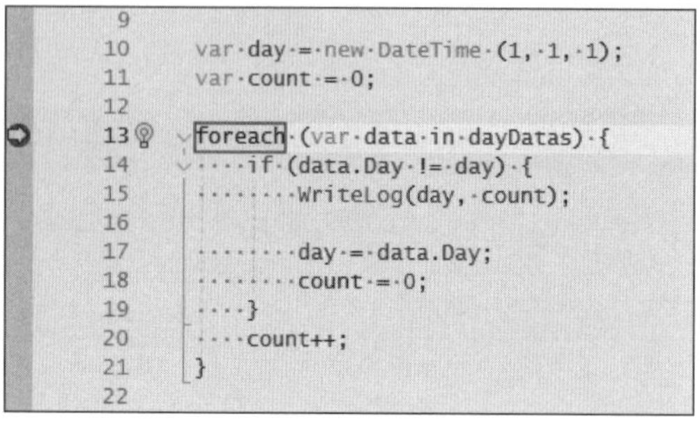

```
 9
10   var day = new DateTime (1, 1, 1);
11   var count = 0;
12
13   foreach (var data in dayDatas) {
14       if (data.Day != day) {
15           WriteLog(day, count);
16
17           day = data.Day;
18           count = 0;
19       }
20       count++;
21   }
22
```

▼ **図5.18　実行結果**

条件付きブレークポイント

条件付きブレークポイントは、ブレークポイントを設定した後、左側の余白にある赤い丸印を右クリックすると、ポップアップメニューが表示されます（**図5.19**）。そのポップアップメニューから<条件>を選択すると条件を設定するウィンドウが表示されます。ifに**図5.20**のような条件を設定してみましょう。

▼ 図5.19　条件付きブレークポイントの設定

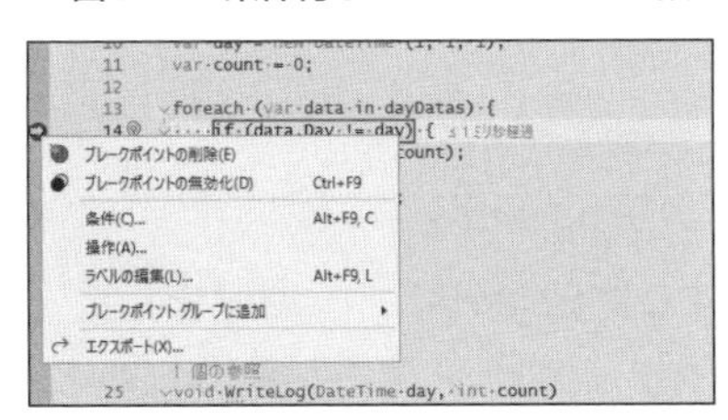

▼ 図5.20　条件付きブレークポイントの条件設定

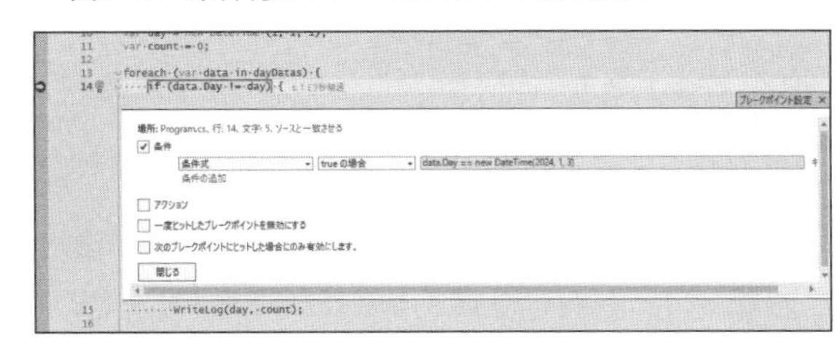

F5 を押してデバッグ実行してみましょう。{2024/01/01}まで実行されて、data.Dayが{2024/01/03}になっていることがわかります（**図5.21**）。

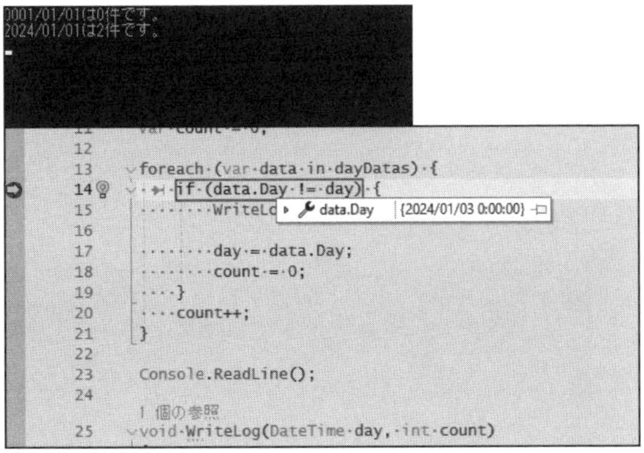

▼ 図5.21　条件付きブレークポイントの実行結果

```
0001/01/01は0件です。
2024/01/01は2件です。
```

```
12
13    foreach (var data in dayDatas) {
14        if (data.Day != day) {
15            WriteLo  data.Day  {2024/01/03 0:00:00}
16
17            day = data.Day;
18            count = 0;
19        }
20        count++;
21    }
22
23    Console.ReadLine();
24
      1 個の参照
25    void WriteLog(DateTime day, int count)
```

関数を指定してブレークポイントの設定

関数名を指定してブレークポイントを設定することもできます。メニューから<デバッグ>→<ブレークポイントの作成>→<関数のブレークポイント>で「新しい関数のブレークポイント」ウィンドウが開きます（**図5.22**）。そこでWriteLogを指定するとデバッグ実行したときにWriteLog関数に入ったところで一時停止します（**図5.23**）。

▼ 図5.22　関数を指定してブレークポイントの設定

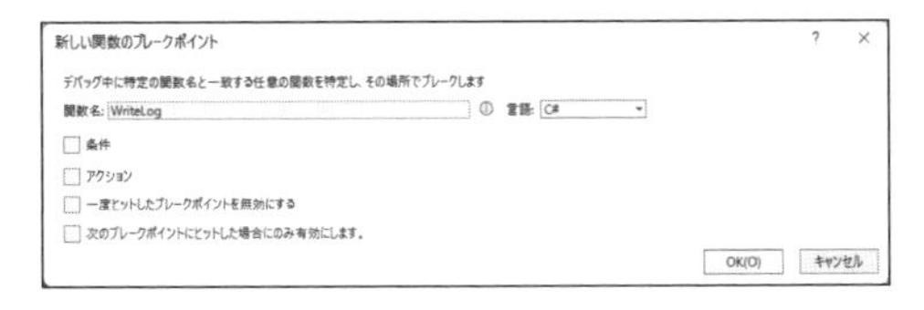

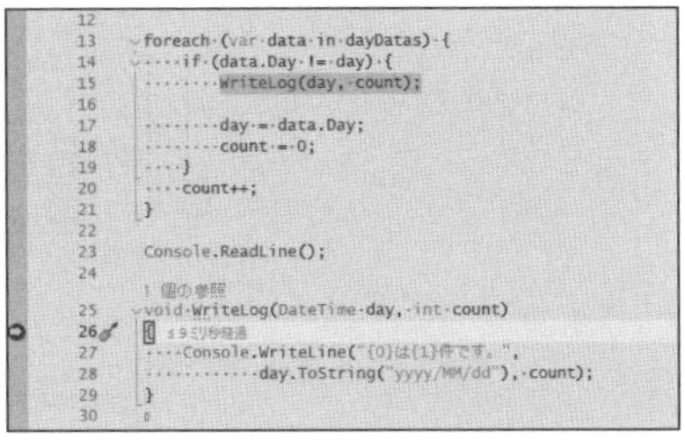

▼ 図5.23　WriteLog関数の一時停止

```
12
13    foreach (var data in dayDatas) {
14        if (data.Day != day) {
15            WriteLog(day, count);
16
17            day = data.Day;
18            count = 0;
19        }
20        count++;
21    }
22
23    Console.ReadLine();
24
      1 個の参照
25    void WriteLog(DateTime day, int count)
26    {
27        Console.WriteLine("{0}は{1}件です。",
28            day.ToString("yyyy/MM/dd"), count);
29    }
30
```

5-2 実行の制御

デバッグにはブレークポイントを設定して実行を一時停止する方法以外に、一時停止した状態からコード内を移動することができます。その方法にはステップインとステップオーバーがあります。

ステップイン

ステップインとは、行に関数がある場合、関数の呼び出しを行い、関数内の最初のコード行で一時停止します。では、F5を押してデバッグ実行してみましょう。先ほど設定したブレークポイントで一時停止します(**図5.24**)。

ここで、ステップインのショートカット(F11)を押してみましょう(**図5.25**)。

▼ 図5.24　ブレークポイントで一時停止

```
12
13  foreach (var data in dayDatas) {
14      if (data.Day != day) {
15          WriteLog(day, count);
16
17          day = data.Day;
18          count = 0;
19      }
20      count++;
21  }
22
23  Console.ReadLine();
24
    1 個の参照
25  void WriteLog(DateTime day, int count)
26  {
27      Console.WriteLine("{0}は{1}件です。",
28              day.ToString("yyyy/MM/dd"), count);
29  }
30
```

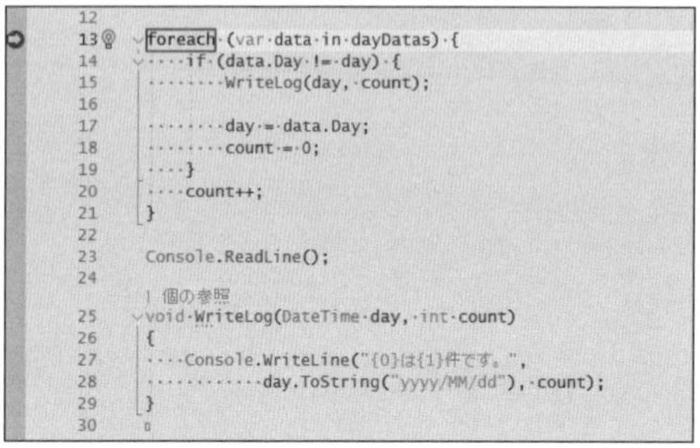

▼ 図5.25　ステップイン①

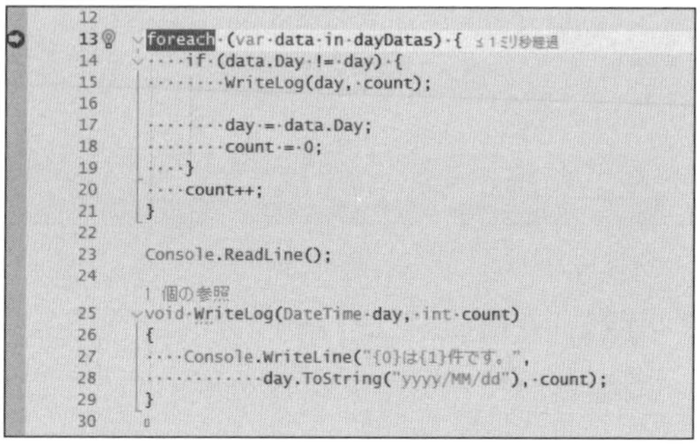

```
12
13  foreach (var data in dayDatas) {  ≤ 1ミリ秒経過
14      if (data.Day != day) {
15          WriteLog(day, count);
16
17          day = data.Day;
18          count = 0;
19      }
20      count++;
21  }
22
23  Console.ReadLine();
24
    1 個の参照
25  void WriteLog(DateTime day, int count)
26  {
27      Console.WriteLine("{0}は{1}件です。",
28              day.ToString("yyyy/MM/dd"), count);
29  }
30
```

ここは関数ではなく制御文なので次のステップに進みました。「WriteLog(day, count);」までF11を押してステップインします(**図5.26**)。

「WriteLog(day, count);」は関数なので、ここでF11を押して実行するとWriteLog関数内の最初の行に移動しました(**図5.27**)。これがステップインになります。

図5.26　ステップイン②

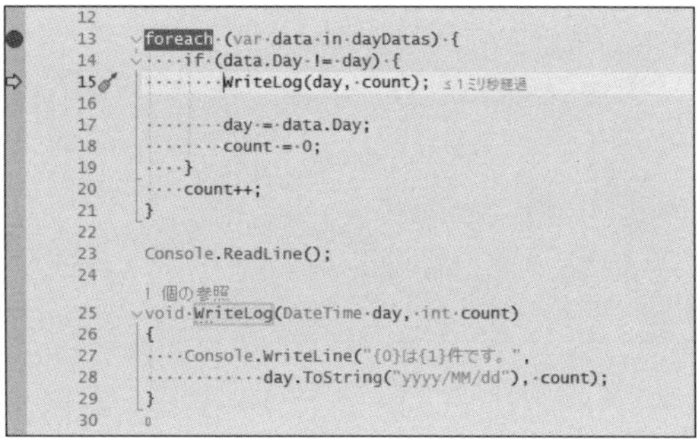

```
12
13  foreach (var data in dayDatas) {
14      if (data.Day != day) {
15          WriteLog(day, count);  ≤ 1ミリ秒経過
16
17          day = data.Day;
18          count = 0;
19      }
20      count++;
21  }
22
23  Console.ReadLine();
24
    1 個の参照
25  void WriteLog(DateTime day, int count)
26  {
27      Console.WriteLine("{0}は{1}件です。",
28              day.ToString("yyyy/MM/dd"), count);
29  }
30
```

図5.27　ステップイン③

```
12
13  foreach (var data in dayDatas) {
14      if (data.Day != day) {
15          WriteLog(day, count);
16
17          day = data.Day;
18          count = 0;
19      }
20      count++;
21  }
22
23  Console.ReadLine();
24
    1 個の参照
25  void WriteLog(DateTime day, int count)
26  {  ≤ 1ミリ秒経過
27      Console.WriteLine("{0}は{1}件です。",
28              day.ToString("yyyy/MM/dd"), count);
29  }
30
```

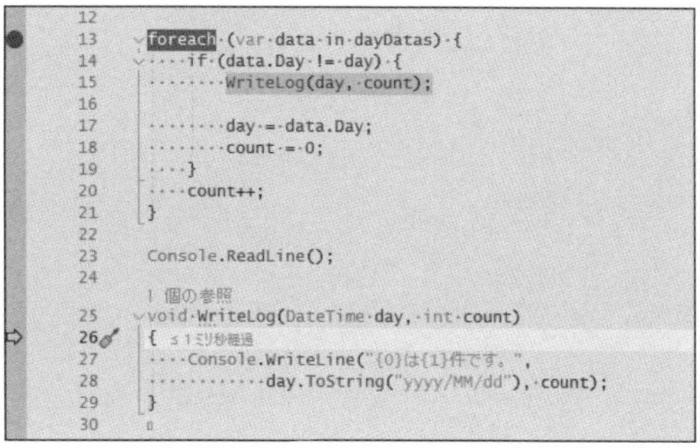

ステップオーバー

ステップオーバーは、行に関数が含まれていた場合、呼び出し先の関数を実行した後、その次の行で停止します。それでは、また「WriteLog(day, count);」まで実行してみましょう(**図5.28**)。

ここで、ステップオーバーのショートカット F10 を押してみましょう。WriteLogの関数は実行され、その次の行で一時停止しました。これがステップオーバーです(**図5.29**)。

図5.28　ステップオーバー①

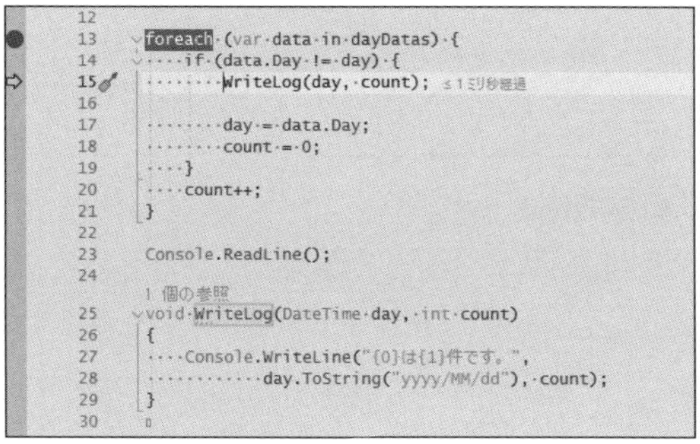

```
12
13  foreach (var data in dayDatas) {
14      if (data.Day != day) {
15          WriteLog(day, count);  ≤ 1ミリ秒経過
16
17          day = data.Day;
18          count = 0;
19      }
20      count++;
21  }
22
23  Console.ReadLine();
24
    1 個の参照
25  void WriteLog(DateTime day, int count)
26  {
27      Console.WriteLine("{0}は{1}件です。",
28              day.ToString("yyyy/MM/dd"), count);
29  }
30
```

図5.29　ステップオーバー②

```
12
13  foreach (var data in dayDatas) {
14      if (data.Day != day) {
15          WriteLog(day, count);
16
17          day = data.Day;  ≤ 9ミリ秒経過
18          count = 0;
19      }
20      count++;
21  }
22
23  Console.ReadLine();
24
    1 個の参照
25  void WriteLog(DateTime day, int count)
26  {
27      Console.WriteLine("{0}は{1}件です。",
28              day.ToString("yyyy/MM/dd"), count);
29  }
30
```

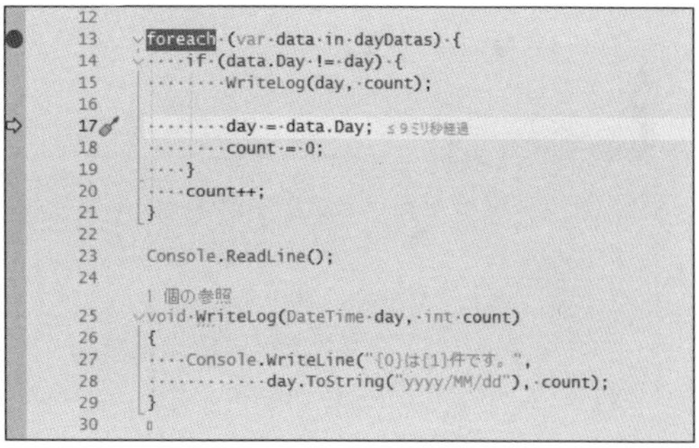

ステップアウト

ステップアウトは今実行している関数の呼び出し元へ戻るまで実行した後、呼び出し元の行で一時停止します。今度はWriteLog関数に入ったところにブレークポイントを設定して実行してみましょう(**図5.30**)。そしてステップアウトのショートカット Shift + F11 を押してみましょう。WriteLog関数の中が実行され呼び出し元の「WriteLog(day, count);」で停止しました(**図5.31**)。

▼ 図5.30 ステップアウト①

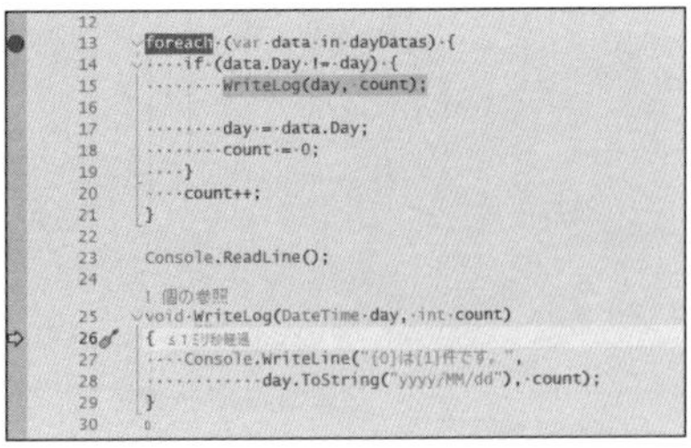

▼ 図5.31 ステップアウト②

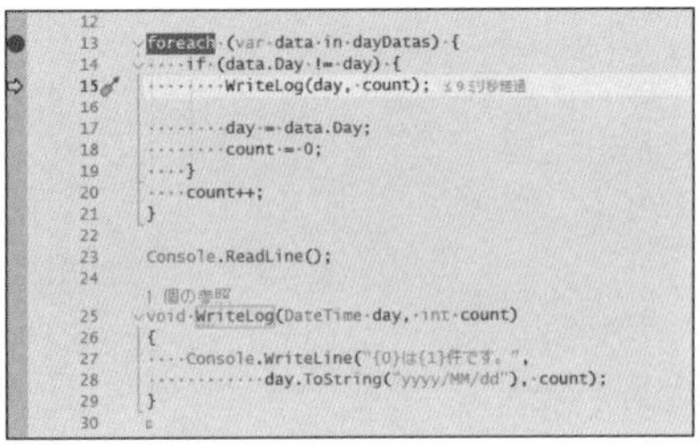

Run To Click

ブレークポイントなどでデバッグの一時中断中にソースコード上のステートメントをマウスのポインタを持って行くと、ここまで実行の緑色の矢印アイコンが表示されます(**図5.32**)。そのアイコンをクリックするとその行の手前まで実行され、その行で一時中断します(**図5.33**)。

この機能を利用すると一時的なブレークポイントを設定する必要がなくなります。

▼ 図5.32 Run To Click ①

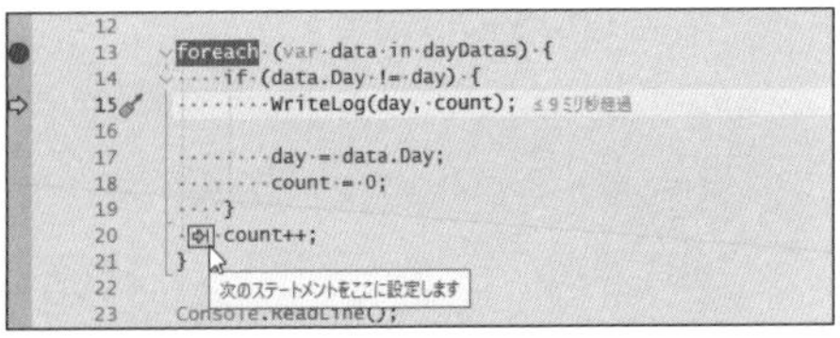

▼ 図5.33 Run To Click ②

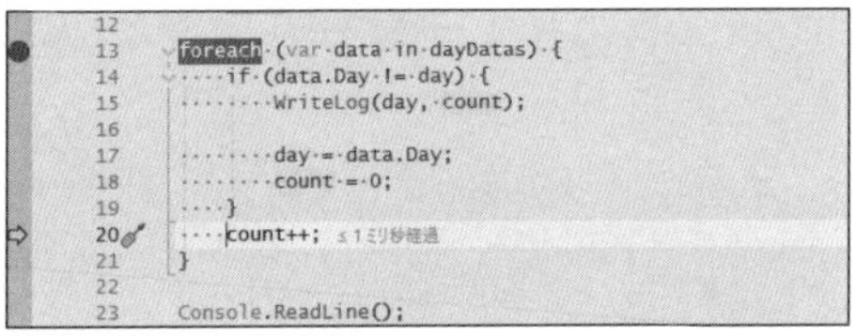

ONEPOINT

デバッグ実行を行うとブレークポイントで停止したときなどに行末に時間が表示されます。これは前に一時停止した時から次に一時停止したときまで実行時間になります。

▼ 図5.A 実行時間

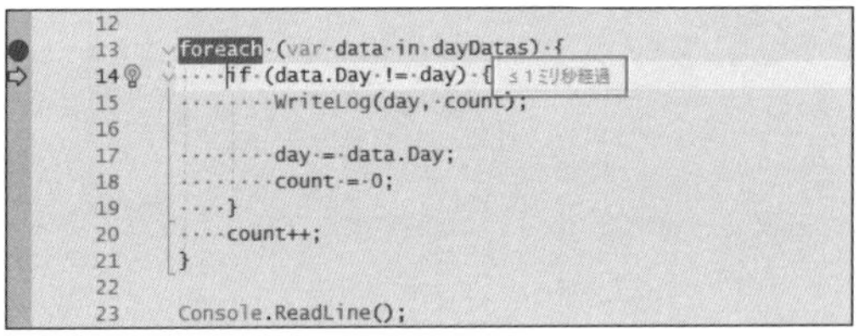

実行フローの変更

デバッグの一時中断中にソースコードの左側の余白に黄色い矢印が表示されています(**図5.34**)。この矢印をマウスで移動すると次に実行されるステートメントを変更することができます(**図5.35**)。実行するステートメントを移動することで既知のバグを含むコードをスキップしたり、一度実行したステートメントを再度実行したりすることができます。

▼ 図5.34 実行フローの変更①

```
12
13  foreach (var data in dayDatas) {
14      if (data.Day != day) {
15          WriteLog(day, count);
16
17          day = data.Day;
18          count = 0;
19      }
20      count++;  ≤ 9 ミリ秒経過
21  }
22
```

▼ 図5.35 実行フローの変更②

```
12
13  foreach (var data in dayDatas) {
14      if (data.Day != day) {
15          WriteLog(day, count);
16
17          day = data.Day;
18          count = 0;
19      }
20      count++;  ≤ 9 ミリ秒経過
21  }
22
```

呼び出し履歴ウィンドウ

今回のようなシンプルなコードでは問題になりませんが、複数の関数で構成されているアプリケーションの場合、関数同士の連携がどうなっているかを把握するのが難しい場合があります。その場合は「呼び出し履歴ウィンドウ」を使います。

まずは、WriteLog関数のConsole.WriteLineにブレークポイントを張りましょう。そして F5 を押して実行しましょう(**図5.36**)。

ソースが単純なので、WriteLog関数がどこから呼ばれたか灰色で表示されているのですぐにわかりますね。では、呼び出し履歴ウィンドウを表示してみましょう。メニューから<デバッグ>→<ウィンドウ>→<呼び出し履歴>で表示されます(**図5.37**)。

1行目は今ブレークで一時停止している場所になります。2行目はMain(最上位レベルのステートメント)の15行目から呼び出されているということです。呼び出し履歴ウィンドウからブレークポイントの設定もできます。ひとつ上の階層の<Main>で右クリックします。<ブレークポイント>→<ブレークポイントの挿入>を選択するとブレークポイントが設定できます(**図5.38**)。

呼び出し元の「WriteLog(day, count);」に

▼ 図5.36 呼び出し履歴ウィンドウの確認

```
12
13  foreach (var data in dayDatas) {
14      if (data.Day != day) {
15          WriteLog(day, count);
16
17          day = data.Day;
18          count = 0;
19      }
20      count++;
21  }
22
23  Console.ReadLine();
24
    1 個の参照
25  void WriteLog(DateTime day, int count)
26  {
27      Console.WriteLine("{0}は{1}件です。",  ≤ 1 ミリ秒経過
28              day.ToString("yyyy/MM/dd"), count);
29  }
30
```

▼ 図5.37 呼び出し履歴ウィンドウ

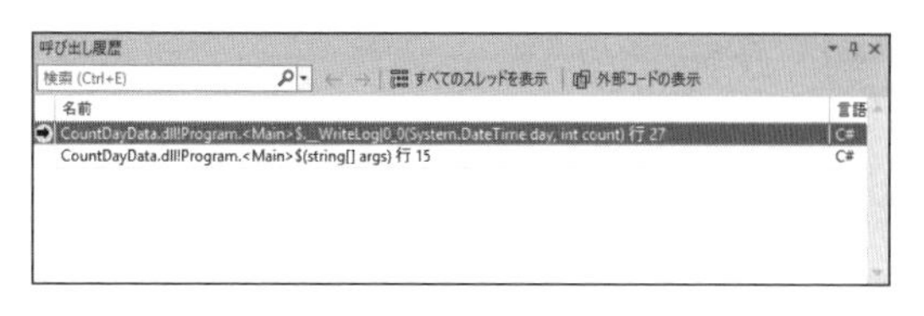

▼ 図5.38 呼び出し履歴ウィンドウからのブレークポイント①

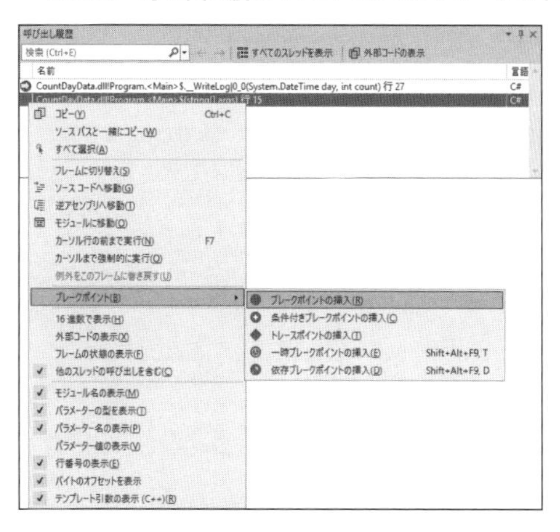

ブレークポイントが設定されました(**図5.39**)。

▼ **図5.39 呼び出し履歴ウィンドウからのブレークポイント②**

```
12
13  foreach (var data in dayDatas) {
14      if (data.Day != day) {
15          WriteLog(day, count);
16
17          day = data.Day;
18          count = 0;
19      }
20      count++;
21  }
22
23  Console.ReadLine();
24
    1 個の参照
25  void WriteLog(DateTime day, int count)
26  {
27      Console.WriteLine("{0}は{1}件です。",
28              day.ToString("yyyy/MM/dd"), count);
29  }
30
```

5-3 データの検査

デバッグにはデータの値がどうなっているか確認しなければデバッグをすることは困難です。値を確認するには「自動変数」と「ローカル」と「ウォッチ」あります。

 データヒント

データヒントは、デバッグ中に変数に関する情報を簡単に確認できます。データヒントはデバッグ実行が一時中断しているときに機能します。実行中のスコープ内にある変数に対してのみ機能します。値を確認したい変数をマウスでポイントするとデータヒントが表示されます(**図5.40**)。

▼ **図5.40 データヒント**

```
12
13  foreach (var data in dayDatas) {
14      if (data.Day != day) {
15          Wr  data  { Day = {2024/01/01 0:00:00}, Value = "aaa@xxx.com" }
16
17          day = data.Day;
18          count = 0;
19      }
20      count++;
21  }
22
```

データヒントの右側にあるプッシュピンを選択するとデータヒントをソースにピン留めすることができます(**図5.41**)

▼ 図5.41 データヒントのピン留め

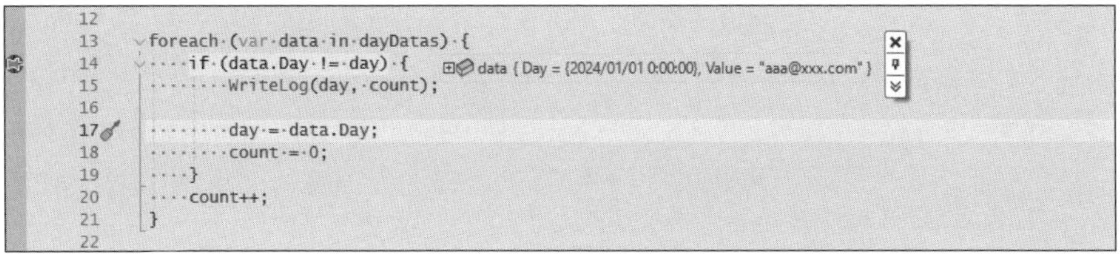

```
12
13  foreach (var data in dayDatas) {
14      if (data.Day != day) {        data { Day = {2024/01/01 0:00:00}, Value = "aaa@xxx.com" }
15          WriteLog(day, count);
16
17          day = data.Day;
18          count = 0;
19      }
20      count++;
21  }
22
```

ピン留めしたデータヒントはドラッグすることでソース内のどこにでも移動することができます。ピン留めしたデータヒントのプッシュピンを選択するとデータヒントはフローティングに戻ります。データヒントを閉じるにはデータヒントの右側にある「X」を選択します。

データヒントに表示されているオブジェクトを選択して左にある展開用の矢印要素を選択するとツリー形式でオブジェクトを展開することができます（**図5.42**）。

▼ 図5.42 データヒントの展開

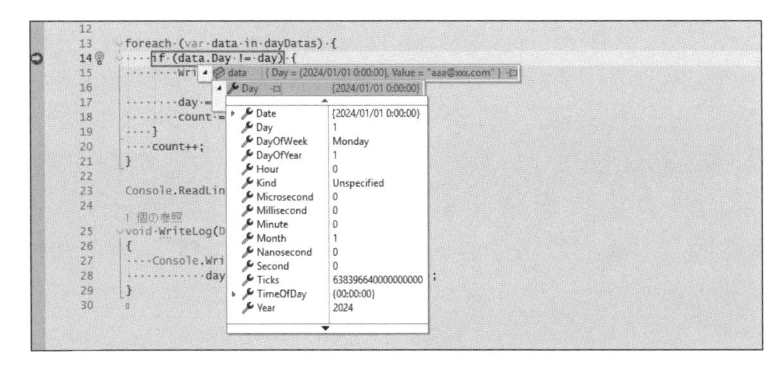

データヒント内の要素の横に虫眼鏡アイコンが表示されている場合は任意のビジュアライザーを選択して視覚的に変数の値を確認することができます（**図5.43**）。**図5.44**はstring型をテキストビジュアライザーで表示しました。

▼ 図5.43 ビジュアライザーの選択

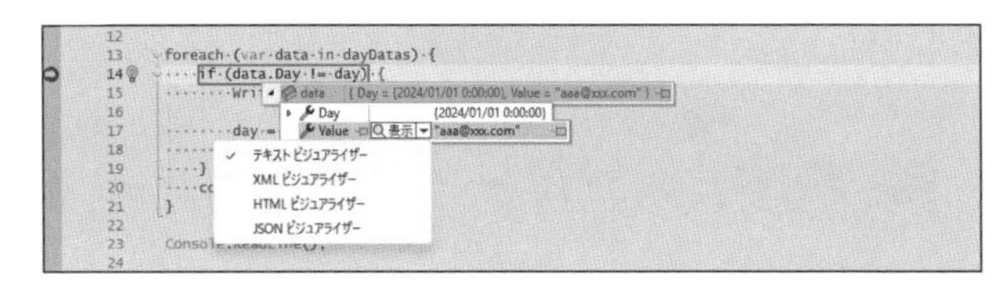

▼ 図5.44 テキストビジュアライザー

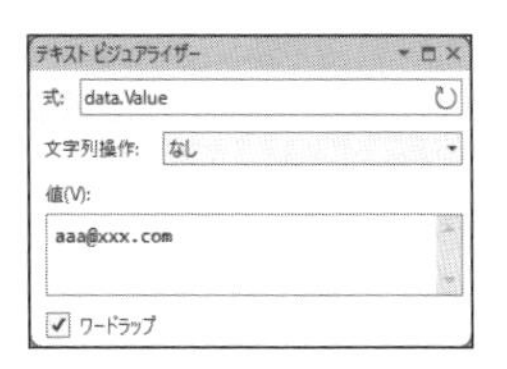

データヒントから変数をウォッチウィンドウに追加することができます。データヒントで追加したい変数で右クリックし<ウォッチの追加>でウォッチウィンドウに追加されます(**図5.45**)。

▼ **図5.45 データヒントウォッチ追加**

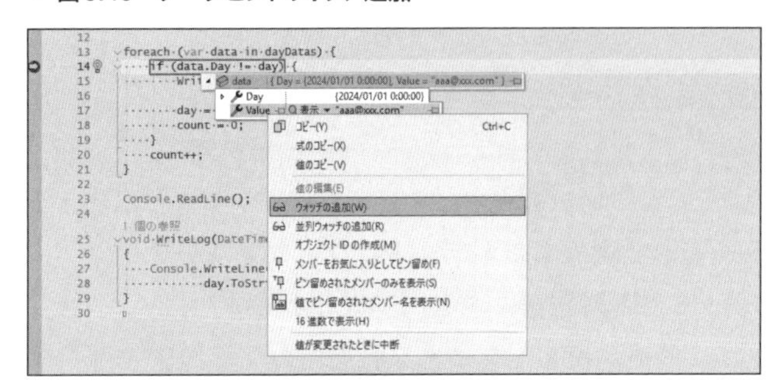

自動変数とローカル

自動変数とは、一時停止した行とその前の行で使用されている変数が表示されます。ローカルとは、一時停止したスコープの中のローカル変数が表示されます。

では、実際に違いを見てみましょう。WriteLog関数のConsole.WriteLineにブレークを張り、F5 を押して実行しましょう(**図5.46**)。

この状態で自動変数ウィンドウを表示してみましょう。メニューから<デバッグ>→<ウィンドウ>→<自動変数>を選択すると自動変数ウィンドウが表示されます(**図5.47**)。

▼ **図5.46 自動ウィンドウの確認**

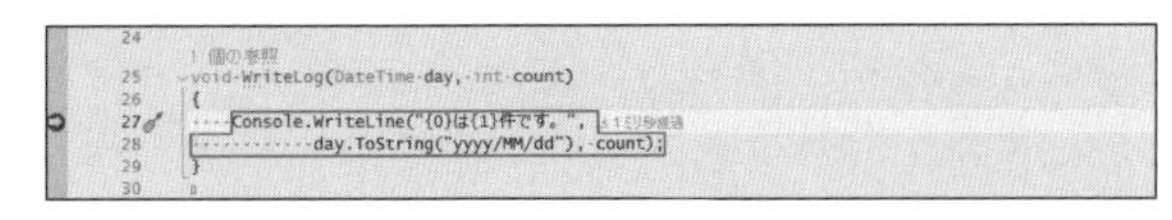

▼ **図5.47 自動ウィンドウ**

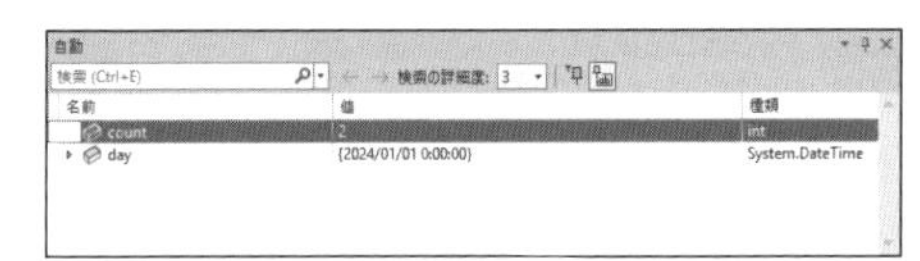

次にローカルウィンドウを表示してみましょう。メニューから<デバッグ>→<ウィンドウ>→<ローカル>を選択するとローカルウィンドウが表示されます(**図5.48**)。

▼ **図5.48 ローカルウィンドウ**

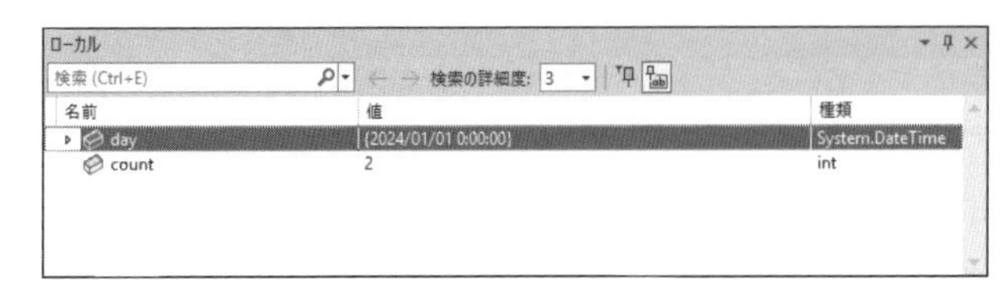

各ウィンドウからは変数の値を直接書き換えることができます。値の部分をダブルクリックすると入力可能になります（**図5.49**）。

▼ **図5.49　ローカルウィンドウ（値の書き換え）**

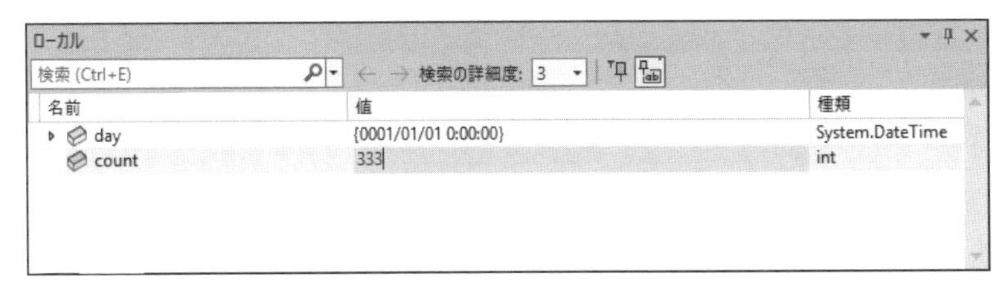

実際にConsole.WriteLine()が実行されると**図5.50**のようになります。今は表示さている変数名と値は一緒ですが、F10 でステップオーバーして、このWriteLog関数の呼び出し元まで戻ってみましょう（**図5.51**）。

▼ **図5.50　実行結果**

▼ **図5.51　自動ウィンドウとローカルウィンドウの違い①**

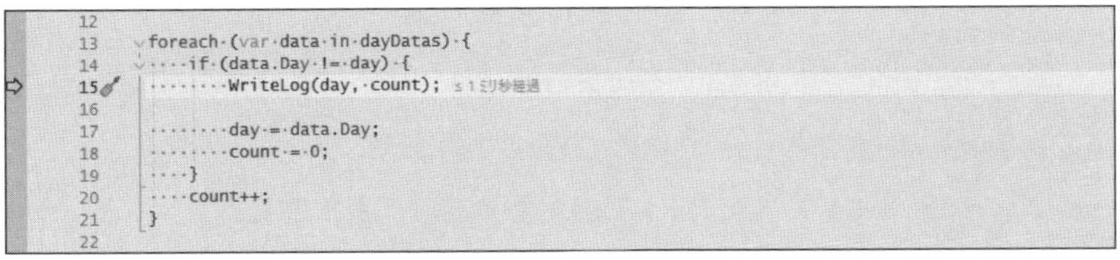

```
12
13  foreach (var data in dayDatas) {
14      if (data.Day != day) {
15          WriteLog(day, count);  ≤ 1 ミリ秒経過
16
17          day = data.Day;
18          count = 0;
19      }
20      count++;
21  }
22
```

このときの自動ウィンドウとローカルウィンドウを比べてみましょう（**図5.52**、**図5.53**）。

▼ **図5.52　自動ウィンドウ**

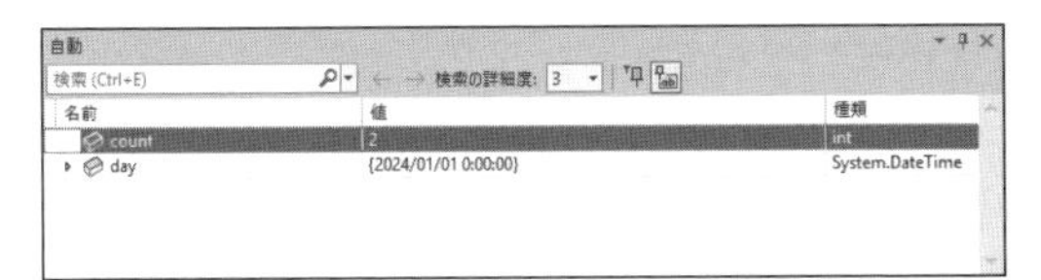

▼ **図5.53　ローカルウィンドウ**

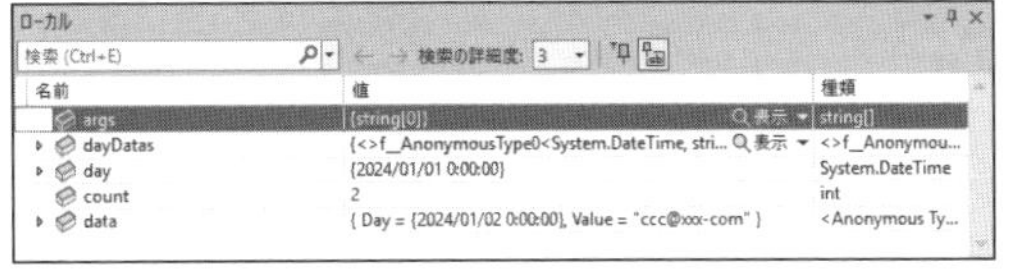

ローカルウィンドウはスコープ内の変数が全て表示されていますが、自動ウィンドウは現在の行とひとつ手前のステップに関係する変数のみが表示されます。ローカルウィンドウは現在のスコープのローカル変数しか参照できませんが、呼び出し履歴ウィンドウを使うと呼び出し元の変数を参照することができます。

WriteLog変数のConsole.WriteLine()にブレークポイントを設定して、F5 でデバッグ実行してみましょう（**図5.54**）。

▼ **図5.54　自動ウィンドウとローカルウィンドウの違い②**

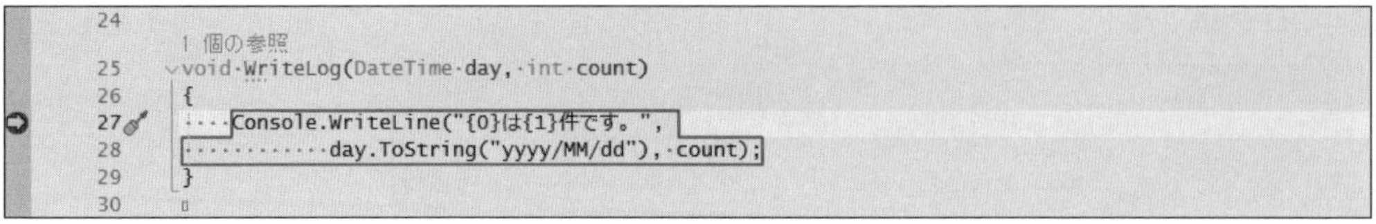

```
24
     1 個の参照
25   void WriteLog(DateTime day, int count)
26   {
27       Console.WriteLine("{0}は{1}件です。",
28               day.ToString("yyyy/MM/dd"), count);
29   }
30
```

呼び出し履歴ウィンドウを表示してみましょう。1つ上の階層の<Main>をダブルクリックします（**図5.55**）。このときローカルウィンドウを確認すると、Main（最上位レベルのステートメント）のローカル変数が表示されます（**図5.56**）。

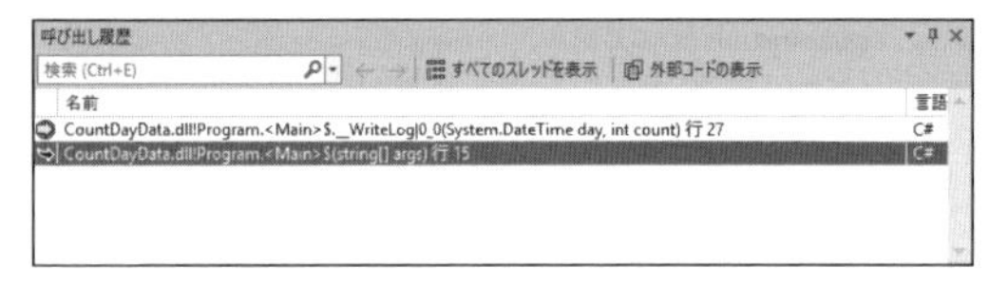

▼ **図5.55　呼び出し履歴ウィンドウ**

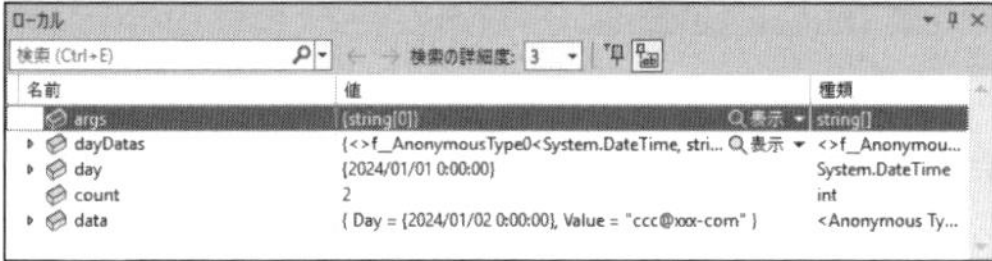

▼ **図5.56　ローカルウィンドウ**

ウォッチ

ウォッチは、自分が見たいみたい変数を指定して見ることができます。メニューから<デバッグ>→<ウィンドウ>→<ウォッチ>→<ウォッチ1>で表示されます（**図5.57**）。

名前に直接変数名を書くことが出来ますが、変数をドラッグやダブルクリックで選択して、それをウォッチウィンドウにドラッグ＆ドロップすることもできます（**図5.58**）。

▼ **図5.57　ウォッチ1ウィンドウ**

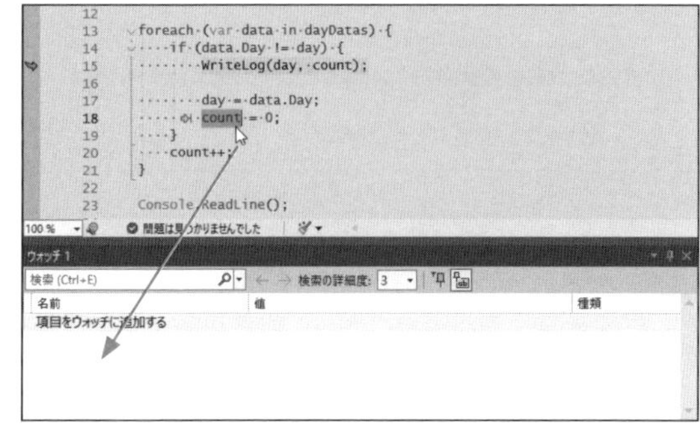

▼ **図5.58　ウォッチ1ウィンドウに変数を追加**

変数ウィンドウの検索

自動変数ウィンドウやローカルウィンドウ、ウォッチウィンドウでは検索することができます。変数名や値、型の列に含まれるキーワードが検索の対象になります。ウィンドウの上部の検索バーに検索したい値を入力して Enter を押してみましょう（**図5.59**）。

▼ **図5.59　変数ウィンドウの検索**

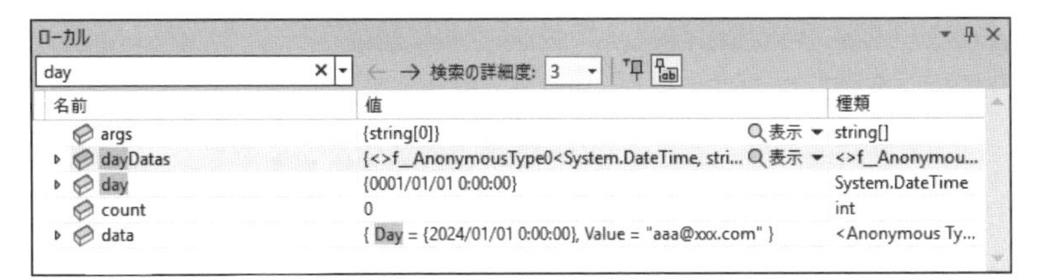

コマンドウィンドウ

コマンドウィンドウはVisual Studioでコマンドやエイリアスを実行するときに使用します。メニューコマンドと、メニューに表示されないコマンドの両方を実行できます。

▼ **図5.60　コマンドウィンドウ**

1. コマンドウィンドウが表示されていなければメニューから＜表示＞→＜その他のウィンドウ＞→＜コマンドウィンドウ＞で表示します。
2. Main（最上位レベルのステートメント）のスコープ内にブレークポイントを設定します。
3. デバッグ実行を行い一時停止します。
4. コマンドウィンドウの[>]の部分に[Debug.Print count]と入力すると**図5.60**のようになります。

▼ **図5.61　エイリアス一覧（一部）**

```
コマンドウィンドウ
>alias
ツール.エイリアス ? Debug.Print
ツール.エイリアス ?? Debug.QuickWatch
ツール.エイリアス AddProj File.AddNewProject
ツール.エイリアス alias Tools.Alias
ツール.エイリアス autos Debug.Autos
ツール.エイリアス bl Debug.Breakpoints
ツール.エイリアス bp Debug.ToggleBreakpoint
ツール.エイリアス callstack Debug.CallStack
ツール.エイリアス ClearBook Edit.ClearBookmarks
ツール.エイリアス close File.Close
ツール.エイリアス CloseAll Window.CloseAllDocuments
ツール.エイリアス cls Edit.ClearAll
ツール.エイリアス cmd View.CommandWindow
ツール.エイリアス code View.ViewCode
ツール.エイリアス d Debug.ListMemory
ツール.エイリアス da Debug.ListMemory /Ansi
ツール.エイリアス db Debug.ListMemory /Format:OneByte
ツール.エイリアス dc Debug.ListMemory /Format:FourBytes /Ansi
ツール.エイリアス dd Debug.ListMemory /Format:FourBytes
ツール.エイリアス DelBOL Edit.DeleteToBOL
ツール.エイリアス DelEOL Edit.DeleteToEOL
ツール.エイリアス DelHSp Edit.DeleteHorizontalWhiteSpace
ツール.エイリアス designer View.ViewDesigner
ツール.エイリアス df Debug.ListMemory /Format:Float
ツール.エイリアス disasm Debug.Disassembly
ツール.エイリアス dq Debug.ListMemory /Format:EightBytes
ツール.エイリアス du Debug.ListMemory /Unicode
ツール.エイリアス eval Debug.EvaluateStatement
ツール.エイリアス exit File.Exit
ツール.エイリアス format Edit.FormatSelection
ツール.エイリアス FullScreen View.FullScreen
ツール.エイリアス g Debug.Start
ツール.エイリアス GotoBrace Edit.GotoBrace
ツール.エイリアス GotoLn Edit.GoTo
ツール.エイリアス help Help.F1Help
ツール.エイリアス immed Tools.ImmediateMode
ツール.エイリアス InsertFile Edit.InsertFileAsText
ツール.エイリアス k Debug.ListCallStack
```

Debug.Printコマンドはその後に書かれた内容を評価し、その値を表示します。また疑問符（?）はDebug.Printのエイリアスのため「?

count」と書き換えることもできます。また定義されているエイリアスを確認するには「alias」で確認できます（**図5.61**）。

 イミディエイトウィンドウ

イミディエイトウィンドウは、式の評価や値の表示、ステートメントの実行ために使用します。メニューより<デバッグ>→<ウィンドウ>→<イミディエイト>で表示できます。イミディエイトウィンドウにはプロンプト（>）のような表示はありません。入力した文字がそのまま評価されます。「count」と入力し Enter を押してみましょう。countが評価され値がそのまま表示されます（**図5.62**）。

▼ **図5.62　イミディエイトウィンドウ**

メソッドも評価することができます。「Console.WriteLine("標準出力ストリームへの書き込み")」と入力してみましょう（**図5.63**）。void型なので評価結果の値は表示されませんでしたが、コマンドプロンプトには評価された結果が出力されています（**図5.64**）。

▼ **図5.63　イミディエイトウィンドウ（関数の実行）**

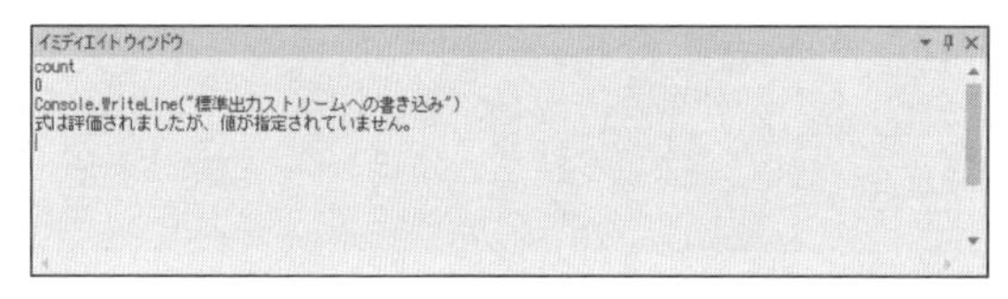

▼ **図5.64　イミディエイトウィンドウ（コマンドプロンプト）**

 例外ヘルパー

プログラムのバグのひとつでエラーがあります。.NETのエラー通知方法の標準で例外があります。その例外を分析し追加の情報を表示してくれるのが「例外ヘルパー」です。

では、わざと例外を発生してみましょう。

1. コード内に[string foo = null; foo.ToString();]を追加します。

2　F5 を押してデバッグ実行します。すると追加した行で例外が発生します。

この時に表示されるのが「例外ヘルパー」です（**図5.65**）。例外ヘルパー側で分析した結果が「foo が null でした。」と表示されています。

また例外ヘルパーは非モーダルウィンドウなのでウォッチウィンドウなどにアクセスしながら例外の原因を調査することができます。

▼ **図5.65　例外ヘルパー**

```
13  foreach (var data in dayDatas) {
14      string foo = null; foo.ToString();
15
16      if (data.Day != day) {
17          WriteLog(day, count);
18
19          day = data.Day;
20          count = 0;
21      }
22      count++;
23  }
24
25  Console.ReadLine();
26
    1 個の参照
27  void WriteLog(DateTime day, int count)
28  {
```

```
例外がスローされました
System.NullReferenceException: 'Object reference not set to an instance of an object.'

foo が null でした。

コール スタックの表示 | 詳細の表示 | 詳細のコピー | Live Share セッションを開始
▲ 例外設定
  ☑ この例外の種類がスローされたときに中断
    次からスローされた場合を除く:
    ☐ CountDayData.dll
  例外設定を開く | 条件の編集
```

出力ウィンドウ

ビルドの際に出てきた出力ウィンドウですが、デバッグ実行中もいろいろな情報が表示されています。先ほどの例外が発生した際にも例外が発生したことのメッセージが表示されています。

また、プログラム内から任意に文字を出力しデバッグに役立てることができます。

1　出力ウィンドウが表示されていなければメニューから<表示>→<出力>で出力ウィンドウを表示します。

2　先ほどの例外が発生する行を消し、[System.Diagnostics.Debug.Print("debug count=" + count);] を追加します。

3　デバッグ実行すると出力ウィンドウには**図5.66**のように表示されます。

▼ **図5.66　出力ウィンドウ（デバッグ）**

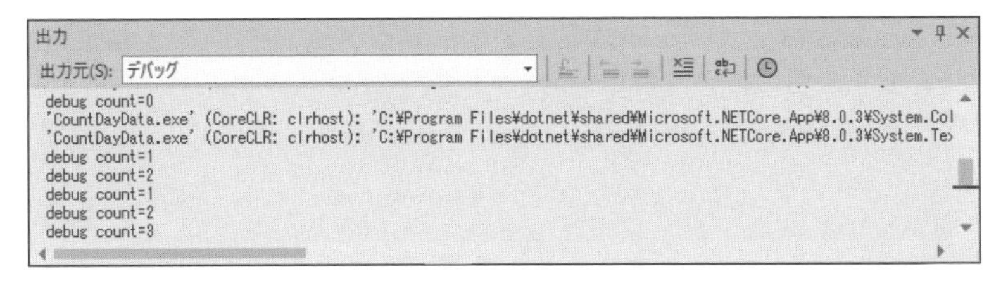

出力
出力元(S): デバッグ
debug count=0
'CountDayData.exe' (CoreCLR: clrhost): 'C:¥Program Files¥dotnet¥shared¥Microsoft.NETCore.App¥8.0.3¥System.Col
'CountDayData.exe' (CoreCLR: clrhost): 'C:¥Program Files¥dotnet¥shared¥Microsoft.NETCore.App¥8.0.3¥System.Te
debug count=1
debug count=2
debug count=1
debug count=2
debug count=3

 実際のデバッグ

実際このプログラムを実行したときの結果を見てみましょう（**図5.67**）。Main（最上位レベルのステートメント）の最後にConsole.ReadLine()があり、Enterキーの入力を待っているので Enter キーを押すとこのプログラムは終了します。

▼ **図5.67　実行結果**

このプログラムは1日に何件のデータがあるかをカウントし、その結果を出力します。

実際のデータを見ると（**図5.68**）、2024/1/1が2件、2024/1/2が3件、2024/1/3が1件となっています。

▼ **図5.68　ソースコード（一部）**

```
var dayDatas = new[] {
    new { Day = new DateTime(2024, 1, 1), Value = "aaa@xxx.com" },
    new { Day = new DateTime(2024, 1, 1), Value = "bbb@xxx.com" },
    new { Day = new DateTime(2024, 1, 2), Value = "ccc@xxx.com" },
    new { Day = new DateTime(2024, 1, 2), Value = "aaa@xxx.com" },
    new { Day = new DateTime(2024, 1, 2), Value = "ddd@xxx.com" },
    new { Day = new DateTime(2024, 1, 3), Value = "bbb@xxx.com" },
};
```

0001/01/01が余計に出力されているので、まずはこれをデバッグしてみましょう。foreachにブレークポイントを設定しましょう（**図5.69**）。ステップオーバー F10 を押しながらif文まで移動しましょう（**図5.70**）。

▼ **図5.69　ソースコード①**

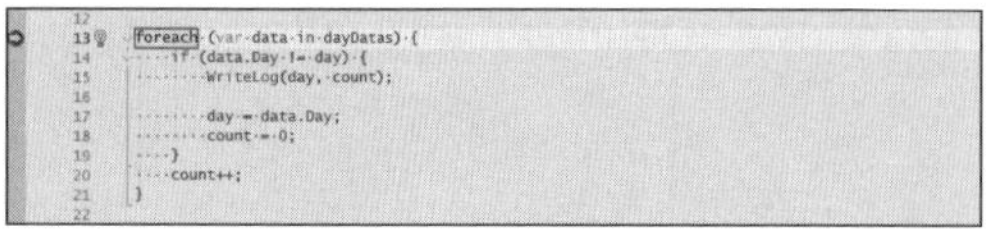

▼ **図5.70　ソースコード②**

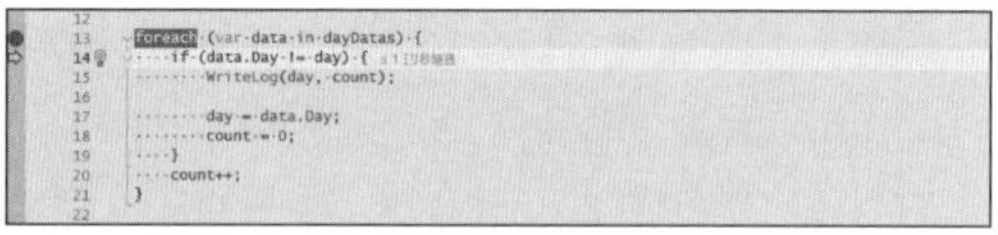

このときの自動ウィンドウを確認しましょう（**図5.71**）。

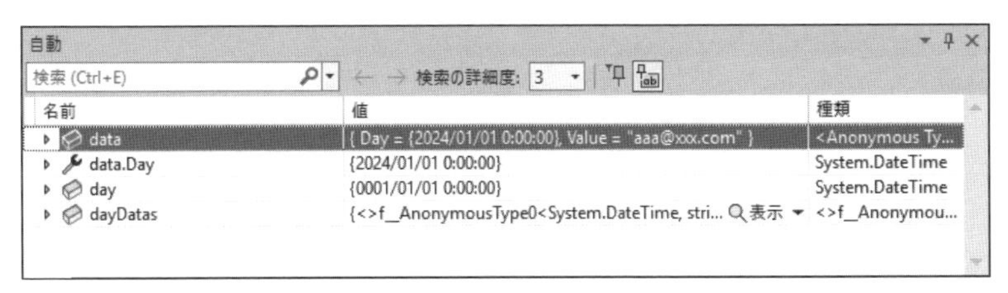

▼ 図5.71　自動ウィンドウ

if文のdata.Dayとdayが不一致ですね。そしてdayが{0001/01/001}になってますね。このままだとWriteLog関数で{0001/01/001}が出力されてしまいます。つまりこのループ内でdayを初期化する必要があります。 Shift ＋ F5 でいったんデバッグを中止してdayを初期化するステップを追加しましょう。赤い枠のステップを追加しました（**図5.72**）。

ブレークポイントを外して実行してみましょう（**図5.73**）。

▼ 図5.72　ソースコード

```
12
13  foreach (var data in dayDatas) {
14      if (day == new DateTime(1, 1, 1))
15          day = data.Day;
16
17      if (data.Day != day) {
18          WriteLog(day, count);
19
20          day = data.Day;
21          count = 0;
22      }
23      count++;
24  }
25
```

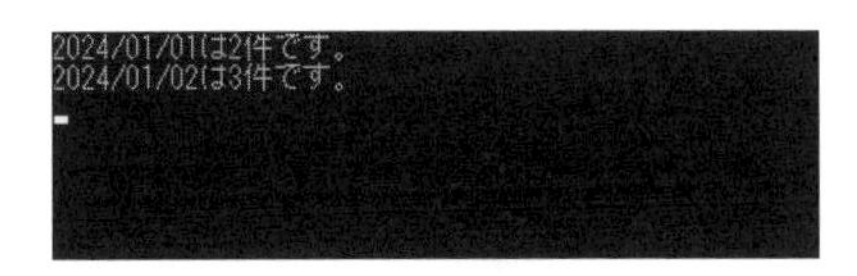

▼ 図5.73　実行結果

{0001/01/01}は出力されなくなりました。次に{2024/01/03}が出力されない問題をデバッグしてみましょう。WriteLog関数の前にあるif文に条件付きブレークポイントを設定しましょう。

ブレークポイントを設定した後、赤い丸印を右クリックし<条件(C)...>を選択します。条件ウィンドウに以下を設定しましょう（**図5.74**）。

<閉じる>ボタンで条件ウィンドウを閉じて、 F5 を押して実行してみましょう（**図5.75**）。

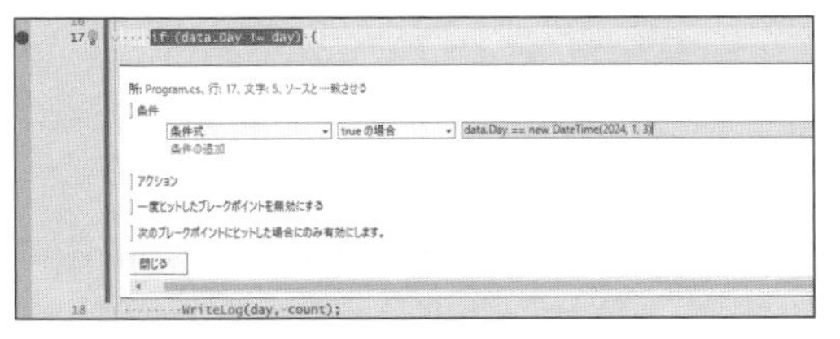

▼ 図5.74　条件付きブレークポイント

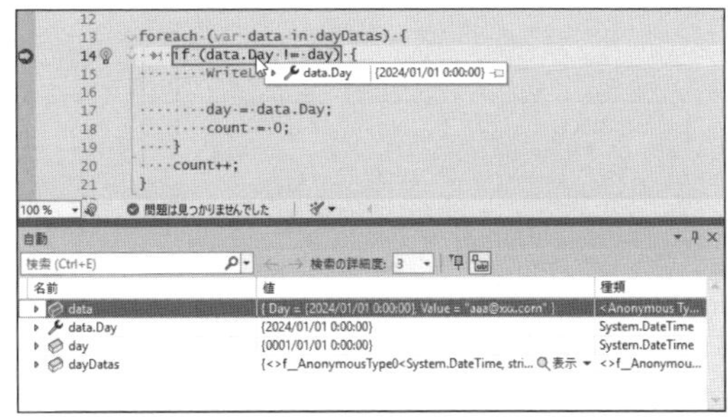

▼ 図5.75　変数の確認

data.Dayが{2024/1/3}になったところで停止しました。次に[F10]を押してステップオーバーしていきましょう（**図5.76**）。

▼ **図5.76　結果の確認**

```
12
13  foreach (var data in dayDatas) {
14      if (day == new DateTime(1, 1, 1))
15          day = data.Day;
16
17      if (data.Day != day) {
18          WriteLog(day, count);
19
20          day = data.Day;
21          count = 0;
22      }
```

WriteLog関数を超えましたので、結果が出力されました（**図5.77**）。このまま[F10]でステップオーバーしていくと、いったんforeach文に戻りますが、dayDatasはすべてループしたので、foreach文を抜けてConsole.ReadLine()に来てしまいます（**図5.78**）。

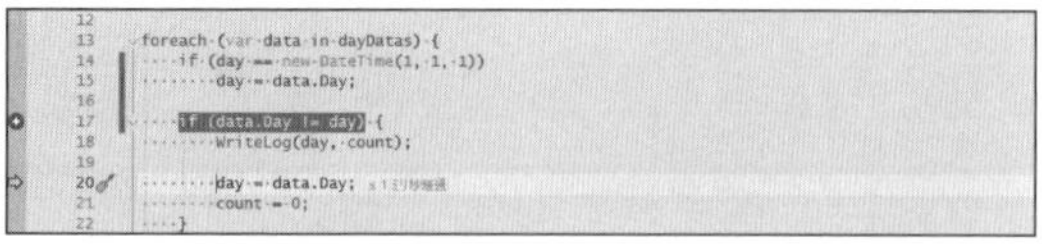

▼ **図5.77　実行結果①**

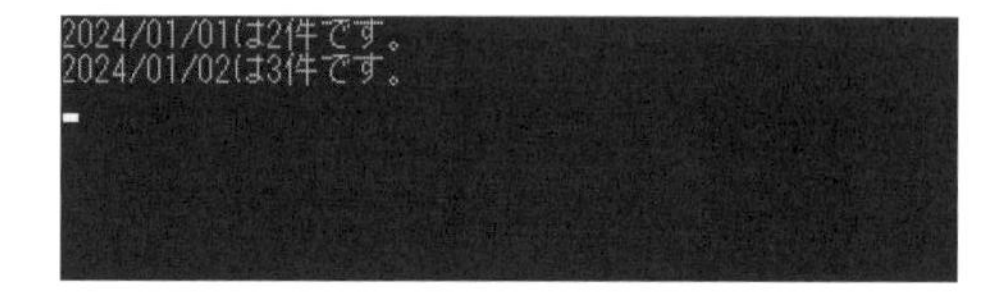

▼ **図5.78　実行結果②**

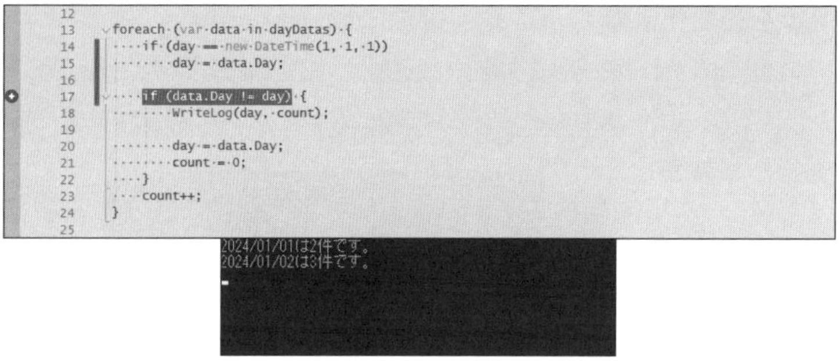

```
12
13  foreach (var data in dayDatas) {
14      if (day == new DateTime(1, 1, 1))
15          day = data.Day;
16
17      if (data.Day != day) {
18          WriteLog(day, count);
19
20          day = data.Day;
21          count = 0;
22      }
23      count++;
24  }
25
```

```
2024/01/01は2件です。
2024/01/02は3件です。
```

ローカルウィンドウで変数の値を確認してみましょう（**図5.79**）。

▼ **図5.79　ローカルウィンドウ**

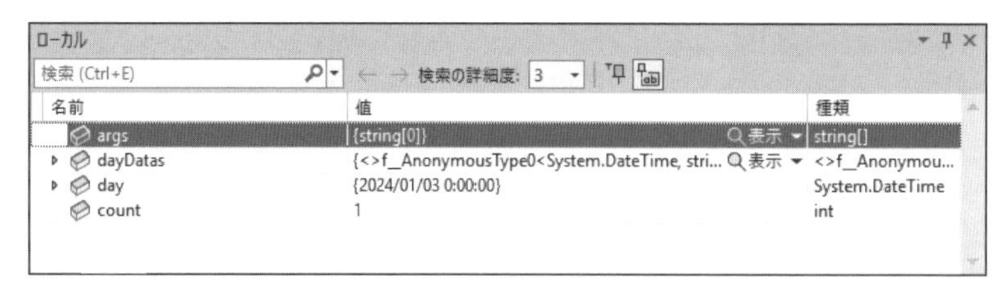

日付とカウントは正しく計算されているので、foreach文から抜けた後もWriteLog関数で結果を出力すれば正しく動きそうです。Console.ReadLine()の前にWriteLog関数を追加しましょう（**図5.80**）。

それでは、ブレークポイントをすべて外して、[F5]を押して実行してみましょう。結果を確認します（**図5.81**）。

▼ 図5.80　修正ソースコード

```
12
13  foreach (var data in dayDatas) {
14      if (day == new DateTime(1, 1, 1))
15          day = data.Day;
16
17      if (data.Day != day) {
18          WriteLog(day, count);
19
20          day = data.Day;
21          count = 0;
22      }
23      count++;
24  }
25
26  WriteLog(day, count);
27
28  Console.ReadLine();
```

▼ 図5.81　実行結果③

```
C:\Users\ogata.PALETTE\source\repos\CountDayData\CountDayData\bin\Debug\net8.0\CountDayData.exe
2024/01/01は2件です。
2024/01/02は3件です。
2024/01/03は1件です。
```

これで、結果が正しく出力されるようになりました。

IntelliTraceの利用

IntelliTraceとは、デバッグ中にメモリの使用量やCPUの使用量を調査することができます。他にもGPUの使用量を確認することができます。IntelliTraceはVisual Studio Enterpriseで使用できます。

メモリ使用量

では、メモリの使用量を確認してみましょう。メモリの使用量を見るにはIntelliTraceを有効にする必要があります。

メニューから<デバッグ>→<IntelliTrace>→<IntelliTraceの設定を開く>でIntelliTraceの設定画面を開きます。この画面で<IntelliTraceを有効にする>にチェックがついていることを確認します（**図5.82**）。

▼ 図5.82　IntelliTraceの設定

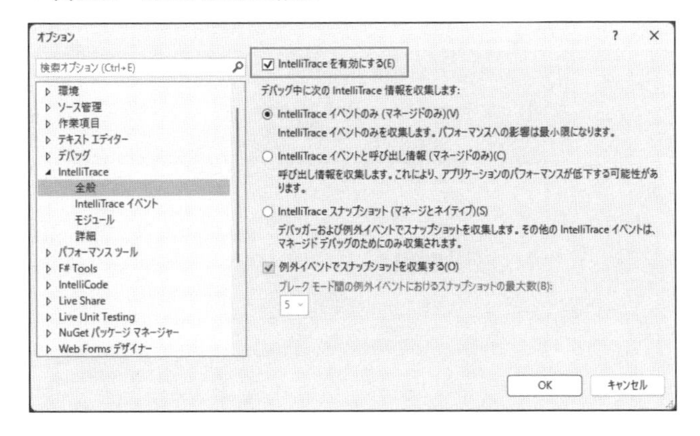

ブレークを指定して、F5 で実行し一時停止してください。

メニューから<デバッグ>→<IntelliTrace>→<IntelliTrace イベント>を選択すると「診断ツール」のウィンドウが開きます(**図5.83**)。

一時停止中は記録されませんので、F5 を何回か押し、実行状態にしてください。「プロセスメモリ(MB)」にメモリの使用量が表示されます(**図5.84**)。

▼ **図5.83　診断ツールウィンドウ**

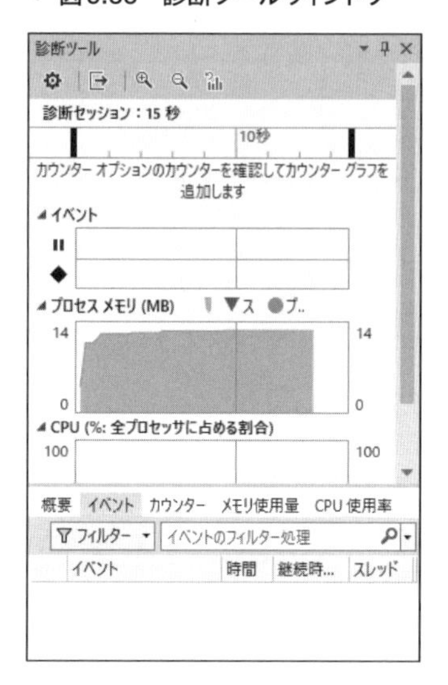

▼ **図5.84　プロセスメモリ**

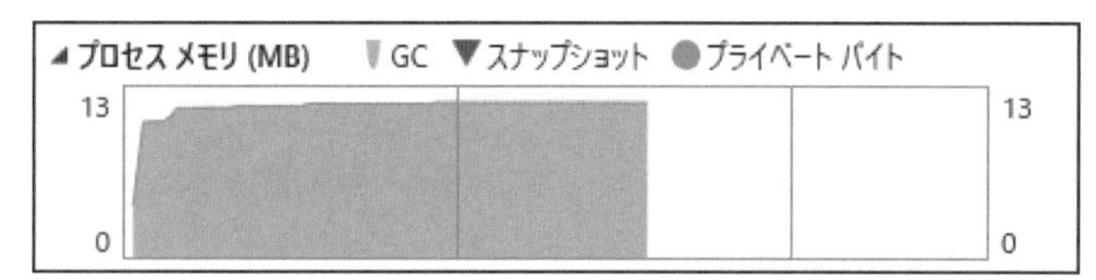

CPU使用率

同じく診断ツールウィンドウにはCPUの使用率が表示されます。このソースではCPUに負荷がかからないのでほぼ0%の使用率になります(**図5.85**)。

▼ **図5.85　CPU使用率**

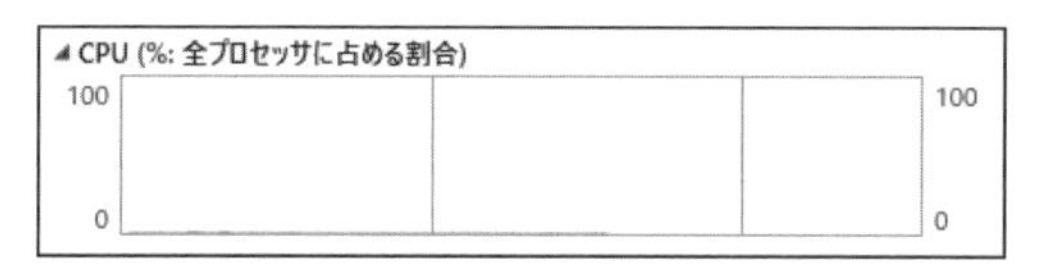

イベントの記録

ブレークポイントでの一時停止や、ステップイン・ステップオーバーを記録し、後でその時の値を見直すことができます。

foreach文の中にブレークポイントを設定して、F5 で実行してみましょう(**図5.86**)。

▼ **図5.86　イベントの記録確認**

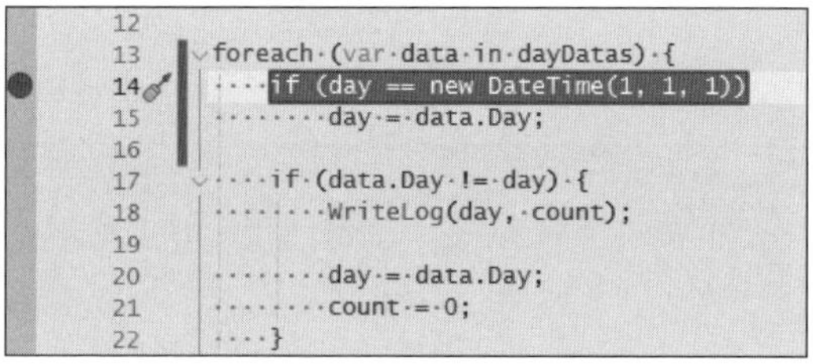

```
12
13  foreach (var data in dayDatas) {
14      if (day == new DateTime(1, 1, 1))
15          day = data.Day;
16
17      if (data.Day != day) {
18          WriteLog(day, count);
19
20          day = data.Day;
21          count = 0;
22      }
```

ブレークポイントとして停止したことがイベントに記録されました(**図5.87**)。

再度、F5 を押して続行してみましょう。

新しくブレークポイントのイベントが記録されました(**図5.88**)。

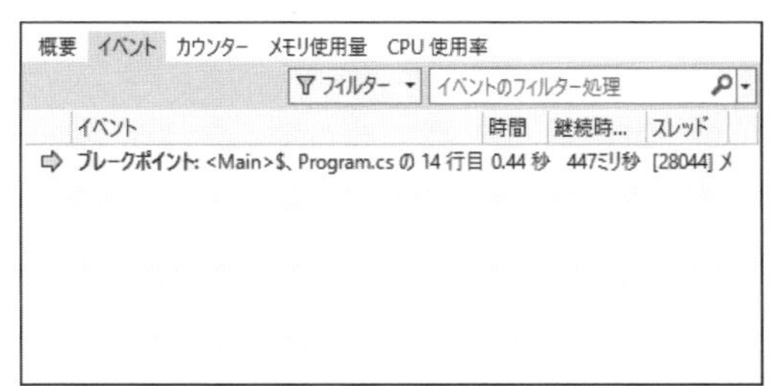

▼ 図5.87 診断ツールウィンドウ①

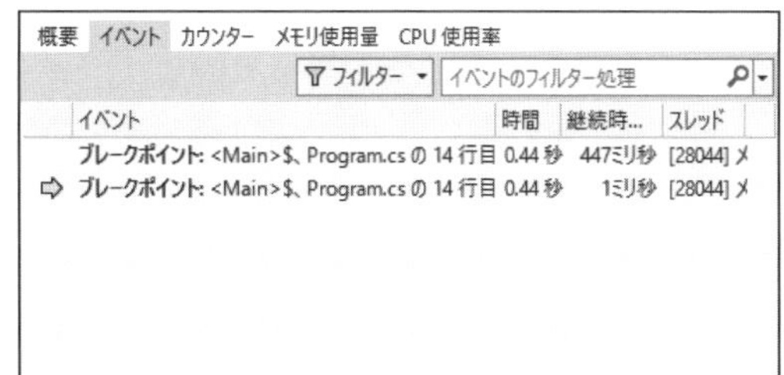

▼ 図5.88 診断ツールウィンドウ②

この時のローカルウィンドウを確認すると現在のローカル変数の値を確認できます（**図5.89**）

▼ 図5.89 イベントの確認ローカルウィンドウ

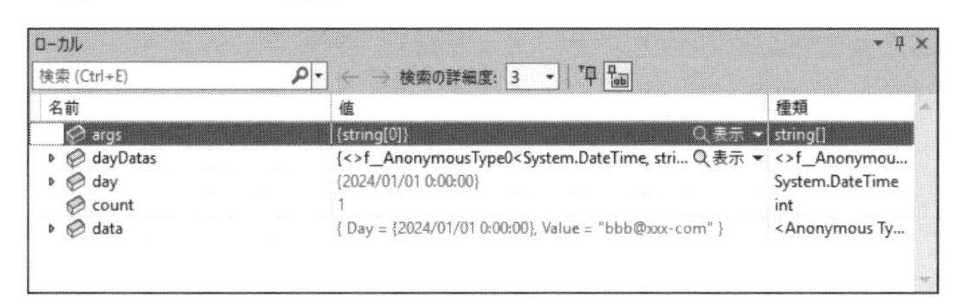

診断ツールウィンドウのイベントから一番上のブレークポイントを選択してみましょう。「過去デバッグの有効化」というアンカー表示されますので、そのアンカーを選択してみましょう（**図5.90**）。

そうすると、普段デバッグしている時はブレークポイントで一時停止している行は黄色で表示されていましたが、過去デバッグが有効になると、一時停止してる行はピンクで表示されます（**図5.91**）。

▼ 図5.90 診断ツールウィンドウ③

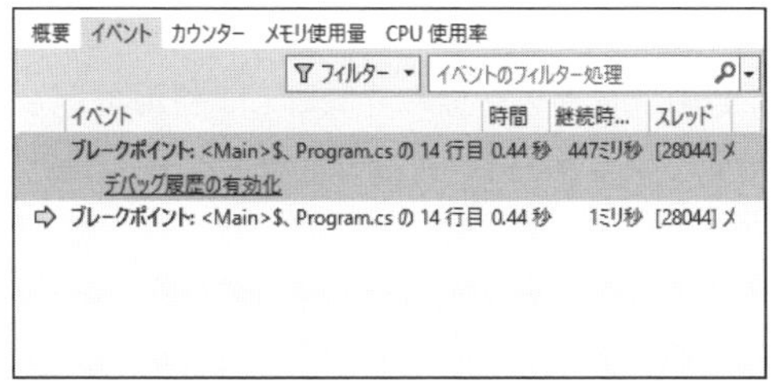

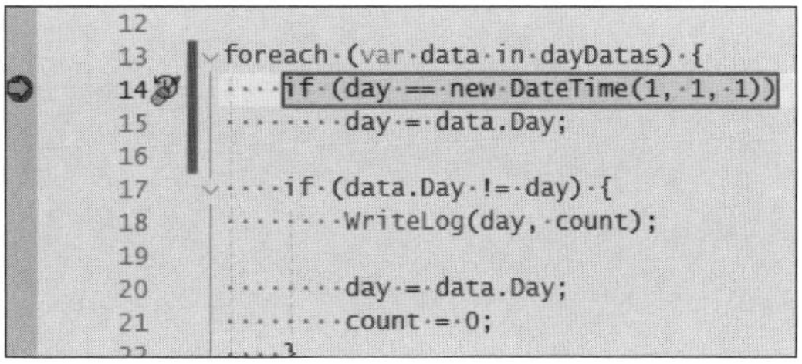

▼ 図5.91 イベントの記録結果の確認

```
12
13  foreach (var data in dayDatas) {
14      if (day == new DateTime(1, 1, 1))
15          day = data.Day;
16
17      if (data.Day != day) {
18          WriteLog(day, count);
19
20          day = data.Day;
21          count = 0;
```

この時、ローカルウィンドウを確認すると、過去の値になっていることがわかります（**図5.92**）。

▼ 図5.92　イベントの確認ローカルウィンドウ

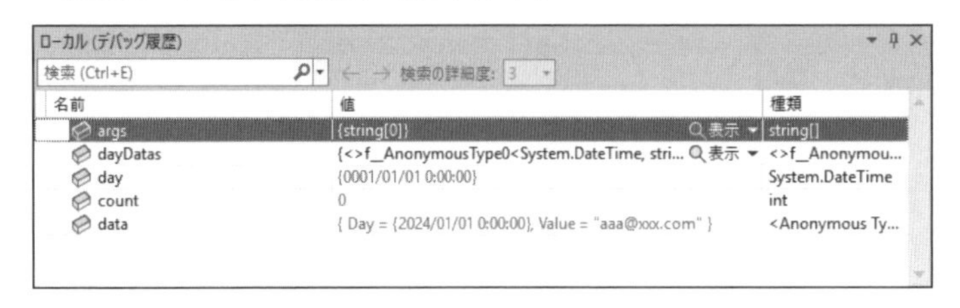

「過去デバッグの有効化」ではステップイン・ステップオーバー、そして続行はできません。

再度デバッグに戻るにはソースコードウィンドウの上に表示されているメッセージ(**図5.93**)から「ライブデバッグに戻る」を選択してください。

▼ 図5.93　イベントの確認出力メッセージ

デバッグ履歴 モードを使用しています。ローカル、呼び出し履歴、および他の関係するウィンドウで履歴の状態を検索してください。　ライブ デバッグに戻る　×

5-4 実行中プロセスのデバッグ

この節では、Visual Studioから実行中のプロセスにアタッチしてデバッグを行う方法を確認していきましょう。

プロセスにアタッチ

プロセスにアタッチするにはメニューから＜デバッグ＞→＜プロセスにアタッチ＞を選択するとプロセスにアタッチウィンドウが表示されます。使用可能なプロセスの一覧が表示されますので、デバッグしたいプロセスを選択して＜アタッチ＞を選択してください(**図5.94**)。

利用可能なプロセスはたくさん表示されますので目的のプロセスを絞り込むには「利用可能なプロセス」の右上にあるテキストボックスの「プロセスをフィルター」に入力すると部分一致でプロセスが絞り込まれます。

また、システム上から起動されるアプリ(IISなど)をデバッグする際は「すべてのユーザーからのプロセスを表示する」にチェックが入っている必要があります。

▼ 図5.94 プロセスにアタッチ

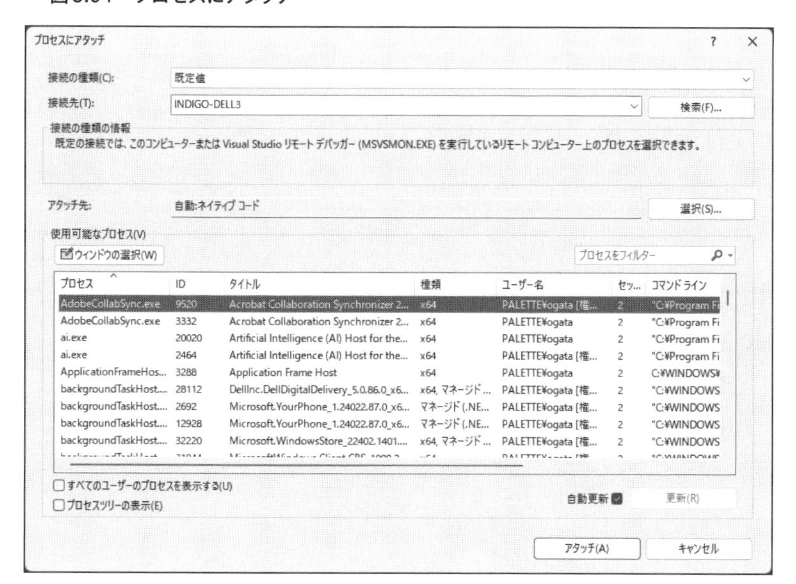

再度、同じプロセスにアタッチする場合はメニューから<デバッグ>→<プロセスに再アタッチします>ですばやくプロセスにアタッチできます。

 一般的なアタッチによるデバッグ

デバッグする際にどのプロセスにアタッチしてよいのか一般的な話をケース別に説明します(**表5.3**)。

▼ 表5.3 デバッグのシナリオ

シナリオ	プロセス名	説明
IIS4.5上のASP.NET 4のデバッグ	w3wp.exe	「すべてのユーザーからのプロセスを表示する」がチェックされている必要があります
IIS上のASP.NET Coreのデバッグ	dotnet.exe	「すべてのユーザーからのプロセスを表示する」がチェックされている必要があります
IIS上のクライアント側スクリプト	iexplore.exe	スクリプトのデバッグを有効にする必要があります
コンピューター上のアプリ	<アプリ名>.exe	プロセスにアタッチしてVisual Studioのデバッガー機能(ブレークポイントにヒット)などの完全な機能を使用するには完全に一致するアプリケーション(.exe)やDLLであることが必要です。またシンボルファイル(.pdb)アプリケーションと一緒に配置されている必要があります。既定の設定ではデバッグビルドしている必要があります

ONEPOINT

「プロセスにアタッチ」してデバッグはローカルコンピューター上のアプリだけでなく、サーバー上など他のコンピューター上で実行されているアプリもデバッグすることができます。この作業をリモートデバッグと呼びます。

リモートデバッグするにはマイクロソフト社のサイトからリモートツールをダウンロードしてリモート上のコンピューターにインストールする必要があります。

COLUMN

Visual Studioの管理者実行

Visual Studioで開発を行う際、Visual Studioを管理者として実行しなければ開発が出来ないケースがあります。Visual Studioを起動する際、右クリックし「管理者として実行する」を行えばよいのですが、意外と忘れてしまいがちです。そんなときは、以下の設定を行っておくと便利です。

1. Visual Studio 2022をタスクバーにピン留します。
2. タスクバーにピン留したVisual Studio 2022のアイコンを右クリックし、「Visual Studio 2022」をさらに右クリックし、「プロパティ」を選択します(**図5.A**)。
3. 「ショートカット」タブの「詳細設定」ボタンから「詳細プロパティ」ダイアログを表示し、「管理者として実行」のチェックを[ON]にします(**図5.B**)。

▼ **図5.A Visual Studio 2022プロパティ**

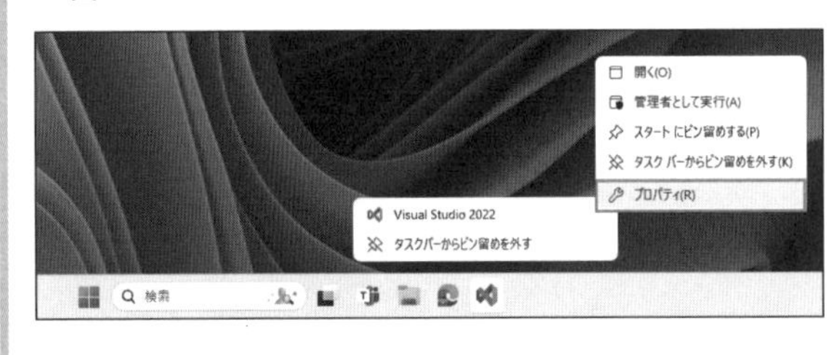

図5.B 詳細プロパティ(管理者として実行を設定)

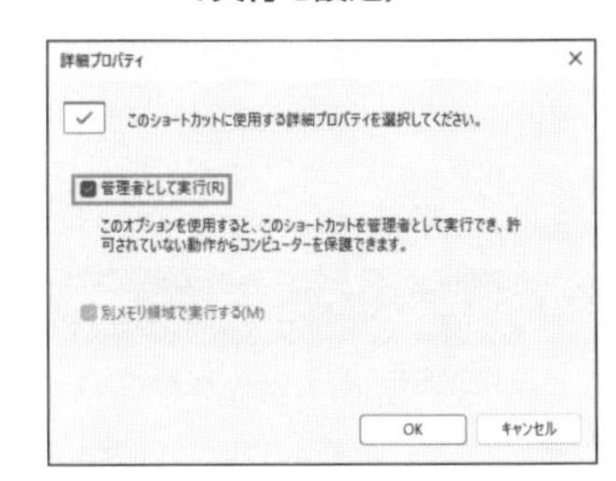

これでタスクバーのアイコンからVisual Studio 2022を起動した場合は、管理者として実行されるようになります。

第 6 章

Visual Studioの テスト手法

プログラムが作成できたら、想定通りに動作するかテストを行います。プログラムのテストにはいくつかの工程や手法がありますが、ここではVisual Studioのすべてのエディションで利用できる単体テスト向けの機能を利用したテスト手法について紹介します。

本章の内容

6-1 テスト手法を学ぶ前の基礎知識

テスト手法を紹介する前に、基礎知識として単体テストを含むソフトウェアのテストについて触れたいと思います。

ソフトウェアテスト

プログラムはソフトウェアの機能を実現するためのものです。そのため、プログラムが作成できたらプログラムが正常に動作し、ソフトウェアがその機能を想定通りユーザに提供できるかをテストする必要があります。

開発手法にもよりますが、一般的にソフトウェアのテストには以下のようなステップ／工程があります。

①単体テスト
②結合テスト
③総合テスト

単体テストは、実装レベルで行うテストで、メソッド単位で行う粒度の細かいテストになります。

結合テストは、機能レベルで行うテストで、UI単位で行うテストになります。

総合テストは、要件レベルで行うテストで、ユーザが行う操作のシナリオ単位で行うテストになります。また、実際に動作させる環境で行うテストや、パフォーマンスのテストなどもこの工程で行います。

テストの品質は、プログラムの品質に直結します。プログラムは様々な理由から度重なる変更が発生することになりますので、その度にテストの品質を維持することは簡単ではありません。

そのため、テストを自動化するというテーマが、プログラミングの歴史と同じぐらい昔から存在します。

Visual Studioの単体テスト向けの機能

これから紹介するVisual Studioの単体テスト向けの機能は、単体テストをプログラムで自動化するためのものです。単体テストはプログラムの最小単位であるメソッドのテストであるため、プログラムで自動化するのに適していると言えます。

このVisual Studioの単体テスト向けの機能を利用すると、テストプログラムを使ってすぐにプログラム(メソッド)が正常に動作するかを確認することができるようになります。

これにより、ソフトウェアのテスト(結合テスト、総合テスト)は、動作確認を行ったプログラム(単体テストを行ったプログラム)を組み合わせたもので行うことになるため、必然的に単純なバグが発生しなくなります。

ソフトウェアのテスト(結合テスト、総合テスト)で不具合が見つかると、現象や再現方法の報告、プログラム修正後の修正内容の報告、現象が発生しなくなったかのテスト、その修正は他の機能に影響がないかの確認とテストなど、多くの作業が発生することになります。単純なバグが原因の不具合でも同様なので、単純なバグがなくなることでこれらの作業の工数を大幅に減らせることができます。また、アプリケーションの規模が大きくなればなるほど、修正したプログラムの確認に手間がかかるため、テストプログラムの有用性が増します。

単体テスト用のプログラムを実装する開発手法

昨今では、実装と同時(もしくは前)に単体テスト用のプログラムを実装する開発手法の選択が増えてきています。この手法を採用すると、確実な単体テストが手軽に行えるようになるため、バグの修正や、リファクタリングのようなインターフェイスが変わらない修正を行った際のプログラムの品質が維持しやすくなります。

また、「テストプログラムを作る」という観点が加わることで、複雑なインターフェイスが減り、疎結合なプログラム構成になりやすくなるのもメリットと言えます。

> **ONEPOINT**
> インターフェイスとは、やり取りの方法や方式。プログラムではそれらを定義したものです。リファクタリングとは、プログラムのインターフェイスや動作を変更せずに、プログラムコードを整理することを指します。

Visual Studioの機能/テストツール

Visual Studioでは、テスト用に以下の機能/テストツールをサポートしています。テストエクスプローラー、単体テストフレームワーク以外は、Enterprise Editionでのみのサポートとなります。

テストエクスプローラー

単体テストの実行と、その結果を確認することができるツールウィンドウです。Microsoft単体テストフレームワークはもちろん、サードパーティ製のフレームワークやオープンソースフレームワークを利用することもできます。

単体テストフレームワーク

.NETコードの単体テストプログラム用の機能を提供するフレームワークです。名前空間は「Microsoft.VisualStudio.TestTools.UnitTesting」で、単体テストをサポートする属性、例外、アサートなどのクラスがあります。

IntelliTest（Enterprise Editionのみ利用可能）

単体テストとテストデータを自動生成してくれます。自動生成されたコードすべてがそのまま利用できるわけではありませんが、テストコードのベースとして利用できるのでとても便利です。

コードカバレッジツール（Enterprise Editionのみ利用可能）

単体テストによりテストされる、プログラムコードの割合（網羅率）を、アセンブリ、クラス、メソッド単位で確認することができます。また、ソースエディターでは、実際にどのコードがテストされたかを確認することができます。

Live Unit Testing（Enterprise Editionのみ利用可能）

Live Unit Testingは、コードの変更を行うと、リアルタイムで単体テストを行ってくれる機能です。なるべく早い段階で問題点を見つけようとする考え方、「シフトレフト」に対応した機能になります。

Microsoft Fakes（Enterprise Editionのみ利用可能）

Microsoft Fakesは、スタブ、モックの機能をサポートするクラスライブラリです。Microsoft Fakesを利用すると、スタブ用のクラスを作成することなく、スタブのインスタンスを生成することができます。

Microsoft Fakesのshimは、変更できないアセンブリの呼び出しを置き換えることができる非常には強力な機能です。

コード化されたUIテスト（Enterprise Editionのみ利用可能）

Microsoft Test Managerを利用すると、UI操作を記録し、記録した操作を再生／実行することができます。これにより、UI操作の同じテストを繰り返し行うことができるようになります。

この操作の記録／UIテストをコード化することができます。コード化することで、操作の記録／テストをカスタマイズすることができるようになります。

ロードテスト（Enterprise Editionのみ利用可能）

ロードテストでは、「Webのパフォーマンステスト」や「単体テスト」を同時に実行したり繰り返し実行したりすることで、サーバーアプリケーションの負荷をシミュレーションすることができます。

そのためロードテストを利用すると、サーバーアプリケーションのパフォーマンステストを行うことができます。

「Webのパフォーマンステスト」は、Webブラウザーの操作をキャプチャして、HTTPリクエストとレスポンスを記録します。Webパフォーマンステストもコード化して、カスタマイズすることができます。

6-2 単体テストのプログラム構成

最初に、単体テストをプログラム化する際に必要な要素と、それらの構成について説明していきます。

 テストドライバー

プログラムは、通常UI部分とロジック部分で構成されます（**図6.1**）。
画面がある場合は、ボタンのクリックやリスト表示などがUIになります（GUI）。

コンソールアプリの場合は、パラメーターの指定がUIと言えます（CUI）。クリックした際や指定されたパラメーターによりどの処理を行うか、リストに何を表示するかなどは、UI部分の役割になります。実際に行う処理、リスト表示するデータを取得する処理などは、ロジック部分の役割になります。

▼ **図6.1　実行プログラムの構成**

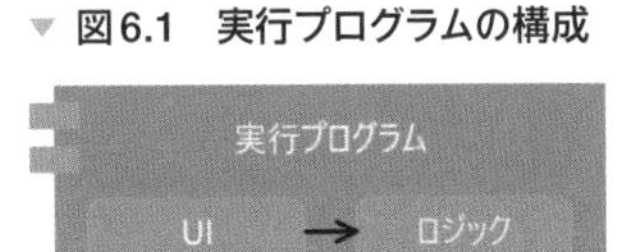

この章のサンプルプログラムも、同様の構成（**図6.2**）になっています。

▼ **図6.2　サンプルプログラムの構成**

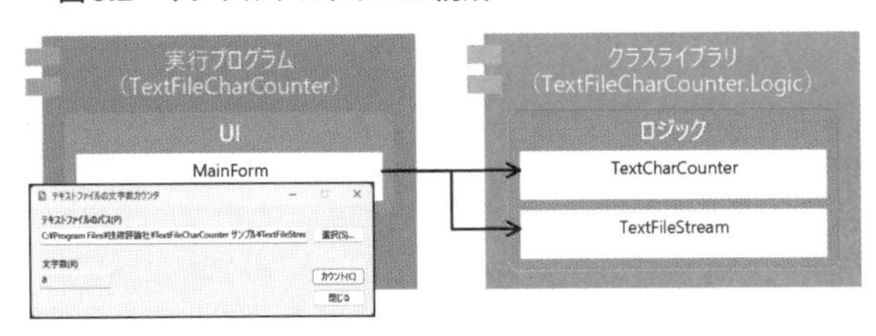

単体テスト用のプログラムは、このロジック部分をテストするためのプログラムです。この単体テスト用のプログラムのことを、テストドライバーと呼びます（**図6.3**）。

▼ **図6.3　実行プログラムとテストドライバー**

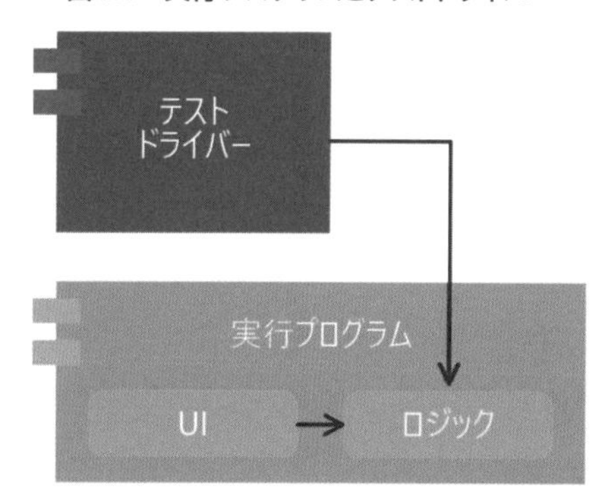

サンプルプログラムでも**図6.4**のような構成で、テストドライバーが実装されています。

▼ **図6.4　サンプルプログラムのテストドライバー**

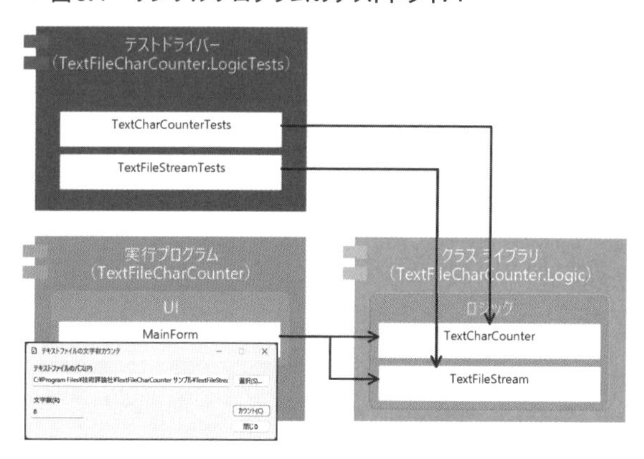

テストドライバーは、テストフレームワークから呼び出されます（**図6.5**）。テストフレームワークには、テスト結果などを表示する機能があります。

▼ **図6.5　テストフレームワークからの呼び出しイメージ**

図6.5に、テストフレームワークのUIである「テストエクスプローラー」のイメージとサンプルプログラムのクラスを加えると**図6.6**のようになります。

▼ **図6.6　テストエクスプローラーとサンプルプログラムのイメージ**

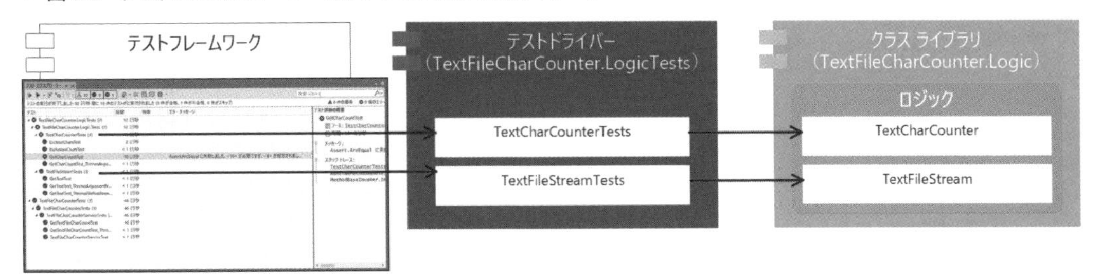

スタブ／モック

役割をより明確化するために、UI部分とロジック部分をモジュールに分けます。

UIを切り離すと、同じロジックを利用して違うUI(例えばWindows Form、Web Formなど)のプログラムを作成することもできます(**図6.7**)。

第7章のサンプルプログラムは、この章のサンプルプログラムをベースにWebアプリケーションも追加されています。**図6.8**のイメージのように、ロジック部分をモジュールとして再利用しています。

▼ **図6.7　ロジックの再利用イメージ**

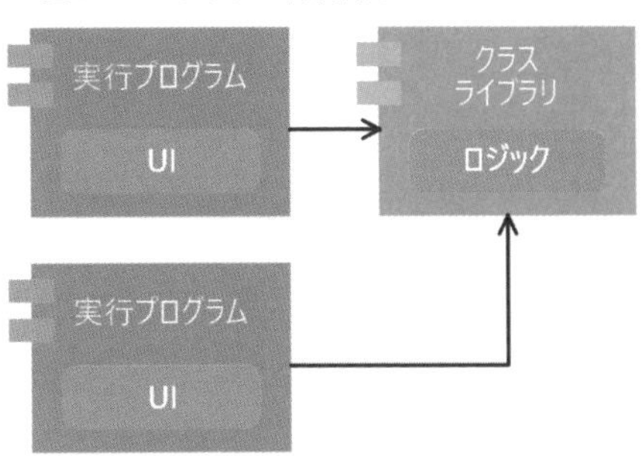

▼ **図6.8　サンプルプログラムのロジックの再利用イメージ**

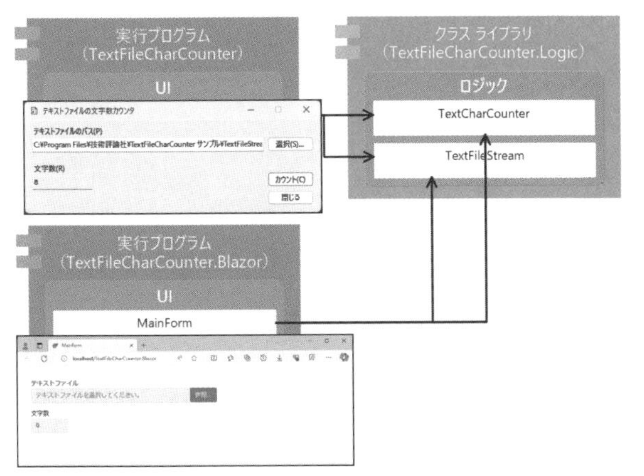

このロジック部分は、データへのアクセスやより汎用的なロジックを利用した実装になります。そのため、アプリケーションの機能としてのロジックと、汎用的なロジックをさらに別のライブラリとして分割します。

役割を区別するために、アプリケーションの機能としてのロジックを「サービス」とします(**図6.9**)。

▼ **図6.9 ロジックとサービスを分割したイメージ**

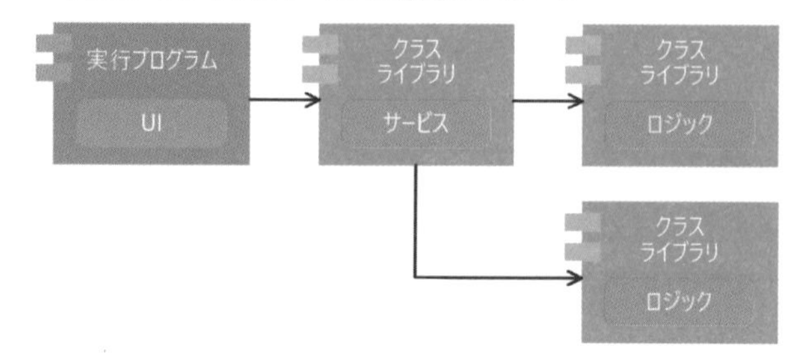

サンプルプログラムではサービスのクラスは別アセンブリにはしていないため、**図6.10**のような構成になっています。

▼ **図6.10 サンプルプログラムのロジックとサービスの構成**

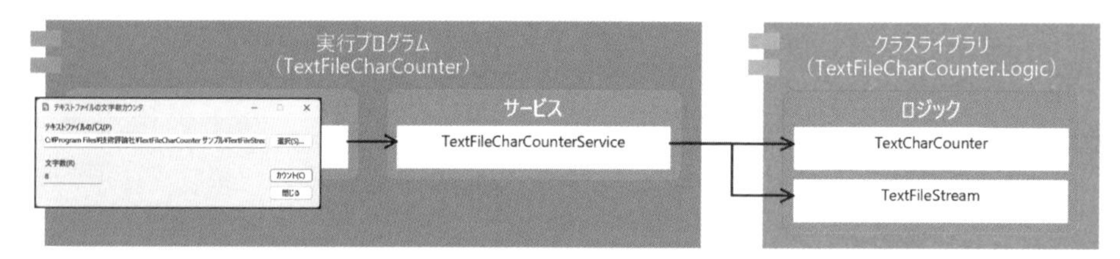

サービスが利用するライブラリが開発中の場合、仮のプログラムを用意して実装を進めます。この仮のプログラムのことをスタブと呼びます。

また、テストに必要な実装を行ったスタブのことをモックと呼びます(**図6.11**)。

▼ **図6.11 スタブ／モックの利用イメージ**

サンプルプログラムでは、スタブ／モックにMoqライブラリ(**図6.12**)を利用しています。このライブラリを利用すると、スタブ／モックのクラスを作成せずにテストコードを実装することができます。

Microsoft Fakesが同様の機能をサポートしていますがEnterprise Editionでのみ利用可能なため、サンプルではオープンソースのライブラリであるMoqを利用しています。MoqはNuGetからインストールすることができます。

▼ 図6.12　サンプルプログラムのスタブ／モックの利用イメージ

クラスライブラリは、提供する機能をインターフェイス化し、その定義だけを行った状態のものを先にリリースします。利用する側は、このインターフェイスを使ってスタブを作成します（**図6.13**）。

サンプルプログラムでは、**図6.14**のイメージでインターフェイスを実装しています。

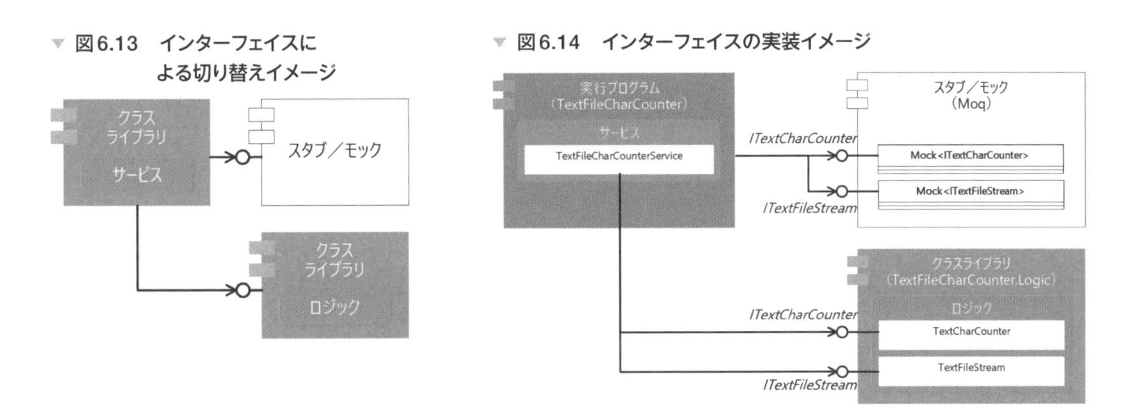

▼ 図6.13　インターフェイスによる切り替えイメージ

▼ 図6.14　インターフェイスの実装イメージ

利用するクラスのインスタンス／オブジェクトは、生成されたもの（もしくは生成するFactory）を受け取って利用するようにします（**図6.15**）。これにより、実装を変更せずに正式なライブラリとスタブを入れ替えることができます（**図6.16**）。

▼ 図6.15　単体テスト時のイメージ

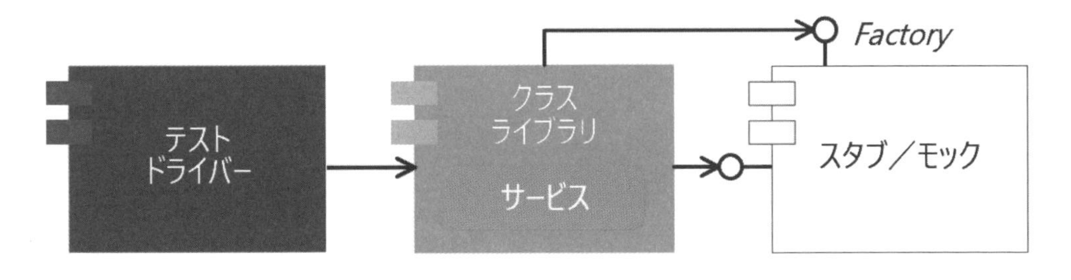

▼ 図6.16　リリース時のイメージ

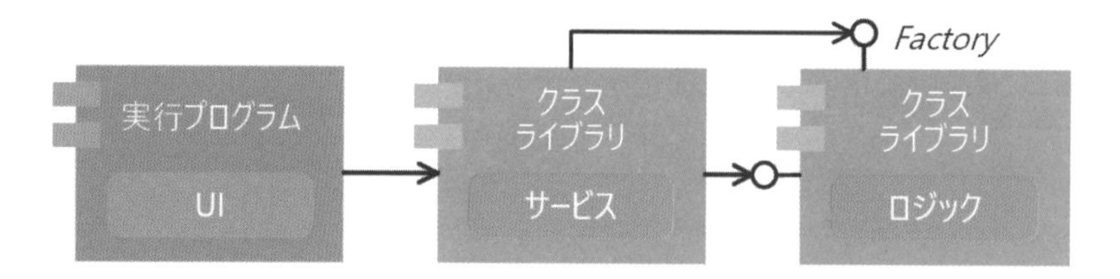

図6.17はサンプルプログラムにおいて、テストドライバーがモックを生成するテスト用のファクトリをサービスに渡しているイメージです。

▼ 図6.17　テスト用のファクトリを生成して渡すイメージ

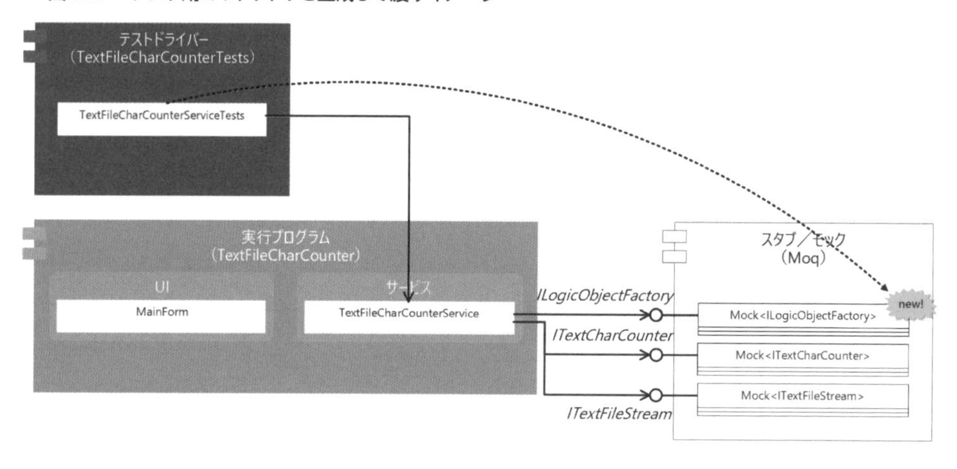

図6.18はサンプルプログラムにおいて、実行プログラムが正式なファクトリをサービスに渡しているイメージです。

▼ 図6.18　正式なファクトリを生成して渡すイメージ

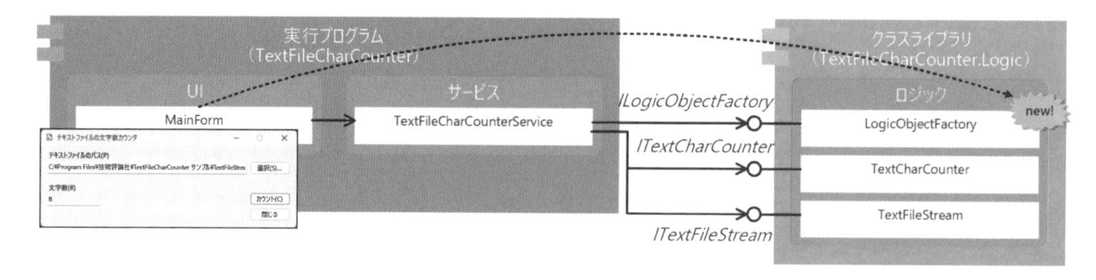

スタブを利用すると、本来利用するライブラリが必要な環境や別のソフトウェアに依存する

ことなく単体テストを行えます。自動化した単体テストは、いつでも行えるようにしてあることが重要なため、スタブを利用して独立した形になっている方が理想的です。

6-3 単体テスト用の機能

次節からはサンプルプログラムを使って実装方法を確認して行きますが、その前にVisual Studioの単体テスト用の機能について紹介します。

単体テストプロジェクト

Visual Studioで単体テストを作成する場合、「単体テストの作成」メニューから「単体テストの作成」ダイアログ（**図6.19**）を表示して作成する方法が手軽で便利です。

▼ **図6.19 「単体テストの作成」ダイアログ**

単体テストの作成　? ×

テスト フレームワーク:	MSTestv2
	追加の拡張機能の取得
テスト プロジェクト:	<新しいテスト プロジェクト>
テスト プロジェクトの名前の形式:	[Project]Tests
名前空間:	[Namespace].Tests
出力ファイル:	<新しいテスト ファイル>
テスト クラスの名前の形式:	[Class]Tests
テスト メソッドの名前の形式:	[Method]Test
テスト メソッドのコード:	アサート失敗

OK　キャンセル

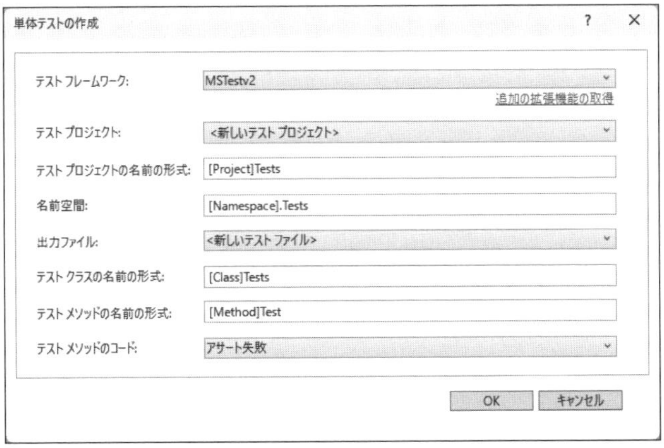

単体テストは、プロジェクトとして作成する必要がありますが、「単体テストの作成」ダイアログは「単体テストプロジェクト」を作成し、そこに単体テスト用のクラス、空のメソッドを追加してくれます。一度このダイアログを使って単体テストを作成してからは、同じプロジェクト、クラスに単体テスト用のメソッドを追加していくことになるので、慣れてきたら手動で追加／コーディングした方が楽になると思います。

単体テストプロジェクトは、他のプロジェクトと同様に「新しいプロジェクトの追加」メニューから作成（**図6.20**）することもできます。

▼ 図6.20　「新しいプロジェクトの作成」ダイアログ

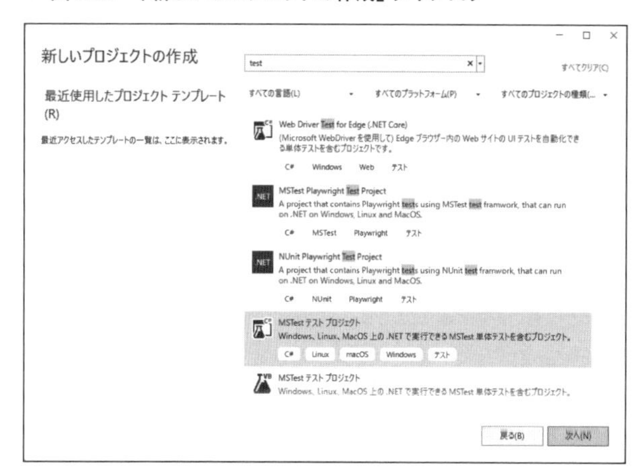

単体テスト用の属性

クラス、メソッドを単体テストフレームワーク／テストエクスプローラーから単体テストとして呼び出されるようにするには、クラス、メソッドに「TestClass」属性（**図6.21**の①）、「TestMethod」属性（**図6.21**の②）で修飾する必要があります。

▼ 図6.21　単体テスト用の属性

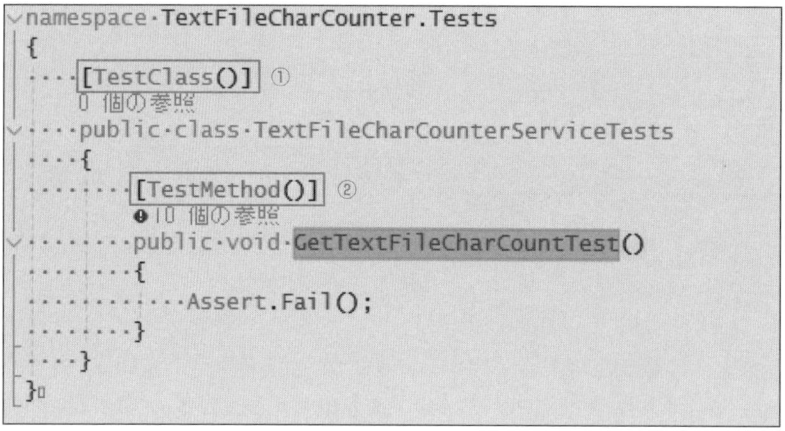

```
namespace TextFileCharCounter.Tests
{
    [TestClass()] ①
    0 個の参照
    public class TextFileCharCounterServiceTests
    {
        [TestMethod()] ②
        10 個の参照
        public void GetTextFileCharCountTest()
        {
            Assert.Fail();
        }
    }
}
```

Assertクラス

単体テストの評価は、Assertクラスの静的メソッドを利用します。例えば、単体テストでテスト対象のメソッドが1を返すかテストしたい場合、**図6.22**のようにAssertクラスのAreEqualメソッドを利用します。

▼ **図6.22　Assert.AreEqualメソッドの利用例**

```
[TestMethod()]
0 個の参照
public void GetIntegerTest()
{
    var sample  = new SampleClass();
    var result  = sample.GetInteger();

    Assert.AreEqual(1, result);
}
```

テスト対象のメソッドが1ではなかった場合、AreEqualメソッドはAssertFailedException例外をスローします。テストフレームワークは、この例外が発生した場合に単体テストを失敗とします。

Assertクラスには、AreEqualメソッド以外にも**表6.1**のような静的メソッドが用意されています。

▼ **表6.1　Assertクラスの主要な静的メソッド**

メソッド	説明
AreEqual、AreNotEqual	同じ値か、違う値かをテストします
AreSame、AreNotSame	同じオブジェクトか、違うオブジェクトかをテストします
IsNull、IsNotNull	nullか、nullではないかをテストします
IsTrue、IsFalse	trueか、falseかをテストします
IsInstanceOfType、IsNotInstanceOfType	オブジェクトが指定した型か、違う型かをテストします
Fail	AssertFailedException例外をスローします

テストが明示的でわかりやすくなるように、Failメソッドは多用せずテストしたい内容に合わせたメソッドを利用するようにします。

テストエクスプローラー

テストエクスプローラーは、単体テストとその結果をツリー形式で表示(**図6.23**の④)するウィンドウです。

各構成要素については、**表6.2**を参照してください。

▼ 図6.23 テストエクスプローラーの表示内容

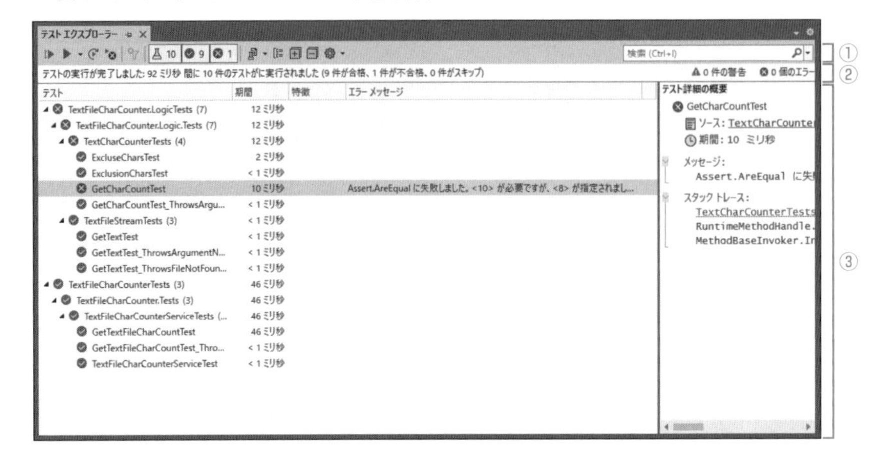

▼ 表6.2 テストエクスプローラーの構成要素

構成要素	説明
図6.23の①	単体テストの実行や表示内容に関する操作を行うツールバーです。
図6.23の②	実行中、テスト結果を表示するステータスバーです。
図6.23の③の左側	単体テストとその結果をツリーとリストを組み合わせたビューで表示します。
図6.23の③の右側	左側のビューで選択したノードのテスト詳細の概要を表示する領域です。

テストエクスプローラーの表示位置

テストエクスプローラーはツールウィンドウのため表示位置を自由にカスタマイズできますが、既定ではメインのフレーム（編集フレーム）に表示されます（**図6.24**）。

▼ 図6.24 テストエクスプローラー

非表示にすることもできるので、表示されていない場合は、「テスト」メニューの「ウィンドウ／テストエクスプローラー」(**図6.25**)を選択するか、ショートカットキー(既定では Ctrl + E 、T)で表示します。

▼ **図6.25　テストメニュー**

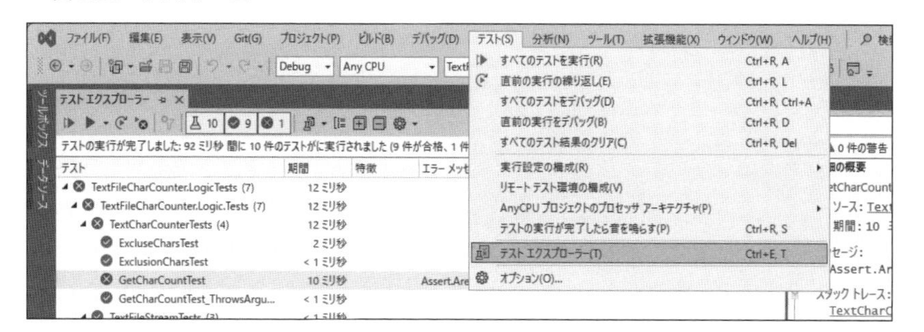

テストエクスプローラーのツールバー

ツールバーを利用すると、テストエクスプローラーに表示する内容に関する操作を行うことができます。

ここからは、各ボタンの機能について確認してきます。

実行関連のボタン

左側4つは実行関連のボタンです(**図6.26**)。各ボタンをクリックした際の動作は**表6.3**のとおりです。

▼ **表6.3　ツールバーの実行関連のボタン**

ボタン	動作
ビュー内のすべてのテストを実行	ビューに表示されているすべてのテストを実行します
実行	選択したノードのテストを実行します。下矢印をクリックすると、図6.26のようにメニューが表示されます
直前の実行の繰り返し	直前に実行したテストを再実行します
失敗したテストの実行	ビューに表示されている失敗したテストをすべて再実行します

▼ 図6.26 ツールバーの実行関連のボタン

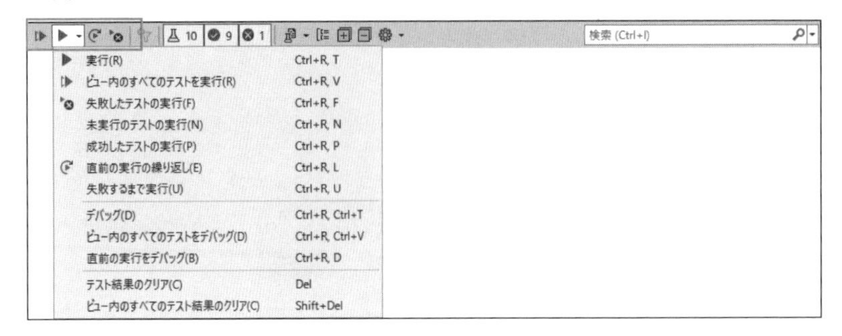

実行ボタンで表示されるメニューを選択した際の動作は**表6.4**の通りです。

▼ 表6.4 「実行」ボタンのメニュー

メニュー	動作
実行	選択したノードのテストを実行します
ビュー内のすべてのテストを実行	ビューに表示されているすべてのテストを実行します
失敗したテストの実行	ビューに表示されている失敗したテストをすべて再実行します
未実行のテストの実行	ビューに表示されている未実行のテストをすべて実行します
成功したテストの実行	ビューに表示されている成功したテストをすべて実行します
直前の実行の繰り返し	直前に実行したテストを再実行します
失敗するまで実行	選択したノードのテストを失敗するまで繰り返し実行します。既定で1,000回まで繰り返し実行しますが、オプションで変更することもできます
デバッグ	選択したノードのテストをデバッガーで実行します
ビュー内のすべてのテストをデバッグ	ツリーに表示されているすべてのテストをデバッガーで実行します
直前の実行をデバッグ	直前に実行したテストをデバッガーで再実行します
テスト結果のクリア	選択したノードのテスト結果をクリアします
ビュー内のすべてのテスト結果をクリア	ツリーに表示されているすべてのテスト結果をクリアします

フィルター関連のボタンと「検索」テキストボックス

左から4つ目〜7つ目のボタンは、フィルター関連のボタンです(**表6.5**)。また、右端の「検索」テキストボックスもフィルターの機能となります(**図6.27**)。

▼ 表6.5　ツールバーのフィルター関連のボタン

ボタン	動作
このテストウィンドウ内のすべてのフィルターをクリアする	クリックすると、現在設定されているフィルターをすべてクリアします
合計テスト数（トグルボタン）	合計のテスト数を表示します。 選択すると成功したテストと失敗したテストすべてを表示します。 既定で選択されています
成功したテスト（トグルボタン）	成功したテストの数を表示します。 選択すると成功したテストのみを表示します
失敗したテスト（トグルボタン）	失敗したテストの数を表示します。 選択すると失敗したテストのみを表示します

▼ 図6.27　ツールバーのフィルター関連のボタンと「検索」テキストボックス

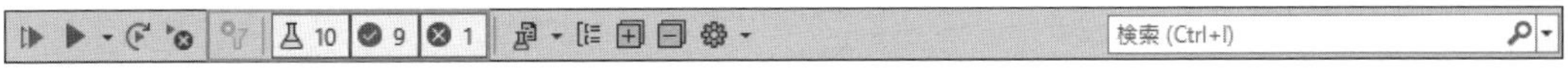

「検索」テキストボックスに文字列を入力すると、入力した文字列を含むメソッドを検索することができます。下矢印をクリックすると、さらに検索フィルターを追加することもできます（**図6.28**）。検索結果は、そのままビューに反映されます。

▼ 図6.28　ツールバーの「検索」テキストボックス

「プレイリストファイルを開く」ボタン

クリックするとプレイリストを選択するとファイルダイアログが表示されます（**図6.29**）。プレイリストを選択すると、プレイリストに設定されているテストを別ウィンドウで表示します（**図6.30**）。

プレイリストファイルは、コンテキストメニューから作成します。

下矢印をクリックするとメニューが表示され、選択したプレイリストの履歴が表示されので、メニューからプレイリストを再度開くことができます。

▼ 図6.29 「プレイリストファイルを開く」ボタン

▼ 図6.30 「プレイリストファイルを開く」ボタン

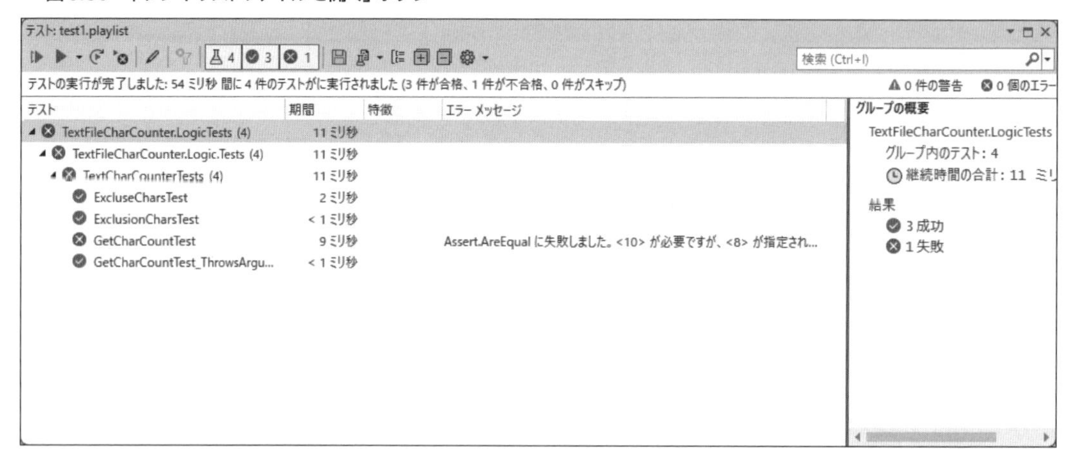

ツリーの表示関連のボタン

このボタンをクリックすると、ツリー表示のグループ化の指定を切り替えることができます（**表6.6**、**図6.31**）。

▼ 表6.6 ツールバーのツリーの表示関連ボタン

ボタン	動作
グループ化	グループ化のメニューを表示します。また、現在どのグループ化が指定されているかを確認することもできます
すべて展開	ビューのノードをすべて展開します
すべて折りたたみ	ビューのノードをすべて折りたたみます

▼ 図6.31 ツールバーのツリーの表示関連ボタン

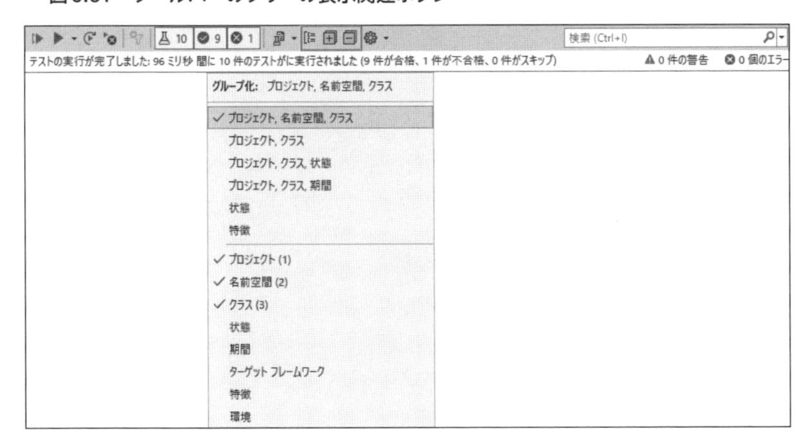

セパレータより上の「プロジェクト、名前空間、クラス」〜「特徴」は、セパレータより下の項目を選択するショートカットです。セパレータより下が、実際に選択されているグループ化の項目です。グループ化の項目は、複数指定することができます（**表6.7**）。

▼ 表6.7 「グループ化」メニューの項目

グループ	説明
プロジェクト	プロジェクト名でグループ化します
名前空間	名前空間でグループ化します
クラス	クラス名でグループ化します
状態	単体テストの結果を以下の項目でグループ化します。 ・失敗テスト ・スキップテスト（実装が未完了で、Ignore属性で修飾されているもの） ・成功テスト ・未実行テスト
期間	単体テストの実行時間を以下の項目でグループ化します。 ・高速（100ミリ秒未満） ・中（100ミリ秒超） ・低速（1秒超）
ターゲットフレームワーク	.NETのバージョンでグループ化します
特徴	TestPropertyAttribute属性で修飾されている内容（名前、値）でグループ化します
環境	テストを行う環境でグループ化します

「オプション」ボタン

このボタンをクリックすると、「オプション」ダイアログを「テスト」ノードを選択した状態で表示します。下矢印をクリックするとメニューが表示されます(**図6.32、表6.8**)。

▼ 図6.32 ツールバーの「オプション」ボタン

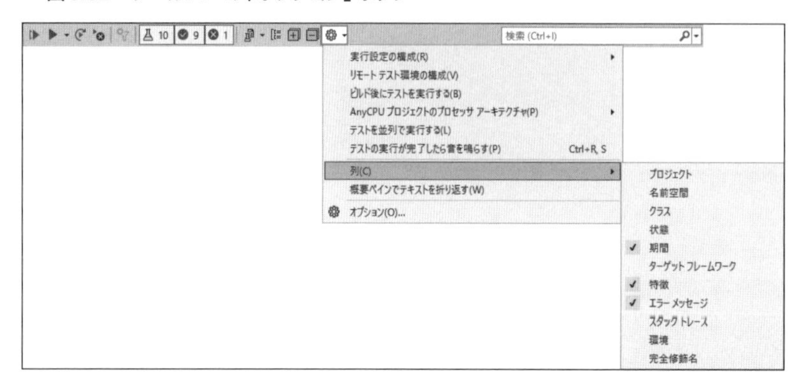

▼ 表6.8 ツールバーの「オプション」ボタンのメニュー

メニュー	動作
実行設定の構成	「.runsettings」ファイルを使って、手動で単体テストの実行方法を構成している場合は、このメニューから選択します。特殊な構成を行う必要がない場合は不要です
リモートテスト環境の構成	リモートテスト環境の構成を編集するために、「testEnvironments.json」を開きます
ビルド後にテストを実行する (トグルボタン)	テストプロジェクトのビルド後に、自動でテストが実行されるようになります
AnyCPUプロジェクトのプロセッサアーキテクチャ	単体テストをどのCPUプロセスで実行するかを設定します
テストを並列で実行する (トグルボタン)	テストを並列で実行するようになります。 テストの実行時間を大幅に短縮することができますが、各テストが同じリソースを利用するような場合は注意が必要です
テストの実行が完了したら音を鳴らす (トグルボタン)	テストの実行が完了した際に音を鳴らしたい場合は選択します。 事前に「オプション」ダイアログで「サウンドの構成」を行っておく必要があります。 「サウンドの構成」ボタンをクリックすると、システムの「サウンド」ダイアログが開かれます(図6.33)。 「サウンド」ダイアログの「プログラムイベント」で「Microsoft Visual Studio」の以下のイベントにサウンドを割り当てます。 ・テストの実行失敗 ・テストの実行成功
列	ビューに表示する列を選択します。 既定は、以下の3列です。 ・期間 ・特徴 ・エラーメッセージ
概要ペインでテキストを折り返す (トグルボタン)	「テスト詳細の概要」などを表示する概要ペイン(ビューの右側)で、テキストを表示に合わせて折り返したい場合は選択します
オプション	「オプション」ダイアログを「テスト」ノードを選択した状態で表示します

▼ 図6.33　システムの「サウンド」ダイアログ

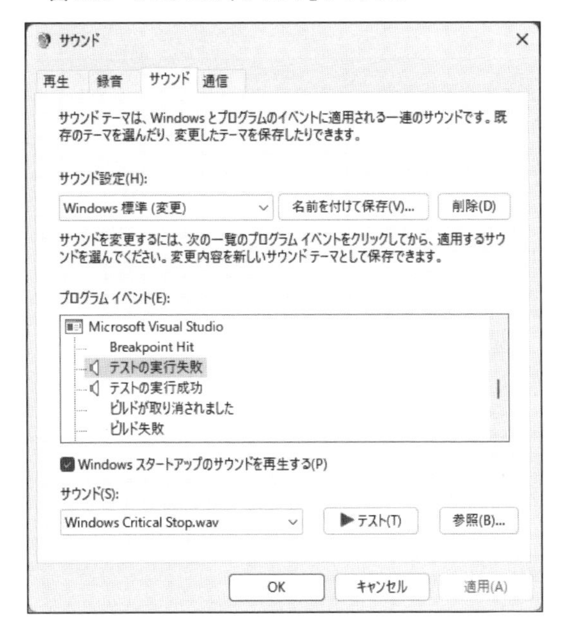

 テストエクスプローラーのコンテキストメニュー

テストエクスプローラーのノードのコンテキストメニューには**図6.34**のような項目があります。各メニューの動作については、**表6.9**を参照してください。

▼ 図6.34　テストエクスプローラーのコンテキストメニュー

GetCharCountTest_ThrowsArgu...　< 1 ミリ秒
TextFileStreamTests (3)　< 1 ミリ秒
GetTextTest　< 1 ミリ秒
GetTextTest_ThrowsArgumentN...　< 1 ミリ秒
GetTextTest_ThrowsFileNotFoun...　< 1 ミリ秒
TextFileCharCounterTests (3)　46 ミリ秒
TextFileCharCounter.Tests (3)　46 ミリ秒
TextFileCharCounterServiceTests (...　46 ミリ秒
GetTextFileCharCountTest　46 ミリ秒
GetTextFileCharCountTest_Thro...　< 1 ミリ秒

実行(R)　Ctrl+R, T
デバッグ(D)　Ctrl+R, Ctrl+T
失敗するまで実行(U)　Ctrl+R, U
テスト結果のクリア(C)　Del
テスト ケースに関連付ける(A)
プレイリストに追加(T)
テスト ログを開く(L)　Ctrl+L
テストに移動(G)　F12

▼ 表6.9　テストエクスプローラーのコンテキストメニュー

メニュー	動作
実行	選択したノードのテストを実行します
デバッグ	選択したノードのテストをデバッガーで実行します
失敗するまで実行	選択したノードのテストを失敗するまで繰り返し実行します
テスト結果のクリア	選択したノードのテスト結果をクリアします
テストケースに関連付ける	TFSで管理しているテストケースと関連付ける場合に利用します
プレイリストに追加	選択したノードをプレイリストに追加します また、新しいプレイリストを作成することもできます。 プレイリストは、上部のメニューで選択できる単体テストのセットです
テストログを開く	テストログを開きます（図6.35）。 テキストファイルで開けるので、ビューで見づらい場合などに便利です
テストに移動	選択したノードが単体テストだった場合に選択できます。 選択すると、対応した単体テストのメソッドをコードビューに表示します

▼ 図6.35　テストログの表示

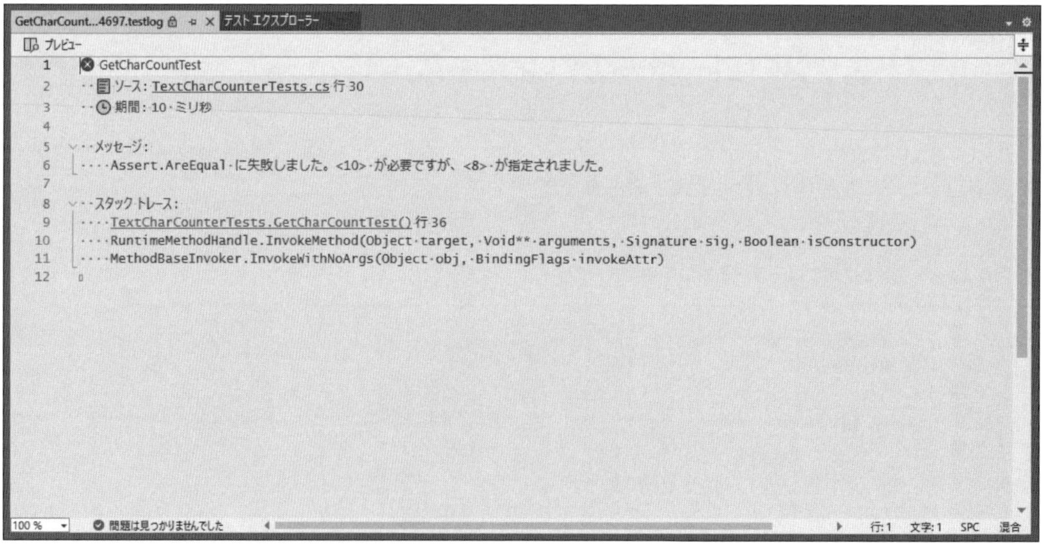

```
GetCharCount...4697.testlog  テスト エクスプローラー
プレビュー
1  GetCharCountTest
2    ソース: TextCharCounterTests.cs 行 30
3    期間: 10 ミリ秒
4
5    メッセージ:
6      Assert.AreEqual に失敗しました。<10> が必要ですが、<8> が指定されました。
7
8    スタック トレース:
9      TextCharCounterTests.GetCharCountTest() 行 36
10     RuntimeMethodHandle.InvokeMethod(Object target, Void** arguments, Signature sig, Boolean isConstructor)
11     MethodBaseInvoker.InvokeWithNoArgs(Object obj, BindingFlags invokeAttr)
12
100 %   問題は見つかりませんでした   行: 1  文字: 1  SPC  混合
```

6-4 テストドライバーの作成

プログラム構成に従い、サンプルプログラムと一緒に単体テスト用のプログラムであるテストドライバーを実際に作成していきます。

サンプルプログラムのプロジェクト作成

Visual Studioを起動すると表示される**図6.36**のウィンドウにて「新しいプロジェクトの作成」を選択します。

▼ **図6.36　新しいプロジェクトの作成**

サンプルプログラムは、テキストファイルの文字数をカウントするアプリケーションをWindowsフォームで作成します(**図6.37**)。

▼ 図6.37 Windowsフォームアプリケーションの作成

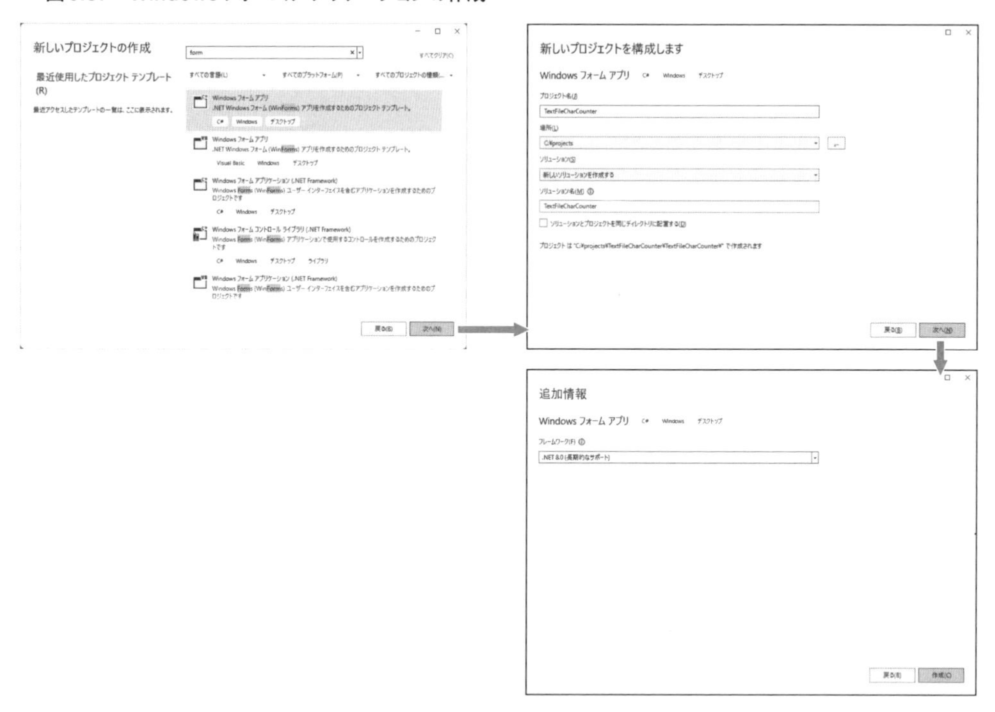

フォームの作成

既定で追加されているフォームの名前が「Form1」では、何のフォームか分からないので、「MainForm」に変更します。また、機能に必要なコントロールをツールボックスから貼り付け、コントロールとフォームのサイズを整えます(**図6.38**)。

▼ 図6.38 フォームの作成

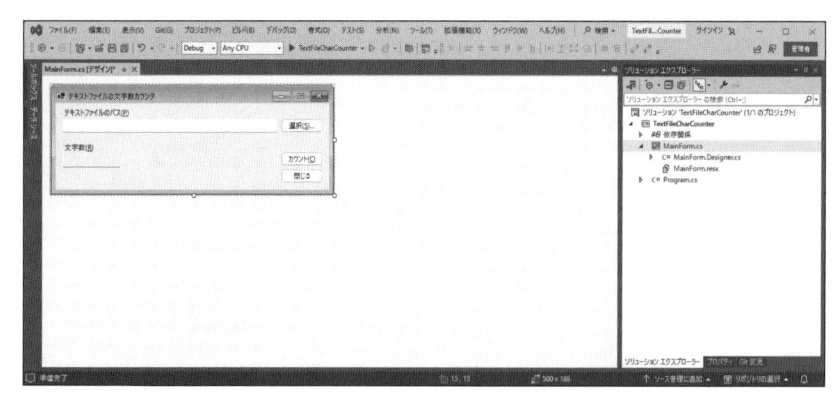

既定のコードは、**リスト6.1**のようにコンストラクターのみです。

▼ リスト6.1 フォームの既定のコード（MainForm.cs）

```
01:  namespace TextFileCharCounter
02:  {
03:      public partial class MainForm : Form
04:      {
05:          public MainForm()
06:          {
07:              InitializeComponent();
08:          }
09:      }
10:  }
```


各ボタンの「Click」イベントのハンドラを作成します。

「選択…」ボタンのイベントハンドラには、ファイル選択ダイアログの表示、選択したファイルのパスを「テキストファイル」テキストボックスに設定する処理を実装します。

「閉じる」ボタンのイベントハンドラには、フォームを閉じる処理を実装します。イベントハンドラは処理を開始する入り口なので、try～catchを記述します。こうしておくことで、どこの処理で例外が発生してもアプリケーションが異常終了することがなくなります（**リスト6.2**）。

▼ リスト6.2 フォームの実装（MainForm.cs）

```
10:  private void _selectFileButton_Click(object sender, EventArgs e)
11:  {
12:      try {
13:          using (var dialog = new OpenFileDialog()) {
14:              dialog.InitialDirectory = Application.StartupPath;
15:              if (dialog.ShowDialog() == DialogResult.OK)
16:              _textFilePathText.Text = dialog.FileName;
17:          }
18:      }
19:      catch (Exception ex) {
20:          this.PopupError(ex);
21:      }
22:  }
23:
24:  private void _closeButton_Click(object sender, EventArgs e)
25:  {
26:      try {
27:          base.Close();
```

```
28:         }
29:         catch (Exception ex) {
30:             this.PopupError(ex);
31:         }
32:     }
```

catch内の実装が一緒なので、privateでメソッド化します（**リスト6.3**）。

▼ **リスト6.3 共通処理のメソッド化（MainForm.cs）**

```
24:     private void _closeButton_Click(object sender, EventArgs e)
25:     {
26:         try {
27:             base.Close();
28:         }
29:         catch (Exception ex) {
30:             this.PopupError(ex);
31:         }
32:     }
33: 
34:     private void PopupError(Exception ex)
35:     {
36:         MessageBox.Show(ex.ToString(), base.Text, MessageBoxButtons.OK, MessageBoxIcon.Error);
37:     }
```

サービスクラスの作成

フォーム（UI）から利用する機能（ロジック）をクラスで作成します。

アプリケーションの機能としてのロジックになるので、名前をサービスとします（**図6.39**）。

▼ 図6.39 サービスクラスの作成

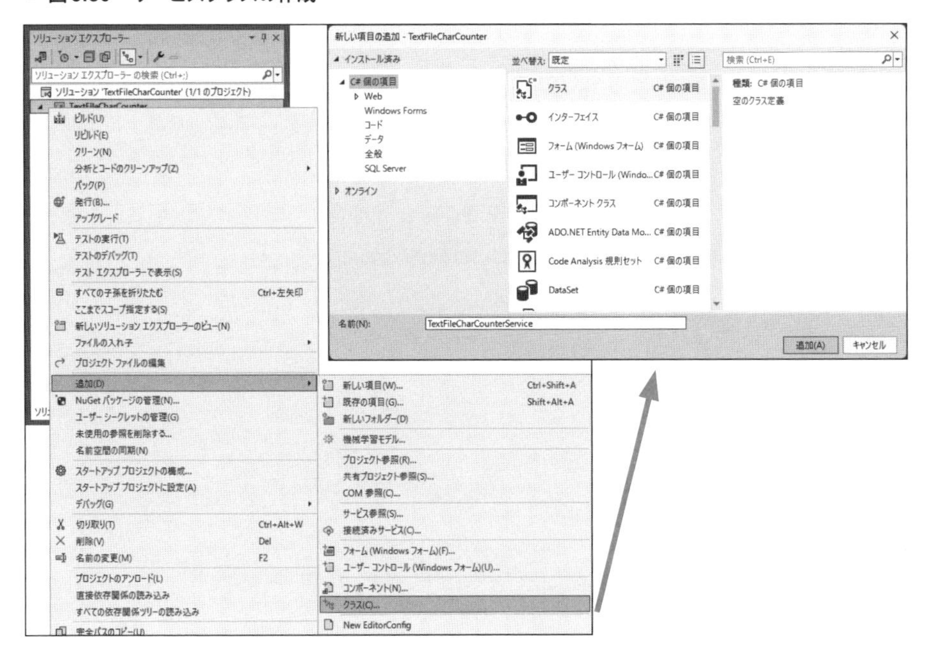

作成されたソースに、機能／サービスとして提供するメソッドを追加します。このメソッドは、文字数をカウントするテキストファイルのパスをパラメーターで受け取り、カウントした文字数を返します。パラメーターのnullチェックだけ実装し、固定値を返す仮実装をしておきます（**リスト6.4**）。

▼ リスト6.4 機能／サービスとして提供するメソッドの追加（TextFileCharCounterService.cs）

```
01:  namespace TextFileCharCounter
02:  {
03:      public class TextFileCharCounterService
04:      {
05:          public int GetTextFileCharCount(string filePath)
06:          {
07:              if (filePath == null)
08:                  throw new ArgumentNullException("filePath");
09:
10:              return 0;
11:          }
12:      }
13:  }
```

サービスを利用したフォームの実装

フォームの「カウント」ボタンのイベントハンドラでサービスオブジェクトを生成し、テキストファイルの文字数をカウントするメソッドをコールします。

メソッドの戻り値は「文字数」テキストボックスに設定するように実装します（**リスト6.5**）。

▼ **リスト6.5　「カウント」ボタンのイベントハンドラの実装（MainForm.cs）**

```
24:  private void _getTextFileCharCountButton_Click(object sender, EventArgs e)
25:  {
26:      try {
27:          var service = new TextFileCharCounterService();
28:
29:          _resultText.Text = string.Format("{0}", service.GetTextFileCharCount(_textFilePathText.Text));
30:      }
31:      catch (Exception ex) {
32:          this.PopupError(ex);
33:      }
34:  }
```

この状態で実行してみます。

サービスクラスは固定で0を返しますので、「カウント」ボタンをクリックすると**図6.40**のように、「文字数」テキストボックスに0が表示されます。

▼ **図6.40　サンプルアプリケーションの実行**

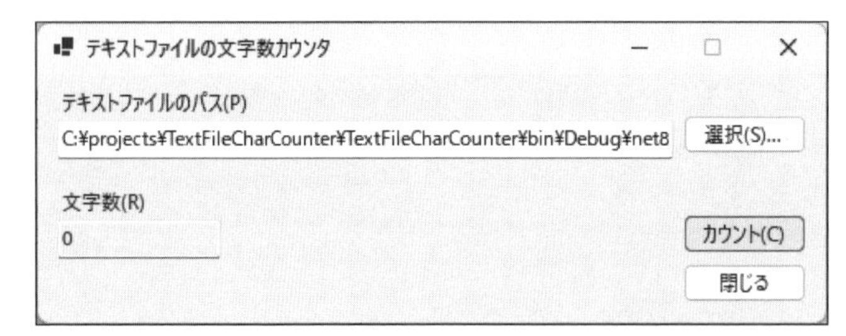

単体テストのプロジェクト作成

単体テストのプロジェクトは、テストプログラム／テストドライバーを作成したいメソッドのコンテキストメニューから作成できます。作成時に、利用するテストフレームワークや名前の形式などを指定できます（**図6.41**）。

▼ 図6.41　単体テストプロジェクトの作成

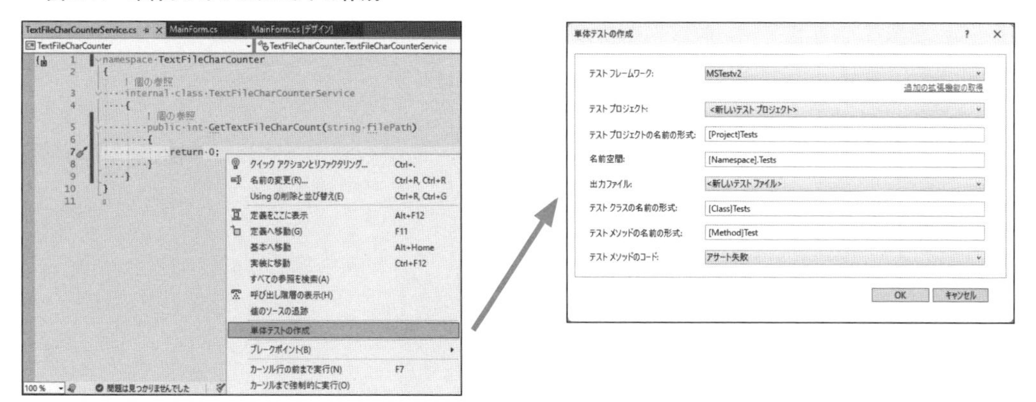

「単体テストの作成」ダイアログで指定した内容で、単体テスト用のメソッドが作成されます（**リスト6.6**）。

▼ リスト6.6　単体テスト用のメソッド（TextFileCharCounterServiceTests.cs）

```
01:  using Microsoft.VisualStudio.TestTools.UnitTesting;
02:  using TextFileCharCounter;
03:  using System;
04:  using System.Collections.Generic;
05:  using System.Linq;
06:  using System.Text;
07:  using System.Threading.Tasks;
08:
09:  namespace TextFileCharCounter.Tests
10:  {
11:      [TestClass()]
12:      public class TextFileCharCounterServiceTests
13:      {
14:          [TestMethod()]
15:          public void GetTextFileCharCountTest()
16:          {
17:              Assert.Fail();
18:          }
19:      }
20:  }
```

利用されていない「using」の削除は、コンテキストメニューの「Usingの削除と並び替え」を利用すると便利です（**図6.42**）。

▼ 図6.42　Usingの削除と並び替え

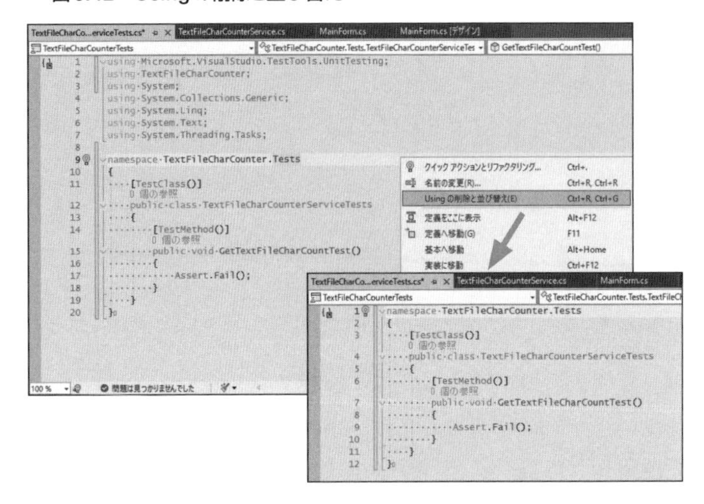

単体テストの実行

既定の状態で、単体テストを実行してみます。

単体テストを行うには、「テストエクスプローラー」ウィンドウを表示します（**図6.43**）。

▼ 図6.43　「テストエクスプローラー」ウィンドウの表示

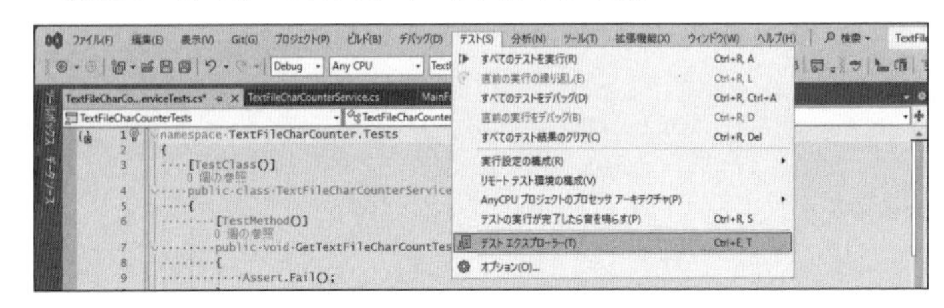

テストのツリーが折りたたまれている場合は展開します（**図6.44**）。

▼ 図6.44　テストツリーの展開

「すべて実行」で単体テストを実行すると、**図6.45**のような結果になります。パラメーターなしのAssert.Failメソッドは、単純にAssertFailedExceptionをスローするため、単体テストの結果は失敗となりました。失敗した単体テストは、バツの赤アイコンで表示されます。テスト結果の内容は、テストエクスプローラーの右側に表示されます（単体テストの評価にはAssertクラスを利用します）。

▼ **図6.45　単体テストの実行**

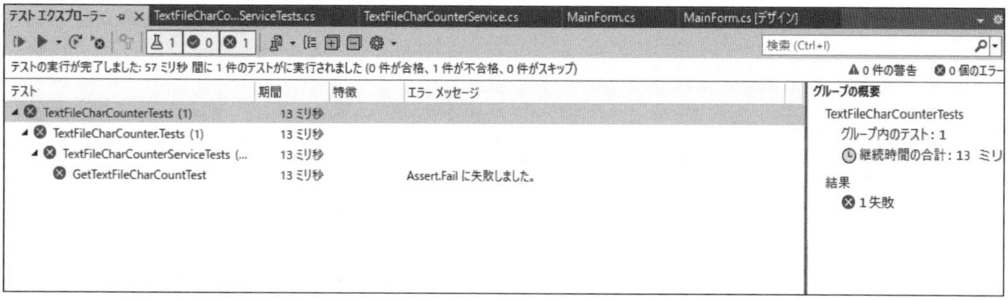

単体テストの実装

実際に単体テストのプログラムを実装します。

対象のメソッドは、カウントした文字数をintで返すので、期待値が返されるかテストするAssert.Equalメソッドを利用します。まだ固定値0を返す状態なので、Assert.Equalメソッドの比較値のパラメーターに0を渡します。テキストファイルのパスのパラメーターは、nullチェックしかしていないので、ひとまず空の文字列を渡します（**リスト6.7**）。

▼ **リスト6.7　Assert.Equalメソッドを利用した実装（TextFileCharCounterServiceTests.cs）**

```
01:  namespace TextFileCharCounter.Tests
02:  {
03:      [TestClass()]
04:      public class TextFileCharCounterServiceTests
05:      {
06:          [TestMethod()]
07:          public void GetTextFileCharCountTest()
08:          {
09:              var service = new TextFileCharCounterService();
10:
11:              Assert.AreEqual(8, service.GetTextFileCharCount(string.Empty));
12:          }
13:      }
14:  }
```

メソッドの実装は、パラメーターがnullでなければ例外が発生せず、固定で0を返すため、この単体テストを実行すると**図6.46**のように成功となります。

成功した単体テストは、チェックの緑アイコンで表示されます。

▼ **図6.46 成功した単体テスト**

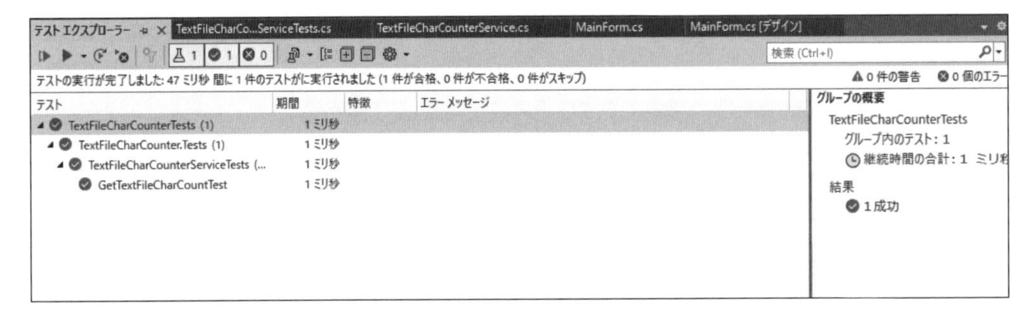

パラメーターにnullを渡した場合に正しく例外がスローされるかテストする単体テストは、**リスト6.8**のようにスローされる例外の型をチェックするExpectedException属性を使います。

▼ **リスト6.8 ExpectedException属性(TextFileCharCounterServiceTests.cs)**

```
01: namespace TextFileCharCounter.Tests
02: {
03:     [TestClass()]
04:     public class TextFileCharCounterServiceTests
05:     {
06:         [TestMethod()]
07:         [ExpectedException(typeof(ArgumentNullException))]
08:         public void GetTextFileCharCountTest_ThrowsArgumentNullException()
09:         {
10:             var textFileCharCounterService = new TextFileCharCounterService();
11: 
12:             textFileCharCounterService.GetTextFileCharCount(null);
13:         }
14: 
15:         [TestMethod()]
16:         public void GetTextFileCharCountTest()
17:         {
18:             var textFileCharCounterService = new TextFileCharCounterService();
19: 
20:             Assert.AreEqual(8, textFileCharCounterService.GetTextFileCharCount(string.Empty));
21:         }
22:     }
23: }
```

6-5 スタブ／モックを利用した単体テストの実装

次に、ロジック部分のクラスライブラリをインターフェイスのみで作成し、そのスタブ／モックを利用した単体テストを実装します。

ロジックのクラスライブラリのプロジェクト作成

サービスが利用するロジックのクラスはクラスライブラリとして作成するため、プロジェクトを追加します。プロジェクトは、実行プログラムの名前に「.Logic」を付加して作成します（**図6.47**）。なお、このサンプルでは、サービスクラスはクラスライブラリ化していません。

▼ **図6.47　ロジックのクラスライブラリの作成**

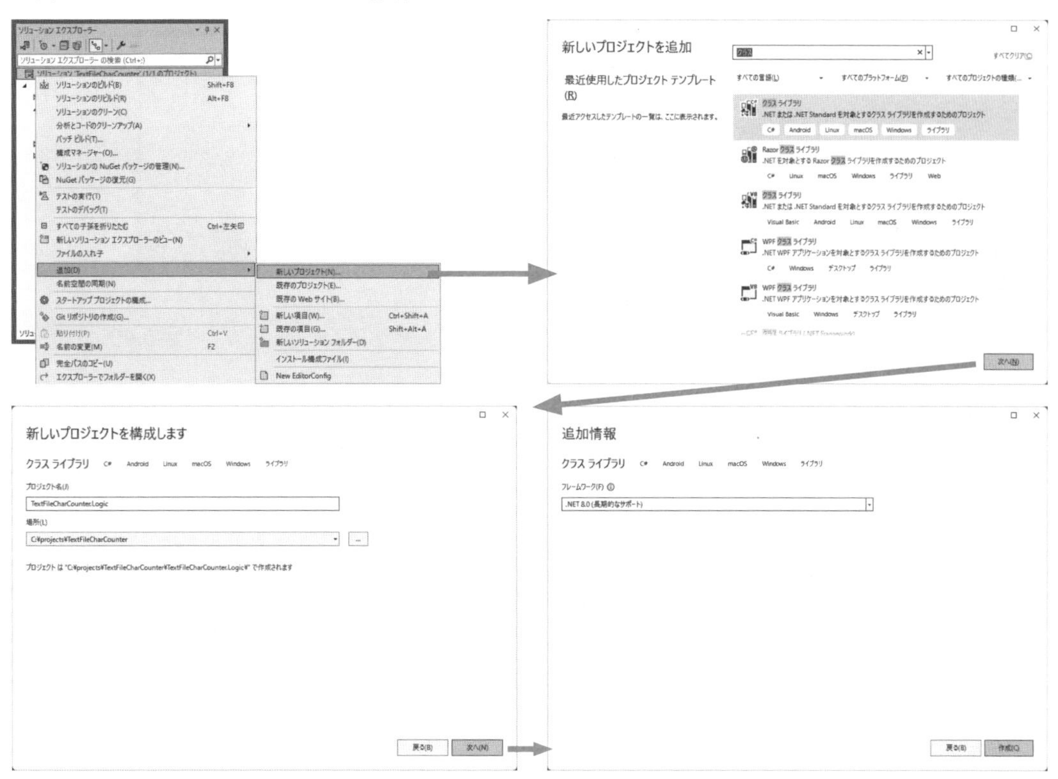

ロジック／機能のインターフェイス作成

空のクラスが記述されているので、インターフェイスに書き換えます。テキストファイルの内容を文字列で返す機能を持ったインターフェイスを定義します（**図6.48**）。

▼ **図6.48　ロジックのインターフェイスの定義1**

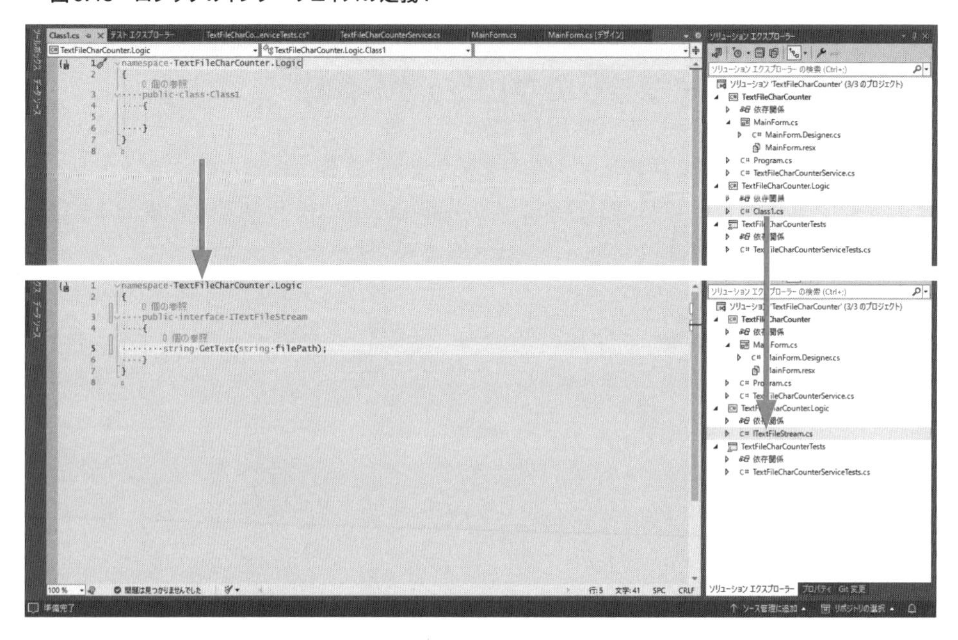

もう一つ、文字をカウントする機能を持ったインターフェイスを作成します（**図6.49**）。

▼ **図6.49　インターフェイスの追加**

インターフェイスをシンプルにすると、実装、単体テストもシンプルになります（**リスト6.9**）。また、意味的にも理解しやすくなるため保守性が高くなります。

▼ **リスト6.9　ロジックのインターフェイスの定義2（TextFileCharCounterServiceTests.cs）**

```
01: namespace TextFileCharCounter.Logic
02: {
03:     public interface ITextCharCounter
04:     {
05:         int GetCharCount(string srcText);
06:     }
07: }
```

ファクトリもインターフェイスで定義します（**リスト6.10**）。

機能、ファクトリをインターフェイス化することで、実装を変更せずに正式なライブラリとスタブを入れ替えることができるようになります。

▼ **リスト6.10　ファクトリのインターフェイスの定義（ILogicObjectFactory.cs）**

```
01: namespace TextFileCharCounter.Logic
02: {
03:     public interface ILogicObjectFactory
04:     {
05:         ITextFileStream CreateTextFileStream();
06:         ITextCharCounter CreateTextCharCounter();
07:     }
08: }
```

ロジックのクラスライブラリを利用した単体テストの実装

インターフェイスだけを定義したロジックのクラスライブラリを利用して、とりあえずの実装でテストを実行できるようにしておいたサービスの実装を進めます。

まず、ロジックのクラスライブラリの参照を追加します。サンプルでは同じソリューションのプロジェクトのため、プロジェクトで参照を追加します（**図6.50**）。

▼ 図6.50 ロジックのクラスライブラリの参照

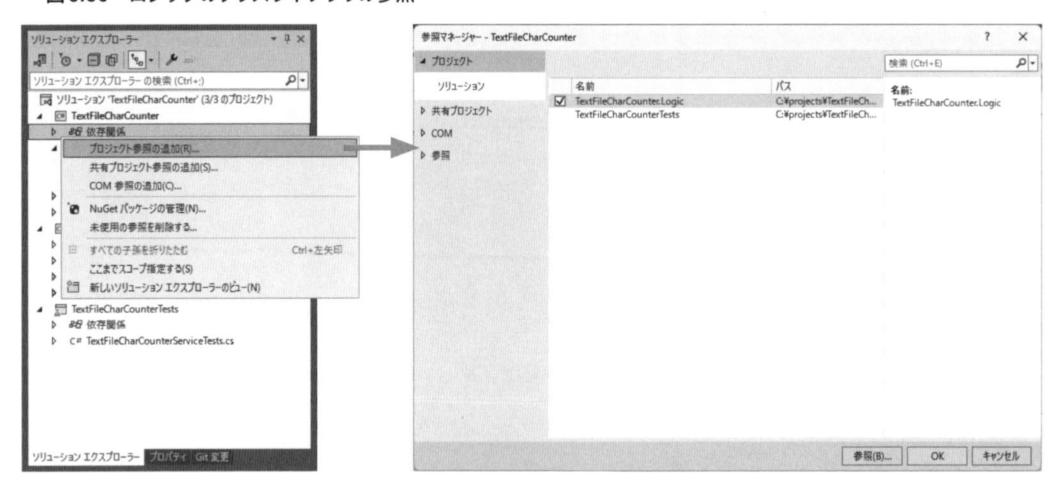

ファクトリのインターフェイスをコンストラクターで受け取り、フィールドに保持するようにします。

??演算子(null合体演算子)を利用すると**リスト6.11**のような記述になり、スッキリとしたコードになります。

▼ リスト6.11 ??演算子(null合体演算子)の利用(TextFileCharCounterService.cs)

```
01:  using TextFileCharCounter.Logic;
02:
03:  namespace TextFileCharCounter
04:  {
05:      public class TextFileCharCounterService
06:      {
07:          private ILogicObjectFactory LogicObjectFactory { get; }
08:
09:          public TextFileCharCounterService(ILogicObjectFactory factory)
10:          {
11:              this.LogicObjectFactory = factory ?? throw new ArgumentNullException("fact
             ory");
12:          }
```

ファクトリで利用するオブジェクトを生成し、そのオブジェクトを利用した実装に修正します(**リスト6.12**)。

▼ リスト6.12 ファクトリを利用した実装（TextFileCharCounterService.cs）

```
14:  public int GetTextFileCharCount(string filePath)
15:  {
16:      if (filePath == null)
17:          throw new ArgumentNullException("filePath");
18:
19:      var stream  = this.LogicObjectFactory.CreateTextFileStream();
20:      var counter = this.LogicObjectFactory.CreateTextCharCounter();
21:
22:      return counter.GetCharCount(stream.GetText(filePath));
23:  }
```

サービスのコンストラクターにパラメーターが追加されたため、利用しているフォームでビルドエラーが発生しました。

ひとまずnullを渡すように修正します（**リスト6.13**）。最終的には、ロジックのクラスライブラリが提供する正式なファクトリを生成して渡すようになります。

▼ リスト6.13 サービスのコンストラクターのパラメーター追加対応1（MainForm.cs）

```
24:  private void _getTextFileCharCountButton_Click(object sender, EventArgs e)
25:  {
26:      try {
27:          var service = new TextFileCharCounterService(null);
28:
29:          _resultText.Text = string.Format("{0}", service.GetTextFileCharCount(_
             textFilePathText.Text));
30:      }
31:      catch (Exception ex) {
32:          this.PopupError(ex);
33:      }
34:  }
```

単体テストでもビルドエラーになっています。

この後、スタブのファクトリを渡すようにしますが、ビルドエラーがない状態で進めたいので、ひとまずnullを渡すようにしておきます（**リスト6.14**）。

▼ リスト6.14 サービスのコンストラクターのパラメーター追加対応2（TextFileCharCounterServiceTests.cs）

```
06:  [TestMethod()]
07:  [ExpectedException(typeof(ArgumentNullException))]
08:  public void GetTextFileCharCountTest_ThrowsArgumentNullException()
```

```
09:    {
10:        var service = new TextFileCharCounterService(null);
11:
12:        service.GetTextFileCharCount(null);
13:    }
14:
15:    [TestMethod()]
16:    public void GetTextFileCharCountTest()
17:    {
18:        var service = new TextFileCharCounterService(null);
19:
20:        Assert.AreEqual(8, service.GetTextFileCharCount(string.Empty));
21:    }
```

パラメーターを持つコンストラクターを追加したので、単体テストも追加します（**図6.51**）。

▼ **図6.51　パラメーターを持つコンストラクターの単体テストの作成**

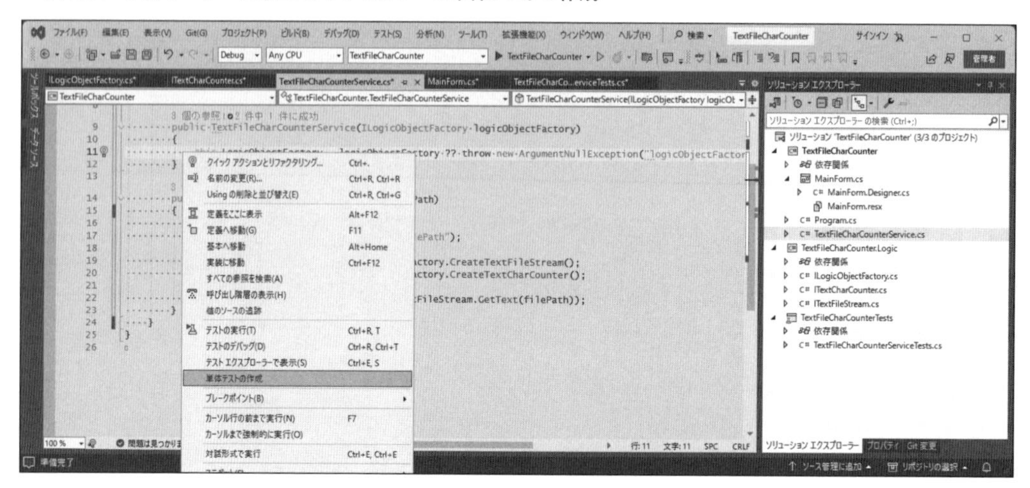

パラメーターのnullチェックが行われているかをテストするようにします（**リスト6.15**）。

▼ **リスト6.15　パラメーターを持つコンストラクターの単体テスト（TextFileCharCounterServiceTests.cs）**

```
06:    [TestMethod()]
07:    [ExpectedException(typeof(ArgumentNullException))]
08:    public void TextFileCharCounterServiceTest_ThrowsArgumentNullException()
09:    {
10:        new TextFileCharCounterService(null);
11:    }
```

単体テストでサービスのコンストラクターのパラメーターにnullを渡しているため、正しくテストが失敗するようになりました(**図6.52**)。

▼ **図6.52　単体テストの失敗**

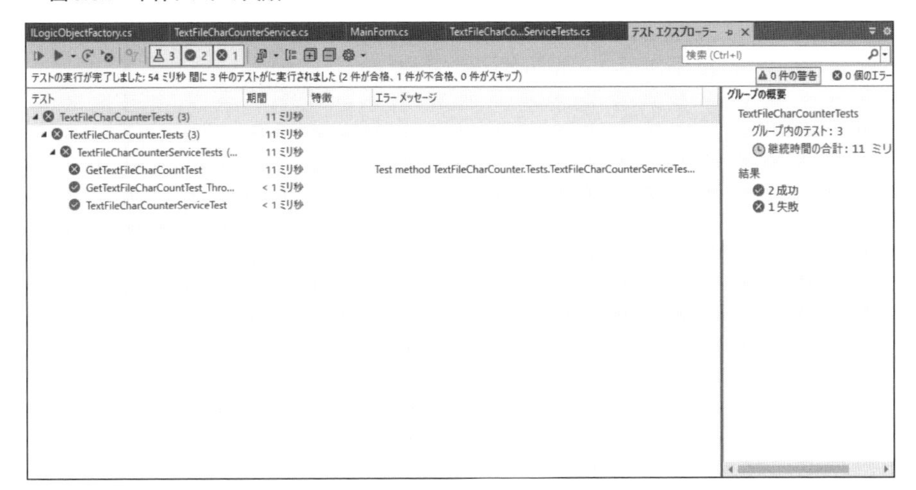

モック用ライブラリの利用

ロジックのスタブは、単体テスト用のクラスを追加して作成する方法がシンプルですが、スタブ用のライブラリを利用すると、クラスを作成せずにスタブのインスタンスを生成できるため大変便利です。

スタブ用のライブラリであるMicrosoft Fakesは、Enterprise Editionでしか利用できないため、ここではNuGetからダウンロードして利用できる「Moq」を使って実装していきます。

それではまず、プロジェクトのコンテキストメニュー「NuGetパッケージの管理」を選択して、NuGetパッケージマネージャを表示します。

「参照」タブを選択し「moq」で検索すると見つかりますので、検索結果の「Moq」を選択し、インストールボタンでインストールを行います(**図6.53**)。

> **ONEPOINT**
>
> NuGetは、インストールするパッケージが利用しているライブラリも自動的にインストールしてくれます。

▼ 図6.53　「Moq」のインストール

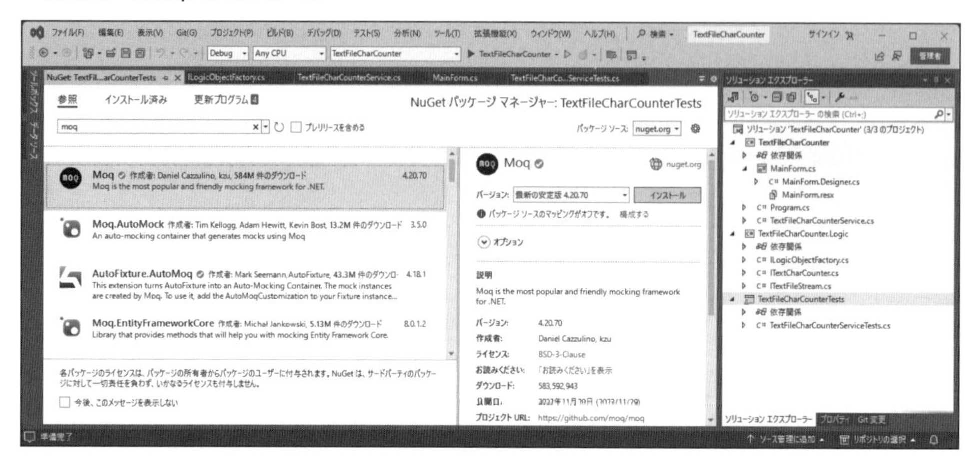

インストールが完了すると、自動的に参照が追加されます（**図6.54**）。

▼ 図6.54　「Moq」のインストール完了

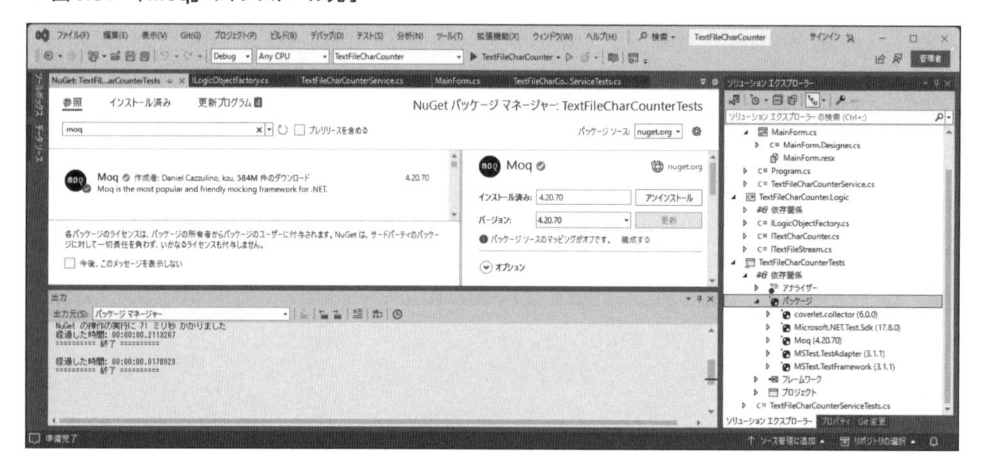

モック用ライブラリを利用した単体テストの実装

「Moq」を利用すると、クラスを作成しなくても指定したインターフェイスを持つオブジェクトを生成することができます。また、そのオブジェクトのメソッドも定義することができます。そのため、テストしたい内容に合わせた動作を、テスト用のメソッド内で定義することができるため、都度クラスを作成する必要がなくなります。

リスト6.16は、先ほど定義したロジックのクラスライブラリのインターフェイスを利用してオブジェクトを生成しています。

▼ リスト6.16　スタブ／モックを利用した単体テストの実装1（TextFileCharCounterServiceTests.cs）

```
01: using Moq;
02: using TextFileCharCounter.Logic;
03:
04: namespace TextFileCharCounter.Tests
05: {
 :
 :  （中略）
25:         [TestMethod()]
26:         public void GetTextFileCharCountTest()
27:         {
28:             var streamMock  = new Mock<ITextFileStream>();
29:             var counterMock = new Mock<ITextCharCounter>();
30:             var factory = new Mock<ILogicObjectFactory>();
31:
32:             streamMock.Setup(obj => obj.GetText("test.txt")).Returns("abcdefgh");
33:             counterMock.Setup(obj => obj.GetCharCount("abcdefgh")).Returns(8);
34:
35:             factory.Setup(obj => obj.CreateTextFileStream()).Returns(streamMock.
                Object);
36:             factory.Setup(obj => obj.CreateTextCharCounter()).Returns(counterMock.
                Object);
37:
38:             var service = new TextFileCharCounterService(factory.Object);
39:
40:             Assert.AreEqual(8, service.GetTextFileCharCount("test.txt"));
41:         }
```

このテストは機能的なテストではなく、渡したオブジェクトを正しく利用しているかのテストになります。

スタブ／モックを利用した単体テストは、機能的な動作のテストではなく、プログラムが想定通り動作するかのテストになることが多いです。

修正後、単体テストの結果が成功になりました（**図6.55**）。

▼ 図6.55　スタブ／モックを利用した単体テストの結果

メソッドのパラメーターのnull例外のテストが、サービスのコンストラクターのnull例外により成功になっていたので、こちらでも「Moq」を利用して正しいテスト内容に修正します（**リスト6.17**）。

▼ リスト6.17　スタブ／モックを利用した単体テストの実装2（TextFileCharCounterServiceTests.cs）

```
16:  [TestMethod()]
17:  [ExpectedException(typeof(ArgumentNullException))]
18:  public void GetTextFileCharCountTest_ThrowsArgumentNullException()
19:  {
20:      var factory = new Mock<ILogicObjectFactory>();
21:      var service = new TextFileCharCounterService(factory.Object);
22:
23:      service.GetTextFileCharCount(null);
24:  }
```

6-6 クラスライブラリのテストドライバー作成

最後に、クラスライブラリの各ロジッククラスの実装を行い、そのテストドライバーを作成します。

ロジッククラスの実装1

このクラスは、テキストファイルを扱うクラスで、テキストファイルの内容を取得するメソッドを実装します。

パラメーターで渡されたファイルパスのテキストファイルを開き、その内容を文字列で返します（**リスト6.18**）。

▼ **リスト6.18　ロジッククラスの実装1（TextFileStream.cs）**

```
01:  namespace TextFileCharCounter.Logic
02:  {
03:      public class TextFileStream : ITextFileStream
04:      {
05:          public string GetText(string filePath)
06:          {
07:              using (var reader = new StreamReader(filePath)) {
08:                  return reader.ReadToEnd();
09:              }
10:          }
11:      }
12:  }
```

ロジッククラスの単体テスト作成1

単体テストで利用するテキストファイルを作成します。半角、全角を含めた内容にします（**図6.56**）。

文字コードは「UTF-8」で、プロジェクトのフォルダに保存します（**図6.57**）。

▼ **図6.56　単体テストで利用するテキストファイル**

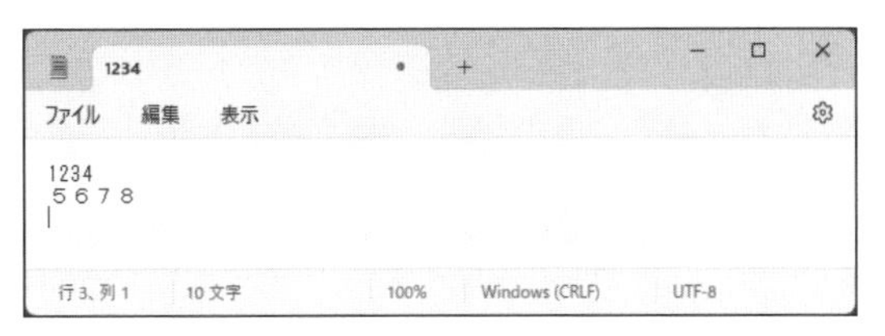

▼ 図6.57 文字コード「UTF-8」で保存

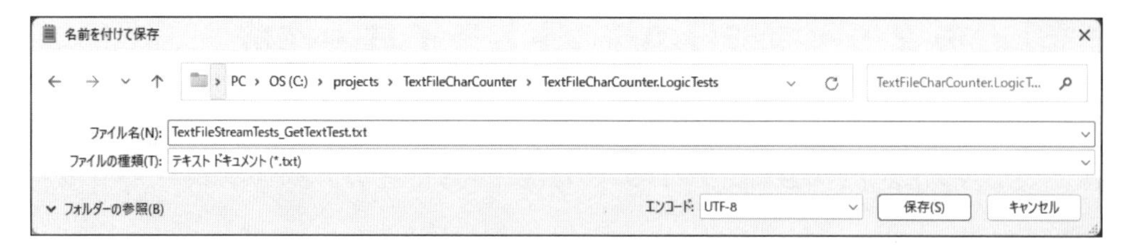

プロジェクトのフォルダーに配置すると、自動的にソリューションエクスプローラーに表示されます（**図6.58**）。

ビルドの必要がないファイルなので、「ビルドアクション」を「なし」にし、「出力ディレクトリにコピー」を「新しい場合はコピーする」に設定します（**図6.59**）。

▼ 図6.58 テキストファイルをプロジェクトに登録

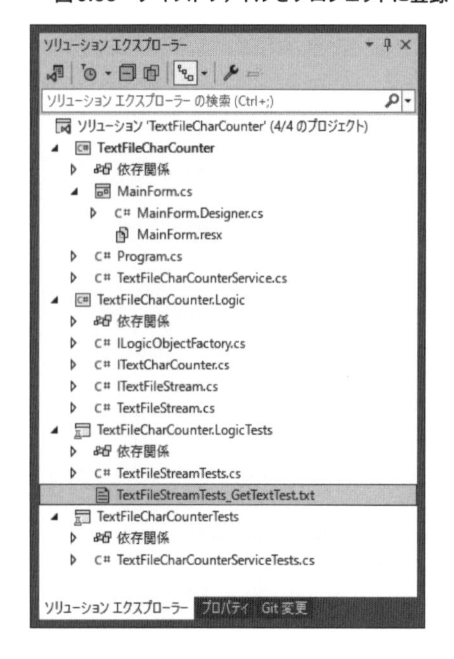

▼ 図6.59 登録したテキストファイルのプロパティ

作成したテキストファイルを使って単体テストを実装します。

取得した文字列と、テキストファイルの内容と同じ文字列でテストします。パラメーターがnullだった場合、存在しないファイルパスだった場合に例外が発生するかの単体テストも追加します（**リスト6.19**）。

▼ リスト6.19 ロジッククラスの単体テスト作成1（TextFileStreamTests.cs）

```
15:     [TestMethod()]
16:     [ExpectedException(typeof(FileNotFoundException))]
17:     public void GetTextTest_ThrowsFileNotFoundException()
18:     {
19:         const string textFilePath   = @".\Error.txt";
20: 
21:         var stream = new TextFileStream();
22: 
23:         stream.GetText(textFilePath);
24:     }
25: 
26:     [TestMethod()]
27:     public void GetTextTest()
28:     {
29:         const string textFilePath   = @".\TextFileStreamTests_GetTextTest.txt";
30:         const string textFileContents   = "1234\r\n５６７８\r\n";
31: 
32:         var stream = new TextFileStream();
33: 
34:         Assert.AreEqual(textFileContents, stream.GetText(textFilePath));
35:     }
```

ロジッククラスの実装2

このクラスは、文字列をカウントするクラスです。パラメーターで渡された文字列の文字数を返すメソッドを実装します（**リスト6.20**）。

▼ リスト6.20 ロジッククラスの実装2（TextCharCounter.cs）

```
01: namespace TextFileCharCounter.Logic
02: {
03:     public class TextCharCounter : ITextCharCounter
04:     {
05:         public int GetCharCount(string srcText)
06:         {
07:             if (srcText == null)
08:                 throw new ArgumentNullException();
09: 
10:             return srcText.Length;
11:         }
12:     }
13: }
```

ロジッククラスの単体テスト作成2

返却値とパラメーターで渡した文字列の文字数を比較するテストと、パラメーターがnullだった場合の単体テストを追加します（**リスト6.21**）。

▼ **リスト6.21　ロジッククラスの単体テスト作成2（TextCharCounterTests.cs）**

```
01:  namespace TextFileCharCounter.Logic.Tests
02:  {
03:      [TestClass()]
04:      public class TextCharCounterTests
05:      {
06:          [TestMethod()]
07:          [ExpectedException(typeof(ArgumentNullException))]
08:          public void GetCharCountTest_ThrowsArgumentNullException()
09:          {
10:              var counter = new TextCharCounter();
11:
12:              counter.GetCharCount(null);
13:          }
14:
15:          [TestMethod()]
16:          public void GetCharCountTest()
17:          {
18:              const string srcText = "1234\r\n５６７８\r\n";
19:
20:              var counter = new TextCharCounter();
21:
22:              Assert.AreEqual(8, counter.GetCharCount(srcText));
23:          }
24:      }
25:  }
```

単体テストを実行すると失敗になります（**図6.60**）。文字数を8文字で比較していますが、改行（CRLF）の文字列を含むと12文字になるためです。

▼ 図6.60　ロジッククラスの単体テストを実行すると失敗

ロジックの実装に、改行文字を除外する処理を追加します。

後から除外する文字の種類を増やせるように、除外する文字をリストで保持するプロパティを追加します。既定で改行文字が追加されているようにします（**リスト6.22**）。

▼ リスト6.22　改行文字を除外する処理を追加（TextCharCounter.cs）

```
01:  using System.Text;
02:
03:  namespace TextFileCharCounter.Logic
04:  {
05:      public class TextCharCounter : ITextCharCounter
06:      {
07:          public static readonly char[]  DefaultExclusionChars   = new char[] {'\r', '\
             n'};
08:          public List<char>  ExclusionChars { get; } = new List<char>(TextCharCounter.
             DefaultExclusionChars);
09:
10:          public int GetCharCount(string srcText)
11:          {
12:              if (srcText == null)
13:                  throw new ArgumentNullException();
14:
15:              return this.ExcluseChars(srcText).Length;
16:          }
17:
```

```
18:         private string ExcluseChars(string srcText)
19:         {
20:             var builder = new StringBuilder(srcText);
21:
22:             foreach (char exclusionChar in this.ExclusionChars)
23:                 builder.Replace(new string(new char[]{exclusionChar}), string.Empty);
24:
25:             return builder.ToString();
26:         }
27:     }
28: }
```

改行文字を除外した文字数が返るようになり、テスト結果が成功になりました(**図6.61**)。このように、クラスライブラリの単体テストは機能的な動作のテストになる場合が多いです。

▼ **図6.61 ロジッククラスのテスト結果が成功**

プロパティを追加したので、プロパティの単体テストを追加します(**リスト6.23**)。

▼ **リスト6.23 ロジッククラスのプロパティの単体テストを追加(TextCharCounterTests.cs)**

```
06: [TestMethod()]
07: public void ExclusionCharsTest()
08: {
09:     const string srcText = "1234\r\n５６７８\r\n";
10:
```

```
11:         var counter = new TextCharCounter();
12: 
13:         counter.ExclusionChars.Remove('\r');
14: 
15:         Assert.AreEqual(10, counter.GetCharCount(srcText));
16:     }
```

ロジッククラスの修正

テキストファイルの内容を返すメソッドで利用しているStream Readerですが、扱う文字コードは既定で「UTF-8」です。

この仕様を知らなくても良いように、明示的にコンストラクターのパラメーターに「UTF-8」を指定するようにします（**リスト6.24**）。

▼ **リスト6.24　コンストラクターのパラメーター指定（TextFileStream.cs）**

```
01: using System.Text;
02: 
03: namespace TextFileCharCounter.Logic
04: {
05:     public class TextFileStream : ITextFileStream
06:     {
07:         public string GetText(string filePath)
08:         {
09:             using (var reader = new StreamReader(filePath, Encoding.UTF8)) {
10:                 return reader.ReadToEnd();
11:             }
12:         }
13:     }
14: }
```

ロジックオブジェクトのファクトリ作成

作成したクラスのオブジェクトを返すファクトリを作成します（**リスト6.25**）。

▼ **リスト6.25　ロジックオブジェクトのファクトリ作成（LogicObjectFactory.cs）**

```
01: namespace TextFileCharCounter.Logic
02: {
03:     public class LogicObjectFactory : ILogicObjectFactory
```

```
04:     {
05:         public ITextFileStream CreateTextFileStream()
06:         {
07:             return new TextFileStream();
08:         }
09: 
10:         public ITextCharCounter CreateTextCharCounter()
11:         {
12:             return new TextCharCounter();
13:         }
14:     }
15: }
```

サンプルプログラムの仕上げ

サービスのコンストラクターのパラメーターに、正式なファクトリを渡すようにします（**リスト6.26**）。

▼ **リスト6.26　サンプルプログラムの仕上げ（MainForm.cs）**

```
01: using TextFileCharCounter.Logic;
02: 
03: namespace TextFileCharCounter
04: {
 :
 :  （中略）
26:         private void _getTextFileCharCountButton_Click(object sender, EventArgs e)
27:         {
28:             try {
29:                 var service = new TextFileCharCounterService(new LogicObjectFactory());
30: 
31:                 _resultText.Text = string.Format("{0}", service.GetTextFileCharCount(_
                    textFilePathText.Text));
32:             }
33:             catch (Exception ex) {
34:                 this.PopupError(ex);
35:             }
36:         }
```

実装が完了したので、最後に単体テストをすべて実行し、失敗がないことを確認します（**図6.62**）。

▼ 図6.62　最後に単体テストをすべて実行

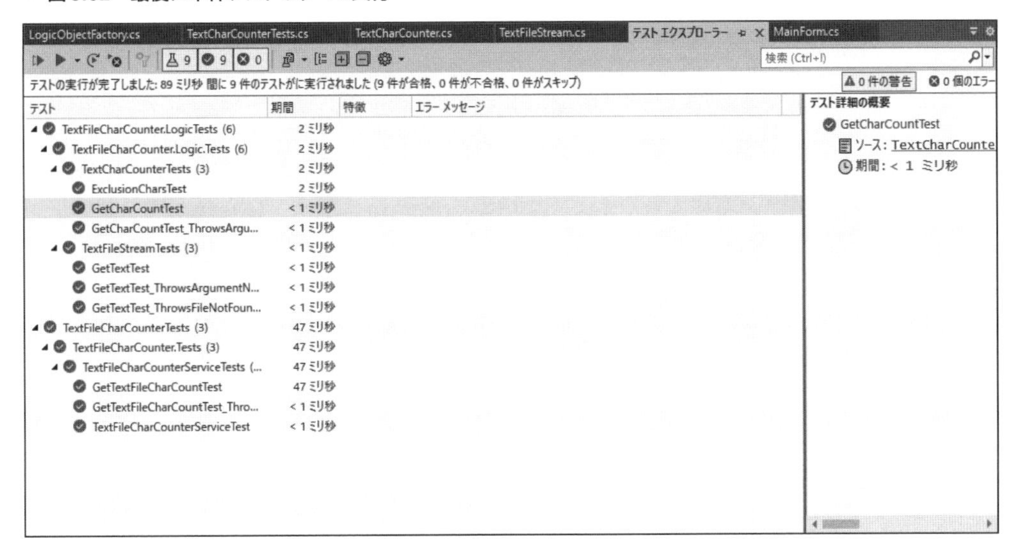

　サンプルプログラムを実行します。テキストファイルを選択後、カウントボタンをクリックすると、正しい文字数が表示されるようになりました(**図6.63**)。

▼ 図6.63　サンプルプログラムの実行

6-7 特殊なテスト方法

本章では一般的な単体テストの方法としてpublicメンバを扱ってきましたが、それ以外のケースでは特殊な方法が必要になります。ここでは、privateメンバ、internalクラスのテスト方法について紹介します。

privateメンバのテスト方法

コンテキストメニューから、privateメソッドの単体テストを作成しようとすると、**図6.64**のようにメッセージが表示され、単体テストを作成することができません。

▼ **図6.64　単体テスト作成時のメッセージ**

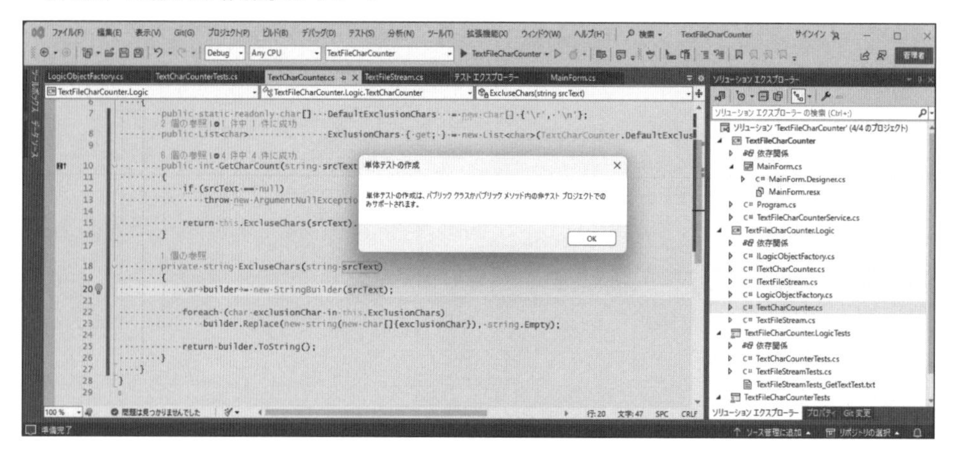

しかし、Type.InvokeMemberメソッドを利用すると、privateメソッドも呼び出せるようになるので、単体テストを実装することができます（**リスト6.27**）。

▼ **リスト6.27　Type.InvokeMemberメソッドの利用（TextCharCounterTests.cs）**

```
01:  using System.Reflection;
02:
03:  namespace TextFileCharCounter.Logic.Tests
04:  {
05:      [TestClass()]
06:      public class TextCharCounterTests
```

```
07:         {
:
:   (中略)
39:         [TestMethod()]
40:         public void ExcluseCharsTest()
41:         {
42:             const string srcText = "1234\r\n５６７８\r\n";
43:
44:             var counter = new TextCharCounter();
45:             var type = counter.GetType();
46:             var flags = BindingFlags.InvokeMethod | BindingFlags.NonPublic |
            BindingFlags.Instance;
47:             var result = type.InvokeMember("ExcluseChars", flags, null, counter, new
            object[] { srcText });
48:
49:             Assert.AreEqual("1234５６７８", result);
50:         }
```

internalクラスのテスト方法

テストクラスは別プロジェクト／アセンブリのため、テスト対象のクラスをinternalにすると、ビルド時にアクセスエラーが発生します（**図6.65**）。

▼ **図6.65 ビルド時のアクセスエラー**

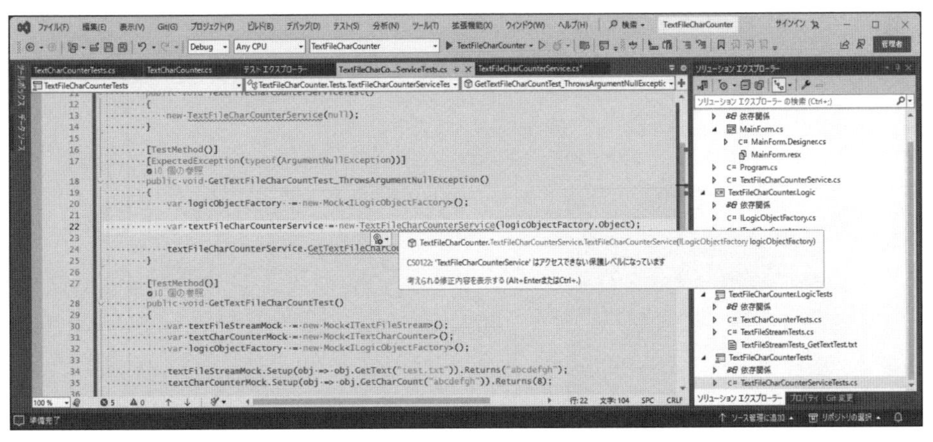

リスト6.28のように、InternalsVisibleTo属性としてテスト用のアセンブリを記述するとアクセスできるようになります。

▼ リスト6.28　InternalsVisibleTo属性

```
01:  using TextFileCharCounter.Logic;
02:  using System.Runtime.CompilerServices;
03:
04:  [assembly: InternalsVisibleTo("TextFileCharCounterTests")]
05:
06:  namespace TextFileCharCounter
07:  {
08:      internal class TextFileCharCounterService
09:      {
```

アセンブリに署名をして厳密名を利用している場合は、PublicKeyを指定します。

```
[assembly: InternalsVisibleTo("TextFileCharCounterTest, PublicKey=0024000...")]
```

同じソリューションの場合はインテリセンスで補完してくれますが、別のソリューションで作成されたアセンブリの場合は、厳密名ツール(sn.exe)を使ってキーを取得します。

まず、-pオプションを使って公開キーを作成します。

```
sn -p test.snk test.publishkey
```

公開キーのファイル「test.publishkey」が作成されるので、-tpオプションでそれを指定して、公開キーを取得します。

```
sn -tp test.publishkey
```

図6.66のように公開キーのトークンが出力されるので、この内容をPublicKeyに指定します。

▼ 図6.66　キーの取得

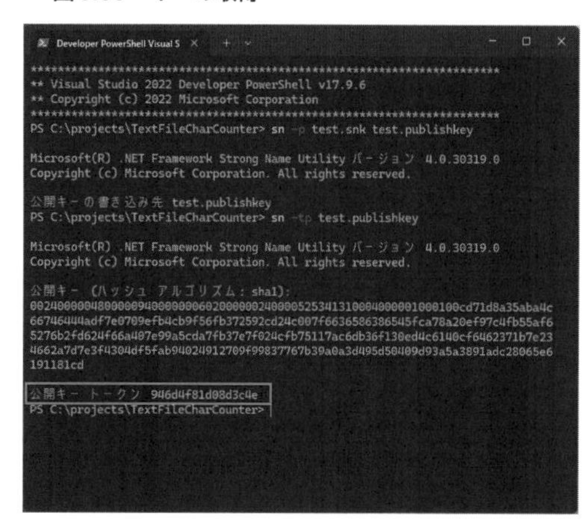

第7章

Visual Studioのデプロイ手法

プログラム／ソフトウェアはユーザーが利用するためのものなので、ユーザーが利用できる状態にすることは非常に重要なことです。Visual Studioでは、様々なソフトウェアのデプロイ手法を提供していますが、ここでは一般的なWebアプリ、Windowsアプリのデプロイ手法について紹介します。

本章の内容

7-1 デプロイ手法を学ぶ前の基礎知識

デプロイ手法を紹介する前に、基礎知識としてソフトウェアのデプロイについて触れたいと思います。

デプロイとは

作成したプログラム／ソフトウェアを、動作させる環境に配置して利用できる状態にすることをデプロイと言います。通常、ユーザーがサーバーのアプリケーションを利用できるようにするまで、以下の手順が必要になります。

①サーバーの調達
②サーバーのセットアップ
③ミドルウェアのセットアップ
④ソフトウェアデプロイメント／デプロイ

Visual Studioにおけるデプロイは、手順④が対象になります。①～③の各手順では、以下のようなものが対象となります。

①サーバーの調達
- 物理／仮想サーバー
- その他ハードウェア（ストレージ、ネットワーク等）

②サーバーのセットアップ
- OS
- ネットワーク／セキュリティの設定
- サーバー監視／メンテナンス用ツール

③ミドルウェアのセットアップ
- データベース
- アプリケーション／Webサーバー
- .NET Framework

以降で、WebアプリとWindowsアプリのデプロイについて触れていきます。

Webアプリのデプロイ

Webアプリは、アプリケーション／Webサーバーにデプロイすることになります。クライアントへのデプロイではないため、各クライアントに何かをインストールするようなことは発生しませんが、ブラウザーやブラウザーのバージョンに依存する場合があります。

アプリケーションのアップデートが発生した場合も、サーバーにデプロイするだけになります。

Windowsアプリのデプロイ

Windowsアプリ（EXE形式）の場合、一番簡単なデプロイ手法はユーザーのクライアント環境にそのままファイルをコピーすることです。パッケージソフトの場合は、インストーラーを使ってインストールします。

どちらの場合も、ファイルを共有フォルダーや共有サイトから入手して、各ユーザーが行うことになります。そのため、サーバーへの配置～ユーザーのコピー、インストールまでがデプロイということになります。

ソフトウェアのアップデートが発生した場合、各クライアントにおいて再コピー、再インストールが必要になります。

企業では、各ユーザーにインストールのような作業はさせたくないので、配布ツールを利用します。Visual StudioでWindowsアプリの発行を行うと、ClickOnce形式で発行されます。

ClickOnce形式のアプリケーションは、Webからインストールし、その後は自動でアップデートされて行くため、ユーザーの負担も管理者の負担も軽減することができます。

COLUMN　ClickOnce

ClickOnceは、.NET Framework 2.0から利用できるようになったアプリケーションのデプロイ方式です。ClickOnceの良いところは、起動の度に更新のチェックを行い、必要があれば自動的に更新を行ってくれるところです。

この章で記述したように、開発者は運用中のサーバーに新しいバージョンのアプリケーションをデプロイすれば、ユーザーは意識せず新しいバージョンのアプリケーションを利用することができます。

7-2 Webアプリのデプロイ

まずは、Webアプリのデプロイの手順について説明していきます。ここでは2種類の方法について紹介します。

Webアプリの発行

Webアプリの発行は、プロジェクトのコンテキストメニューの「発行…」から行います（**図7.1**）。プロファイルが保存されていない場合は、「発行先を選択」ダイアログが表示されます。

▼ **図7.1　コンテキストメニューの「発行…」**

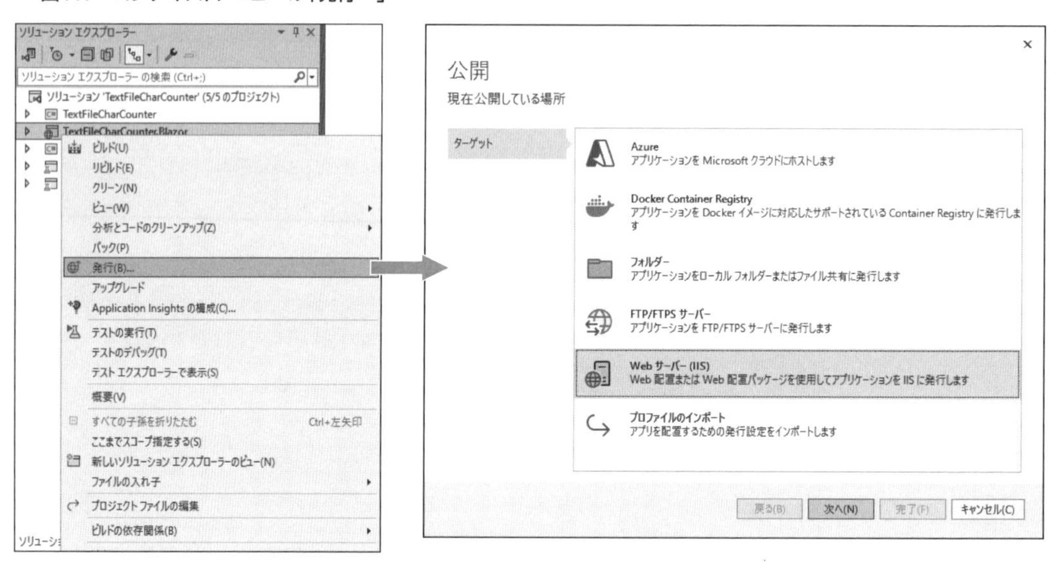

発行用のページが、**図7.2**のように表示されます。「すべての設定を表示」リンクを選択すると、「発行」ダイアログが表示されて構成を設定することができます。

▼ 図7.2 発行用のページ

Webアプリの発行(Web配置)

まずは、Web配置の方法で発行してみます。[特定のターゲット]で「Web配置」を選択します。この方法を利用すると、直接Webサイトにアプリケーションをデプロイすることができます。

サーバーとサイト名を**図7.3**のように設定します。「接続の検証」ボタンで、設定が正しいか確認することができます。

設定が完了したら「保存」ボタンで設定を保存します。

▼ 図7.3 「発行」ダイアログ

発行ページに戻り、「発行」ボタンをクリックして発行を行います(**図7.4**)。

▼ **図7.4 「発行」ボタンのクリック**

発行が完了すると、「発行」ダイアログの「宛先URL」に設定したURLを表示してくれます(**図7.5**)。

▼ **図7.5 「宛先URL」の表示**

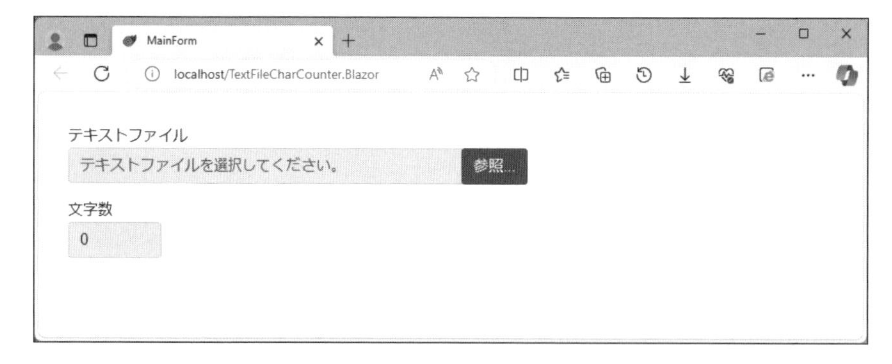

発行先のフォルダーを確認すると、必要なファイルがサイトにデプロイされていることがわかります(**図7.6**)。

▼ 図7.6 発行先のフォルダー

TextFileCharCounter.Blazor

PC > OS (C:) > inetpub > wwwroot > TextFileCharCounter.Blazor >

名前	更新日時	種類	サイズ
wwwroot	2024/03/25 16:37	ファイル フォルダー	
appsettings.Development.json	2024/03/25 7:40	JSON ソース ファイル	1 KB
appsettings.json	2024/03/25 17:10	JSON ソース ファイル	1 KB
TextFileCharCounter.Blazor.deps.json	2024/03/25 17:10	JSON ソース ファイル	1 KB
TextFileCharCounter.Blazor.dll	2024/03/25 17:10	アプリケーション拡張	19 KB
TextFileCharCounter.Blazor.exe	2024/03/25 17:10	アプリケーション	140 KB
TextFileCharCounter.Blazor.pdb	2024/03/25 17:10	Program Debug D...	30 KB
TextFileCharCounter.Blazor.runtimeconfig...	2024/03/25 10:33	JSON ソース ファイル	1 KB
TextFileCharCounter.Logic.dll	2024/03/25 10:33	アプリケーション拡張	8 KB
TextFileCharCounter.Logic.pdb	2024/03/25 10:33	Program Debug D...	12 KB
web.config	2024/03/25 17:10	XML Configuratio...	1 KB

11 個の項目

Webアプリの発行（Webデプロイパッケージ）

次に、Webデプロイパッケージの方法で発行してみます。[特定のターゲット]で「Webデプロイパッケージ」を選択します。この方法を利用すると、Webサイトにアプリケーションをデプロイするためのファイルが出力されます。

パッケージを出力する場所（ファイルのパス）と、サイト名を**図7.7**のように設定します。設定が完了したら「保存」ボタンで設定を保存します。

▼ 図7.7 「発行」ダイアログ

発行ページに戻り、「発行」ボタンをクリックして発行を行います(**図7.8**)。

▼ **図7.8 「発行」ボタンのクリック**

指定したフォルダーに、**図7.9**のようにデプロイ用のファイルが出力されます。

▼ **図7.9 指定したフォルダー**

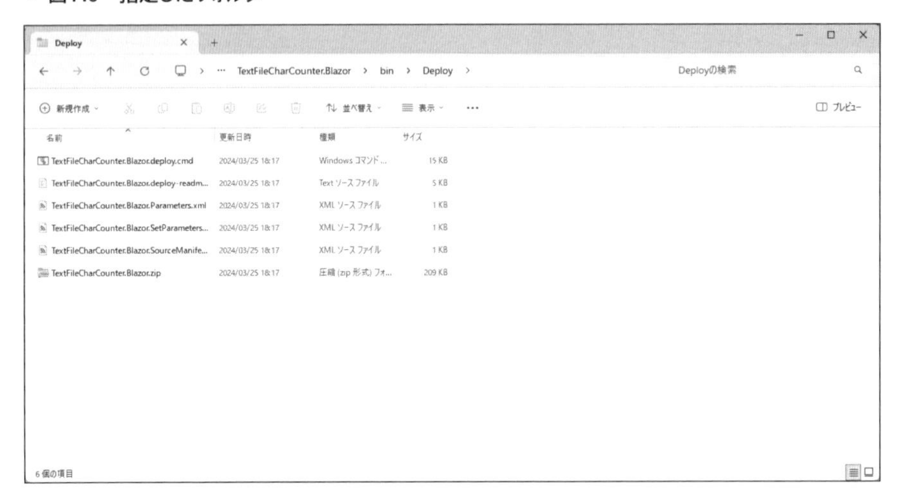

Webサイトへのデプロイ

「Webデプロイパッケージ」を使って発行したファイルを使って、デプロイを行ってみます。

発行したファイルをデプロイするサーバーにコピーし、サーバー上で以下のコマンドを実行します(**図7.10**)。

```
TextFileCharCounter.WebApp.deploy.cmd /y
```

※コピーしたフォルダーにカレントを移動してから実行します。

▼ **図7.10 デプロイ用のコマンド**

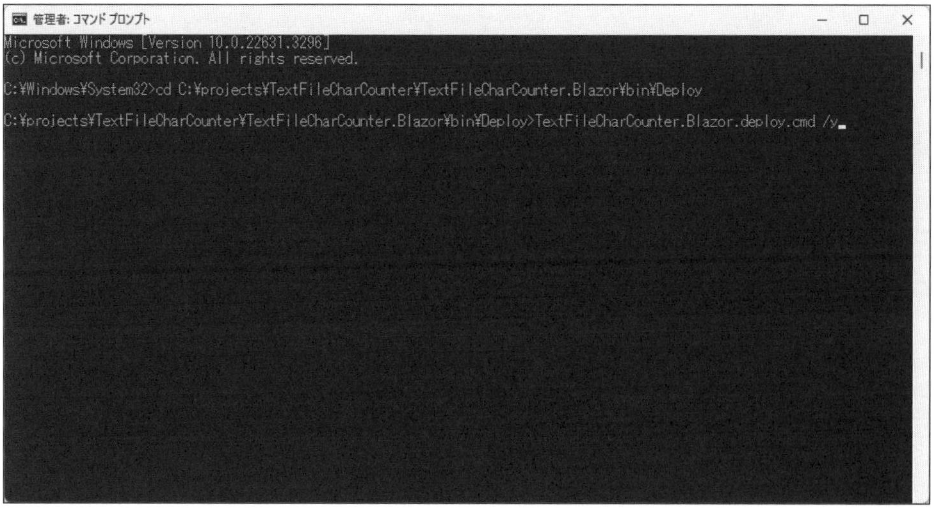

```
管理者: コマンド プロンプト
Microsoft Windows [Version 10.0.22631.3296]
(c) Microsoft Corporation. All rights reserved.

C:¥Windows¥System32>cd C:¥projects¥TextFileCharCounter¥TextFileCharCounter.Blazor¥bin¥Deploy

C:¥projects¥TextFileCharCounter¥TextFileCharCounter.Blazor¥bin¥Deploy>TextFileCharCounter.Blazor.deploy.cmd /y
```

発行されたreadme.txtにも記述されていますが、サーバーには「Web Deploy (msdeploy.exe)」がインストールされている必要があります。成功すると、**図7.11**のように表示されます。

▼ **図7.11 デプロイ用のコマンドの実行**

```
管理者: コマンド プロンプト
 Start executing msdeploy.exe
-------------------------------------------------------
 "C:¥Program Files¥IIS¥Microsoft Web Deploy V3¥msdeploy.exe" -source:package='C:¥projects¥TextFileCharCounter¥TextFileCharCounter.Blazor¥bin¥Deploy¥TextFileCharCounter.Blazor.zip' -dest:auto,includeAcls="False" -verb:sync -disableLink:AppPoolExtension -disableLink:ContentExtension -disableLink:CertificateExtension -setParamFile:"C:¥projects¥TextFileCharCounter¥TextFileCharCounter.Blazor¥bin¥Deploy¥TextFileCharCounter.Blazor.SetParameters.xml"
情報: 仮想パス (Default Web Site/TextFileCharCounter.Blazor) を追加しています
情報: ディレクトリ (Default Web Site/TextFileCharCounter.Blazor) を追加しています。
情報: ファイル (Default Web Site/TextFileCharCounter.Blazor¥appsettings.Development.json) を追加しています。
情報: ファイル (Default Web Site/TextFileCharCounter.Blazor¥appsettings.json) を追加しています。
情報: ファイル (Default Web Site/TextFileCharCounter.Blazor¥TextFileCharCounter.Blazor.deps.json) を追加しています。
情報: ファイル (Default Web Site/TextFileCharCounter.Blazor¥TextFileCharCounter.Blazor.dll) を追加しています。
情報: ファイル (Default Web Site/TextFileCharCounter.Blazor¥TextFileCharCounter.Blazor.exe) を追加しています。
情報: ファイル (Default Web Site/TextFileCharCounter.Blazor¥TextFileCharCounter.Blazor.pdb) を追加しています。
情報: ファイル (Default Web Site/TextFileCharCounter.Blazor¥TextFileCharCounter.Blazor.runtimeconfig.json) を追加しています。
情報: ファイル (Default Web Site/TextFileCharCounter.Blazor¥TextFileCharCounter.Logic.dll) を追加しています。
情報: ファイル (Default Web Site/TextFileCharCounter.Blazor¥TextFileCharCounter.Logic.pdb) を追加しています。
情報: ファイル (Default Web Site/TextFileCharCounter.Blazor¥web.config) を追加しています。
情報: ディレクトリ (Default Web Site/TextFileCharCounter.Blazor¥wwwroot) を追加しています。
情報: ファイル (Default Web Site/TextFileCharCounter.Blazor¥wwwroot¥app.css) を追加しています。
情報: ディレクトリ (Default Web Site/TextFileCharCounter.Blazor¥wwwroot¥bootstrap) を追加しています。
情報: ファイル (Default Web Site/TextFileCharCounter.Blazor¥wwwroot¥bootstrap¥bootstrap.min.css) を追加しています。
情報: ファイル (Default Web Site/TextFileCharCounter.Blazor¥wwwroot¥bootstrap¥bootstrap.min.css.map) を追加しています。
情報: ファイル (Default Web Site/TextFileCharCounter.Blazor¥wwwroot¥favicon.png) を追加しています。
情報: ファイル (Default Web Site/TextFileCharCounter.Blazor¥wwwroot¥TextFileCharCounter.Blazor.styles.css) を追加しています。
変更の総数: 19 (19 個の追加、0 個の削除、0 個の更新、0 個のパラメーターの変更、831761 バイトのコピー)

C:¥projects¥TextFileCharCounter¥TextFileCharCounter.Blazor¥bin¥Deploy>
```

発行先のフォルダーを確認すると、必要なファイルがサイトにデプロイされていることがわかります(**図7.12**)。

▼ **図7.12 発行先のフォルダー**

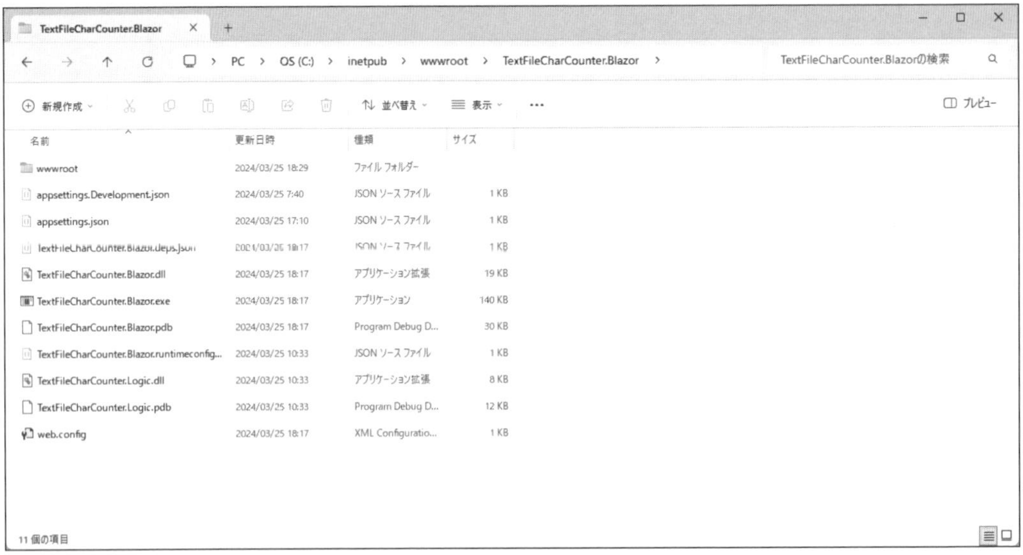

TextFileCharCounter.Blazor

PC > OS (C:) > inetpub > wwwroot > TextFileCharCounter.Blazor >

名前	更新日時	種類	サイズ
wwwroot	2024/03/25 18:29	ファイル フォルダー	
appsettings.Development.json	2024/03/25 7:40	JSON ソース ファイル	1 KB
appsettings.json	2024/03/25 17:10	JSON ソース ファイル	1 KB
TextFileCharCounter.Blazor.deps.json	2024/03/25 18:17	JSON ソース ファイル	1 KB
TextFileCharCounter.Blazor.dll	2024/03/25 18:17	アプリケーション拡張	19 KB
TextFileCharCounter.Blazor.exe	2024/03/25 18:17	アプリケーション	140 KB
TextFileCharCounter.Blazor.pdb	2024/03/25 18:17	Program Debug D...	30 KB
TextFileCharCounter.Blazor.runtimeconfig...	2024/03/25 10:33	JSON ソース ファイル	1 KB
TextFileCharCounter.Logic.dll	2024/03/25 10:33	アプリケーション拡張	8 KB
TextFileCharCounter.Logic.pdb	2024/03/25 10:33	Program Debug D...	12 KB
web.config	2024/03/25 18:17	XML Configuratio...	1 KB

11 個の項目

7-3 Windowsアプリのデプロイ

次に、Windowsアプリのデプロイの手順について説明していきます。また、Windowsインストーラーの作成方法についても紹介します。

Windowsアプリの発行

Windowsアプリの発行も、プロジェクトのコンテキストメニューの「発行…」から行います(**図7.13**)。

▼ **図7.13　コンテキストメニューの「発行…」**

Windowsアプリの発行は、ClickOnce形式の発行になります（**図7.14**）。Webサイトから実行する形式で作成します。URLには、デプロイ先のURLを設定します。

▼ **図7.14　発行ウィザード**

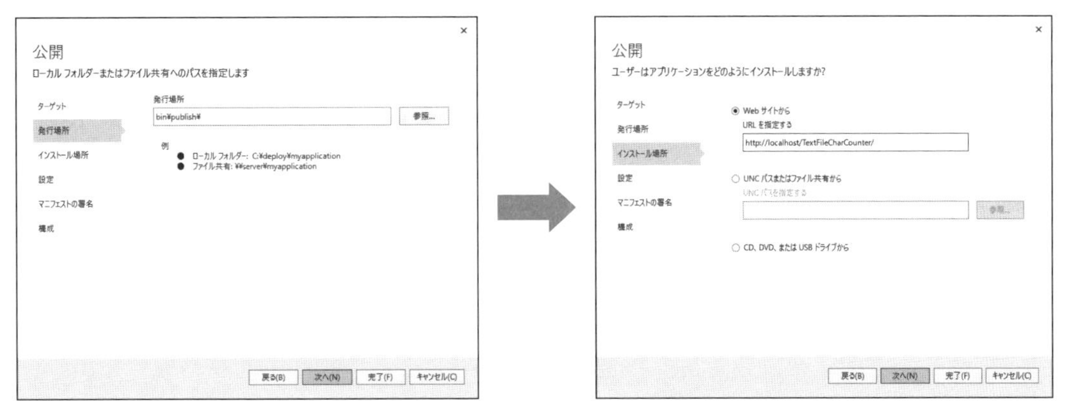

オフラインでも利用できるかを指定することもできます（**図7.15**）。完了をクリックすると、ファイルが発行されます。

▼ 図7.15 発行ウィザード（続き）

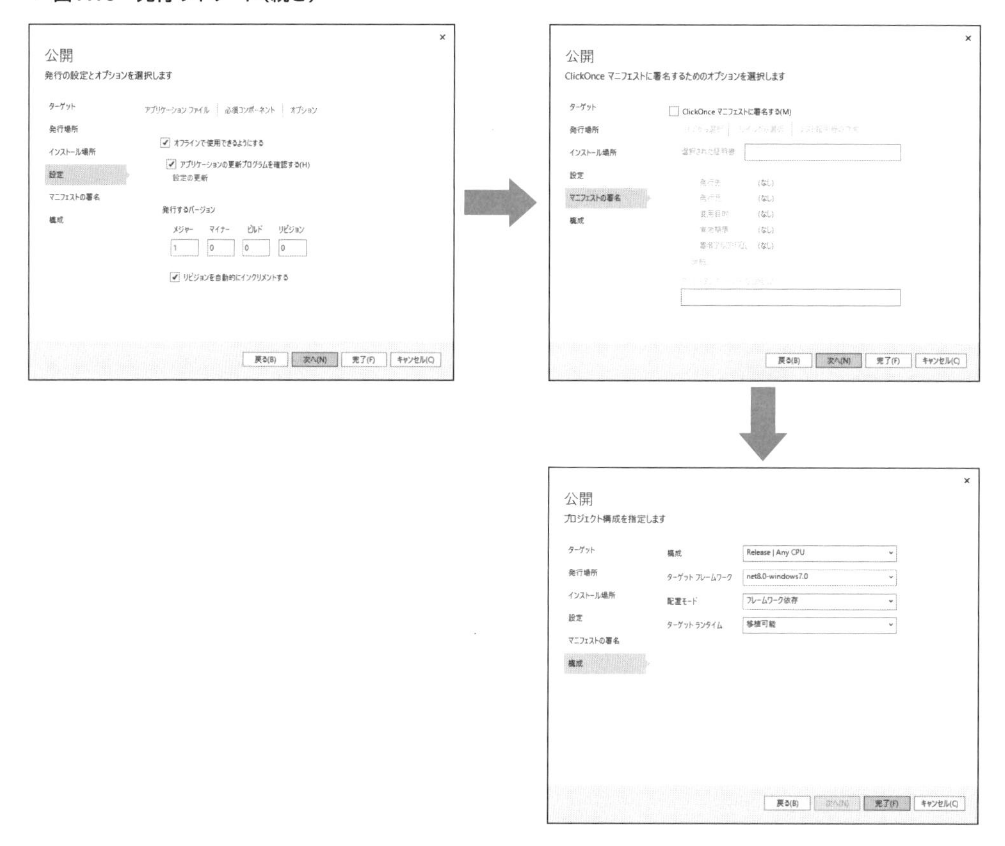

指定した発行先のフォルダーを確認すると、必要なファイルが出力されています（**図7.16**）。

▼ 図7.16 発行先のフォルダー

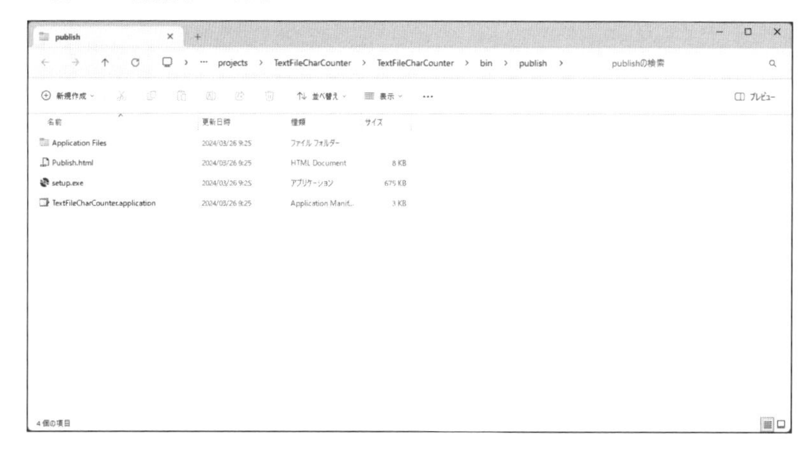

フォルダーには、クライアントにデプロイされるアセンブリが出力されています（**図7.17**）。

▼ **図7.17　クライアントにデプロイされるアセンブリ**

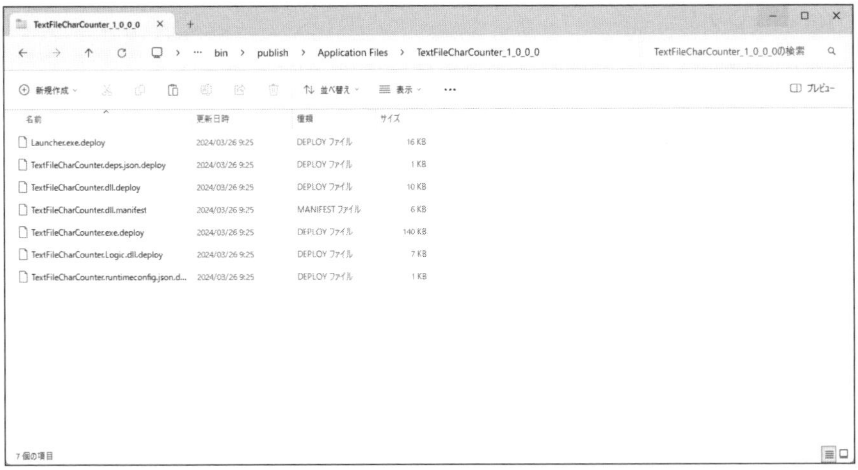

TextFileCharCounter_1_0_0_0

bin ＞ publish ＞ Application Files ＞ TextFileCharCounter_1_0_0_0

名前	更新日時	種類	サイズ
Launcher.exe.deploy	2024/03/26 9:25	DEPLOY ファイル	16 KB
TextFileCharCounter.deps.json.deploy	2024/03/26 9:25	DEPLOY ファイル	1 KB
TextFileCharCounter.dll.deploy	2024/03/26 9:25	DEPLOY ファイル	10 KB
TextFileCharCounter.dll.manifest	2024/03/26 9:25	MANIFEST ファイル	6 KB
TextFileCharCounter.exe.deploy	2024/03/26 9:25	DEPLOY ファイル	140 KB
TextFileCharCounter.Logic.dll.deploy	2024/03/26 9:25	DEPLOY ファイル	7 KB
TextFileCharCounter.runtimeconfig.json.d...	2024/03/26 9:25	DEPLOY ファイル	1 KB

7 個の項目

Windowsアプリのデプロイ

ClickOnce形式で出力されたファイルを、URLで指定した仮想フォルダーに割り当てられている物理フォルダーにコピーします（**図7.18**）。

▼ **図7.18　ClickOnce形式で出力されたファイルのコピー**

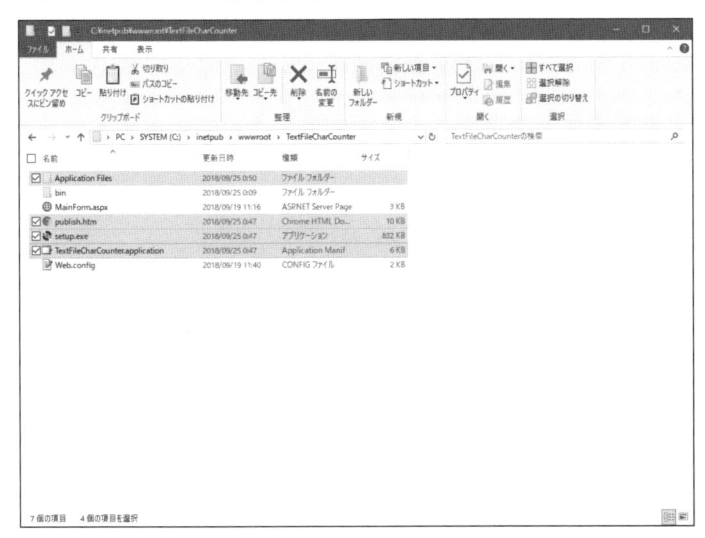

仮想フォルダーに含まれている「publich.htm」をブラウザーで表示します。「インストール」リンクをクリックすると、アプリケーションをインストールすることができます(**図7.19**)。

▼ **図7.19 「publich.html」をブラウザーで表示**

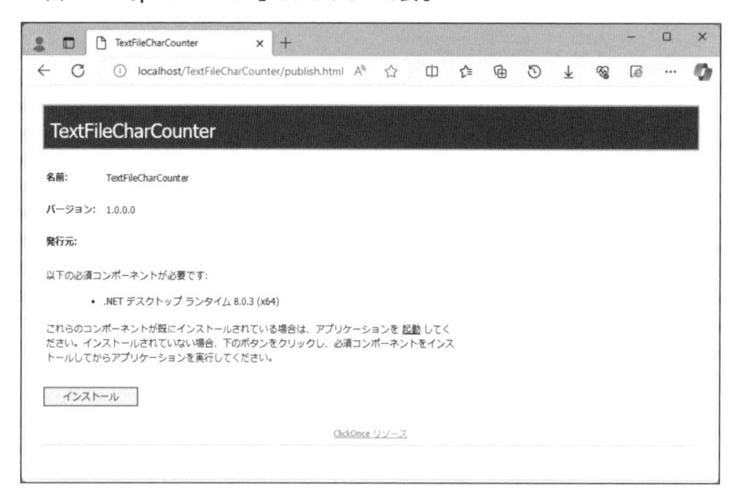

「setup.exe」のダウンロードで「実行」ボタンをクリックすると、インストールが開始します(**図7.20**)。インストール中は、ステータスを確認することができます。

▼ **図7.20 「setup.exe」の実行**

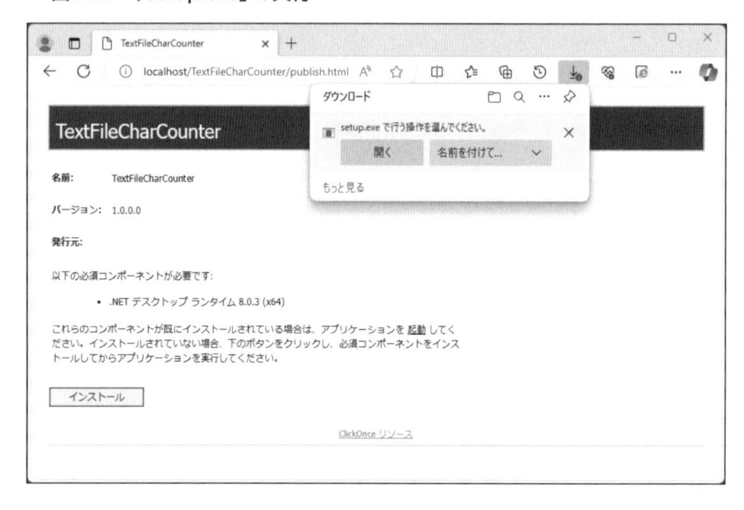

インストールが完了すると、アプリケーションが表示されます。次回からは、スタートメニューから起動することができます(**図7.21**)。

▼ 図7.21　アプリケーションの表示

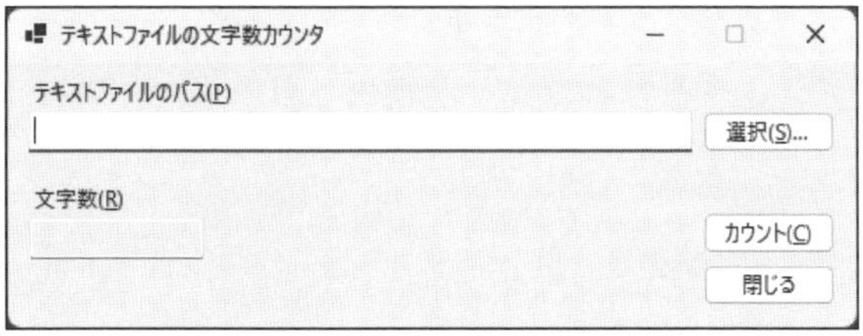

ClickOnceには、発行するバージョンが別に存在します。アプリケーションのバージョンと揃えたい場合や固定的に指定したい場合は、プロジェクトのプロパティ「発行ごとにリビジョンを自動的にインクリメントする」のチェックを外します（**図7.22**）。

▼ 図7.22　発行ごとにリビジョンを自動的にインクリメントする

Windowsインストーラーの作成

Visual Studio 2012以降ではセットアッププロジェクトがなくなっていましたが、現在は「拡張機能」を利用するとWindowsインストーラーのプロジェクトを作成できます。拡張機能のメニューから「拡張機能の管理...」を選択します（**図7.23**）。

▼ 図7.23　「拡張機能の管理」メニュー

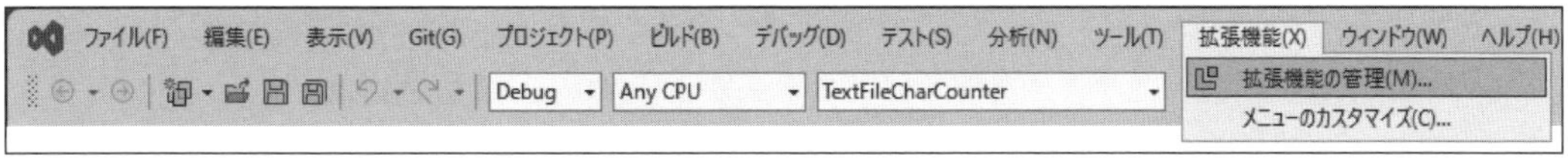

表示された「拡張機能の管理」ダイアログにて「installer」で検索すると、「Microsoft Visual Studio Installer Projects 2022」が表示されるのでダウンロードします。

ダウンロードすると、**図7.24**のようにスケジュールされたことが案内されるので、Visual Studioを一度閉じます。

▼ **図7.24　「拡張機能の管理」ダイアログ**

Visual Studioを閉じると**図7.25**のダイアログが表示されるので、指示に従ってインストールを進めます。

▼ **図7.25　VSIXインストーラー**

Visual Studioを起動して、新しいプロジェクトを追加します。[ソリューションエクスプローラー]の「追加」→「新しいプロジェクト」を選択すると、「プロジェクトテンプレート」に「Setup Project」が追加されているので、選択してプロジェクトを作成します(**図7.26**)。

▼ 図7.26 「Setup Project」の作成

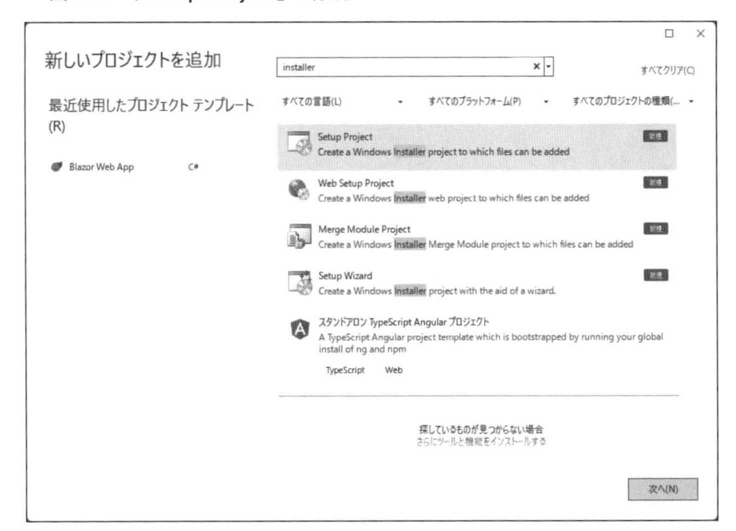

スタートメニューなどにアイコンを表示させるために、アプリケーションにアイコンを登録しておきます。[ソリューションエクスプローラー]の「追加」→「新しい項目」を選択し、アプリケーションのプロジェクトに移動して、アイコンファイルを追加します(**図7.27**)。

▼ 図7.27 アイコンファイルの追加

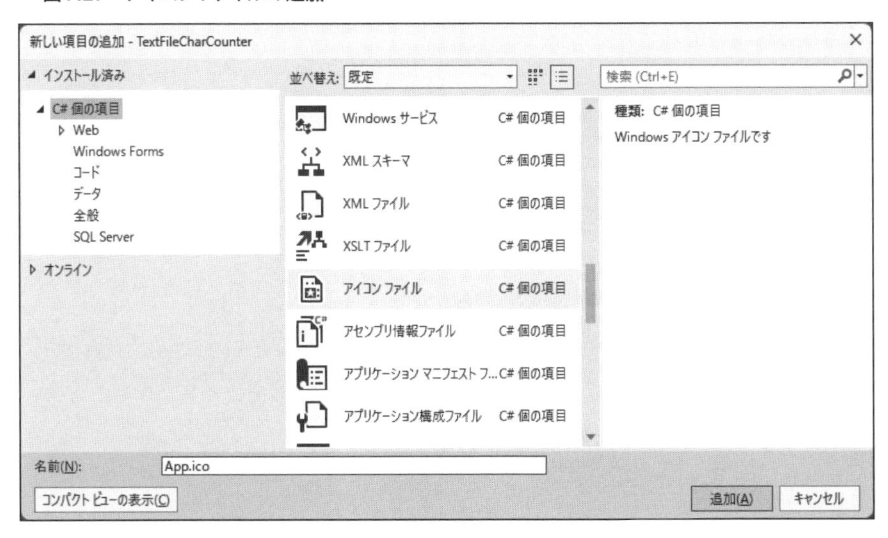

図7.28のようなイメージのアイコンが追加されるので、ここでは編集せずそのまま利用します。

▼ 図7.28　既定で作成されるアイコン

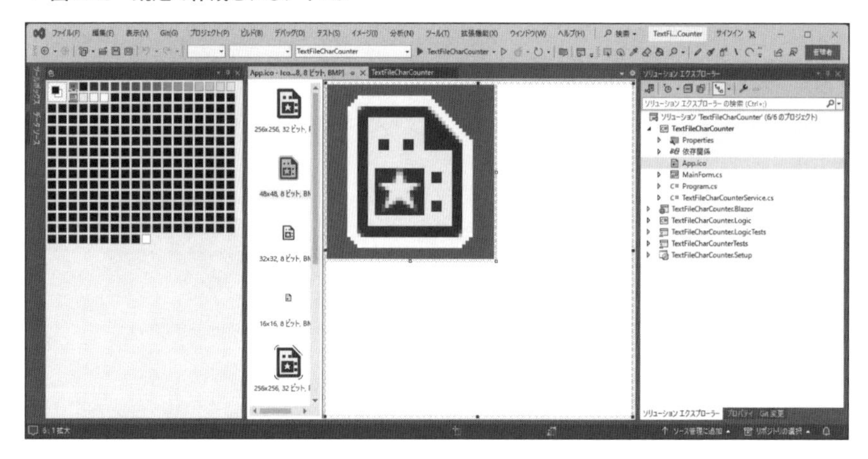

追加したアイコンを、アプリケーションのアイコンとしてプロジェクトのWin32リソースのプロパティに設定します（**図7.29**）。

▼ 図7.29　Win32リソースアイコンの設定

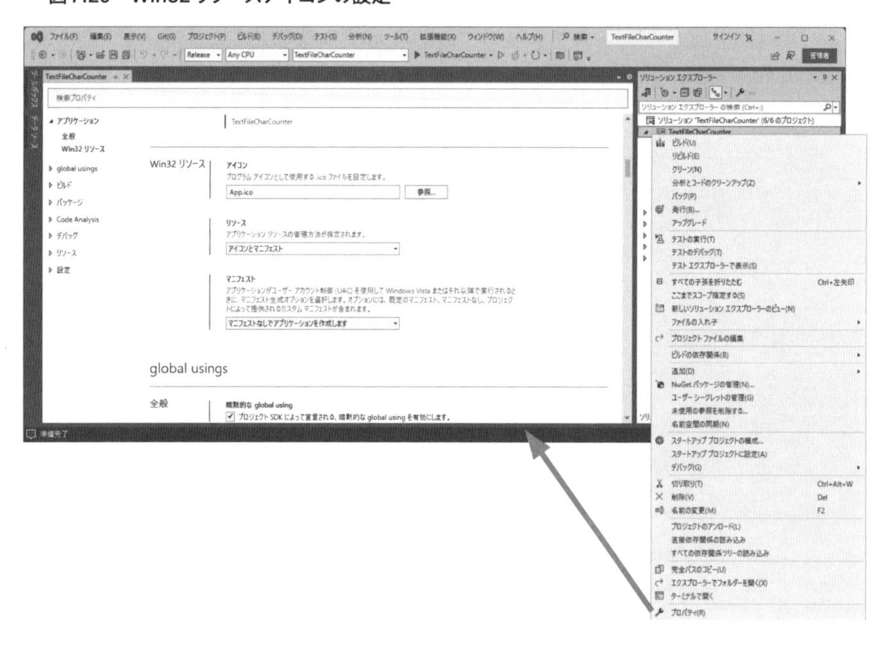

フォームのアイコン（Iconプロパティ）にも設定します（**図7.30**）。

▼ 図7.30　フォームのアイコン設定

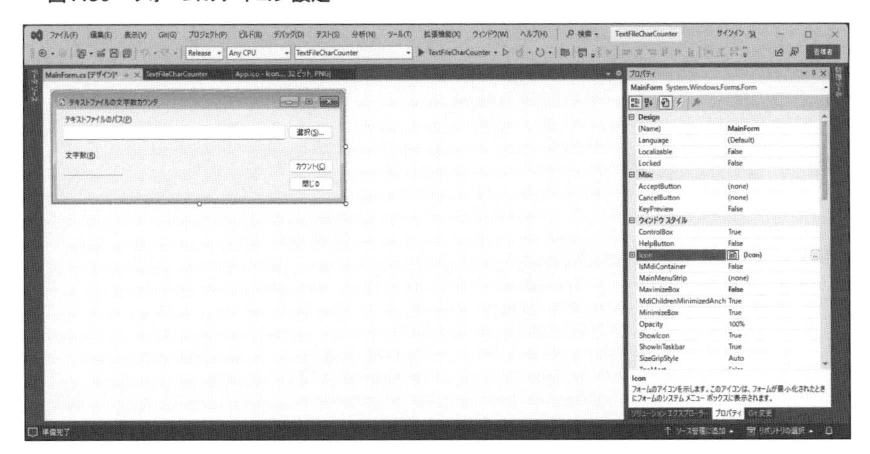

フォームのアイコンは、タスクバーに表示される場合などに利用されます(**図7.31**)。アプリケーションのアイコンの設定は以上です。

▼ 図7.31　フォームのアイコン

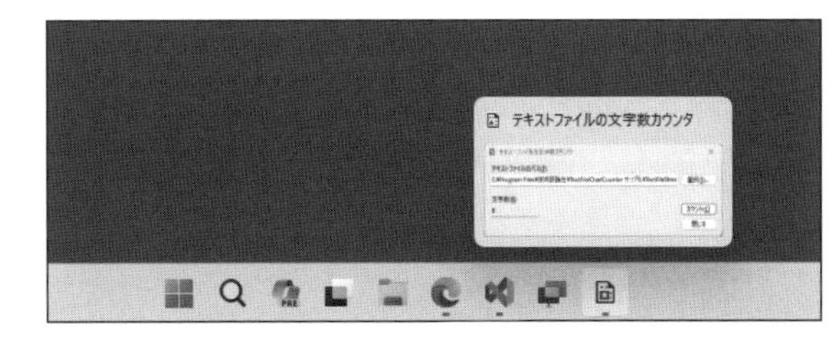

「Setup Project」に戻り、インストールするファイルを「Application Folder」に設定します(**図7.32**)。インストールするプロジェクト、「項目の公開」を選択すると、アプリケーションに必要なファイルを含めることができます。

▼ 図7.32　「プロジェクト出力」メニュー

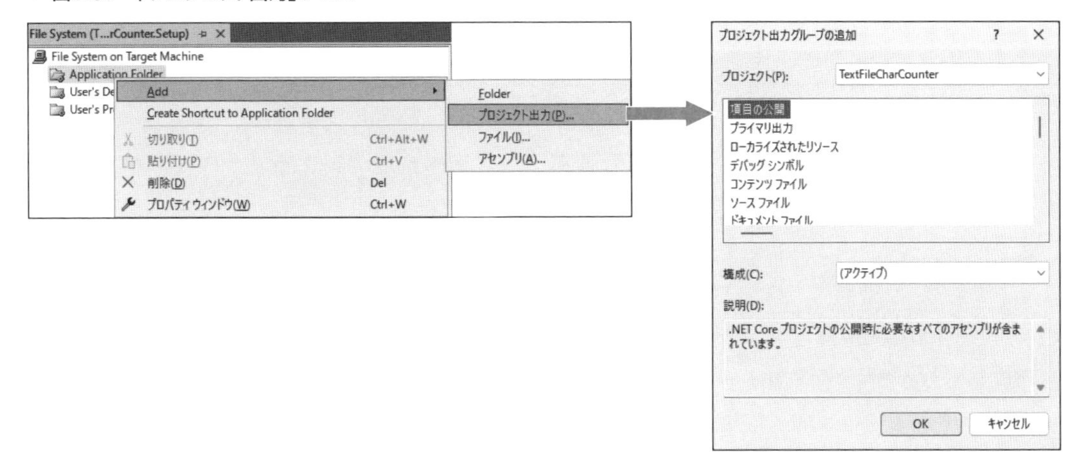

スタートメニューに追加するショートカットは、「User's Program Menu」に設定します。スタートメニューにフォルダーを作成したい場合は、ここにフォルダーを追加します（**図7.33**）。

▼ **図7.33 「フォルダーの追加」メニュー**

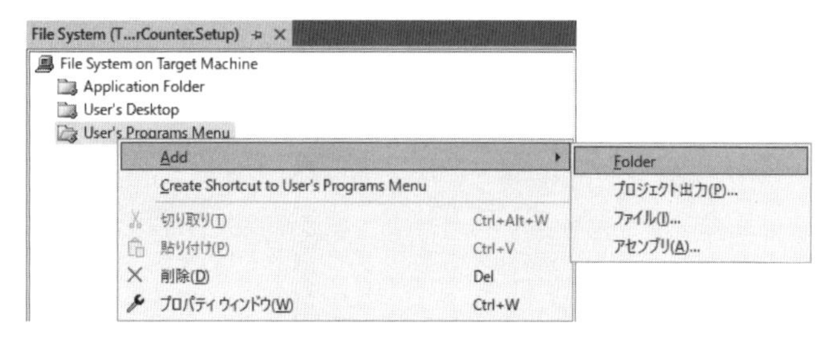

スタートメニューに追加するショートカットは、リストビューのコンテキストメニュー「新しいショートカットの作成」を選択して追加します（**図7.34**）。

▼ **図7.34 ショートカットの追加**

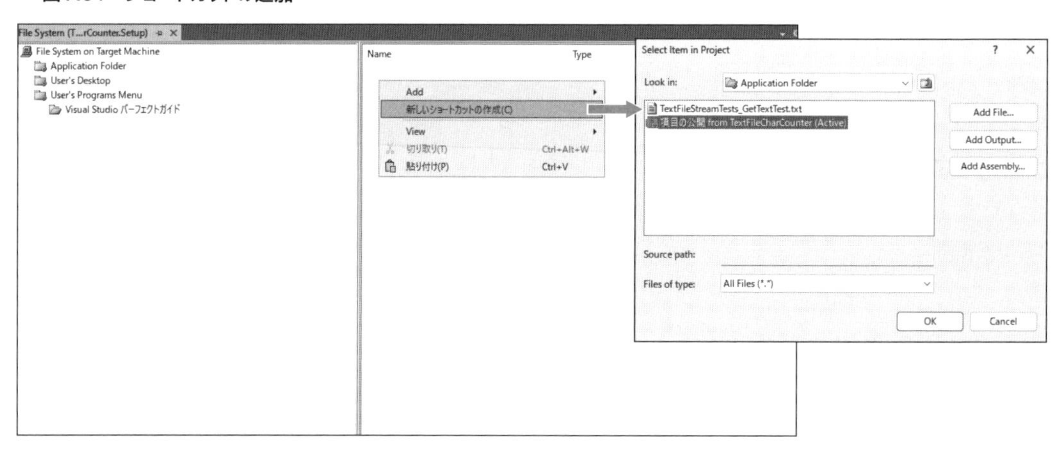

スタートメニューに表示するアイコンの設定は、ショートカットのIconプロパティに行います（**図7.35**）。

スタートメニューにフォルダーを作成していても、ショートカットの項目が一つの場合インストール後実際にフォルダーが作成されません。そのため、アプリケーション（TextFileCharCounterサンプル）の動作確認用のテキストファイルを追加し、ショートカットも作成しておきます（**図7.36**）。

▼ 図7.35　ショートカットのIconプロパティ

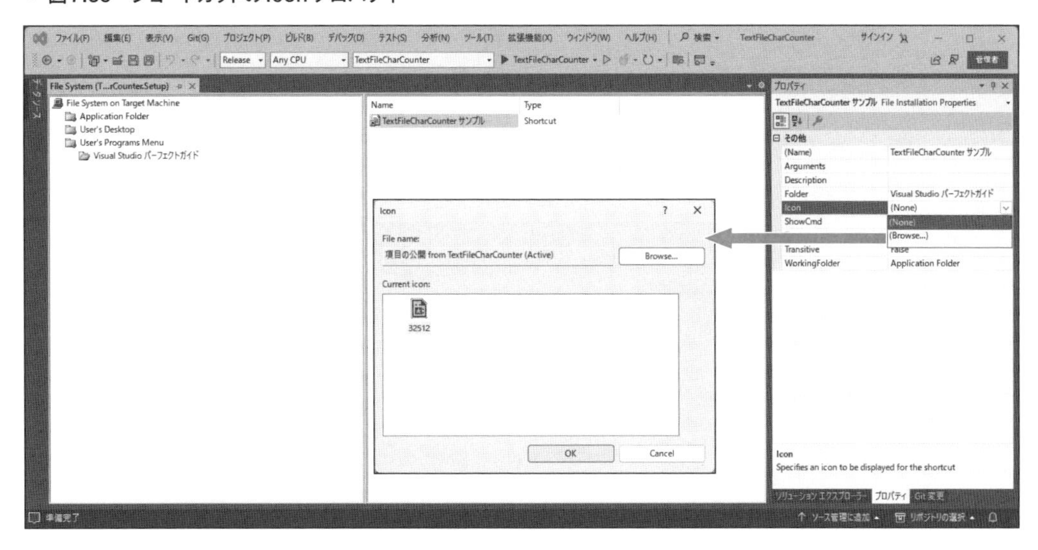

▼ 図7.36　サンプル用のテキストファイル

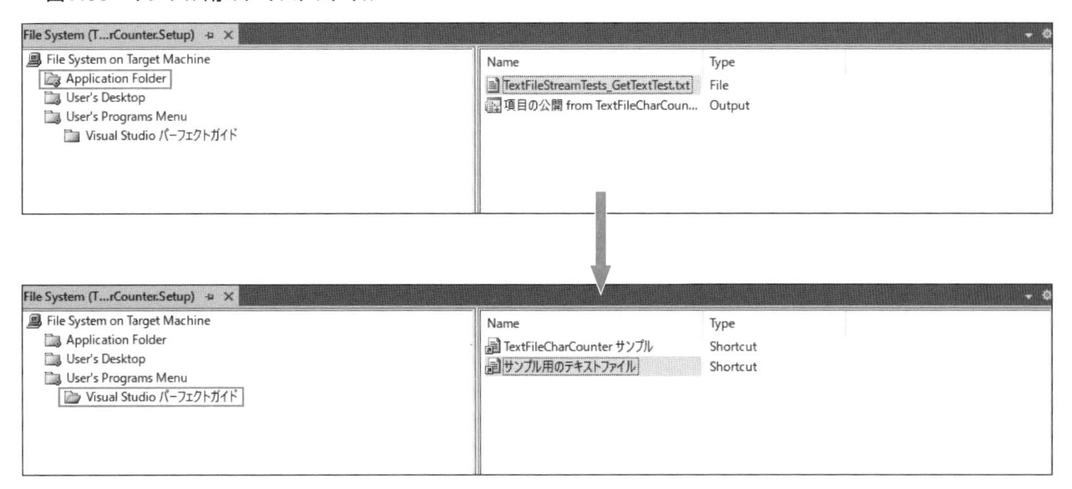

次に、プロジェクトのプロパティを設定します(**図7.37**)。各設定の反映先は、**図7.38**、**図7.39**のようになります。

▼ 図7.37 インストーラーのビルド

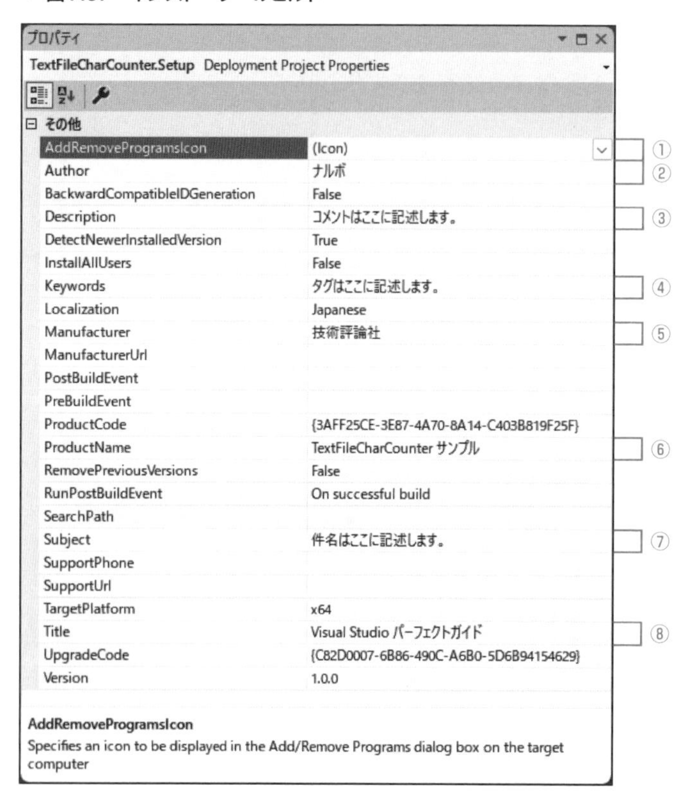

▼ 図7.38 インストールされているアプリに反映されている情報

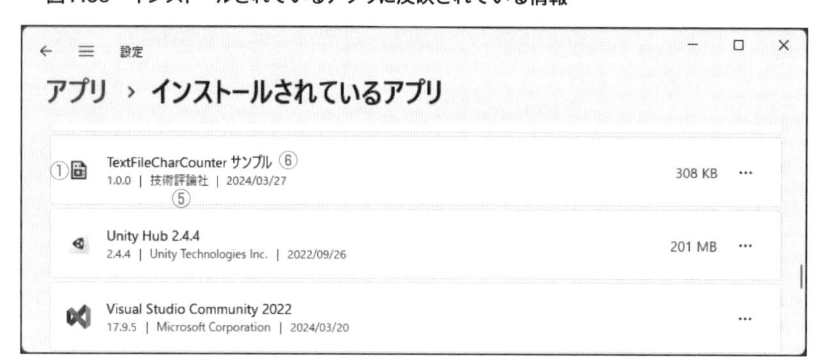

▼ 図7.39 インストーラーのファイル(.msi)のプロパティに反映されている情報

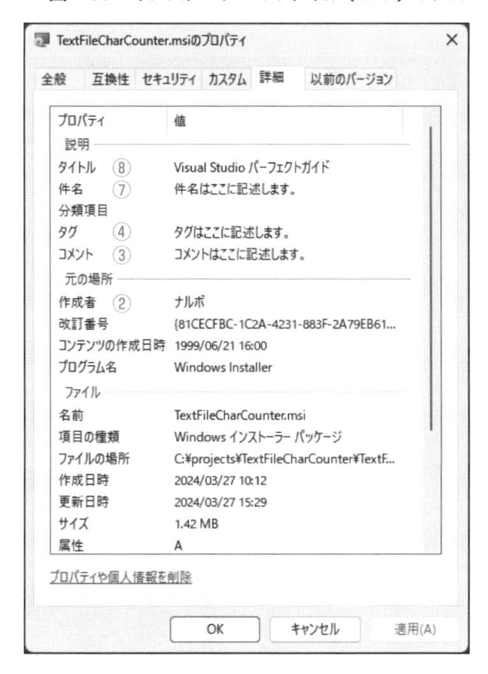

続いて、プロジェクトのコンテキストメニューから「プロパティ」を選択し、「プロパティページ」ダイアログを表示します。このダイアログで、インストーラーのファイル名を修正します(**図7.40**)。既定ではプロジェクト名になっているので、アプリケーションの名前に合わせます。

▼ 図7.40 インストーラーのビルド

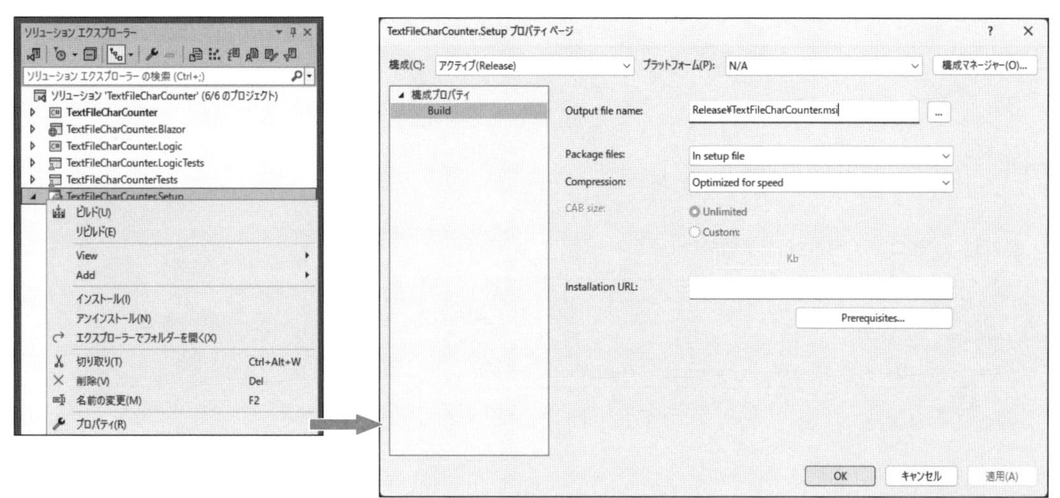

インストーラーの設定が完了したのでビルドします。Releaseでビルドしたので、「Release」フォルダーにインストーラーが出力されました（**図7.41**）。

▼ **図7.41　「Release」フォルダー**

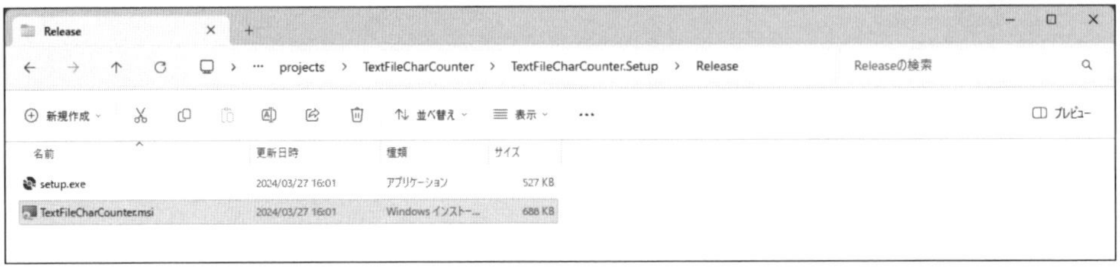

インストーラーを実行すると**図7.42**のようなイメージでウィンドウが表示されます。

▼ **図7.42　インストーラーの起動画面**

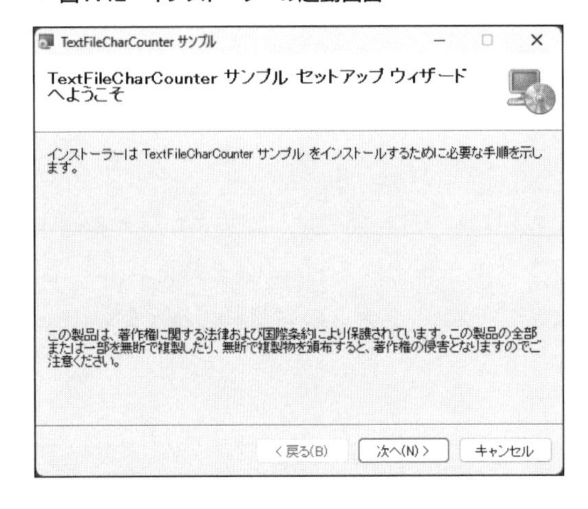

インストール後、スタートメニューから起動します。**図7.43**のようにアイコンが反映された状態のフォームが表示されます。

▼ **図7.43　アイコンが反映された状態のフォーム**

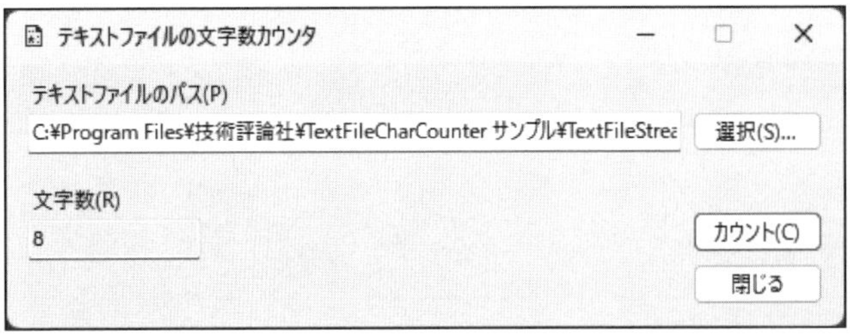

第8章

マルチプラットフォーム開発

ユーザーがPCだけではなく、スマホやタブレットなど様々なデバイスを利用するようになった近年では、アプリケーションを複数のプラットフォームに対応する必要性が高まっています。
ここでは、Visual Studioを使ったマルチプラットフォーム開発について紹介します。

本章の内容

8-1 マルチプラットフォーム開発の基礎知識

マルチプラットフォーム開発を紹介する前に、基礎知識としてマルチプラットフォームとそれを開発するうえで欠かせないフレームワークについて触れたいと思います。

マルチプラットフォーム

マルチプラットフォームは、アプリケーションが異なるデバイス、OS（プラットフォーム）で動作することを指します（図8.1）。

▼ 図8.1　マルチプラットフォームの概略図

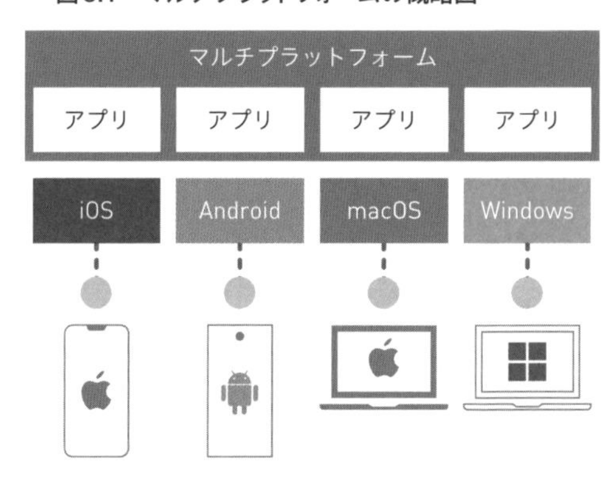

似た用語として「クロスプラットフォーム」があります。マルチプラットフォームと同意ですが、ゲームでは、異なるプラットフォーム間で通信して同時にプレイしたり、保存したデータを共有したりすることを指します（図8.2）。

▼ 図8.2　ゲームでのクロスプラットフォーム

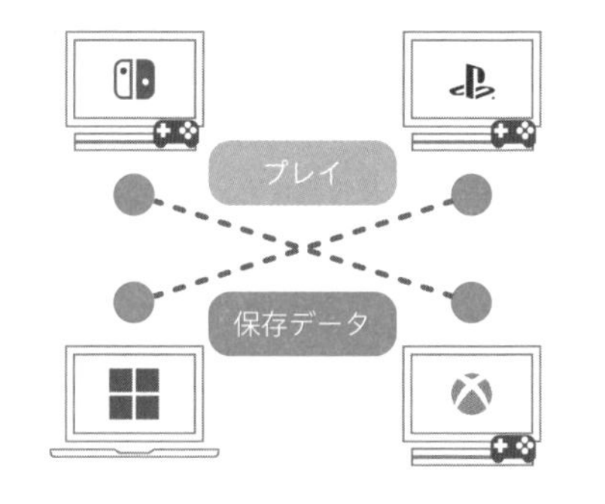

マルチプラットフォームの必要性

PCに加えスマホやタブレットが普及した現代では、様々なプラットフォームが存在しています。これは、ユーザーがそれぞれ異なったプラットフォームに分散しているということでもあります。

アプリケーションがマルチプラットフォームに対応することで、それらのユーザーに対応することができます。

また、シチュエーションに応じてデバイスを使い分けているユーザーは、どのデバイスでも同じアプリケーションで同じ機能やUIを利用することができます。

マルチプラットフォーム開発用のフレームワーク

アプリケーションの開発は、デバイスやOSごとに利用する開発環境やフレームワークが違うため、マルチプラットフォームに対応するためには多大な工数に加え、それぞれの知識も必要になります。

そのため、マルチプラットフォーム開発用のフレームワークがいくつも存在し、これらを利用することで工数の削減や学習の手間を省くことができます。 .NETでは、以下のフレームワークが用意されています。

- Unity
- .NET MAUI
- Blazor

Unityはゲーム開発向けのフレームワークとなるため、ここでは「.NET MAUI」「Blazor」について紹介していきます。

8-2 .NET MAUI

.NET MAUIは、Android、iOS、macOS、Windowsのネイティブアプリを、同じコードで開発することができるマルチプラットフォーム開発用のフレームワークです。ここでは.NET MAUIを使った基本的な開発手順について紹介します。

.NET MAUIとは

.NET MAUIは、以下のプラットフォームで実行できるアプリケーションを開発するためのフレームワークです(**図8.3**)。

- Android 5.0以降
- iOS 10以降

- macOS 10.15以降
- Windows 11およびWindows 10 Version 1809以降

▼ 図8.3 .NET MAUIの概略図

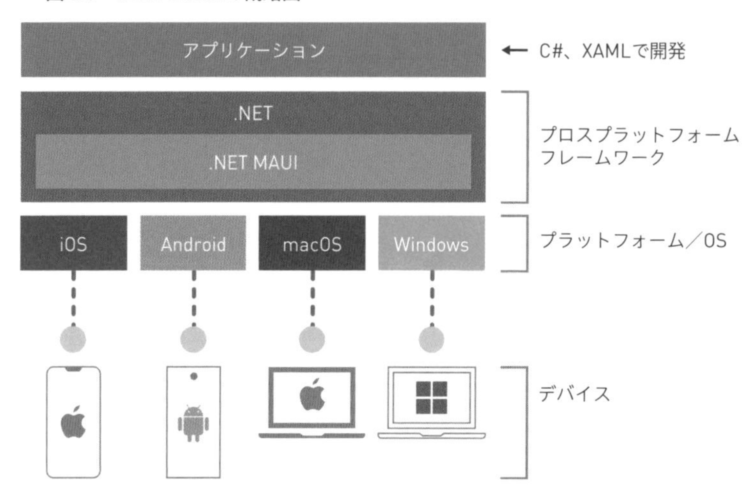

> **ONEPOINT**
>
> MAUIはMulti-Platform App UI／マルチプラットフォーム（クロスプラットフォーム）アプリケーションユーザーインタフェースの略で、ハワイの島と同じように「マウイ」と読みます。.NET MAUIでは、複数のプラットフォームで共有して利用できる機能に対して「クロスプラットフォーム」という言葉を使っています。

.NET MAUIを利用するアプリケーションは、C#、XAMLを使って開発します。.NET MAUIを利用すると、複数のOS（マルチプラットフォーム）で動作するアプリケーションを開発することができますが、実行ファイルを共通化するものではありません（**図8.4**）。

▼ 図8.4 実行ファイルの共通化

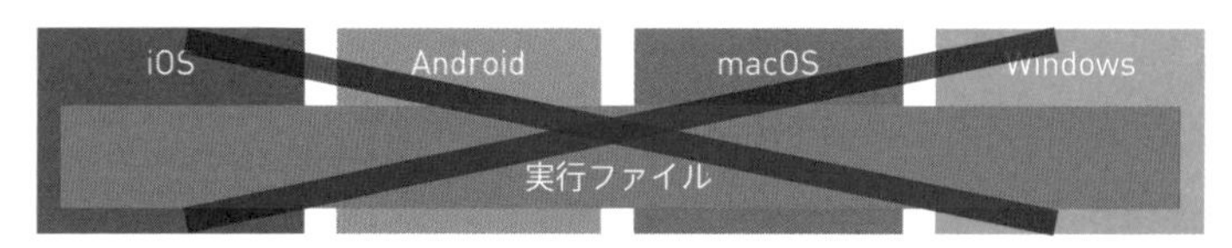

プロジェクト、コードを共通化し、実行ファイルはそれぞれのプラットフォーム用にビルド、発行します（**図8.5**）。

▼ 図8.5 それぞれのプラットフォーム用にビルド、発行

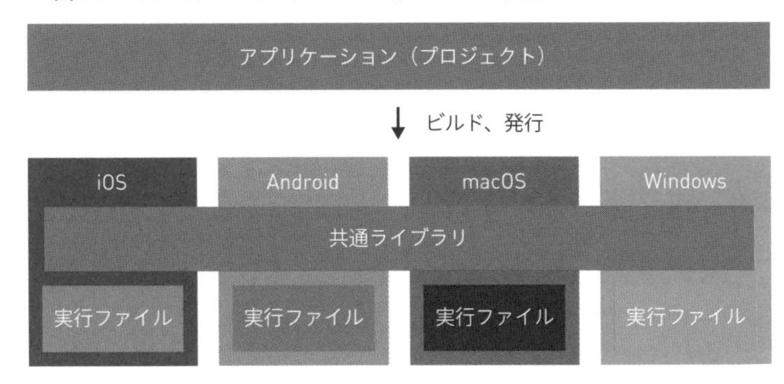

.NET MAUIを開発で利用するメリットは以下があげられます。

Visual StudioとC#で開発可能

通常、それぞれのOSのアプリケーションは、それぞれの開発環境、言語を使って開発を行います。iOSアプリ、macOSアプリでは、「Xcode」というアップル社が提供する開発環境で「Swift」という言語、Androidアプリは、「Android Studio」というグーグル社が提供する開発環境で「Kotlin、Java」という言語で開発します。

.NET MAUIを利用すると、Visual Studio、C#（+ XAML）のみで、それぞれのOSのアプリケーションを同じプロジェクトでシンプルに開発することができます。

ロジック、画面UIの共通化

開発環境、言語を共通化できるため、利用するロジック（ライブラリ）も共通化できます。また、それぞれのOSで共通的に利用可能なUIコントロールが含まれているため、画面UIも共通化できます（**図8.6**の①）。

それぞれのOS固有の機能を利用することも可能

それぞれのOS固有のフレームワークも用意されているため、それぞれのOSの機能も必要に応じて利用することが可能です（**図8.6**の②）。なお、通常C#で利用する.NET BCL（基本クラスライブラリ）も利用可能です（**図8.6**の③）。

▼ 図8.6 .NET MAUIを利用した開発イメージ

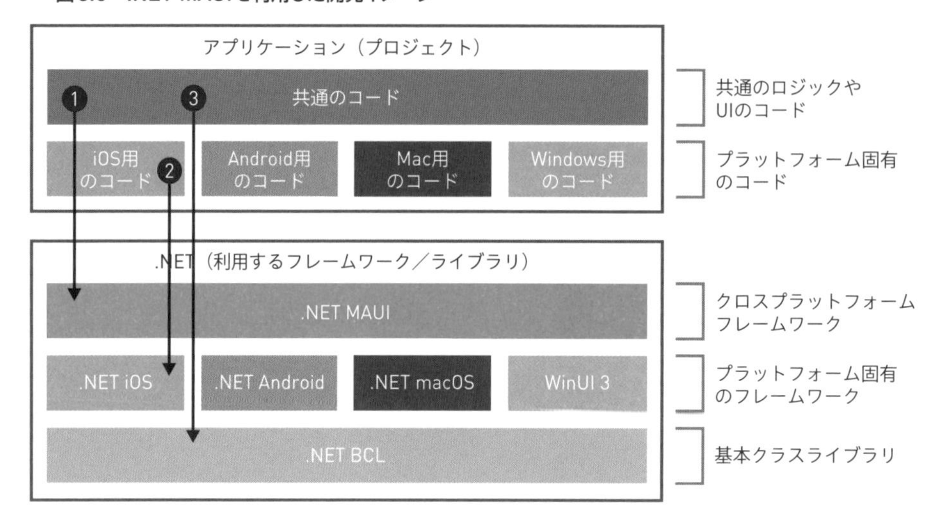

.NET MAUIのプロジェクトでビルドを行うと、それぞれのOS用の実行（インストール）ファイルが出力されます（**図8.7**）。

iOS、Android、macOS用の実行イメージは、実行ファイル（パッケージ）に.NETも含まれます。Windowsは標準機能として.NETを含んでいるため、実行ファイルには含まれません。そのため、どのOSでも.NETをインストールする必要はりません。

▼ 図8.7 .NET MAUIアプリの実行イメージ

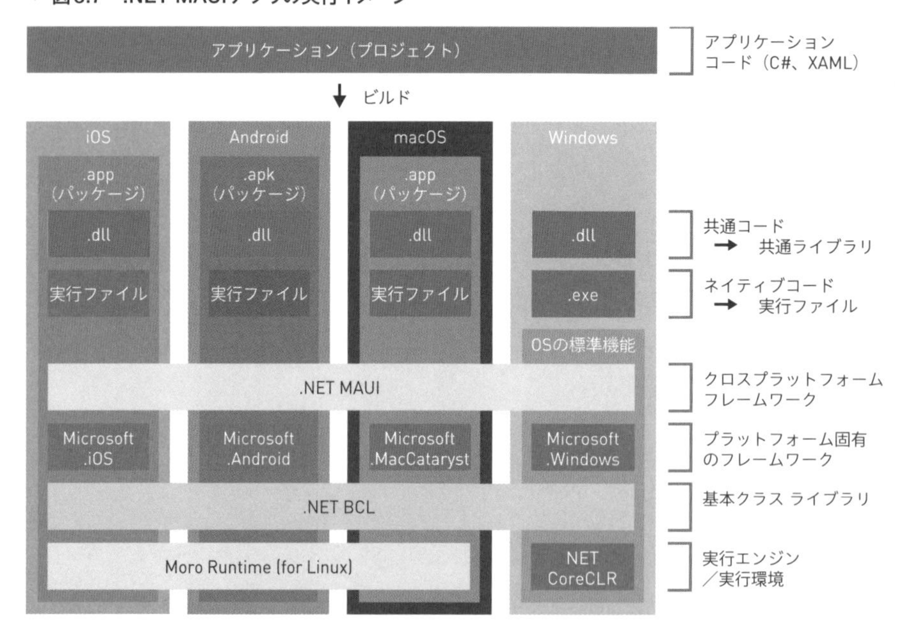

.NET MAUIの機能紹介

豊富なUIコントロール

.NET MAUIには、以下の機能を持った様々なUIコントロールが用意されています。

- データの表示
- アクションの開始
- アクティビティの表示
- コレクションの表示
- データの選択

.NET MAUIアプリは1つ以上のページで構成されます。ページには、以下のような機能があります。

ページをデザインするためのレイアウトエンジン

レイアウトクラスを使って、UIコントロールの配置とグループ化ができます。レイアウトには、StackやGrid、Flex、Absoluteなどがあります。

ナビゲーションなど複数のページタイプ

.NET MAUIには通常のページに加え、以下のページタイプが用意されています。

- ポップアップ(Flyout)
- ページを前後に移動することができる階層ナビゲーション(Navigation)
- タブ(Tabbed)

保守性の高い開発パターンのためのデータバインディング

データへのアクセスを、プログラムコードではなくマークアップで簡略的に行うことができます。

UI要素の表示方法を拡張するためにハンドラーをカスタマイズする機能

UIコントロールは、ハンドラーにより各プラットフォーム用にインスタンス化されます。ハンドラーをカスタマイズして、プラットフォームごとにコントロールの外観と動作を拡張することができます。

クロスプラットフォームグラフィックス機能

図形や画像の描画、ペイント、合成操作、およびグラフィカルオブジェクト変換をサポートする描画キャンバスが利用することができます。

ネイティブデバイス機能にアクセスするためのAPI

このAPIを使って、以下のデバイス機能を利用することができます。

- GPS、バッテリーへのアクセス
- 加速度計、コンパス、ジャイロスコープなどのセンサーへのアクセス
- ネットワーク接続状態のチェック、変更の検出
- デバイスに関する情報
- システムクリップボードを使ったテキストのコピー、貼り付け
- 1つまたは複数のファイルの選択
- キーと値のペアとしてデータを安全に格納
- 組み込みのテキスト読み上げエンジンを利用したテキストの読み取り
- ブラウザーベースの認証

.NET MAUI単一プロジェクト

.NET MAUI単一プロジェクトは、Android、iOS、macOS、Windowsをターゲットにした、Visual Studioのプロジェクトです。.NET MAUI単一プロジェクトでは、以下の機能があります。

- アプリを実行するための簡略化されたデバッグターゲットの選択
- 必要に応じてプラットフォーム固有のAPIとツールにアクセス
- クロスプラットフォームアプリエントリポイントの共有
- リソースファイルの共有
- アプリのタイトル、ID、およびバージョンを指定するアプリマニフェストの共有

.NETホットリロード

アプリの実行中に、XAMLとマネージドソースコードを変更した後、アプリを再構築せずに変更の結果を確認できます。これまでのように、デバッガーの一時停止やブレークポイントを利用しなくても、変更をすぐに反映することができます。

ホットリロードの目的は、デバッグ中のリビルドやアプリの再起動、アプリ内の前にいた場所（ソースコードやXAML）への再移動などにかかる時間を短縮させ、生産性を向上させることです。

 サポートされているプラットフォーム

.NET MAUIアプリは、以下のプラットフォーム（OS）をサポートします。カッコは利用する

APIです。

- Android 5.0以降（API 21以降）
- iOS 10以降
- macOS 10.15以降（Mac Catalyst）
- Windows 11およびWindows 10 Version 1809以降（WinUI3）

> **ONEPOINT**
> Samsungが提供するプラットフォーム、Tizenもサポートしています。

.NET MAUIの開発準備

Windowsの場合

Windowsで.NET MAUIアプリの開発をするには、Visual Studio 2022 17.3以降をインストールする必要があります。

- Visual Studio 2022 Community
- Visual Studio 2022 Professional
- Visual Studio 2022 Enterprise

この際、.NETマルチプラットフォームアプリUI開発ワークロードをインストールします（**図8.8**）。

▼ **図8.8 インストールダイアログ**

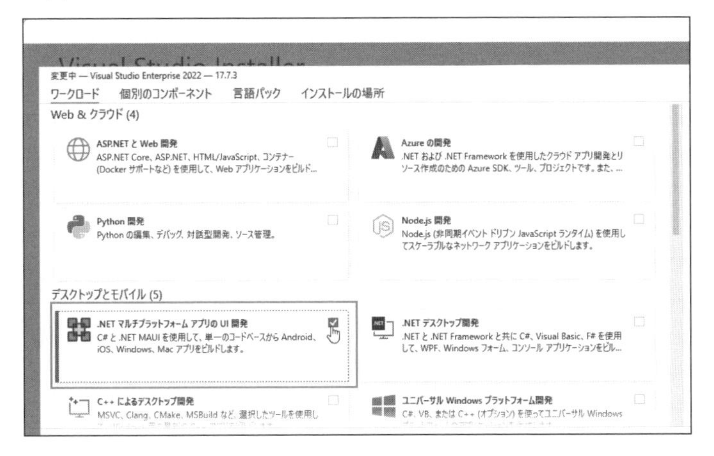

iOS用のアプリをビルド、署名、デプロイするには、以下が必要です。

- 最新バージョンのXcodeと互換性があるMac
- 最新バージョンのXcode
- Apple ID
- Apple Developer Program登録（有料）

Windowsで.NET MAUIアプリをデバッグするには、開発者モードを有効にする必要があります（**図8.9**）。開発者モードは、Windowsの検索ボックスに「開発者向け設定」で検索すると、設定画面を開くことができます。

▼ **図8.9　開発者モード**

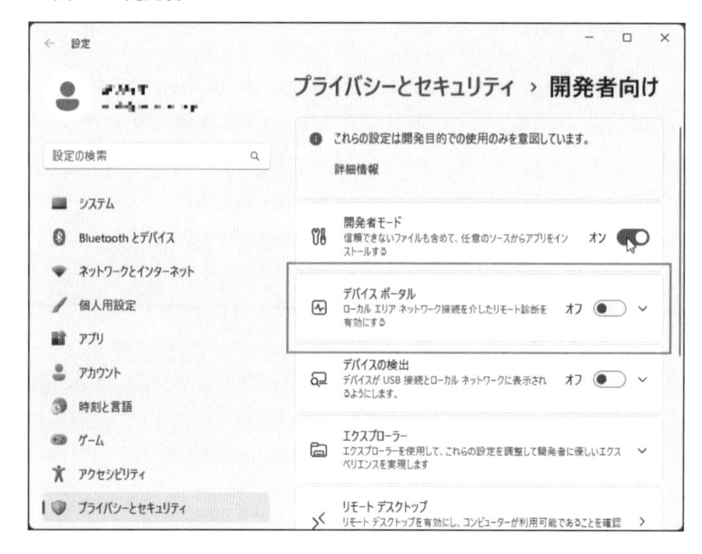

macOSの場合

macOSで.NET MAUIアプリの開発をするには、Visual Studio 2022 for Mac 17.4以降をインストールする必要があります。

この際、以下のワークロードをインストールします（**図8.10**、**図8.11**）。

- .NET
- .NET MAUI
- Android
- iOS

図8.10 Visual Studio for Macインストーラー上側

図8.11 Visual Studio for Macインストーラー下側

iOS用のアプリをビルド、署名、デプロイするには、以下が必要です。

- 最新バージョンのXcode
- Apple Developer Program登録（有料）

プロジェクトの作成からビルドまでの流れ

Windowsの場合

Visual Studioの起動時に表示されるダイアログで、他のプロジェクトと同じように「新しいプロジェクトの作成」を選択します。既に起動している場合は、「ファイル」メニューの「新規作成／プロジェクト」を選択します。

プロジェクトの種類の検索テキストボックスで、「maui」と入力します（**図8.12**）。

.NET MAUI関連のプロジェクトテンプレートが一覧されるので、その中から「.NET MAUIアプリ」のプロジェクトテンプレートを選択します。

▼ **図8.12　新しいプロジェクトの作成ダイアログ**

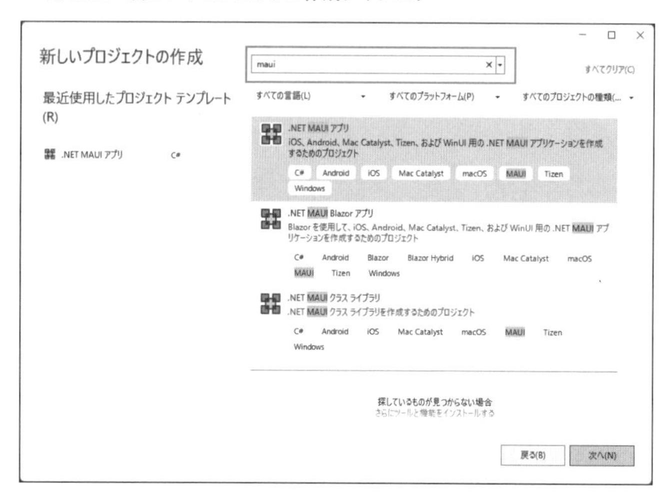

他のプロジェクトと同様に、プロジェクト名やプロジェクトを作成するフォルダー（場所）を入力します（**図8.13**）。

▼ 図8.13　新しいプロジェクトを構成しますダイアログ

次のページでフレームワークを選択します。その他の項目も含めて後で変更できるので、既定のままで問題ありません。

以上の操作でプロジェクト、ソリューションが作成されます（**図8.14**）。

「.NET MAUIアプリ」のプロジェクトは簡単なサンプルとなっていますので、ビルドして実行してみましょう。

ツールバーの「デバッガターゲット」、もしくはメニューの「デバッグ／デバッグの開始」をクリックします（**図8.15**）。

▼ 図8.14　ソリューションエクスプローラー

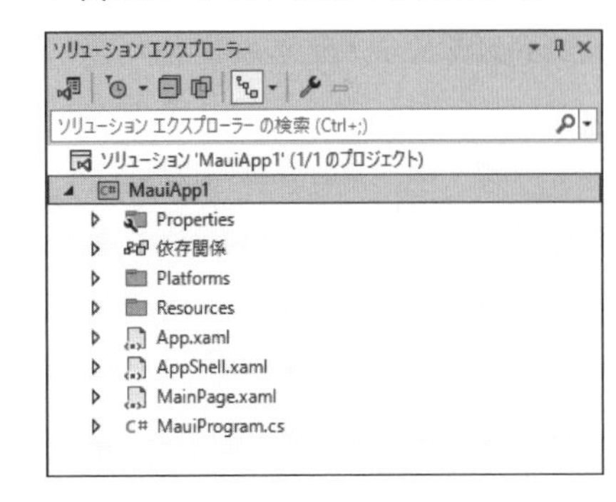

▼ 図8.15　ツールバーの「デバッガターゲット」

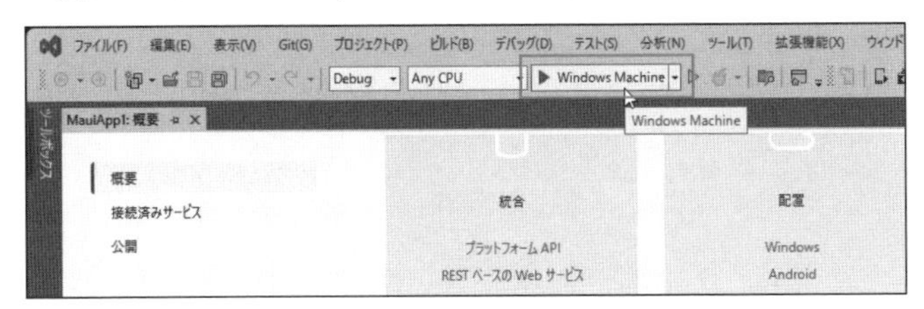

作成されたプロジェクトのビルドが開始され、ビルド完了後以下の画面が表示されます（**図8.16**）。

▼ 図8.16　表示されたアプリの画面

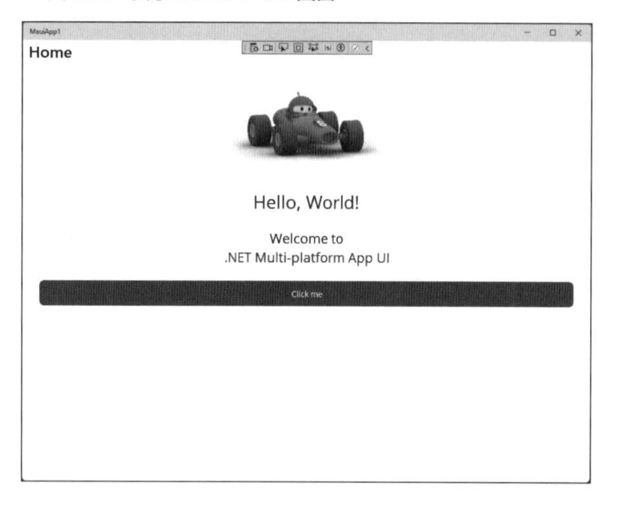

　このサンプルに少し手を加えて、Windowsで実行したイメージとAndroidで実行したイメージを確認してみましょう。

　まず、先ほどWindowsで表示したウィンドウは大きすぎるので、サイズを指定します。Androidでは全画面表示になるため、Windowsで表示した場合のみ反映されます。大元となるAppクラスのCreateWindowメソッドをオーバーライドしてサイズを指定します（**リスト8.1**）。

▼ リスト8.1　App.xaml.csの修正

```
01:  namespace MauiApp1
02:  {
03:      public partial class App : Application
04:      {
05:          public App()
06:          {
07:              InitializeComponent();
08:
09:              MainPage = new AppShell();
10:          }
11:
12:          protected override Window CreateWindow(IActivationState? activationState)
13:          {
14:              var win    = base.CreateWindow(activationState);
15:
16:              win.Height  = 600;
17:              win.Width   = 500;
18:
```

```
19:             return win;
20:         }
21:     }
22: }
```

次に、ページを1つ追加して、タブで表示を切り替えるようにします。

まず、プロジェクトのコンテキストメニューから「追加／新しい項目」を選択します。

表示されたダイアログ（**図8.17**）のリストから「.NET MAUI ContentsPage (XAML)」を選択し、「AboutPage.cs」というファイル名でページを追加します。

▼ **図8.17　新しい項目の追加ダイアログ**

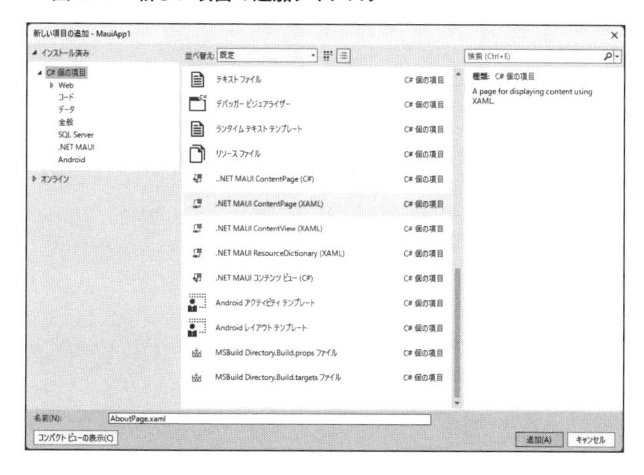

ページはXAMLファイルとして追加されます。

XAMLファイルはコードビハインドとなっており、マークアップファイル(.xaml)とコードファイル(.xaml.cs)で構成されています。

追加したページはAboutページとして作成します。既定で作成されているMainPageの内容を、こちらに移動します（**リスト8.2**）。

ボタンの表示と実装のみ修正して、「.NET MAUI」を紹介しているページを表示するようにします。

▼ **リスト8.2　AboutPage.xamlの修正**

```
01: <?xml version="1.0" encoding="utf-8" ?>
02: <ContentPage xmlns="http://schemas.microsoft.com/dotnet/2021/maui"
03:              xmlns:x="http://schemas.microsoft.com/winfx/2009/xaml"
04:              x:Class="MauiApp1.AboutPage"
05:              Title="AboutPage">
```

```
06:     <VerticalStackLayout
07:             Padding="30,0"
08:             Spacing="25">
09:         <Image
10:                 Source="dotnet_bot.png"
11:                 HeightRequest="185"
12:                 Aspect="AspectFit"
13:                 SemanticProperties.Description="dot net bot in a race car number eight"
                    />
14:         <Label
15:                 Text="Hello, World!"
16:                 Style="{StaticResource Headline}"
17:                 SemanticProperties.HeadingLevel="Level1" />
18:         <Label
19:                 Text="Welcome to &#10;.NET Multi-platform App UI"
20:                 Style="{StaticResource SubHeadline}"
21:                 SemanticProperties.HeadingLevel="Level2"
22:                 SemanticProperties.Description="Welcome to dot net Multi platform App
                    U I" />
23:         <Button
24:                 x:Name="LinkBtn"
25:                 Text=".NET MAUI"
26:                 Clicked="OnLinkClicked"
27:                 HorizontalOptions="Fill" />
28:     </VerticalStackLayout>
29: </ContentPage>
```

「.NET MAUI」の紹介ページの表示は、コードファイル（**リスト8.3**）にイベントハンドラーとして実装します。

▼ リスト8.3　AboutPage.xaml.csの修正

```
01: namespace MauiApp1;
02:
03: public partial class AboutPage : ContentPage
04: {
05:     public AboutPage()
06:     {
07:         InitializeComponent();
08:     }
09:
10:     private async void OnLinkClicked(object sender, EventArgs e)
11:     {
```

```
12:             await Launcher.Default.OpenAsync("https://dotnet.microsoft.com/ja-jp/apps/
                maui");
13:         }
14:     }
```

次に、タブに表示するアイコン用の画像を「Resources/Images」フォルダーに追加します(**図8.18**)。

▼ **図8.18 アイコン用の画像を追加**

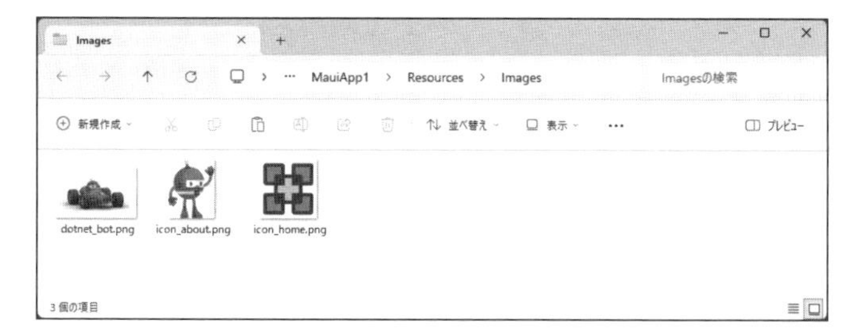

タブ(TabBar)はシェル(AppShell.xaml)に記述します(**リスト8.4**)。

既定で追加されているメインページと、先ほど追加したAboutページをタブで切り替えられるようにします。アイコンもここで指定します。

▼ **リスト8.4 AppShell.xamlの修正**

```
01: <?xml version="1.0" encoding="UTF-8" ?>
02: <Shell
03:     x:Class="MauiApp1.AppShell"
04:     xmlns="http://schemas.microsoft.com/dotnet/2021/maui"
05:     xmlns:x="http://schemas.microsoft.com/winfx/2009/xaml"
06:     xmlns:local="clr-namespace:MauiApp1"
07:     Shell.FlyoutBehavior="Disabled"
08:     Title="MauiApp1">
09:     <TabBar>
10:         <ShellContent
11:             Title="Home"
12:             ContentTemplate="{DataTemplate local:MainPage}"
13:             Route="MainPage"
14:             Icon="{OnPlatform 'icon_home.png'}" />
15:         <ShellContent
16:             Title="About"
17:             ContentTemplate="{DataTemplate local:AboutPage}"
18:             Icon="{OnPlatform 'icon_about.png'}" />
```

```
19:     </TabBar>
20: </Shell>
```

メインページは、「6章 Visual Studioのテスト手法」で作成したライブラリ（TextFileCharCounter.Logic.dll）を使って、テキストファイルの文字数をカウントする機能を持ったページにします。

「依存関係」のコンテキストメニューで「プロジェクト参照の追加」を選択します（**図8.19**）。

表示された参照マネージャー（**図8.20**）の「参照」ボタンをクリックし「TextFileCharCounter.Logic.dll」を選択します。

「OK」ボタンをクリックしてウィンドウを閉じます。

▼ **図8.19 プロジェクト参照の追加メニュー**

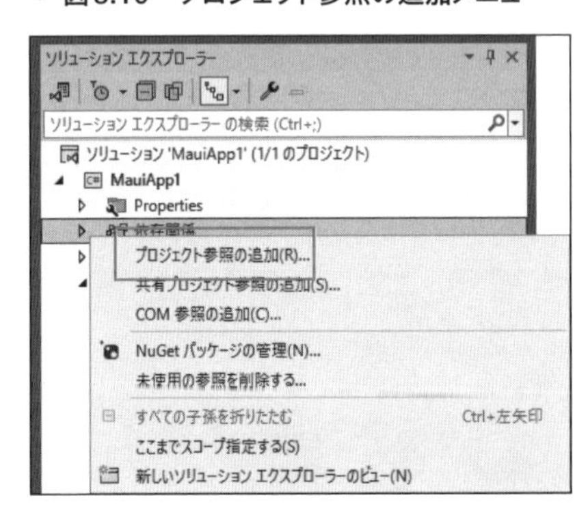

▼ **図8.20 参照マネージャー**

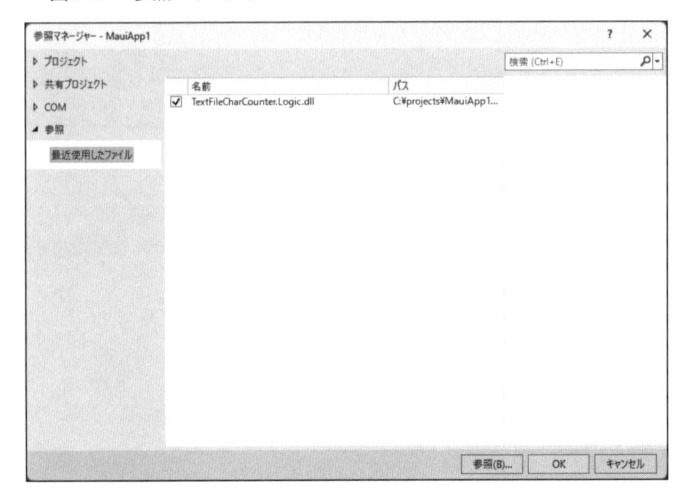

メインページ（MainPage.xaml）に、以下のUIを追加します（**リスト8.5**）。

- 選択したテキストファイルの名前を表示する
- 選択したテキストファイルの文字数を表示する
- テキストファイルを選択するボタン

▼ リスト8.5 MainPage.xamlの修正

```
01: <?xml version="1.0" encoding="utf-8" ?>
02: <ContentPage xmlns="http://schemas.microsoft.com/dotnet/2021/maui"
03:              xmlns:x="http://schemas.microsoft.com/winfx/2009/xaml"
04:              x:Class="MauiApp1.MainPage">
05:     <ScrollView>
06:         <VerticalStackLayout
07:             Padding="30,30"
08:             Spacing="25">
09:             <VerticalStackLayout>
10:                 <Label
11:                     Text="ファイル名"
12:                     HorizontalOptions="Start"
13:                     Style="{StaticResource SubHeadline}" />
14:                 <Frame
15:                     HorizontalOptions="Fill"
16:                     Padding="10" >
17:                     <Label
18:                         x:Name="FileNameLabel"
19:                         Text="(テキストファイルを選択してください)"
20:                         HorizontalOptions="Start" />
21:                 </Frame>
22:             </VerticalStackLayout>
23:             <VerticalStackLayout>
24:                 <Label
25:                     Text="文字数"
26:                     HorizontalOptions="Start"
27:                     Style="{StaticResource SubHeadline}" />
28:                 <Frame
29:                     HorizontalOptions="Fill"
30:                     Padding="10">
31:                     <Label
32:                         x:Name="TextCountLabel"
33:                         Text="0"
34:                         HorizontalOptions="Start" />
35:                 </Frame>
36:             </VerticalStackLayout>
37:             <Button
38:                 x:Name="CounterBtn"
39:                 Text="参照..."
40:                 Clicked="OnCounterClicked"
41:                 HorizontalOptions="Fill" />
42:         </VerticalStackLayout>
43:     </ScrollView>
44: </ContentPage>
```

追加したライブラリを利用するためのサービスクラス（TextFileCharCounterService.cs）を追加します。サービスクラスは、「**6-4　テストドライバーの作成**」と同じように実装します（**リスト8.6**）。

▼ **リスト8.6　TextFileCharCounterService.csの修正**

```
01: using TextFileCharCounter.Logic;
02: 
03: namespace MauiApp1
04: {
05:     internal class TextFileCharCounterService
06:     {
07:         private ILogicObjectFactory LogicObjectFactory { get; }
08: 
09:         public TextFileCharCounterService(ILogicObjectFactory factory)
10:         {
11:             this.LogicObjectFactory = factory ?? throw new ArgumentNullException("fact
            ory");
12:         }
13: 
14:         public int GetTextFileCharCount(string filePath)
15:         {
16:             if (filePath == null)
17:                 throw new ArgumentNullException("filePath");
18: 
19:             var stream  = this.LogicObjectFactory.CreateTextFileStream();
20:             var counter = this.LogicObjectFactory.CreateTextCharCounter();
21: 
22:             return counter.GetCharCount(stream.GetText(filePath));
23:         }
24:     }
25: }
```

メインページのコードファイル（MainPage.xaml.cs）のイベントハンドラーを書き換えます。

テキストファイルを選択するUIを表示し、選択したテキストファイルの名前と、追加したサービスを使ってカウントした文字数を表示するようにします（**リスト8.7**）。

resultがnullで返ってくる場合がありますが、nullチェックは行わず、例外処理でメッセージを表示するようにします。これにより、メッセージボックスの表示のされ方を確認することができます。

▼ リスト8.7 MainPage.xaml.csの修正

```
01:  using TextFileCharCounter.Logic;
02:
03:  namespace MauiApp1
04:  {
05:      public partial class MainPage : ContentPage
06:      {
07:          public MainPage()
08:          {
09:              InitializeComponent();
10:          }
11:
12:          private async void OnCounterClicked(object sender, EventArgs e)
13:          {
14:              try {
15:                  var result  = await FilePicker.Default.PickAsync(new PickOptions(){
17:                                  PickerTitle = "テキストファイルの選択"
18:                              });
19:                  var service = new TextFileCharCounterService(new LogicObjectFactory());
20:                  var count   = service.GetTextFileCharCount(result.FullPath);
21:
22:                  FileNameLabel.Text = result.FileName;
23:                  TextCountLabel.Text = $"{count} 文字";
24:              }
25:              catch (Exception ex) {
26:                  await base.DisplayAlert("MauiApp1", ex.ToString(), "閉じる");
27:              }
28:          }
29:      }
20:  }
```

ここまでで実装は終わりです。

「Windows Machine」でデバッグ実行すると、**図8.21**のようにタブが追加された状態で表示されます。

参照ボタンで表示されたファイルの選択ダイアログでテキストファイルを選択すると、ファイル名と文字数が表示されます（**図8.22**）。

ファイルの選択ダイアログで「キャンセル」ボタンをクリックすると例外となり、**図8.23**のようにメッセージが表示されます。

▼ 図8.21 タブが追加されたサンプル

▼ 図8.22　テキストファイルを選択した結果

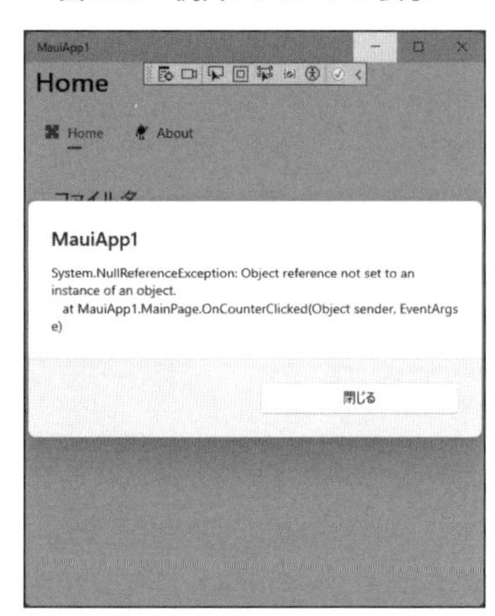

▼ 図8.23　例外メッセージの表示

タブで「About」をクリックすると、**図8.24**のようにAboutページが表示されます。「.NET MAUI」ボタンをクリックすると、ブラウザーで「.NET MAUI」ページが表示されます。

では次に、Androidでどのように表示されるか確認するために、「Android Emulator」でデバッグ実行してみましょう。

Androidでは、**図8.25**のようにタブは下側に表示されます。

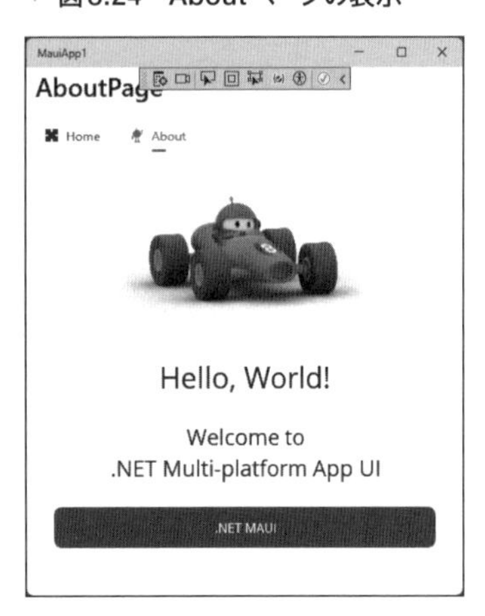

▼ 図8.24　Aboutページの表示

▼ 図8.25　Androidでの表示

テキストファイルは、Googleドライブを利用すると、アプリケーションから参照することができます（**図8.26**）。

Androidでの例外メッセージは、**図8.27**のように表示されます。

▼ 図8.26 Googleドライブのテキストファイルを選択

▼ 図8.27 Androidでの例外メッセージ

macOSの場合

Visual Studioの起動時に表示されるダイアログで、「新規」を選択します。

既に起動している場合は、「ファイル」メニューの「新しいプロジェクト」を選択します。

プロジェクトのカテゴリが左側に表示されているので「マルチプラットフォーム／アプリ」を選択します。表示されたプロジェクト用のテンプレートの一覧から、「.NET MAUIアプリ」のプロジェクトテンプレートを選択します（**図8.28**）。

▼ 図8.28 新しいプロジェクト用のテンプレートを選択するダイアログ

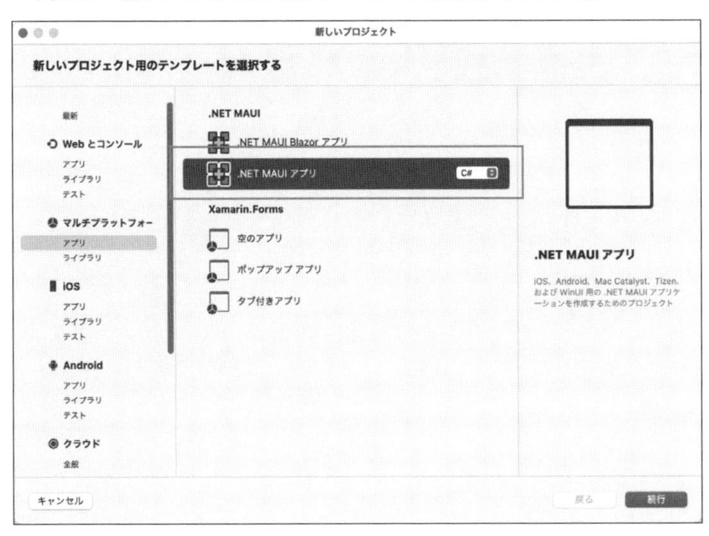

次のページでフレームワークを選択します。後で変更もできるので、既定のままで問題ありません。他のプロジェクトと同様に、プロジェクト名やプロジェクトを作成するフォルダ（場所）を入力します（**図8.29**）。

▼ 図8.29 新しい.NET MAUIアプリの構成ダイアログ2

以上の操作でプロジェクト、ソリューションが作成されます（**図8.30**）。

▼ 図8.30 ソリューション

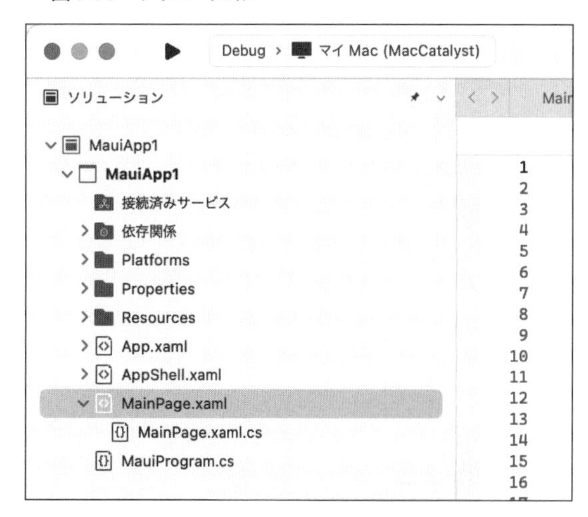

「.NET MAUIアプリ」のプロジェクトは簡単なサンプルとなっていますので、ビルドして実行してみましょう。

タイトルバーの「デバッグターゲット」、もしくはメニューの「デバッグ／デバッグの開始」をクリックします（**図8.31**）。

▼ **図8.31　タイトルバーの「デバッグターゲット」**

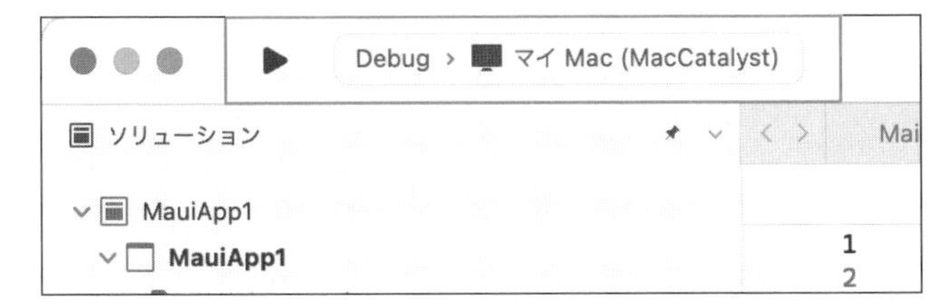

作成されたプロジェクトのビルドが開始され、ビルド完了後以下の画面が表示されます（**図8.32**）。

▼ **図8.32　表示されたアプリの画面**

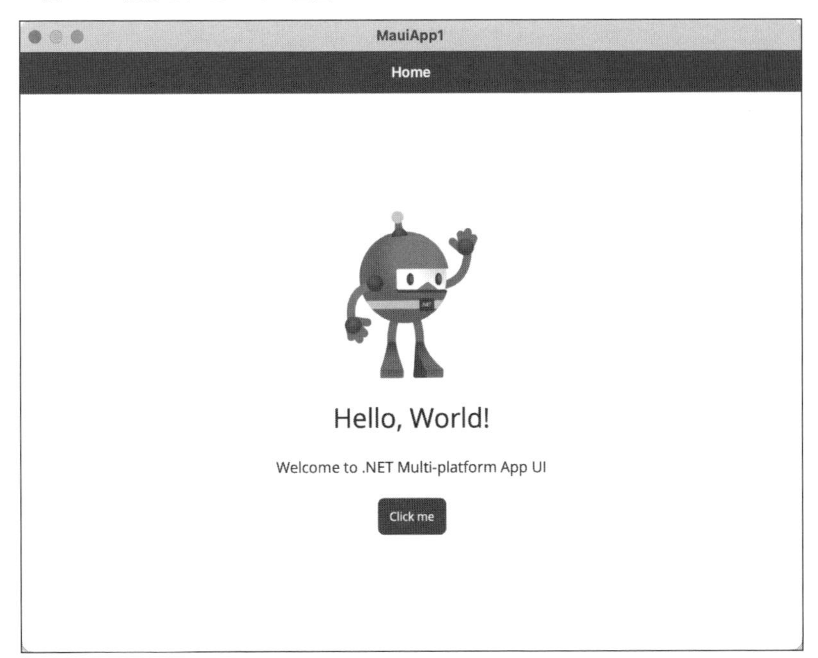

8-3 Blazor

Blazorは、C#を使ってWebアプリケーションを開発することができるフレームワークです。ここではBlazorを使った基本的な開発手順について紹介します。

Blazorとは

Blazorは、C#とHTML(Razor)、CSSを使ってWebアプリケーションを開発することができる、ASP.NET Core（オープンソース）のフレームワークです。

コンポーネント指向[注1]のフレームワークであり、コンポーネントはRazor構文で作成するため、Razorとブラウザ(Browser)を組み合わせた名前「Blazor」となっています。ブレイザーと読みます。

Blazorは、2018年に最初の正式版がリリースされました。

クライアントサイド(Webブラウザ側)の実装にもC#が利用できるため、サーバーサイドの実装とプログラミング言語を統一できるうえに、JavaScriptを利用した場合に発生する速度や保守性などの課題もなくなります。

Blazorで作成できるWebアプリケーションには、クライアントサイドで動作する「Blazor WebAssembly」と、サーバーサイドで動作する「Blazor Server」の2種類があります。

また、Webページを表示するコントロール(WebViewコントロール)を使って、Blazorのコンポーネントを利用するアプリケーションのことを「Blazor Hybrid」と呼びます。

以降に、それぞれの特徴について紹介します。

> **ONEPOINT**
>
> RazorはASP.NET Coreの一部で、Razor構文で記述されたテキストファイルから動的にWebコンテンツを作成するエンジン（テンプレートエンジン、ビューエンジン）です（レイザーと読みます）。Razor構文は、HTMLにC#などのコードを直接記述することがきるマークアップ構文です。Razor構文で記述されたファイルには「.cshtml」拡張子を使います。Razorコンポーネントファイルには「.razor」拡張子を使います。

注1　コンポーネント思考とは、部品、パーツ（コンポーネント）を組み合わせてアプリケーションを構築する考え方のことです。Webアプリ開発のフレームワーク（ReactやVue.js）で採用されいて、スタンダードな開発手法となっています。

Blazor WebAssembly

ブラウザで動作するWebAssemblyを使ったアプリケーションの形式です（**図8.33**）。

プログラムはクライアントサイドで動作します。サーバーの環境にも、クライアントの環境にも.NETは必要ありません。

▼ 図8.33 Blazor WebAssemblyの概略図

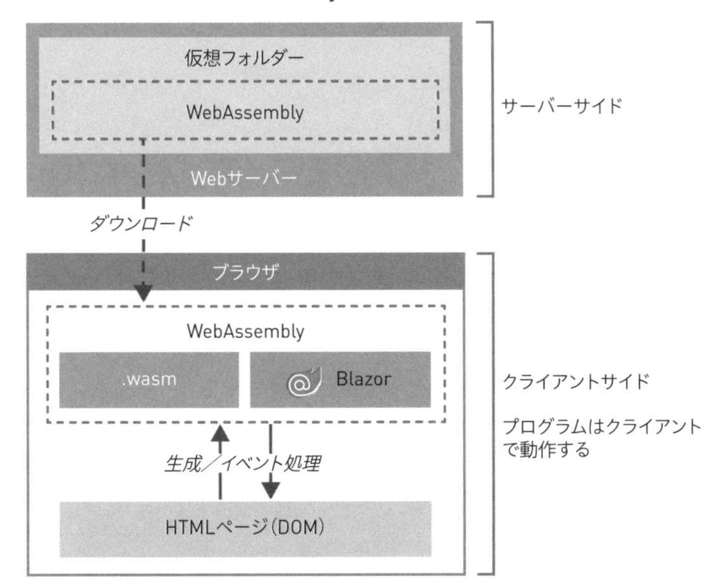

ONEPOINT

WebAssemblyは、ブラウザ上で高速に動作できるバイナリ形式のプログラムファイルです。JavaScriptの処理速度を補完するために開発され、World Wide Web Consortium（W3C）が2019年に標準化しました。現在、主要なブラウザーはサポートしています。

Blazor Server

サーバーサイドでプログラムを動作させるアプリケーションの形式です（**図8.34**）。

UIの生成やイベントの処理もサーバーサイドで行います。イベント処理はWebSocketで行われます。

▼ 図8.34　Blazor Serverの概略図

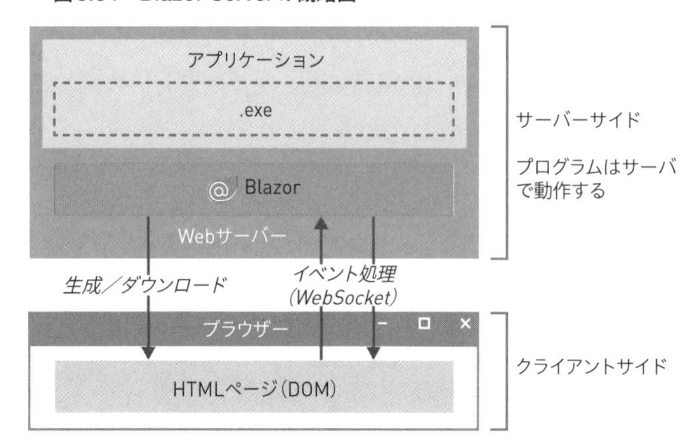

> **ONEPOINT**
> WebSocketとは、ブラウザーとウェブサーバーが双方向通信を行うための通信プロトコルです。HTTPと同じポートを利用します。HTTPは単方向通信のためサーバーからの通知（プッシュ）ができませんが、WebSocketを利用すると実現可能です。

Blazor Hybrid

ネイティブなアプリケーションでBlazorを利用する形式です(**図8.35**)。Blazor(Razorコンポーネント)はWebViewコントロールを使って利用します。Razorコンポーネントの機能とOS固有の機能をどちらも利用できるアプリケーションになります。

▼ 図8.35　Blazor Serverの概略図

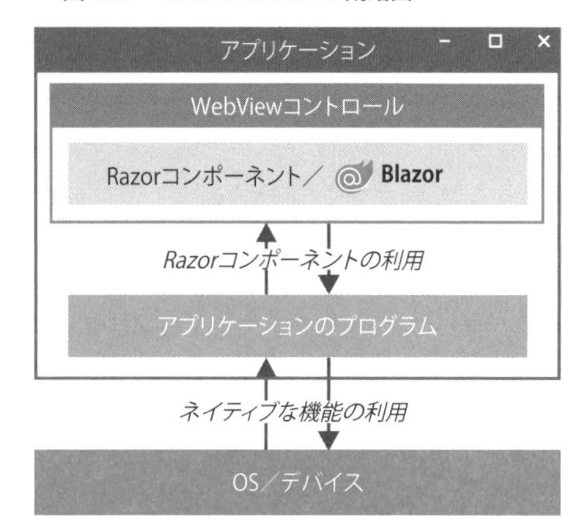

Blazor WebAssembly

Blazor WebAssemblyは、Blazorを使って開発できるアプリケーションの形式で、WebAssemblyを使ったアプリケーションです。Visual Studioではプロジェクトテンプレートとして用意されています。

アプリケーションをビルドすると、WebAssemblyのファイル(.wasm)で出力されます。

Webサーバーに配置したWebAssemblyのファイルはそのままブラウザーにダウンロードされ、プログラムはクライアントで動作します。

WebAssemblyには.NETランタイムも含まれるため、サーバーにもクライアントにも.NETをインストール必要はありませんが、その分アプリケーションのサイズが大きくなります。アプリケーションのサイズが大きくなると、ダウンロードに時間がかかり、読み込みの時間も長くなります。Blazorはこの対策として、アプリケーションの発行時に未使用のコードのトリミング(除去)と事前圧縮を行います。

また、以下の特徴があります。

- AOTコンパイル
  AOT(Ahead-Of-Time)コンパイルを有効にすると、.NETのコードをWebAssemblyに直接コンパイルできます。AOTでコンパイルを行うとアプリケーションのサイズが大きくなってしまいますが、実行時のパフォーマンスは向上します。
- レンダリング
  Razorコンポーネントは、WebAssemblyとしてダウンロードされたライブラリ(テンプレートエンジン)がクライアントでレンダリングを行います。
- オフライン
  アプリケーションがサーバーからダウンロードされた後、サーバーに依存していないためオフラインになっても実行を続けられます。

ONEPOINT

Razorなどのビューエンジンが、「.cshtml」や「.razor」などのテンプレートファイルからウェブコンテンツを作成、表示する処理を「レンダリング」と言います。

配置イメージ

Blazor WebAssembly形式のアプリケーションを構成するファイルは、Webサーバーに静的なコンテンツとして配置します(**図8.36**)。Webサーバーでプログラムは実行されないので、「.NET」をインストールする必要はありません。

▼ 図8.36 Blazor WebAssemblyの配置イメージ

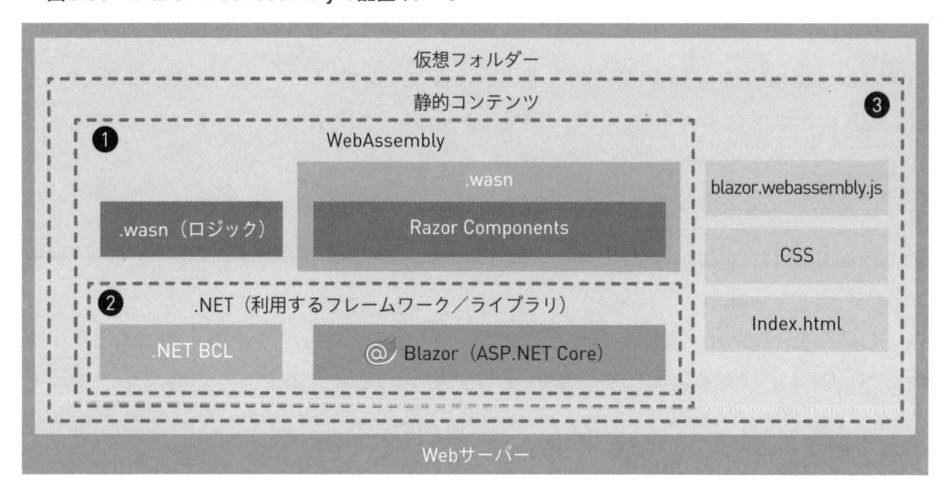

1 WebAssembly

アプリケーションのソースコードやRazorコンポーネントは、1つのWebAssemblyにコンパイルされます。利用するクラスライブラリは、別のWebAssemblyとしてコンパイルされます。

2 .NET

アプリケーションの動作に必要なフレームワーク、共通ライブラリもWebAssemblyにコンパイルされます。

3 静的コンテンツ

WebAssemblyは静的コンテンツとして配置します。その他、WebAssemblyの動作に必要なページやCSSも配置します。

動作イメージ

Blazor WebAssembly形式のアプリケーションは、ダウンロードしたWebAssemblyがクライアントで動作します(**図8.37**)。

利用する.NETのフレームワークやライブラリもWebAssemblyとしてダウンロードされるので、クライアントにも「.NET」をインストールする必要はありません。

▼ 図8.37 Blazor WebAssemblyの動作イメージ

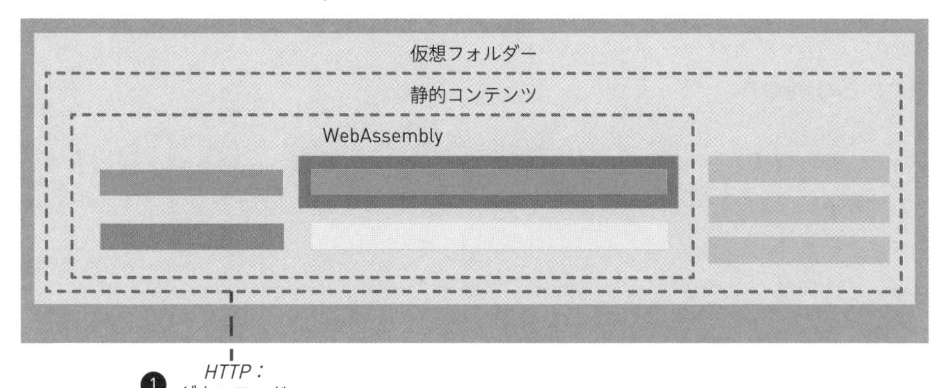

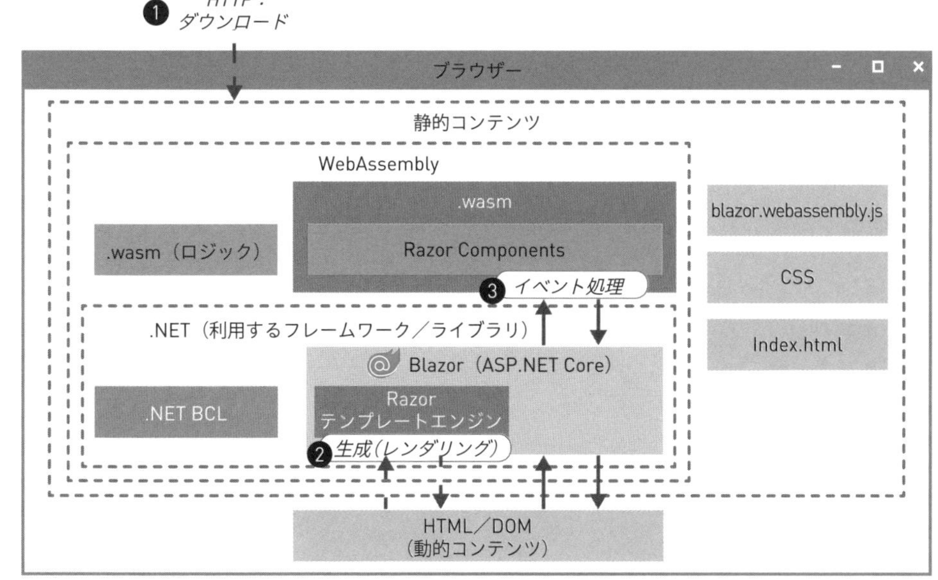

1 HTTP：ダウンロード

アプリケーションのトップページを表示（ダウンロード）すると、トップページに記述されているCSSやスクリプトファイル（blazor.webassembly.js、dotnet.js）を読み込みます。このスクリプトから構成ファイル（blazor.boot.json）に記述されているWebAssemblyファイルを読み込みます（ダウンロード）。

2 生成（レンダリング）

WebAssemblyとしてダウンロードされたRazor（テンプレートエンジン）がRazorコンポーネントからHTMLを、クライアントで動的に生成（レンダリング）します。

3 イベント処理

クリックや表示の更新といったUIのイベント処理は、ダウンロードされたWebAssemblyによってクライアントで処理されます。

 Blazor Server

Blazor Serverは、Blazorを使って開発できるアプリケーションの形式で、ユーザー操作もサーバーサイドで処理を行うWebアプリケーションです。Visual Studioではプロジェクトテンプレートとして用意されています。

アプリケーションをビルドすると、exe、dllファイルで出力されます。

Webサーバーにアプリケーションとして配置するため、プログラムはサーバーで動作します。UIの更新、イベント処理などをサーバーサイドで行うために、WebSocket（SignalR）を使って接続が行われます。ブラウザーの画面（タブ）ごとに接続が行われるため、利用するユーザーの数とサーバーに必要なリソースが比例します。サーバーに.NETをインストールする必要がありますが、クライアントにはインストールする必要はありません。プログラムをダウンロードしないので、Blazor WebAssemblyと比べるとアプリケーションの読み込み時間は短くなります。

また、以下の特徴があります。

- レンダリング
  レンダリングの処理はサーバーサイドで行われます。表示用のHTMLがサーバーのASP.NET Coreランタイムによって生成され、クライアントのブラウザーで表示されます。
- オフライン
  UIの処理で利用しているWebSocketは、常に接続が必要なため、アプリケーションをオフラインで利用することはできません。

> **ONEPOINT**
>
> SignalRはASP.NET Coreの一部で、UIなどのリアルタイムな処理をサーバーサイドで行うために利用するライブラリです（シグナルアールと読みます）。主にWebSocketを使ってリアルタイムな通信が行われます。

配置イメージ

Blazor Server形式のアプリケーションは、Webサーバーにアプリケーションとして配置します（**図8.38**）。Webサーバーでプログラムが実行されるので、配置モードを「フレームワーク依存」で発行している場合は、動作に必要な「.NET」のフレームワークや、共通ライブラリがインストールされている必要があります。

▼ 図8.38　Blazor Serverの配置イメージ

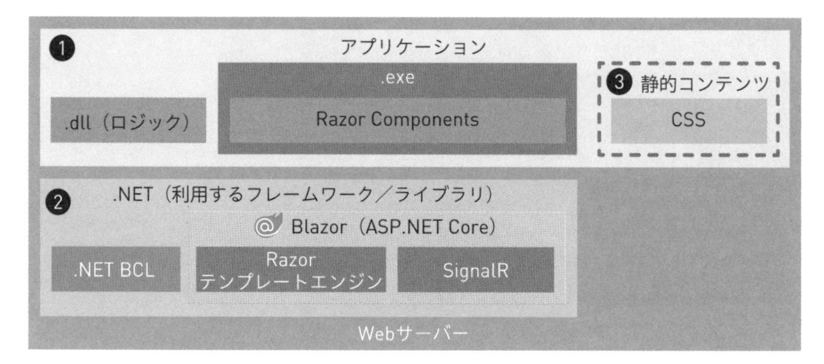

1　アプリケーション

ビルドすると、「.exe」ファイルで出力されます。Blazor Server形式のアプリケーションは、Webサーバーにアプリケーションとして配置します。利用するクラスライブラリも一緒に配置します。

2　.NET（利用するフレームワーク／ライブラリ）

配置モードを「自己完結型」で発行している場合は、動作に必要な「.NET」のフレームワークや、共通ライブラリも配置します。

3　静的コンテンツ

CSSなどの静的なコンテンツはそのまま配置します。

動作イメージ

Blazor Server形式のアプリケーションでは、レンダリングの処理もUIの処理もサーバーサイドで動作します（**図8.39**）。クライアントに「.NET」をインストールする必要はありません。

▼ 図8.39 Blazor Serverの動作イメージ

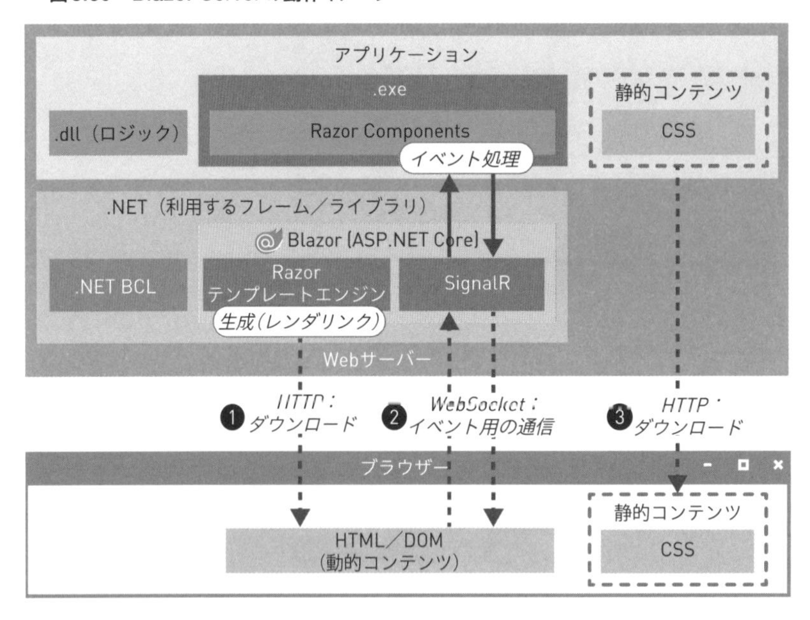

1 HTTP：ダウンロード

ブラウザーからのリクエストに応じて、Razor（テンプレートエンジン）がRazorコンポーネントからHTMLを生成（レンダリング）してダウンロードします。

2 WebSocket：イベント用の通信

表示されたページのUIのイベントは、WebSocketを使って通信が行われます。BlazorはSignalRを使ってイベントの通信処理を行いますが、イベントの実装では特に意識する必要はありません。

3 HTTP：ダウンロード

生成したページが利用するCSSやスクリプトファイルは、静的なコンテンツとしてダウンロードします。

 サポートされているプラットフォーム

Blazorは、モバイルおよびデスクトップのプラットフォームで動作する、以下のブラウザーをサポートします。

- Apple Safari
- Google Chrome

- Microsoft Edge
- Mozilla Firefox

Blazor Hybridアプリは、利用するWeb Viewコントロールによってサポートするプラットフォームが決まります。WebViewコントロール（BlazorWebView）を利用できるフレームワークは以下の3つです。

- .NET MAUI（Microsoft.AspNetCore.Components.WebView.Maui）
- WPF（Microsoft.AspNetCore.Components.WebView.Wpf）
- Windowsフォーム（Microsoft.AspNetCore.Components.WebView.WindowsForms）

Blazorの開発準備

Blazorアプリの開発をするには、Visual Studio 2019以降をインストールする必要があります。

- Visual Studio 2019 Community
- Visual Studio 2019 Professional
- Visual Studio 2019 Enterprise

この際、ASP.NETとWeb開発ワークロードをインストールします（**図8.40**）。

▼ **図8.40　インストールダイアログ**

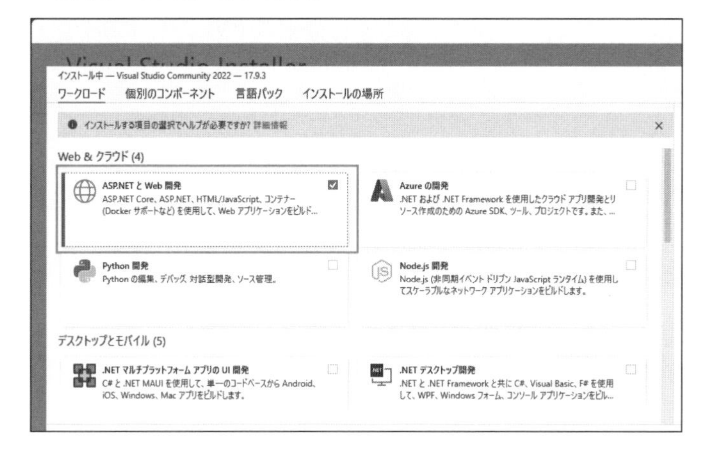

プロジェクトの作成からビルドまでの流れ

Blazor WebAssemblyの場合

Visual Studioの起動時に表示されるダイアログで、他のプロジェクトと同じように「新しいプロジェクトの作成」を選択します。既に起動している場合は、「ファイル」メニューの「新規作成／プロジェクト」を選択します。

プロジェクトの種類の検索テキストボックスで、「Blazor」と入力します（**図8.41**）。Blazor関連のプロジェクトテンプレートが一覧されるので、その中から「Blazor WebAssemblyアプリ」のプロジェクトテンプレートを選択します。

図8.41　新しいプロジェクトの作成ダイアログ

他のプロジェクトと同様に、プロジェクト名やプロジェクトを作成するフォルダ（場所）を入力します（**図8.42**）。

図8.42　新しいプロジェクトを構成しますダイアログ

次のページでフレームワークを選択します。その他の項目も含めて後で変更もできるので、既定のままで問題ありません。

以上の操作でプロジェクト、ソリューションが作成されます(**図8.43**)。

▼ **図8.43 ソリューションエクスプローラー**

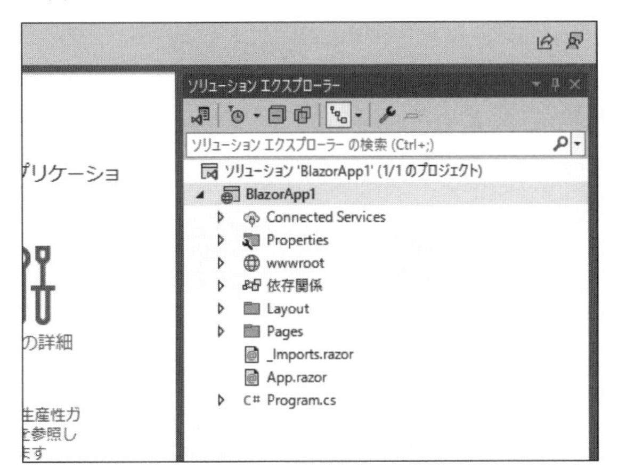

「Blazor WebAssemblyアプリ」のプロジェクトは簡単なサンプルとなっていますので、ビルドして実行してみましょう。ツールバーの「デバッグターゲット」、もしくはメニューの「デバッグ/開始」をクリックします(**図8.44**)。

作成されたプロジェクトのビルドが開始され、ビルド完了後以下の画面が表示されます(**図8.45**)。

▼ **図8.44 ツールバーの「デバッグターゲット」**

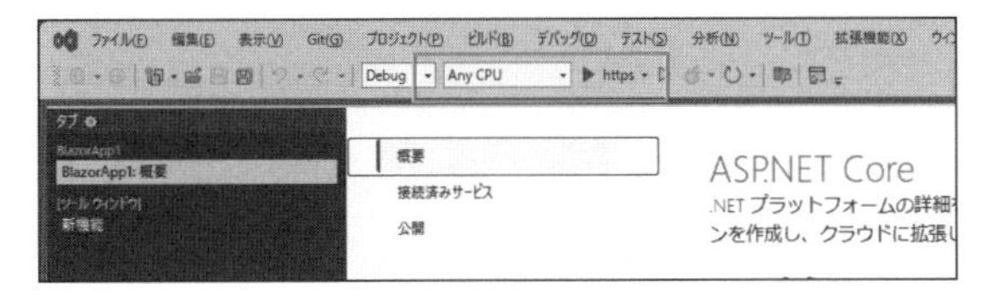

▼ **図8.45 表示されたアプリの画面**

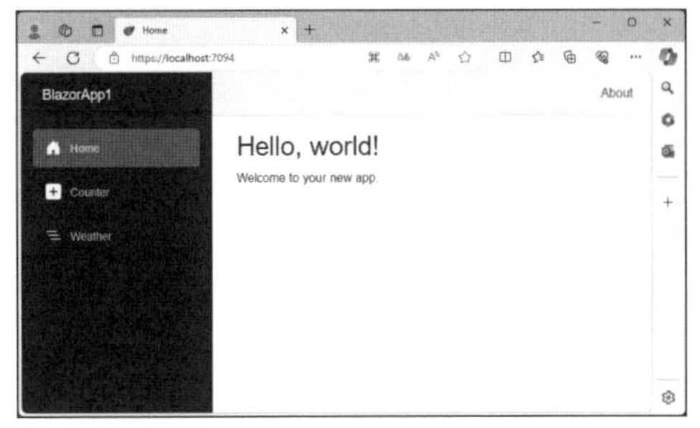

Blazor Serverの場合

Visual Studioの起動時に表示されるダイアログで、他のプロジェクトと同じように「新しいプロジェクトの作成」を選択します。既に起動している場合は、「ファイル」メニューの「新規作成

／プロジェクト」を選択します。

プロジェクトの種類の検索テキストボックスで、「Blazor」と入力します（**図8.46**）。Blazor関連のプロジェクトテンプレートが一覧されるので、その中から「Blazor Web App」のプロジェクトテンプレートを選択します。

▼ **図8.46　新しいプロジェクトの作成ダイアログ**

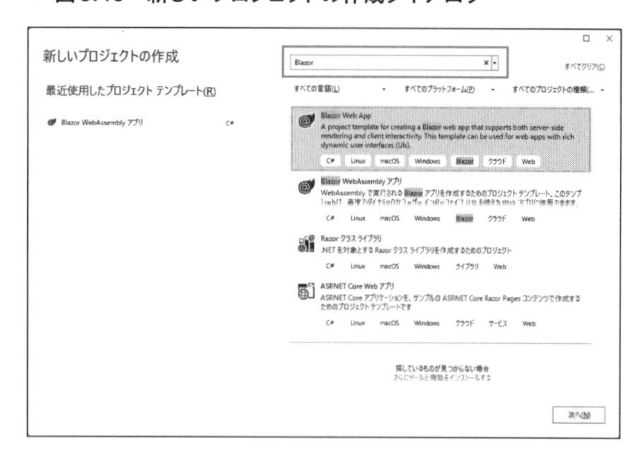

他のプロジェクトと同様に、プロジェクト名やプロジェクトを作成するフォルダ（場所）を入力します（**図8.47**）。

▼ **図8.47　新しいプロジェクトを構成しますダイアログ**

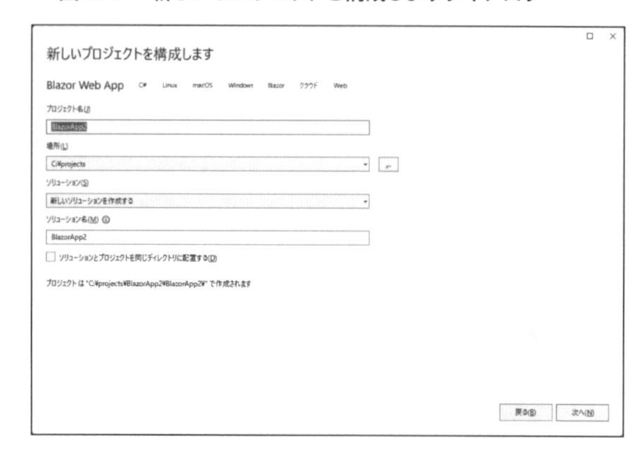

次のページでフレームワークを選択します。その他の項目も含めて後で変更もできるので、既定のままで問題ありません。

以上の操作でプロジェクト、ソリューションが作成されます（**図8.48**）。

「Blazor Server App」のプロジェクトは簡単なサンプルとなっていますので、ビルドして実行してみましょう。ツールバーの「デバッグターゲット」、もしくはメニューの「デバッグ／開始」をクリックします（**図8.49**）。

▼ **図8.48　ソリューションエクスプローラー**

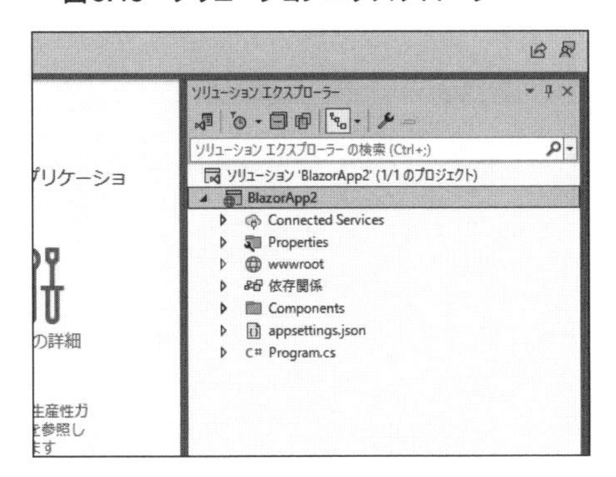

▼ **図8.49　ツールバーの「デバッグターゲット」**

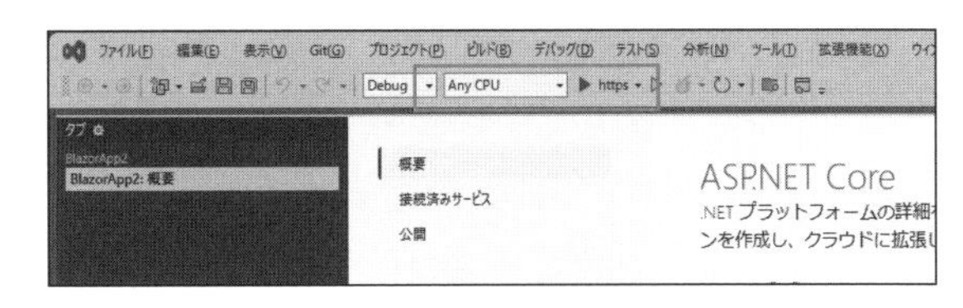

作成されたプロジェクトのビルドが開始され、ビルド完了後、**図8.50**の画面が表示されます。

▼ **図8.50　表示されたアプリの画面**

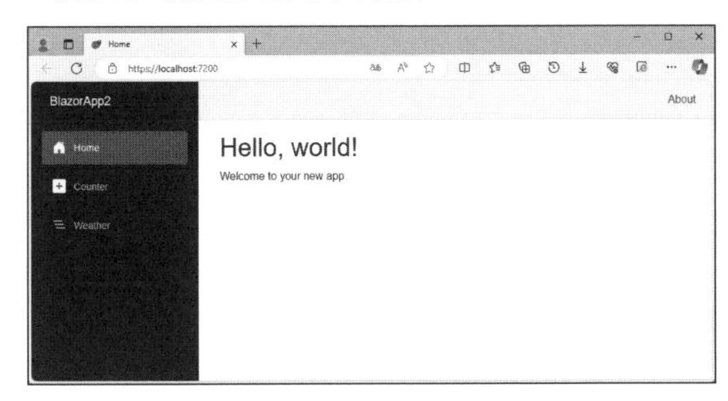

Blazorアプリを含め、ASP.NET Coreアプリ間のアプリプールの共有はサポートされていません。IISでホストする場合は、アプリごとに1つのアプリプールを使い、複数のアプリをホストするためにIISの仮想ディレクトリを使用しないようにしてください。

アプリケーションの発行

アプリケーションを発行し、ローカルのIISに配置する手順をアプリケーションの形式別に確認していきます。

Blazor WebAssemblyの場合

プロジェクトのコンテキストメニューから「発行」を選択します（**図8.51**）。

起動されたウィザードで、ターゲットのリストから「フォルダー」を選択します（**図8.52**）。ローカルフォルダーにアプリケーションのファイルを出力する、一番シンプルな発行です。

次のページで、既定のまま「完了」ボタンをクリックすると、公開用のプロファイルが作成されます（**図8.53**）。

▼ **図8.51　プロジェクトのコンテキストメニュー**

▼ **図8.52　公開プロファイルを作成するウィザードのターゲットページ**

▼ **図8.53　作成された公開プロファイル**

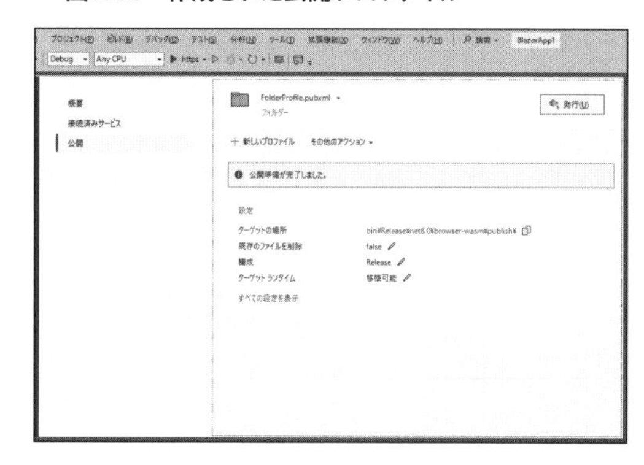

「すべての設定を表示」をクリックして表示される公開ダイアログにおいて、前述した「AOTコンパイル」を指定することができます（**図8.54**）。

「発行」ボタンをクリックすると、アプリケーションのファイルが「ターゲットの場所」フォルダーに出力されます（**図8.55**）。

▼ **図8.54　公開ダイアログのAOTコンパイル設定**

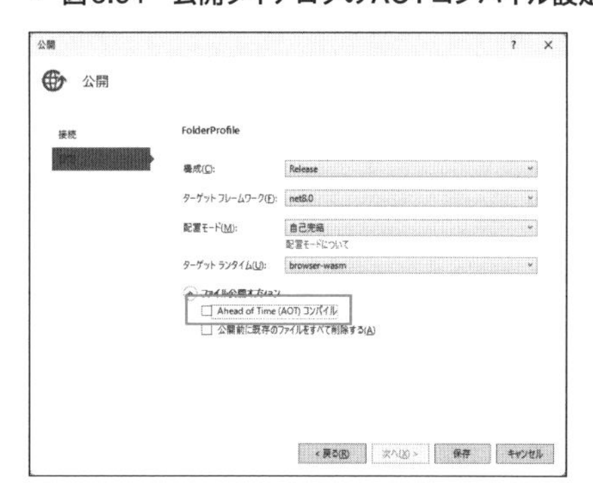

▼ **図8.55　作成した公開プロファイルで発行**

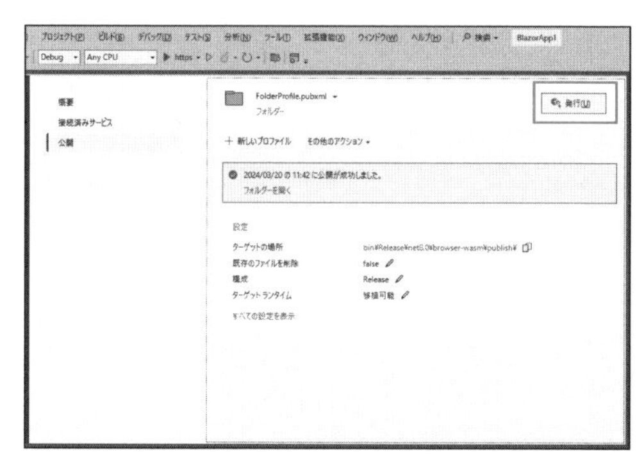

IISの仮想フォルダー(通常はC:\inetpub\wwwroot)に「BlazorApp1」フォルダーを作成し、「ターゲットの場所」フォルダーに出力された「wwwroot」フォルダーとweb.configをコピーします。

静的なコンテンツのみで構成されているため、IISに「アプリケーション」として作成する必要はありません。

ブラウザーで「http://localhost/BlazorApp1」を表示してみます。この段階では、**図8.56**のようなHTTPエラーが表示されます。

▼ **図8.56　ブラウザーで表示するとHTTPエラー**

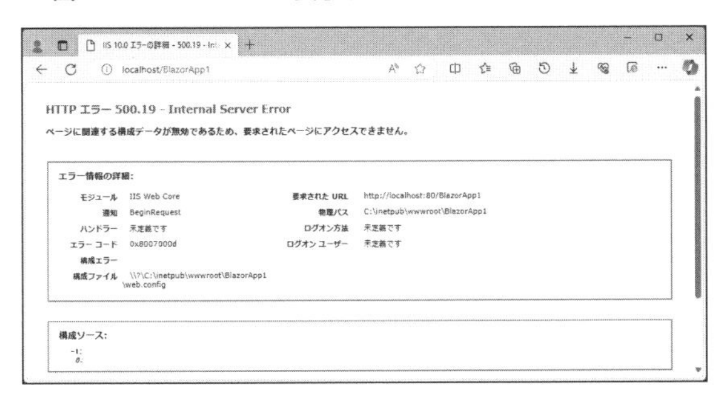

これは、web.configに記述されている「rewrite」設定が動作していないためです(**図8.57**)。

「rewrite」を動作させるためには、「IIS URL Rewrite Module」をインストールする必要があります。マイクロソフト社のサイトに公開されているので、利用するIISに対応したバージョンをダウンロードしてインストールします(**図8.58**)。

▼ **図8.57　web.configのrewrite設定**

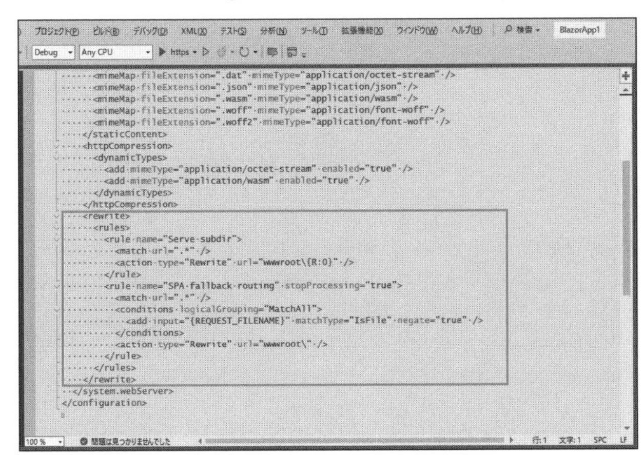

▼ **図8.58　「IIS URL Rewrite Module」のインストール**

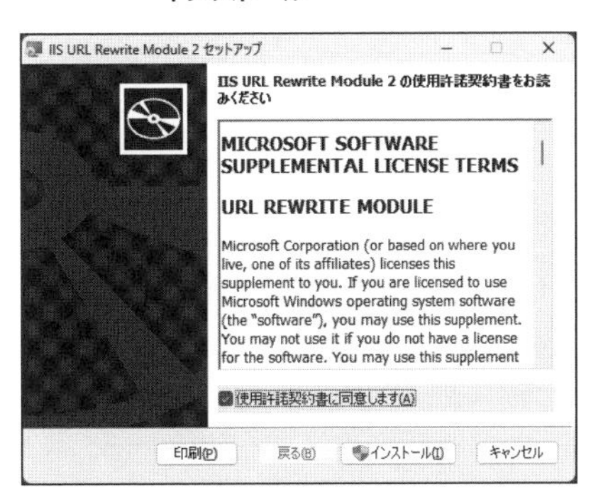

再度ブラウザーで「http://localhost/BlazorApp1」を表示してみます。この段階でも**図8.59**のようなエラー画面が表示されます。

▼ **図8.59　ブラウザーで再表示した際のエラー画面**

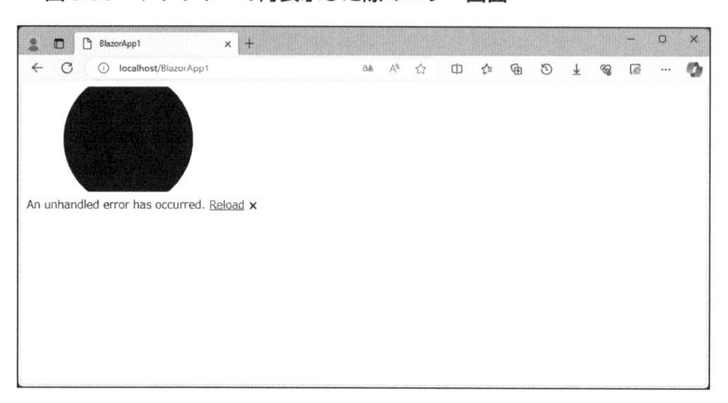

これは、アプリケーションがWebサーバーの仮想フォルダー直下に配置される想定で作成されているためです。通常は、アプリケーションごとに仮想フォルダーを作成するため、調整が必要になります。

調整は、発行された「wwwroot」フォルダーにあるindex.htmlを修正します。index.htmlに記述されている既定のURL（**リスト8.8**の8行目）が「/」になっているので、「/BlazorApp1/」に修正します。この修正は発行のたびに行う必要があります。

プロジェクトのフォルダーにある、発行元のindex.htmlを修正してしまうと、デバッガーで正常に表示できなくなってしまいます。これは、デバッガーが仮想フォルダー直下を想定して動作するためです。

▼ **リスト8.8　index.htmlの修正**

```
01:  <!DOCTYPE html>
02:  <html lang="en">
03:
04:  <head>
05:      <meta charset="utf-8" />
06:      <meta name="viewport" content="width=device-width, initial-scale=1.0" />
07:      <title>BlazorApp1</title>
08:      <base href="/BlazorApp1/" />
09:      <link rel="stylesheet" href="css/bootstrap/bootstrap.min.css" />
10:      <link rel="stylesheet" href="css/app.css" />
11:      <link rel="icon" type="image/png" href="favicon.png" />
12:      <link href="BlazorApp1.styles.css" rel="stylesheet" />
13:  </head>
```

```
14:
15: <body>
16:     <div id="app">
17:         <svg class="loading-progress">
18:             <circle r="40%" cx="50%" cy="50%" />
19:             <circle r="40%" cx="50%" cy="50%" />
20:         </svg>
21:         <div class="loading-progress-text"></div>
22:     </div>
23:
24:     <div id="blazor-error-ui">
25:         An unhandled error has occurred.
26:         <a href="" class="reload">Reload</a>
27:         <a class="dismiss">x</a>
28:     </div>
29:     <script src="_framework/blazor.webassembly.js"></script>
30: </body>
31:
32: </html>
```

再度ブラウザーで「http://localhost/BlazorApp1」を表示します。「IIS URL Rewrite Module」のインストールとindex.htmlの修正により、アプリケーションが正常に表示されるようになったことが確認できます（**図8.60**）。

▼ **図8.60　正常に表示されたアプリケーション**

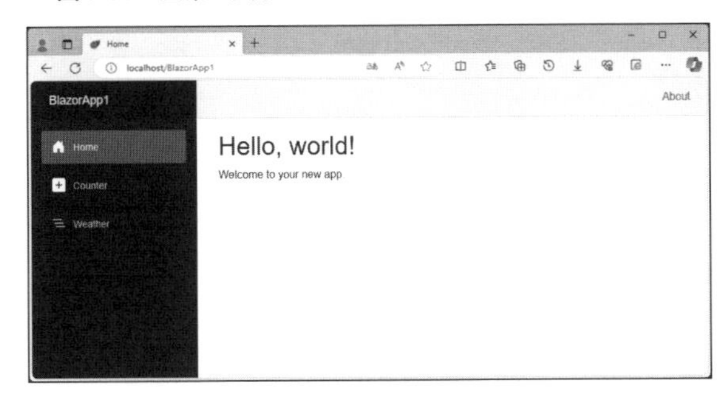

Blazor Serverの場合

プロジェクトのコンテキストメニューから「発行」を選択します（**図8.61**）。

起動されたウィザードで、ターゲットのリストから「フォルダー」を選択します。ローカルフォルダーにアプリケーションのファイルを出力する、一番シンプルな発行です。

次のページで、既定のまま「完了」ボタンをクリックすると、公開用のプロファイルが作成されます（**図8.62**）。

▼ 図8.61　プロジェクトのコンテキストメニュー

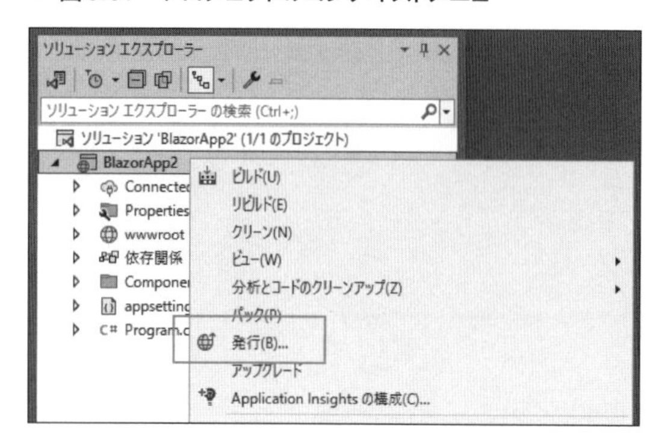

▼ 図8.62　作成された公開プロファイル

「すべての設定を表示」をクリックして表示される公開ダイアログにおいて、前述した「配置モード」を変更することができます（**図8.63**）。

「発行」ボタンをクリックすると、アプリケーションのファイルが「ターゲットの場所」フォルダーに出力されます（**図8.64**）。

▼ 図8.63　公開ダイアログの配置モード設定

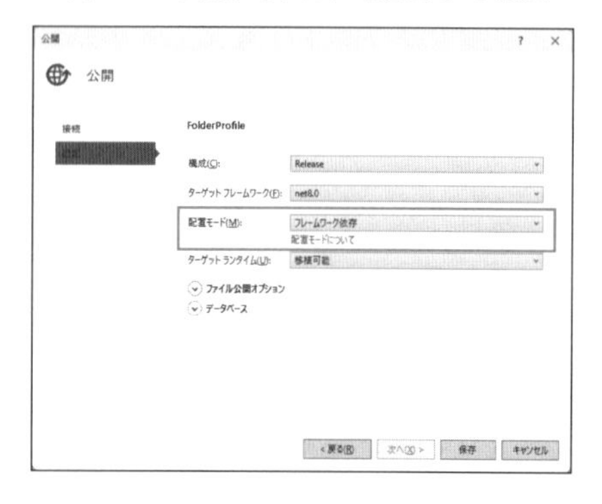

▼ 図8.64　作成した公開プロファイルで発行

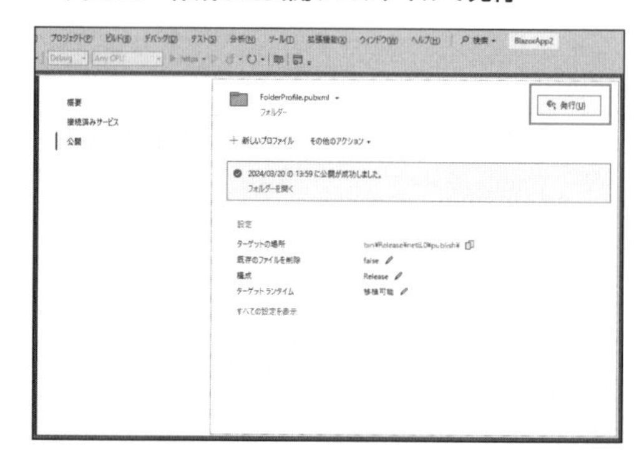

IISの仮想フォルダー（通常はC:\inetpub\wwwroot）に「BlazorApp2」フォルダーを作成し、「ターゲットの場所」フォルダーに出力された「wwwroot」フォルダーとファイルをコピーします[注2]。

作成するアプリケーション用にアプリケーションプールを追加します。インターネットインフォメーションサービス（IIS）マネージャーを起動して、左側に表示されているツリーの「アプリケーションプール」を右クリックします。

表示されたコンテキストメニューから「アプリケーションプールの追加」を選択します（**図**

注2　ASP.NET Coreのアプリケーション（Blazorも含む）では、アプリケーションプールの共有はサポートされていません。

8.65)。

▼ **図8.65 アプリケーションプールの追加**

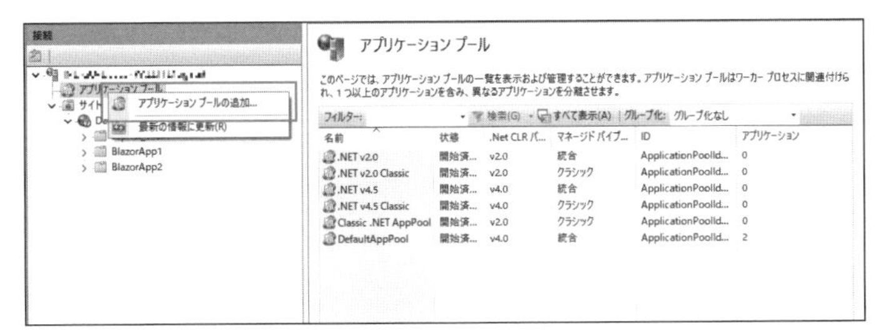

表示された「アプリケーションプールの追加」ダイアログで、**表8.1**のように設定して「OK」ボタンをクリックすると、「BlazorApp2 AppPool」の名前でアプリケーションプールが追加されます（**図8.66**）。

▼ **表8.1 「アプリケーションプールの追加」ダイアログ設定項目**

設定項目	設定値
名前	BlazorApp2 AppPool
.NET CLR バージョン	マネージドコードなし
マネージドパイプラインモード	統合

作成したフォルダーをアプリケーションに変換します。インターネットインフォメーションサービス（IIS）マネージャーの、左側に表示されているツリーの「BlazorApp2」を右クリックして「アプリケーションへの変換」を選択します（**図8.67**）。

▼ **図8.66 「アプリケーションプールの追加」ダイアログ**

▼ **図8.67 アプリケーションへの変換**

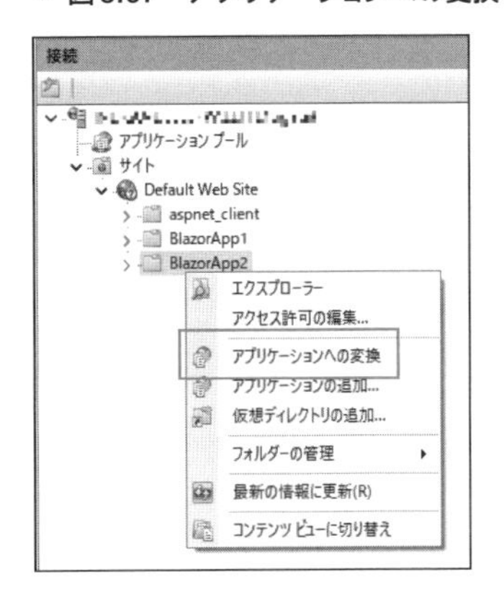

表示された「アプリケーションの追加」ダイアログの「アプリケーションプール」に、先ほど追加した「BlazorApp2 AppPool」を設定（選択）します（**図8.68**）。

ここまでの手順でアプリケーションが作成できたので、ブラウザーで「http://localhost/BlazorApp2」を表示してみます。この段階では、**図8.69**のようなHTTPエラーが表示されます。

▼ **図8.68　「アプリケーションの追加」ダイアログ**

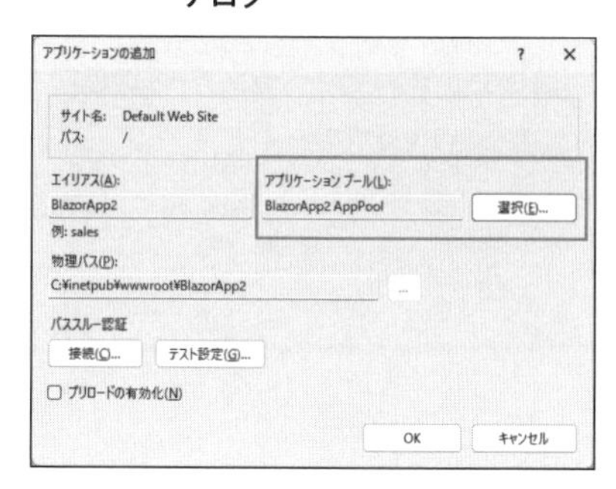

▼ **図8.69　ブラウザーで表示するとHTTPエラー**

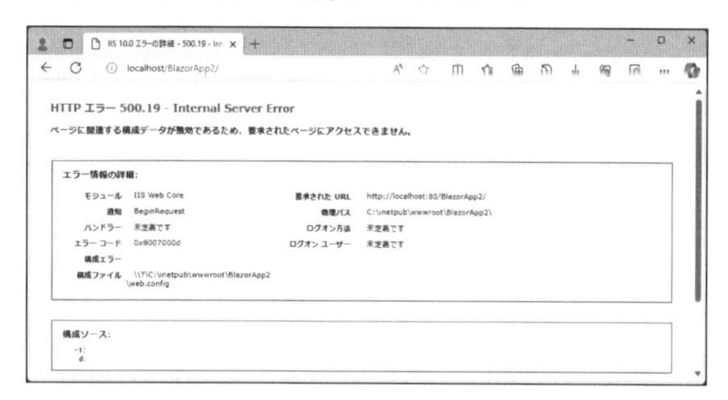

ASP.NET CoreアプリケーションをIISで実行するには、「.NET Coreホスティングバンドル」をインストールする必要があります。マイクロソフト社のサイトに公開されているので、利用するIISに対応したバージョンをダウンロードしてインストールします（**図8.70**）。

再度ブラウザーで「http://localhost/BlazorApp2」を表示してみます。この段階でも**図8.71**のようなエラー画面が表示されます。

▼ **図8.70　「Windows Server Hosting」のインストール**

▼ **図8.71　ブラウザーで再表示した際のエラー画面**

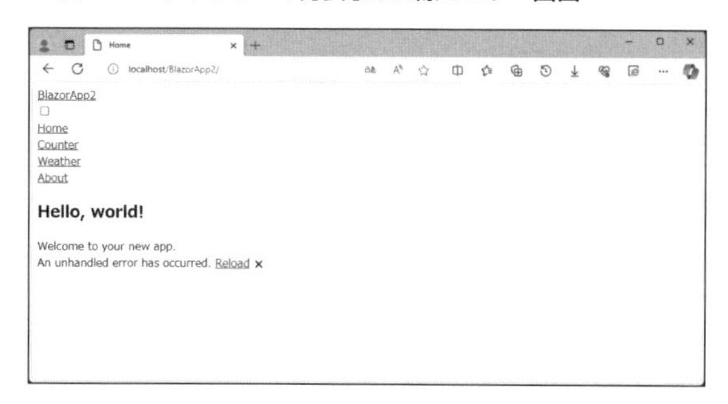

これは、アプリケーションがWebサーバーの仮想フォルダー直下に配置される想定で作成されているためです。通常は、アプリケーションごとに仮想フォルダーを作成するため、調整が必要になります。ここでは、構成ファイル「appsettings.json」で変更できるように修正します。

App.razorに既定のURLの記述があるので、構成ファイルに設定されている値を利用するように修正します。構成ファイルは既定で読み込まれるので、**リスト8.9**の8行目のように依存関係の挿入(DI)を使って設定を参照します。
設定の名前は「BaseURL」とします。

▼ **リスト8.9　App.razorの修正**

```
01: @inject IConfiguration Configuration
02: <!DOCTYPE html>
03: <html lang="en">
04: 
05: <head>
06:     <meta charset="utf-8" />
07:     <meta name="viewport" content="width=device-width, initial-scale=1.0" />
08:     <base href=@Configuration["BaseUrl"] ?? "/" />
09:     <link rel="stylesheet" href="bootstrap/bootstrap.min.css" />
10:     <link rel="stylesheet" href="app.css" />
11:     <link rel="stylesheet" href="TextFileCharCounter.Blazor.styles.css" />
12:     <link rel="icon" type="image/png" href="favicon.png" />
13:     <HeadOutlet />
14: </head>
15: 
16: <body>
17:     <Routes />
18:     <script src="_framework/blazor.web.js"></script>
19: </body>
20: 
21: </html>
```

App.razorを修正する前は、既定のURLには"/"が記述されていたので、appsettings.jsonにその値で設定を追加します(**リスト8.10**の9行目)。このようにすることで、デバッガーで正常に表示されなくなるのを回避しています。これは、デバッガーが仮想フォルダー直下を想定して動作するためです。

▼ **リスト8.10　appsettings.jsonに設定項目追加**

```
01: {
02:   "Logging": {
```

```
03:     "LogLevel": {
04:       "Default": "Information",
05:       "Microsoft.AspNetCore": "Warning"
06:     }
07:   },
08:   "AllowedHosts": "*",
09:   "BaseUrl": "/"
10: }
```

IISの仮想フォルダーに配置したアプリケーションのファイルにあるappsettings.jsonを修正します。

「BaseURL」の設定を"/BlazorApp2/"に変更します（**リスト8.11**の9行目）。この変更は発行のたびに行う必要があります。

▼ **リスト8.11 appsettings.jsonの修正**

```
01: {
02:   "Logging": {
03:     "LogLevel": {
04:       "Default": "Information",
05:       "Microsoft.AspNetCore": "Warning"
06:     }
07:   },
08:   "AllowedHosts": "*",
09:   "BaseUrl": "/BlazorApp2/"
10: }
```

再度ブラウザーで「http://localhost/BlazorApp2」を表示します。構成ファイル「appsettings.json」の設定により、アプリケーションが正常に表示されるようになったことが確認できます（**図8.72**）。

▼ **図8.72 正常に表示されたアプリケーション**

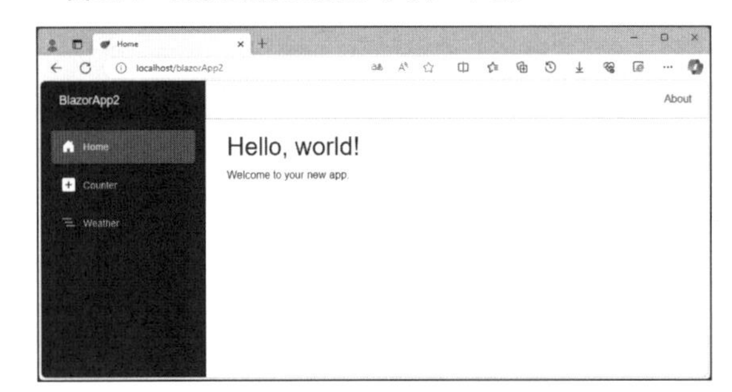

第9章

Visual Studioによるチーム開発

ゲームや業務システムなどの大きな規模のアプリケーション開発を行う場合、複数人によるプロジェクトチームを組んで開発を進めていくことになります。この章ではVisual Studioを利用してチーム開発を行う方法について見ていきましょう。

本章の内容

9-1 チーム開発とは

チームでアプリケーション開発を行うにはどのように行うのか、Visual Studioによるチーム開発について学習する前にチーム開発とはどのようなものか確認していきましょう。

チーム開発と個人開発の違い

チームによるアプリケーション開発は、個人でアプリケーション開発を行う場合では対人関係のコミュニケーションが大きく異なってきます。コミュニケーションがチーム開発と個人開発それぞれにどのような影響を与えるのかそれぞれ考えてみましょう(**表9.1**)。

▼ **表9.1 チーム開発と個人開発のメリット、デメリット**

	チーム開発	個人開発
メリット	大規模のアプリケーション開発であっても品質の維持やメンバーを増加させることでスケジュール遅延をカバーすることができる	コミュニケーションが不要なため、自己判断でアプリケーション開発を進めることができる
デメリット	メンバーが多いほど、チーム内のコミュニケーション(課題など情報共有、スケジュール管理)が難しくなる	簡単なアプリケーション開発など小さい規模の開発まででないと品質の維持やスケジュール遅延のカバーが難しくなる

チーム開発はコミュニケーションを適切な形でスムーズに行うことができれば、メンバーの追加によって出来る作業範囲が増えて大きい規模のアプリケーション開発であっても品質の維持やスケジュール遅延をカバーすることができることがわかります。しかし、複数メンバーでアプリケーション開発を行うため、メンバーの数が多くなればなるほどコミュニケーションがスムーズにとれなくなってしまい、ソースコードやドキュメントの競合、バグの発生、ロールバックなどによるスケジュール遅延や品質の低下につながってしまいかねません。

ここではチーム開発において課題の共有やスケジュール管理などのコミュニケーションを適切に行っていくことが大切であると覚えておきましょう。

チーム開発で利用するツール

課題の共有やスケジュールの管理などのコミュニケーションをスムーズにするためにチーム開発では以下のツールが利用されています。

- 課題管理システム
- バージョン管理システム
- 継続的インテグレーションシステム（CI : continuous integration）

チーム開発で利用するツールについて順番に見ていきましょう。

課題管理システム

課題管理システムを導入することで、行うべきタスクの管理を誰が担当するのか明確にすることができます。課題管理システムを導入するうえでメリットとなる点をいくつか紹介していきましょう（**表9.2**）。

▼ **表9.2　課題管理システム 導入メリット**

機能	内容
タスクの明確化	どのような作業を行うのか作業範囲がわかりやすくなる
メンバーのアサイン	作業を行うメンバーを決定することで作業分担状況がわかりやすくなる
タスクの期限	いつまでにタスクを完了させるのか明確にして作業の優先度を決めやすくなる
タスクの状態	進捗状況を確認できることで作業の遅延を他のメンバーでカバーしやすくなる
タスク一覧	作業の一覧を確認することでプロジェクト全体の把握がしやすくなる
情報の共有	課題管理システムでタスクが一元管理されることで、メンバーとの情報共有がやりやすくなる

課題管理システムを導入することでアプリケーション開発を行う際のタスクを明確にすることができ、メンバーとの情報共有を行いやすくなることがわかるかと思います。

課題管理システムとして「Redmine」「Bugzilla」「GitHub」などが様々なものが提供されていますので、チームの運用に即した利用しやすい課題管理システムを見つけてみましょう。

バージョン管理システム

バージョン管理システムを導入することで、開発するプロジェクトのソースコードやドキュメントなど管理することができ、チーム開発を行ううえでバージョン管理システムを利用することが必須になっています。バージョン管理システムを導入するうえでメリットとなる点をいくつか紹介していきましょう（**表9.3**）。

▼ 表9.3 バージョン管理システム 導入メリット

機能	内容
変更履歴	いつ、誰が、どのような変更を行ったのか変更内容の履歴を残すことができる
差分確認	過去に行った変更内容の差分を確認することができる
ロック	他のメンバーによって変更が上書きされないようにロックや、注意を促し防止することができる
ロールバック	過去の変更内容にロールバックできる
分岐	現在のコンテンツとは別のコンテンツを派生させて保存することができる

バージョン管理システムを導入することで、ソースコードやドキュメントの競合を防止することが容易になり、意図しないバグの発生やロールバックなどを減らすことが出来ます。

バージョン管理システムはシステムによって特徴が異なり、主に分散型バージョン管理システムと集中型バージョン管理システムに分けられると思います。

分散型バージョン管理システムの代表的なシステムとしてはGit(GitHub)が挙げられます。Gitは最も使用されている分散型バージョン管理システムであり、ITにかかわる人にとってはどのようなものなのか知っておくべき知識となっています。

Gitは作業者ごとにローカルリポジトリを所有するため、どのメンバーがどのファイルを編集しているかを管理することは出来ません。1人で作業するような場合はリモートリポジトリを作成する必要はなく、ローカルリポジトリのみでGitを利用することが可能です(**図9.1**)。

▼ 図9.1 分散型バージョン管理システムのイメージ(GitHub)

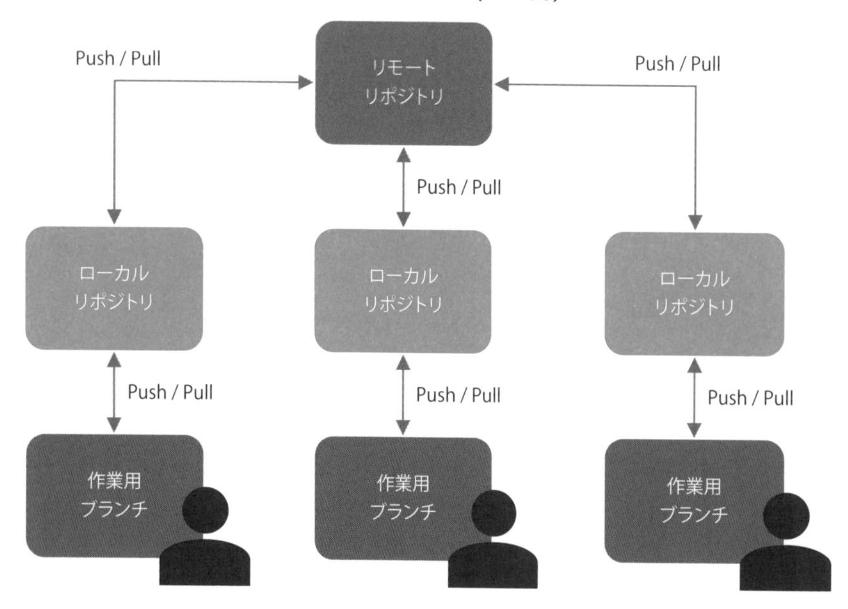

集中型バージョン管理システムの代表的なシステムとしてはTeam Foundation バージョン管理 (TFVC)が挙げられます。Team Foundation バージョン管理 (TFVC) は、サーバーのプロジェクトリポジトリ上で各ファイルの編集状態や履歴データを管理する集中型のバージョン管理システムで、各作業者は必要なファイルをプロジェクトからダウンロードし、個人用ワークスペースでチェックアウトして作業を行います。作業が終了した場合はチェックインを行い、プロジェクトリポジトリへ反映します。チェックアウト状態はサーバーで管理されており、誰がどのファイルを編集中なのか確認が容易なため、バージョン管理がしやすいと思います。(**図9.2**)

▼ **図9.2 集中型バージョン管理システムのイメージ**

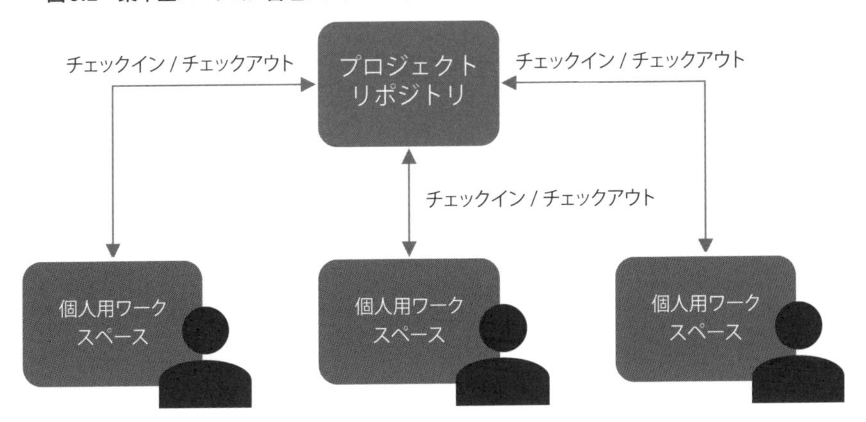

継続的インテグレーションシステム

継続的インテグレーションシステム (CI：Continuous Integration) を導入することで、各メンバーが作業した内容を1か所に集約し、常時ビルドやテスト結果のチェックを行うことが可能になり、品質を効果的に担保することが可能になります。CIとしては「jenkins」がスタンダードになっているようです。

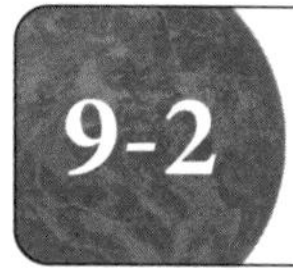

9-2 Visual Studioのチーム開発機能

Visual Studioではチーム開発の機能としてどのようなものが提供されているのか確認していきましょう。

チームエクスプローラー

チームエクスプローラーは、GitとGitHubリポジトリ、Team Foundation バージョン管理(TFVC)のリポジトリなどでホスティングしているプロジェクトに接続し、ソースコード、作業項目、およびビルドを管理することができます。

チームエクスプローラーでGitのリポジトリに接続した場合、[ホーム]に表示されるないようはGitに関する機能が表示(**図9.3**)され、TFVCのリポジトリに接続した場合はTFVCに関する機能が表示(**図9.4**)されるようになります。

▼ **図9.3　Gitリポジトリに接続した場合のチームエクスプローラー**

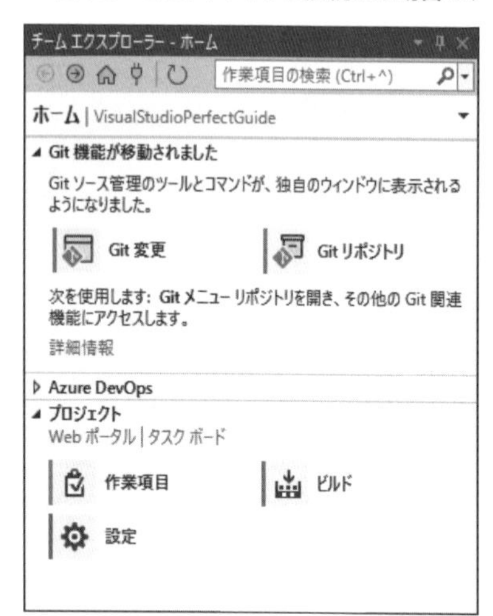

[作業項目]　作業項目の作成、割り当て、進捗の更新などが行えます

[ビルド]　ソースコードをコンパイルして実行可能なプログラムやライブラリを生成します

[設定]　リポジトリのブランチやリモート接続、プルリクエスト、ワークスペース設定などを管理できます

▼ 図9.4 TFVCリポジトリに接続した場合のチームエクスプローラー

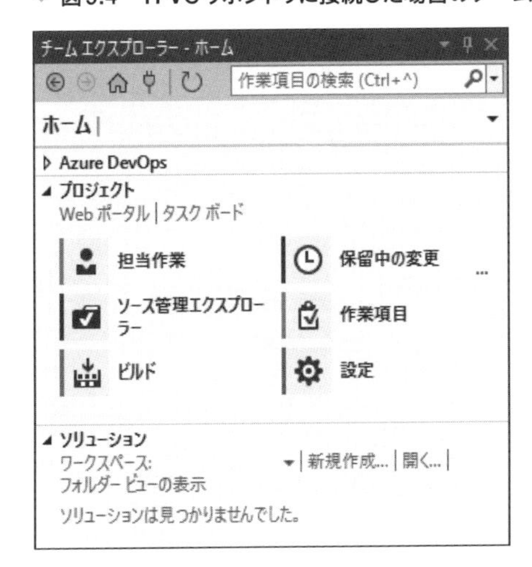

[担当作業] 処理中の作業や中断している作業の内容を表示します
[保留中の変更] 作業のチェックインを行います
[ソース管理エクスプローラー] ソース管理エクスプローラーを表示します
[作業項目] 作業項目を確認できます
[ビルド] プロジェクトのビルド定義を確認します
[設定] プロジェクトの管理機能を構成します

チームエクスプローラーは接続したリポジトリによって表示される機能が異なりますが、リポジトリの接続管理やソースコード、作業項目、およびビルドの管理を行うためのウィンドウであると覚えておきましょう。

 Live Share

Live ShareはVisual StudioやVisual Studio Codeを使用してペアプログラミング、デバッグを遠隔地のメンバーと行うことができる機能です。Visual Studio 2022には標準インストールされており、それ以前のバージョンでは拡張機能と更新プログラムから「Live Share」をインストールして利用することが出来ます(**図9.5**)。

1 「ツール」→「オプション」から「Live Share」を選択します(**図9.6**)。

▼ 図9.5　Live Share

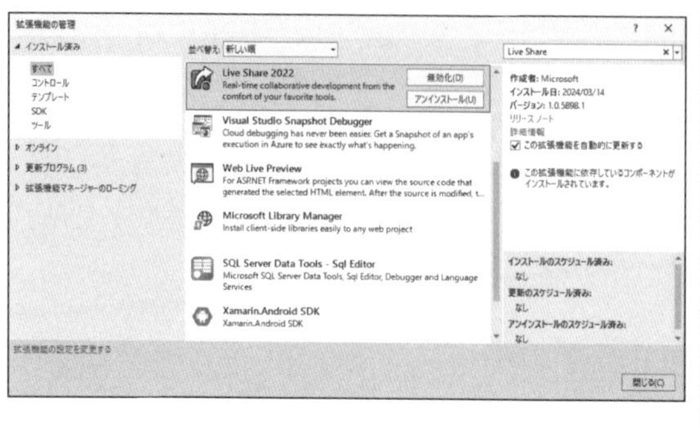

▼ 図9.6　Live Share設定

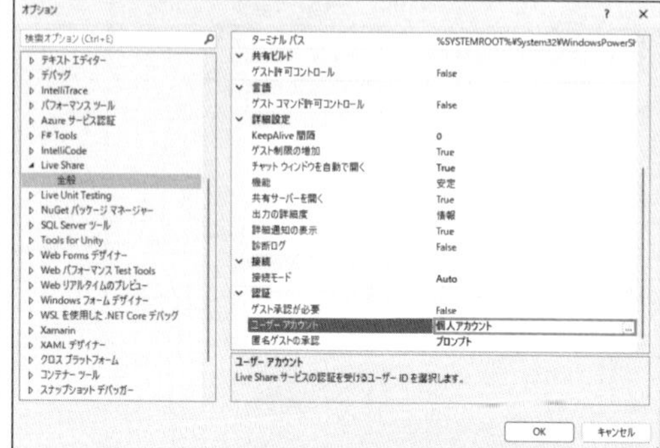

2. 「認証」項目内の「ユーザーアカウント」からLive Share Accountを選択する画面を表示させて、Live Share Accountを設定します(**図9.7**)。
3. Visual Studio 2022の画面右上にある「Live Share」をクリックして、Live Shareを開始します(**図9.8**)。

▼ 図9.7　Live Share Account設定

▼ 図9.8　Live Shareの開始

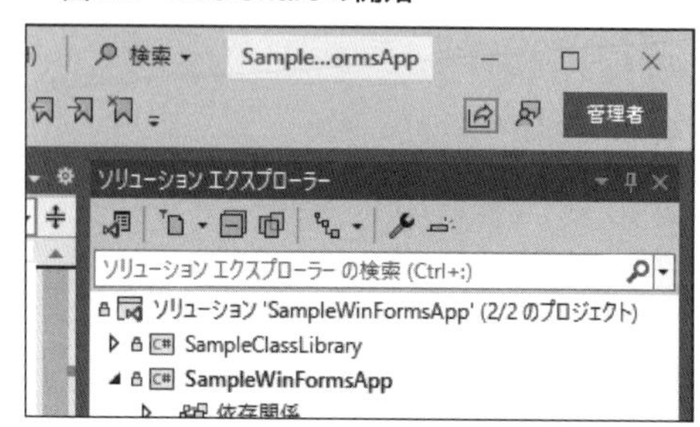

4. 共同作業用のURLが表示されるので、「URL」をコピーし共同作業を行うメンバーへURLを連絡します(**図9.9**)。
5. 共同作業を行うメンバーはVisual Studio 2022がインストールされている環境で送られてきたURLにアクセスし、「Visual Studio」をクリックします(**図9.10**)。Visual Studio 2022が起動したらペアプログラミングを開始することができます。

▼ 図9.9　共同作業用のURL

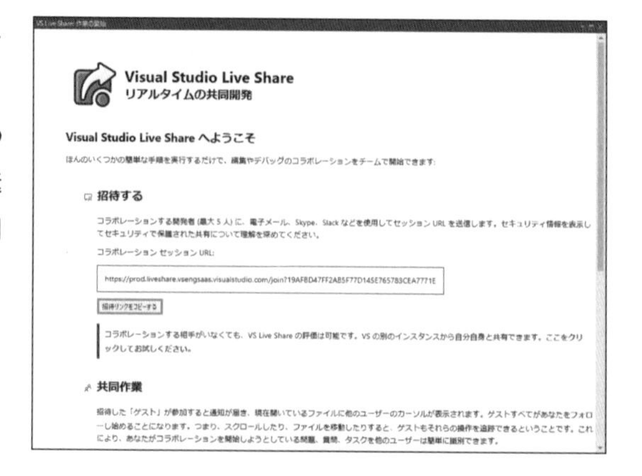

▼ 図9.10　共同作業URLアクセスページ

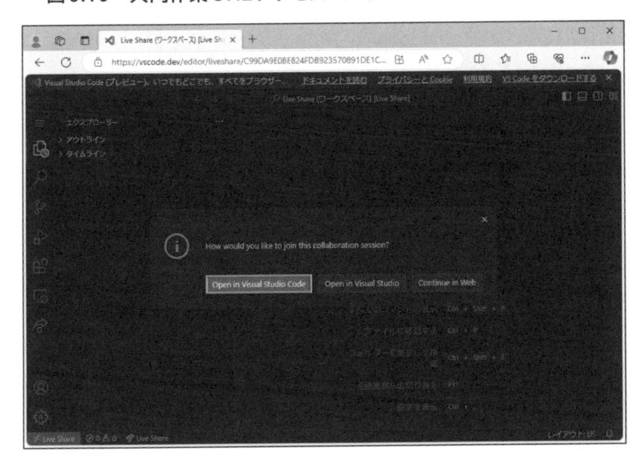

6　Live Shareを終了する場合は依頼元のVisual Studio 2022の右上にある「共有」をクリックし、プルダウンから「Live Shareセッションを終了する」を選択して終了します（**図9.11**）。

▼ 図9.11　Visual Studio Live Shareの終了

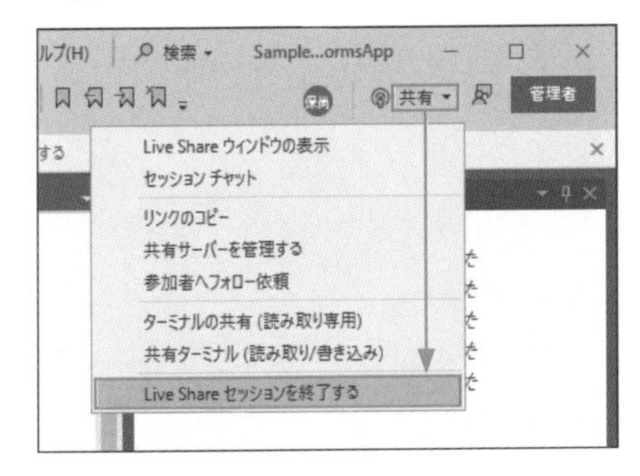

9-3　Gitによるバージョン管理

Visual Studio 2022とGitを利用したバージョン管理ついて操作方法を確認していきましょう。

 ソリューションをローカルGitリポジトリに登録

Visual Studioからソリューションをローカル Gitリポジトリに登録するには下記の手順で行います。

1. ［ソリューションエクスプローラー］でソリューションを選択し、表示されたコンテキストメニューから［Gitリポジトリの作成］をクリックします（**図9.12**）。
2. 新しいリモートへのプッシュ、ローカルパスなどを設定し「作成とプッシュ」ボタンをクリックします（**図9.13**）。

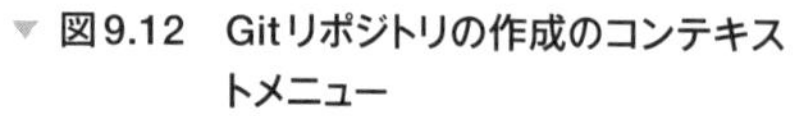
▼ **図9.12 Gitリポジトリの作成のコンテキストメニュー**

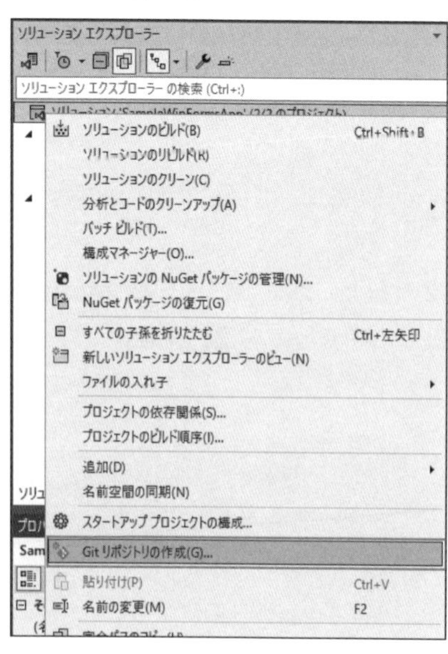

▼ **図9.13 Gitリポジトリの作成**

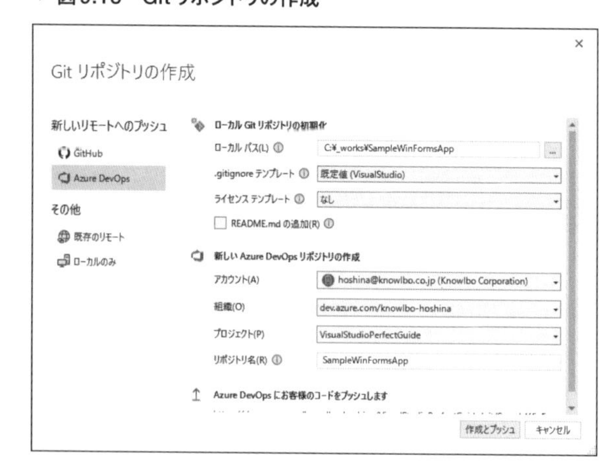

3. ［ソリューションエクスプローラー］を確認すると鍵マークが各ファイルに表示されます。これでソリューションがローカルGitリポジトリに登録され、Gitによるバージョン管理が行えるようになりました（**図9.14**）。

▼ **図9.14 鍵マーク**

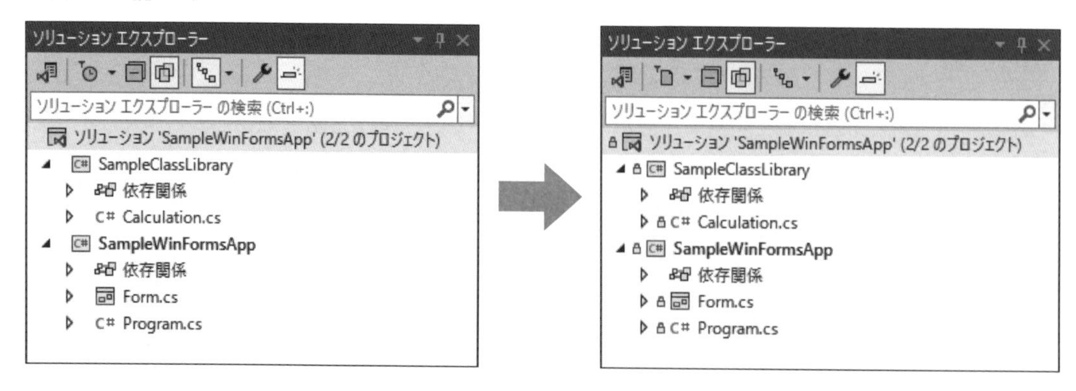

変更したファイルをローカルGitリポジトリにコミット

ローカルGitリポジトリに登録したソリューション内のソースコードを修正し、ローカルGitリポジトリにコミットするには下記の手順で行います。

1. ファイルの修正を行うと［ソリューションエクスプローラー］で鍵マークがチェックマークに変わります（**図9.15**）。
2. ［ソリューションエクスプローラー］から修正を行ったファイルを右クリックし、［コミット］をクリックします（**図9.16**）。

▼ **図9.15　チェックマーク**

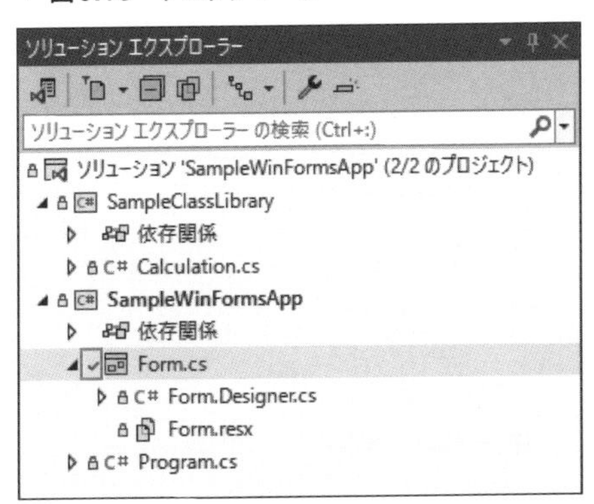

▼ **図9.16　コミット**

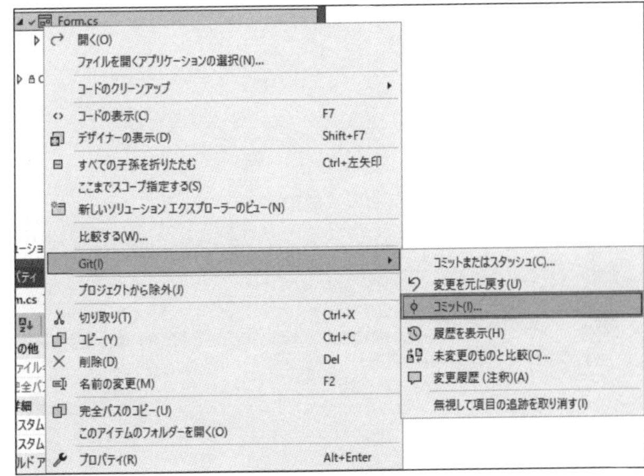

3. コメントを入力し、変更対象のファイルへのアクションを行います（**図9.17**）。今回は［すべてコミット］とします[注1]。

▼ **図9.17　コミット**

これでローカルGitリポジトリへ変更内容が反映され履歴が追加され、履歴の表示から変更内容の確認を行うことができます（**図9.18**）。また、どのような変更を行ったのか差異の確認を行うことも可能です（**図9.19**）。

注1　Gitユーザー情報が保存されていない場合、コミットを行う前にGitユーザー情報の入力画面が表示されるので入力して保存してください。

▼ 図9.18　履歴の表示

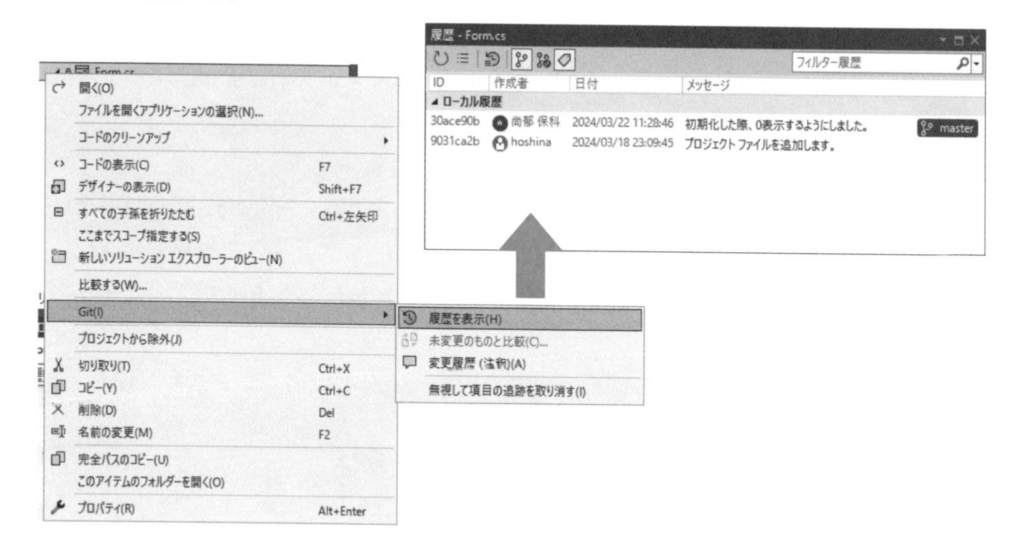

▼ 図9.19　変更の差異

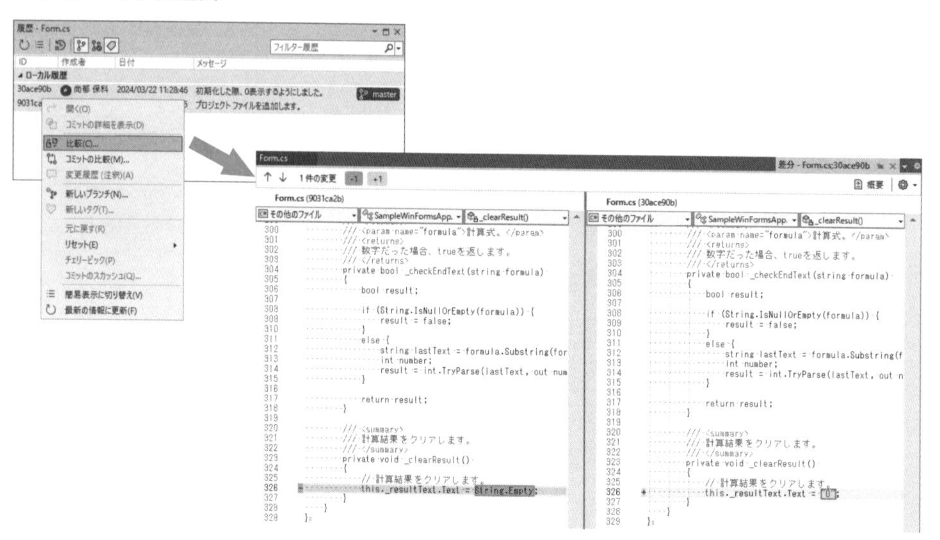

行単位でコミット（行ステージング）

修正したソースコードの一部をコミットしたいけど、ソースコードの修正範囲が多く、なかなかコミットできなくなってしまう場合があります。そのような場合、Visual Studioでは、差分のクイック表示から行単位でステージングすることができます。どのように行うか確認してみましょう。

1. 差分ビューを表示します。
2. 差分ビュー内でステージングしたい行にカーソルを合わせると表示される「+行のステージング（または+変更をステージ）」をクリックします（**図9.20**）。

▼ **図9.20　行のステージング**

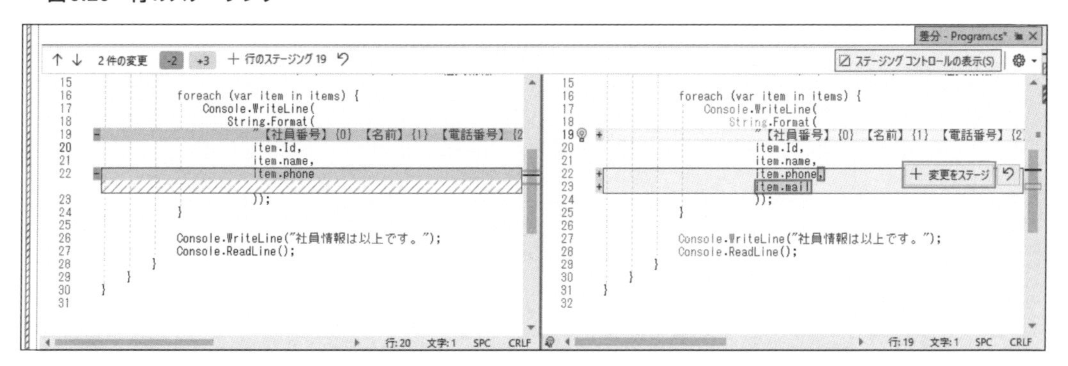

「+行のステージング（または+変更をステージ）」が表示されない場合は、「ステージングコントロールの表示」をクリックします（**図9.21**）。

▼ **図9.21　ステージング コントロールの表示**

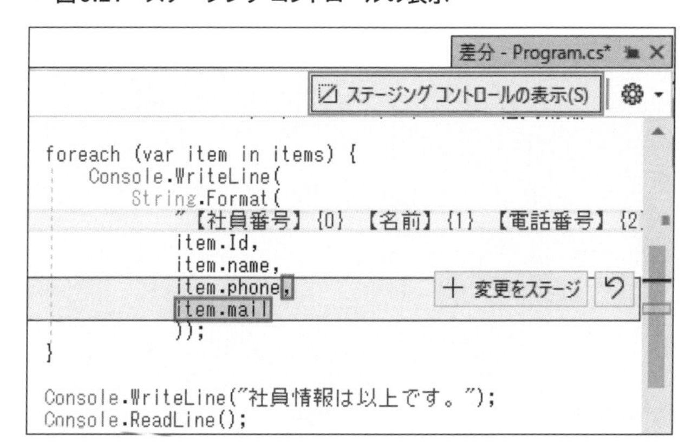

コミットグラフの利用

コミットグラフを利用することで、Gitのブランチ状態やコミット履歴を直感的に理解することができます（**図9.22**）。コミットグラフはメニューバーの「表示」→「Gitリポジトリ」を選択することで表示されます。ここでは主にコミットの確認やコミットの比較など見ていきましょう。

▼ 図9.22 ステージング コントロールの表示

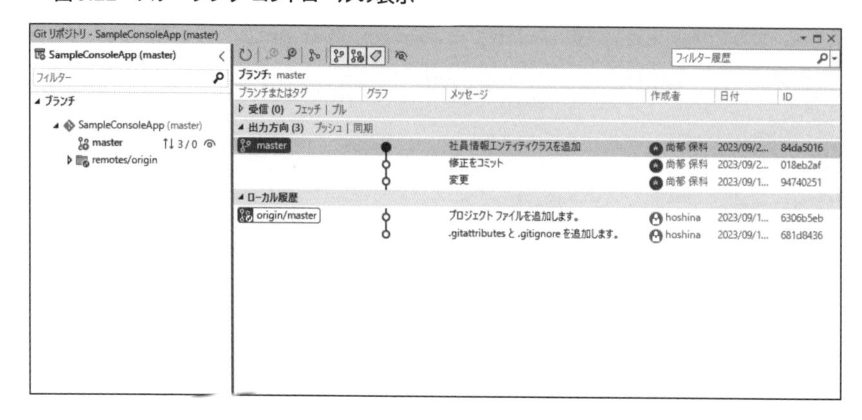

コミットの確認

コミットグラフ上のコミットにマウスカーソルを合わせることで、コミットID、メッセージ、日付、作成者などの情報を確認することができます。また、コミットをクリックすることで詳細情報をコミット画面で確認することができます(**図9.23**)。

▼ 図9.23 コミットの確認

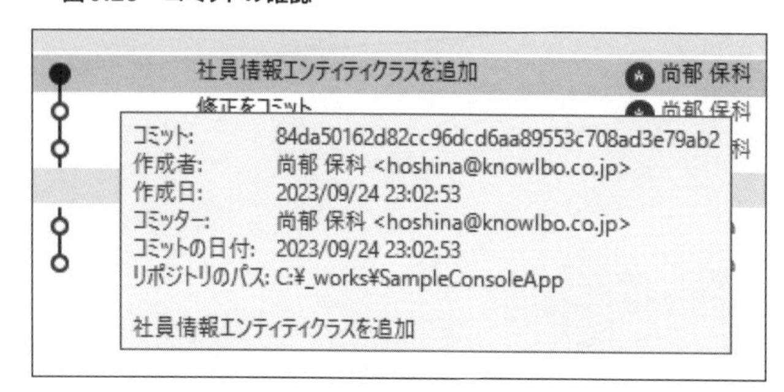

コミットの比較

ブランチ内の任意の2つのコミットを比較するには、Ctrlキーを使用して、比較する2つのコミットを選択します。

次に、そのうちの1つを右クリックし、[コミットの比較]を選択します(**図9.24**)。

▼ 図9.24　コミットの比較

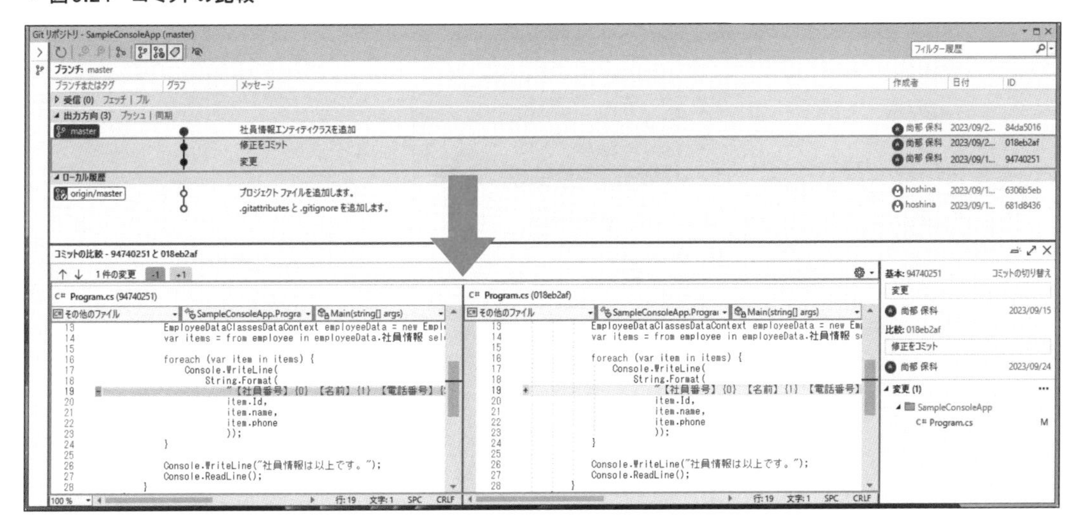

新しいブランチ作成

以前のコミットからブランチを作成できます。新しいブランチを作成するには、コミットを右クリックして、[新しいブランチ]からブランチ名入力して作成します(**図9.25**)。

▼ 図9.25　新しいブランチ作成

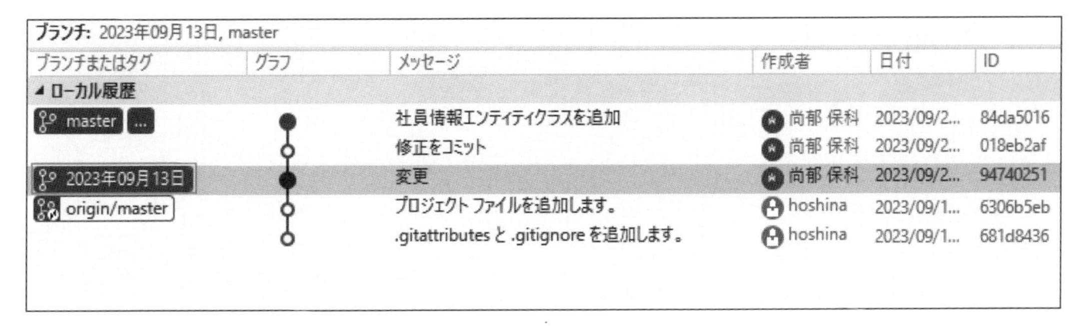

ブランチの比較

ブランチの比較は、プル要求の作成やマージ、またはブランチの削除を行う際に役立ちます(**図9.26**)。

▼ 図9.26　ブランチの比較

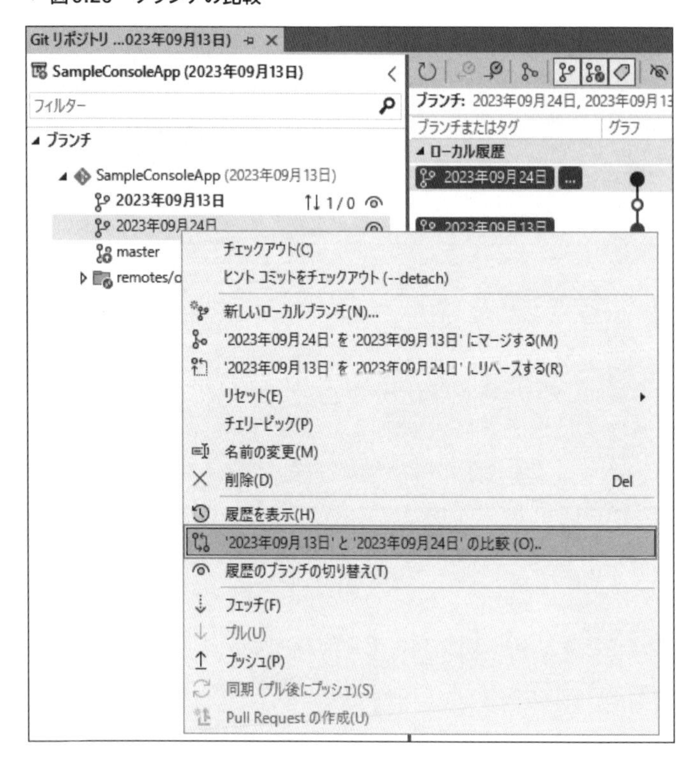

 GitHubとの統合

Visual Studio 2022はGitHubとの統合も進んでおり、コードレビューやデバッグのプルリクエストなどの操作をIDE上で行うことができます。また、拡張機能のGitHub CopilotやGitHub Copilot ChatをインストールしVisual StudioのAI支援型開発をより強化して、生産性と効率を向上させることもできます。

> **ONEPOINT**
>
> GitHubはGitのリポジトリを利用したソースコードをホスティングするソフトウェア開発のプラットフォームです。GitHubが提供するプルリクエストは、ローカルリポジトリ上で変更した内容を他のメンバーへ通知し、その変更した内容を他のメンバーへレビューしてもらうことでバグが発生しにくい品質の高いコードをユーザーへ提供することが可能です。

GitHub Copilot

GitHub CopilotはAIを活用したプログラミングツールで、GitHubリポジトリに公開されている大規模なデータから高度な生成AIモデルを利用しています。なお、GitHubの生成AIモデルはGitHub社、OpenAI社、マイクロソフト社によって開発されており、攻撃的な言葉遣いや敏感な内容での提案を避けるためのフィルターを含んでいるため、ユーザーはGitHub Copilotを安心して利用することができます。

GitHub Copilotはコーディングの際、オートコンプリートスタイルで多数の言語とさまざまなフレームワークに対する候補を提示してくれます。特にPython、JavaScript、TypeScript、Ruby、Go、C#、C++に適しており、ユーザーがコードを書き始めるとAIによって内容が分析され関連する提案がリアルタイムで提供されます。

GitHub Copilotは有料機能のため、利用するには個人用のGitHub Copilot Individualアカウント、または組織用のGitHub Copilot Businessアカウントが必要になりますが、学生や教師、およびGitHub上のオープンソースプロジェクトのメンテナンス担当者はGitHub Copilotを無料で使用できます。なお、30日間の無料試用版でGitHub Copilotを試用することもできますが、無料試用期間が終了した後も継続して利用するためには有料のサブスクリプションが必要になります。

GitHub Copilot Chat

GitHub Copilot ChatはGitHub Copilotの一部で、AIを活用したコード補完ツールとなっています。コーディングに関連する質問に対して、回答を直接受け取ることができるチャットインターフェイスになっており、GitHub Copilot Chatの主な機能としては以下が挙げられます。

- コードの提案の提供
- コードの機能と目的の自然言語の説明の提供
- コードの単体テストの生成
- コード内のバグに対する修正プログラムの提案

Visual Studio 2022でGitHub Copilot Chatを利用する場合は拡張機能の管理、またはVisual Studio MarketplaceからGitHub Copilot Chat拡張機能をインストールする必要があります。Visual Studio 2022からCopilot Chatウィンドウを開き、コーディングに関連する質問を入力することで、GitHub Copilot Chatにより質問に対する処理が行われれ、必要に応じてコード候補を含む回答が掲示されます。また、GitHub Copilot Chatはコーディング関連の質問にのみ回答することを目的としているため、

「複数の文字列を結合するメソッドは、どのように記述したらよいですか？」

といった具体的な質問をすることができます。質問の内容がGitHub Copilot Chatの範囲を超えるような場合は、その旨の回答が表示され、代わりの質問が提案される場合があります(**図9.27**)。

▼ **図9.27 GitHub Copilot Chat**

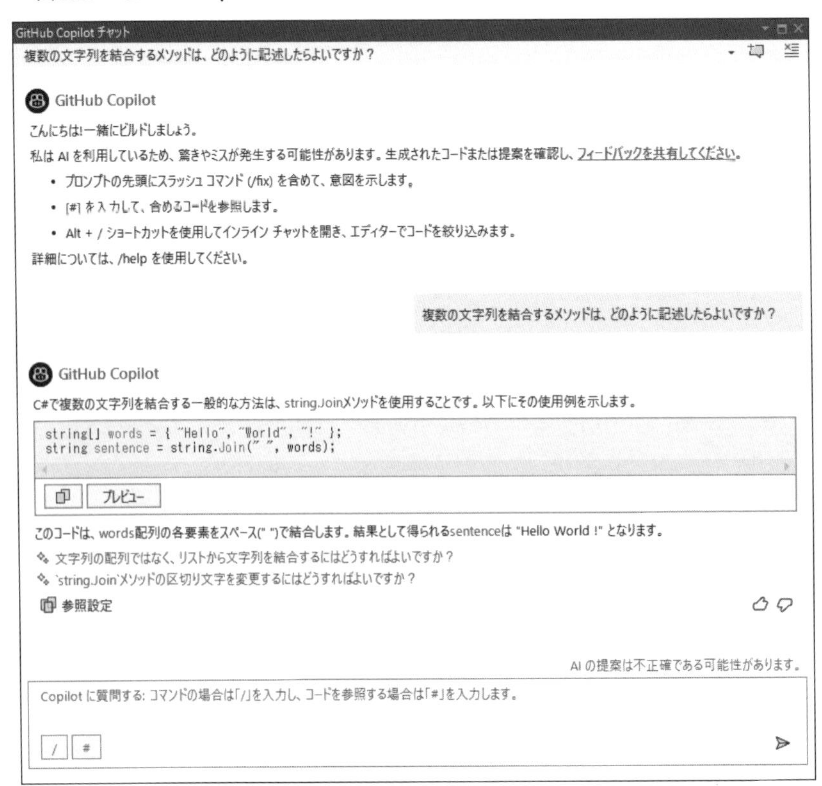

GitHub Copilot Chatを利用するためには、GitHub Copilotと同様にサブスクリプションが必要となり、GitHub Copilot Individualサブスクリプションを持つユーザーは、Visual Studio 2022からGitHub Copilot Chatにアクセスすることができます。また、GitHub Copilot Businessサブスクリプションを持つすべての組織でGitHub Copilot Chatを利用することができます。

9-4 Team Foundationバージョン管理

Visual Studio 2022とTeam Foundationバージョン管理を利用したバージョン管理ついて操作方法を確認していきましょう。

プロジェクトの作成

Team Foundationバージョン管理(TFVC)を利用するにあたって、サーバー上にプロジェクトの作成を行う必要があります。本書ではAzure DevOps Services(旧Visual Studio Team Services)上にプロジェクトを作成して解説します。

Azure DevOps Servicesを利用するにあたって、マイクロソフトアカウントを作成し、サインインする必要があります(Access LevelがBasicの場合、5名まで無償で利用可能)。

- Azure DevOps Services
  https://azure.microsoft.com/ja-jp/services/devops/

1 Azure DevOps Servicesにアクセスし、プロジェクトを作成します(**図9.28**)。

▼ **図9.28　プロジェクトの作成**

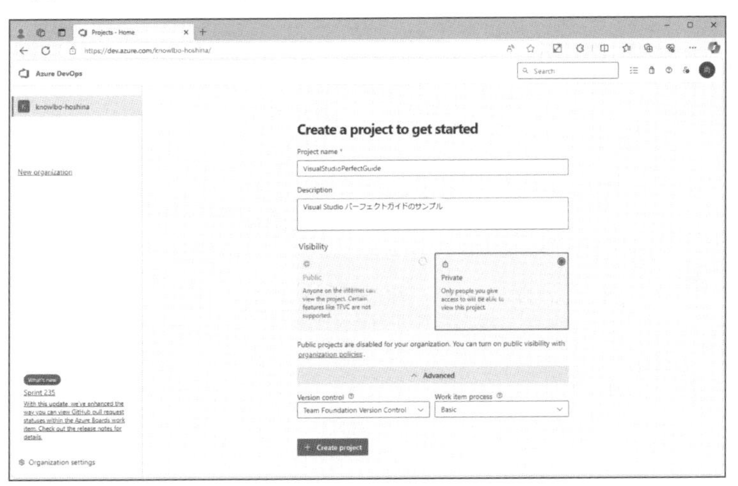

2　「Create project」をクリックして、プロジェクトの構築が完了します(**図9.29**)。

▼ **図9.29　プロジェクト構築完了**

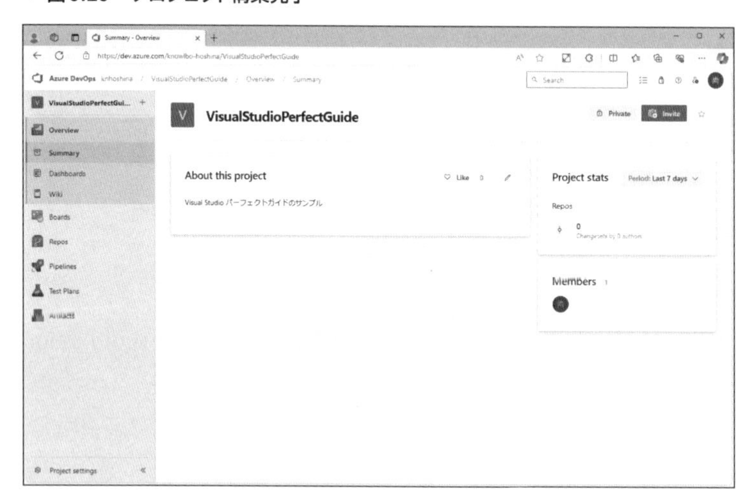

 プロジェクトとワークスペースのマッピング

作成したプロジェクトとワークスペースをマッピングするには下記の手順で行います。

1　[チームエクスプローラー]からAzure DevOps Servicesプロジェクトへの接続を行います(**図9.30**)。

▼ **図9.30　ワークスペースとのマッピング**

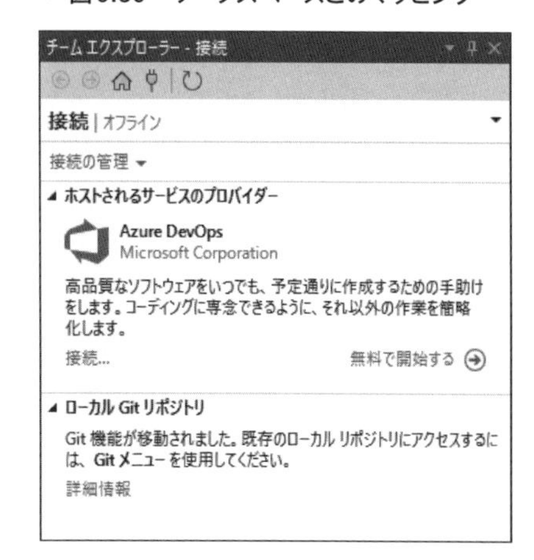

2 マイクロソフトアカウントと紐づけされているプロジェクトが一覧表示されます。今回はAzure DevOps Servicesに作成した[VisualStudioPerfectGuide]プロジェクトを選択し、[接続]をクリックします(**図9.31**)。接続が完了するとチームエクスプローラーにTFVCの機能が表示されます。

▼ **図9.31 プロジェクトの選択**

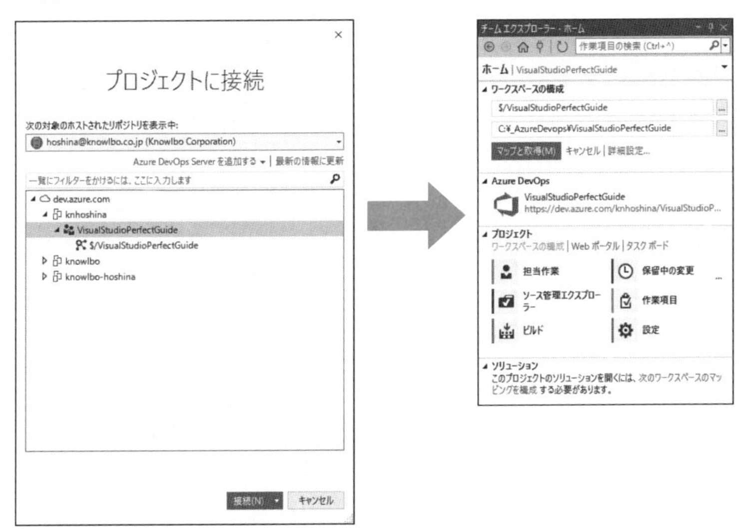

ワークスペースの構成を行っていない場合は[マップと取得]をクリックしてワークスペースの構成を行います(**図9.32**)。

▼ **図9.32 マップと取得**

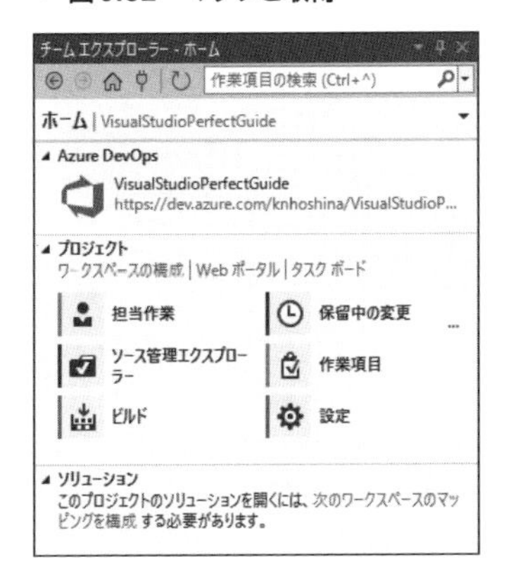

ソリューションをソース管理に追加

プロジェクト、ワークスペースの準備ができたらソリューションをソース管理に追加します。追加方法は下記の手順で行います。

1. ［チームエクスプローラー］で接続先をAzure DevOps Servicesに作成した［VisualStudioPerfectGuide］にします。
2. ［ソリューションエクスプローラー］でソリューションを右クリックし、［ソリューションをソース管理に追加］をクリックします（**図9.33**）。

▼ **図9.33 ソリューションの選択**

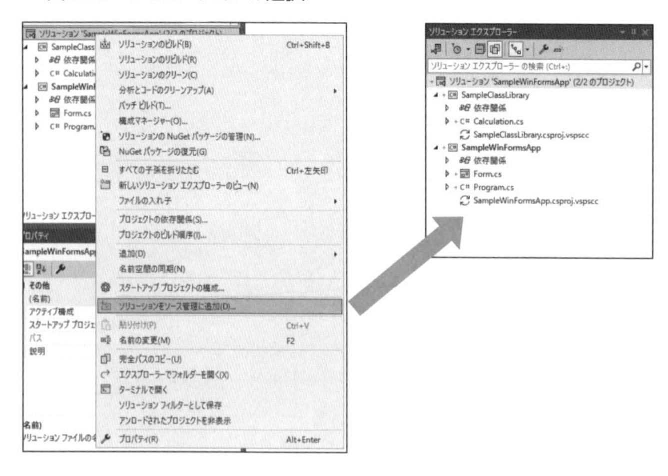

3. ワークスペースとソリューションが関連付けされます。「+」マークが付きます（**図9.34**）。なお、この時点でサーバーにはチェックインされていません。

▼ **図9.34 ワークスペースとソリューションの関連付けマーク**

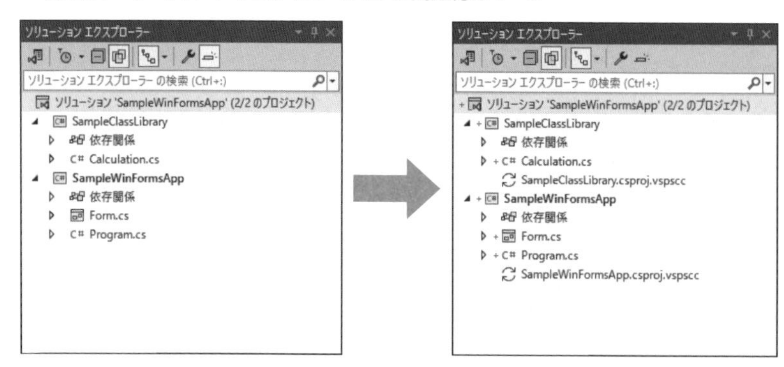

4. ソリューションを右クリックし、[チェックイン]をクリックします(**図9.35**)。
5. コメントを入力して[チェックイン]をクリックし、サーバーで管理される状態になります(**図9.36**)。

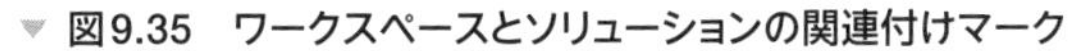

▼ **図9.35　ワークスペースとソリューションの関連付けマーク**

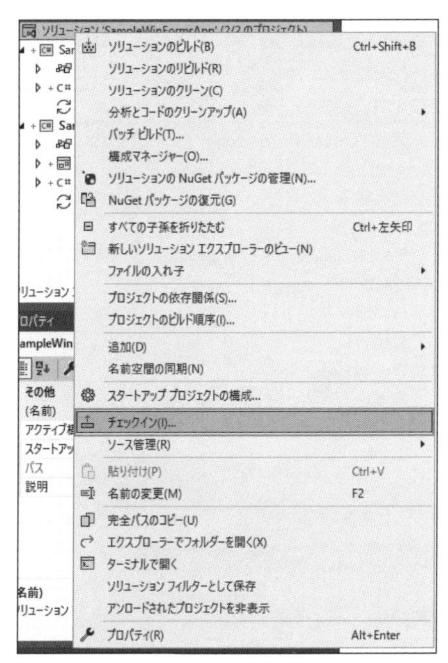

▼ **図9.36　チェックイン**

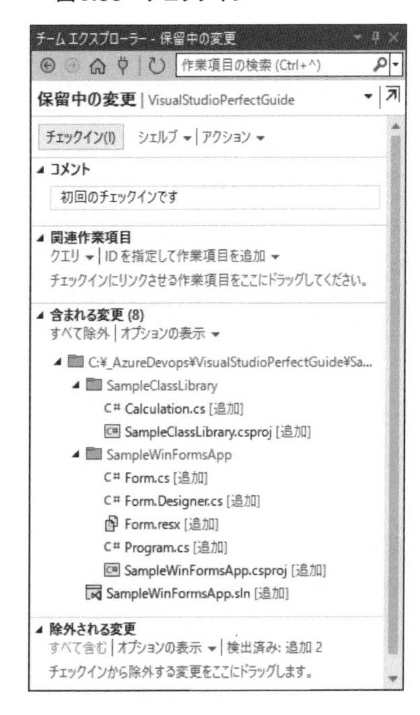

6. Azure DevOps Servicesにチェックインされているか確認するには[チームエクスプローラー]から[ソース管理エクスプローラー]を選択しすることで確認できます(**図9.37**)。

▼ **図9.37　チェックインの確認**

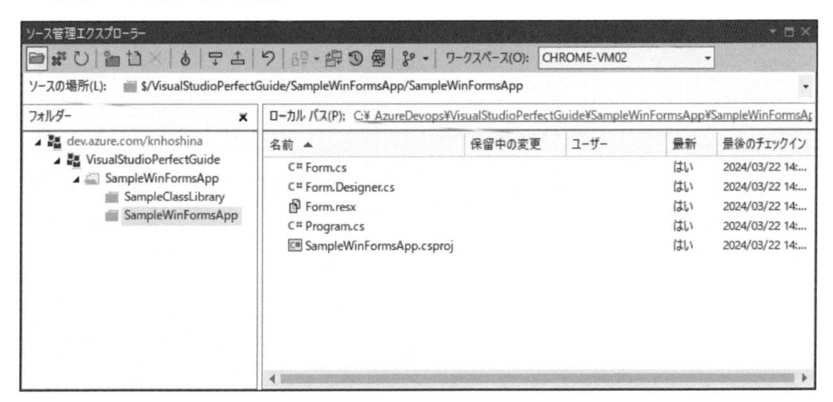

 変更したファイルのチェックイン

変更したファイルをチェックインするには下記の手順で操作を行います。

1. ファイルの修正を行うと［ソリューションエクスプローラー］で鍵マークがチェックマークに変わります（**図9.38**）。
2. ［ソリューションエクスプローラー］から修正を行ったファイルを右クリックし、［チェックイン］をクリックします（**図9.39**）。
3. コメントを入力して、チェックインを完了します（**図9.40**）。

▼ 図9.38 チェックマーク

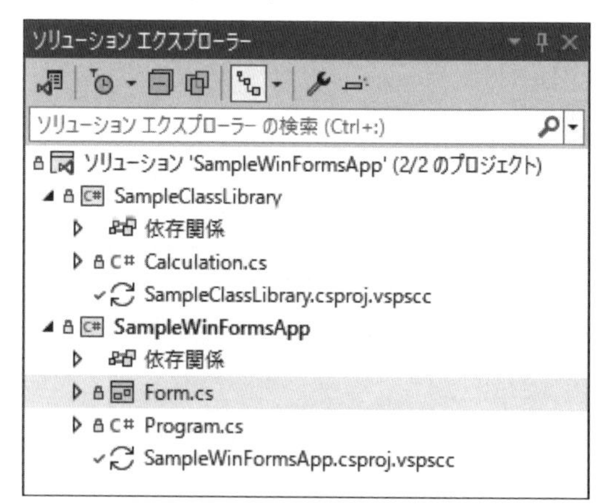

▼ 図9.39 チェックイン

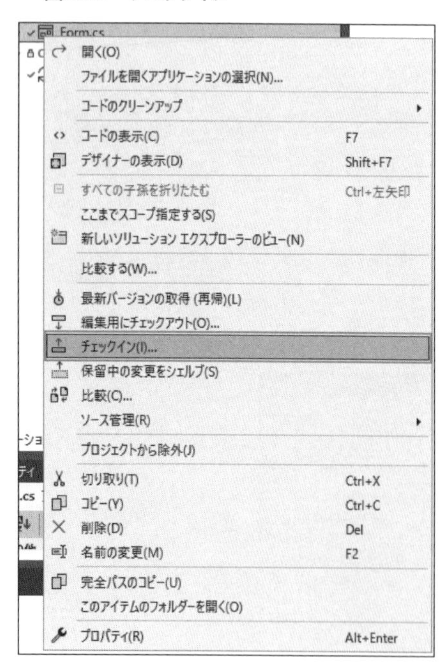

▼ 図9.40 チェックイン

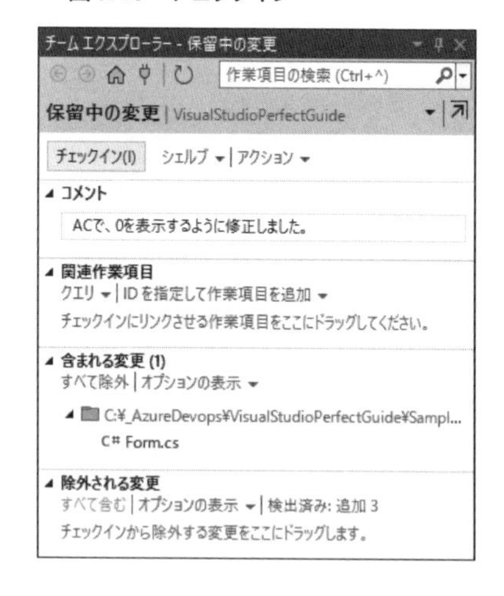

④　変更履歴を確認するにはソリューションエクスプローラーから履歴を確認したいファイルを選択し、右クリックから［ソースの管理］→［履歴の表示］をクリックします（**図9.41**）。

▼ **図9.41　履歴の確認**

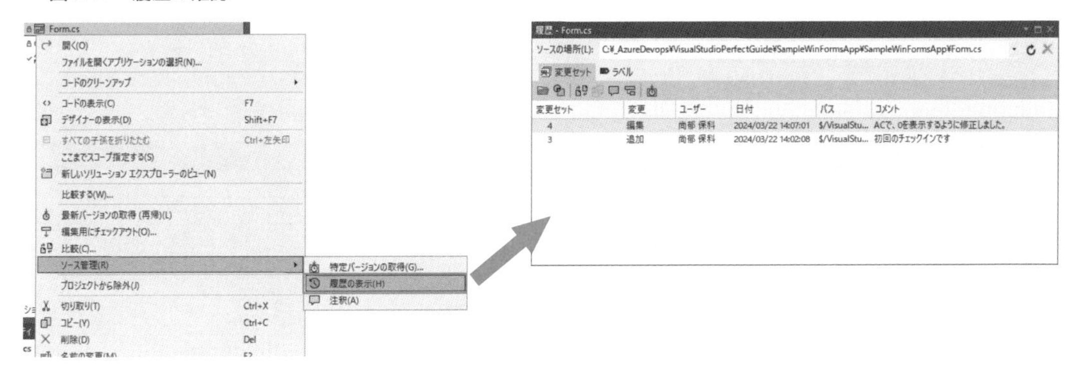

また、どのような変更を行ったのか差異の確認を行うことも可能です（**図9.42**）

▼ **図9.42　ファイル比較**

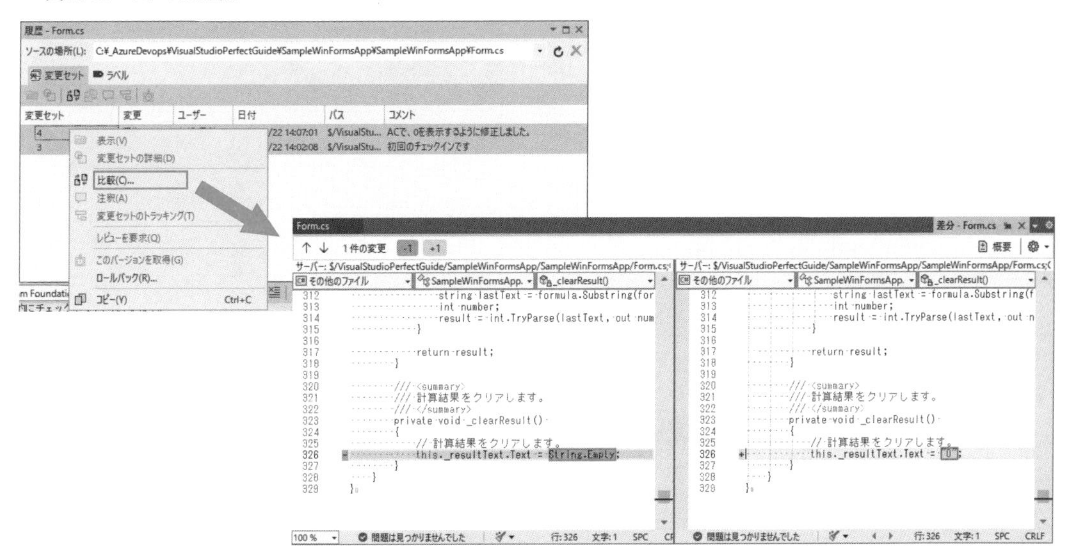

COLUMN

ショートカットキー一覧

コーディング系ショートカット

内容	ショートカット
コメントアウト	Ctrl + K, Ctrl + C
コメント解除	Ctrl + K, Ctrl + U
折りたたみ／展開	Ctrl + M, Ctrl + M
名前の変更	F2 または Ctrl + R, Ctrl + R
インデントの挿入	Tab
インデントの解除	Shift + Tab
インデントの整形（開いているソースコード）	Ctrl + K, Ctrl + D
インデントの整形（選択範囲）	Ctrl + K, Ctrl + F

検索系ショートカット

内容	ショートカット
クイック検索	Ctrl + F
フォルダーを指定して検索	Ctrl + Shift + F
次を検索	F3
前を検索	Shift + F3
すべての参照を検索	Shift + F12

置換系ショートカット

内容	ショートカット
クイック置換	Ctrl + H
フォルダーを指定して置換	Ctrl + Shift + H
次を置換	Alt + R
すべて置換	Alt + A

移動系ショートカット

内容	ショートカット
定義へ移動	F12
定義をここに表示	Alt + F12
指定行へ移動	Ctrl + G
前のページに戻る	Ctrl + −
ブックマークの設定	Ctrl + K, Ctrl + K
ブックマークの解除	Ctrl + K, Ctrl + K
次のブックマーク	Ctrl + K, Ctrl + N
前のブックマーク	Ctrl + K, Ctrl + P

ビルド系ショートカット

内容	ショートカット
ソリューションのビルド	Ctrl + Shift + B
ビルドの中止	Ctrl + Break

デバッグ系ショートカット

内容	ショートカット
ブレークポイントの設定	F9
ブレークポイントの解除	F9
ブレークポイントの有効化	Ctrl + F9
ブレークポイントの無効化	Ctrl + F9
デバッグの開始	F5
デバッグの中断	Ctrl + Alt + Break
デバッグの停止	Shift + F5
ステップイン	F10
ステップオーバー	F11
ステップアウト	Shift + F11

ウィンドウ操作系ショートカット

内容	ショートカット
ソリューションエクスプローラーの表示	Ctrl + W, S
ツールボックスの表示	Ctrl + W, Ctrl + X
プロパティウィンドウの表示	Ctrl + W, Ctrl + P
ブレークポイントウィンドウの表示	Ctrl + Alt + B
テストエクスプローラーの表示	Ctrl + E, T
前のタブ	Ctrl + Alt + Page Up
次のタブ	Ctrl + Alt + Page Down
タブを閉じる	Ctrl + F4

Appendix

用語集

ここでは、今まで本書に登場した用語を「Visual Studio関係の用語」と「プログラミング関係の用語」、「コンピューター関係の用語」の3つに分けて、確認していきましょう。

本章の内容

A-1 Visual Studio関係の用語

まずはVisual Studioの中で使われる用語についてまとめました。Visual Studioではどのような用語があるのか確認しておきましょう。

UWP（Universal Windows Platform）

デスクトップPC・スマートフォン・タブレットPCなど異なるデバイス向けに提供されるWindows用の単一のフレームワーク上に統合する仕組みです。すべてのデバイスで共通となる基本APIセットの他にデバイス固有のAPIセットが付加されていて、デバイス固有の機能を使ったUWPアプリを開発することもできます。

Webアプリケーション

ネットワークを介してIEやChromeなどのWebブラウザ上で動作するアプリケーションのことです。Javascriptなどのブラウザ上で動くプログラムとサーバー上のプログラムが協調することで動作します。SNSやブログ、電子掲示板や銀行のインターネットバンキングなど、Webブラウザ上で動作するインターネットサービスの多くはWebアプリケーションとなります。対して、パソコンのローカルデスクトップ環境で動作するアプリケーションをデスクトップアプリケーションと呼びます。

WPF（Windows Presentation Foundation）

デスクトップアプリケーション開発用のUIフレームワークです。解像度に依存しないベクターベースのレンダリングエンジンを使用します。.NET Frameworkだけではなく、クロスプラットフォームテクノロジの.NETにも含まれていますが、この場合はWindows上で実行するアプリケーションのみをサポートします。

XAML（Extensible Application Markup Language）

アプリケーションのUI定義用にマイクロソフト社が開発した、XMLベースのマークアップ言語です。.NET MAUIを使ったアプリケーションの開発などで利用し、WebページをHTMLで記述するようにアプリケーションのUIを記述することができます。

Git

プログラムのソースコードなどの変更履歴を記録・追跡するためのバージョン管理システムです。分散型に対応しており、巨大なプロジェクトにも対応できます。Gitは各ユーザーのワーキングディレクトリに全履歴を含んだリポジトリの完全な複製が作られ、ネットワークにアクセスできない環境でもほとんどの作業ができます。

GitHub

ソースコードを複数のユーザーから利用可能なソフトウェア開発のインターネットサービスです。ソースコードのバージョン管理システムにGitを利用しています。GitHub社で運営され、サイト自体にSNS機能を持ち、フォロー機能などを提供しています。GitHub社は2018年にマイクロソフト社の傘下となっています。

アナライザー（analyzer）

ソリューションエクスプローラーウィンドウの参照の中にあるアナライザーはRoslynアナライザーでコンパイラーの機能を拡張できます。Roslynはコンパイルのリアルタイム処理性やソースコードが途中で変更された場合の柔軟な対応を可能にするために開発されたコンパイラです。

スタートアッププロジェクト（startup project）

デバッグを開始する際に起動するプログラムのプロジェクトです。ソリューションエクスプローラーのコンテキストメニューから設定することができます。

.NET Core

マイクロソフト社が開発した.NET Frameworkの後継として誕生したフレームワークで、現在は.NETとして統合されています。以下は.NET Coreの主な特徴です（**表A.1**）。

▼ **表A.1　.NET Coreの主な特徴**

特徴	概要
マルチプラットフォーム	.NET Coreで開発したたアプリケーションはマルチプラットフォームであり、Windows、Linux、macOSなど複数の 環境で動作します
オープンソース	無料で利用できるオープンソースで、ソースコードの改変や頒布も可能です
高性能	.NET Coreは高いパフォーマンスを提供し、大規模なサービスやアプリケーションに適しています

.NET Base Class Library（BCL）

.NETアプリケーションの基本的な機能を提供するAPIで、開発者が効率的にアプリケーションを構築できるようにサポートしています（**表A.2**）。

▼ **表A.2　.NET Base Class Libraryの主な特徴**

特徴	概要
基本データ型と例外	プリミティブなデータ型や例外を扱うクラスが含まれています

データ構造をカプセル化	コレクション、リスト、辞書などのデータ構造を提供します
入出力の実行	ファイル操作やネットワーク通信などの入出力処理をサポートします
セキュリティチェックを呼び出す	セキュリティ関連の機能を提供します

Mono Runtime

Monoはマルチプラットフォームで動作するオープンソースの.NETフレームワークで.NETとの互換性があり、既存の.NETアプリケーションやライブラリを再利用できます。

Mono Runtimeは.NETアプリケーションを実行するためのオープンソースのランタイム環境で、Mono Runtimeは主に以下の機能を搭載します。

- コード生成、ロード、実行
- 動的にコードを生成するサポート
- ネイティブメソッドを呼び出すための逐次マーシャリング
- COM Interoperability
- ガベージコレクション
- 例外処理
- オペレーティングシステムとのインターフェース

ワークロード

ワークロードは、Visual Studioを利用して開発を行う際、特定の開発タスクに必要なツールとコンポーネントのバンドルです。ワークロードを選択することで必要な機能を含んだVisual Studioを簡単にカスタマイズできます。

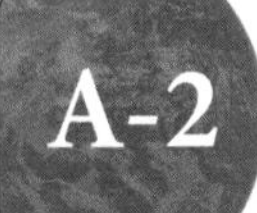

A-2 プログラミング関係の用語

次にプログラミングの中で使われる用語についてまとめました。プログラミング関係ではどのような用語があるのか確認して行きましょう。

イベントハンドラ(event handler)

プログラムにおいて、イベントが発生したときに呼び出される処理のことです。イベントは、クラス、インターフェイスに定義するもので、利用する側がメソッドを登録しておくとイベントが発生した際に呼び出してもらえるます。このメソッドのことをイベントハンドラと呼びます。Windowsのような OSで動作するソフトウェアは基本的にイベント駆動型のプログラムであり、ユーザーインターフェイスのクリックやウィンドウの表示、クローズなどがイベントに当たります。

インターフェイス（interface）

やり取りの方法や方式のこと。プログラムではそれらを定義したものです。オブジェクト指向プログラミングでは多態性を実現するための機能のひとつで、インターフェイスは実装を持たずにメソッドやプロパティを定義することができます。そのため、クラスがインターフェイスを持つ（派生する）場合は、そのクラスが実装を持つ必要があります。コンピューターと周辺機器の接続部分のこともインターフェイスと言います。また、ユーザーがコンピューター／ソフトウェアを利用するために操作する部分をユーザーインターフェイスと言います。

コンストラクター（constructor）

オブジェクト指向プログラミングの用語であり、クラスのインスタンスを生成する際に必ず呼び出される特別なメソッドのことです。パラメーターを定義することも、オーバーロードを定義することもできるが、返却値を定義することはできません。生成する際に呼び出されるため、初期化の処理が必要な場合に実装します。

静的メソッド（static method）

オブジェクト指向プログラミングの用語であり、型自体に属する静的なメソッドのことです。C#ではstatic修飾子を付加することで静的メソッドとすることができます。クラスをインスタンス化しなくても利用することができるが、静的メソッドからは静的ではないクラスのメンバーにアクセスすることはできません。

プロパティ（property）

オブジェクト指向における「そのオブジェクトの性質を表す情報」のことです。性質の他に「属性」「特徴」「性質」などといった意味でも使用されます。対象のものがどのような性質かを示す情報のことを指します。例としてあげると「ファイルのプロパティ」ではファイルの種類、保存場所のパス、サイズなどが確認できます。

メソッド（method）

オブジェクト指向における「そのオブジェクトの操作を定義した手続き」のことです。オブジェクト指向は「モノ（オブジェクト）がどのような属性（プロパティ）を持ち、どう動けるか（メソッド）」に注目した考え方です。関数とは厳密には異なる（関数は入力に対して処理を行い出力するもの）が、動きとしては同じなのでよくメソッドとは関数であると言われます。

モーダルウィンドウ（modal window）

ウィンドウ内での操作を終了するまで、他のウィンドウを操作することができないウィンドウのことえお言います。利用者に対して操作を強制できるメリットがあり、主に使われる場面としては以下のような場面となります。

- 警告メッセージの表示
- エラーメッセージの表示
- ロード中であることの表示

ただし、スマートフォンでモーダルウィンドウを表示した場合画面の表示域を超えてしまう事があるのでユーザーにとって大きな負担となる可能性があります。

文字コード

文字集合を定義し、その集合の各文字に対するビット組み合わせを一意に定めたものです。例を挙げると[A]は「1000001」というルール。ただし文字コードという言葉の多くは、文字符号化方式のことを指しています。

文字符号化方式とは実際にコンピューターが利用できるバイト列に変換する符号化方式のことで、Shift_JIS や UTF-8 などが該当します。UTF-8 や UTF-16 は Unicode を 8bit、16bit で表したものです。Unicode は符号化文字集合のひとつになります。

モック（mock）

テスト用の代替オブジェクトをテストダブルといいます。その中の一つをモックといい、モックオブジェクトはテスト対象が他のコンポーネントに対し出力を行うとき、実際のコンポーネントのかわりに出力を受け取り、期待した出力と一致しているかを検証するものを指します。テストダブルは他にテストスタブ、テストスパイ、フェイクオブジェクトなどがあります。

ロジック（logic）

IT用語としての意味は、プログラムにおける処理の流れや手順、プログラムが体現する論理のことを指します。ある特定の問題を解く手順のことを指すアルゴリズムと同じ意味で道いられる場合もあります。

アセンブリ署名

DLLや実行モジュールに秘密鍵と公開鍵という対になった鍵を使ってアセンブリに署名します。アセンブリに署名することでDLLにGAC（グローバルアセンブリキャッシュ）にインストールすることができます。また、アセンブリを誰かが勝手に改ざんした場合、アプリケーションの実行時にそれを検出することができます。

API（Application Programming Interface）

プログラムの機能を他のプログラムから呼び出して利用するためにやりとりや手順・データ形式

などを定めた規約です。個々のプログラムをゼロから開発するのは困難で無駄なため、OSやミドルウェアなどの形式で提供されているものもあります。

CUI（Character User Interface）

キーボードから文字列を入力し、その結果として文字列が表示されることでコンピューターを操作するインターフェースのことです。GUI（Graphical User Interface）の対義語として用いられることが多いです。CUIのアプリはGUIと比べ直感的な操作はできないですが、UIの定義が必要ないため、しばしテストプログラムやUIを必要としないアプリに利用されます。

GUI（Graphical User Interface）

グラフィックを利用してウィンドウやボタン・アイコンなどを表示して、ユーザーはマウスなどのポインティングデバイスを利用して目的を表すグラフィックを選択するインターフォースのことです。CUI（Character User Interface）の対義語として用いられることが多いです。

ロールバック（rollback）

障害が発生した場合などの対策として、バックアップを記録していたところまで状態を巻き戻すことや、データ更新処理の単位であるトランザクション処理を行う途中で障害が起きたとき、トランザクション処理開始時点の状態に戻し、データの整合性を保つことを言います。

リポジトリ（repository）

ファイルやディレクトリの内容の変更を履歴として記録する場所を指し、Gitには「リモートリポジトリ」と「ローカルリポジトリ」の2つが存在します。

リモートリポジトリ（remote repository）

専用のサーバーを用意し、そこへリポジトリを配置することで、複数人で共有できるリポジトリとなります。リモートリポジトリを通すことで、他の人の作業内容を取得することができます。

ローカルリポジトリ（local repository）

ユーザーひとりが利用するため、自身の手元にあるマシン上に配置するリポジトリのことを指します。自身のローカルリポジトリでの作業内容を公開したいときは、リモートリポジトリにアップロードすることで公開することができます。

ブランチ（branch）

ブランチは開発作業を分岐させて行うための機能で、ブランチを利用することにより同じソースコードの異なるバージョンを同時に開発することができます。

複数の開発者が同時に作業を行うようなプロジェクトで有用で各開発者は自分のブランチで作業

を行い、作業が完了したらマージします。
　また、ブランチを使用すると特定のバージョンのソースコードを容易に識別し、必要に応じて以前のバージョンに戻すことも可能です。

コミット

　コミットは新規作成したファイルや編集したファイルを保存する操作を指し、新しい機能の追加や不具合修正を行ったときしたときなど作業ディレクトリ上で一段落ついた際にコミットし作業を保存します。
　コミットしソースコードの変更履歴を記録することで特定の時点のコードを取り出したり、変更の履歴を確認したりすることができるようになります。

- コードのバージョン管理を行うことで、多くの人が同時に開発作業を進めることができます
- バグの追跡や機能の改善、コードの共有が容易になります

ステージング

　ステージングは変更されたファイルを次のコミットに含めるため、一時的に準備する作業です。変更したファイルはステージングエリアに追加された後、コミットされます。
　ステージングによってコミットに含める変更点を選択することができるので、変更の一部だけをコミットしたい場合や、一時的に変更を保留したい場合に便利です。

プル（Pull）

　プルはリモートリポジトリの最新コミットを取得してローカルリポジトリに反映する処理です。チームで共同作業をしている場合は、プルを行うことで他のメンバーの変更した内容をローカルリポジトリに取り込むことができます。

プッシュ（Push）

　プッシュは、ローカルリポジトリの変更をリモートリポジトリに反映する処理です。プッシュを行うことでローカルリポジトリで行った変更をリモートリポジトリに反映でき、チームで共同作業をしている開発者と最新の状態を共有できます。

コミットグラフ

　ミットグラフはGitリポジトリのコミット履歴を視覚的に表現したもので、ブランチやマージ、コミットの関係性を視覚的に確認することができます（**表A.3**）。

▼ 表A.3　コミットグラフの主な特徴

特徴	概要
ブランチの列	通常1つのブランチごとに1列で描画されます。各列は特定のブランチを表し、そのブランチ上にコミットが並びます
マージの表示	マージされたコミットは複数のブランチが統合されたポイントを示し、複数の親コミットを持つことがあります
分岐と統合	分岐と統合のプロセスを視覚的に表現します

Node.JS

JavaScriptを使ってサーバーサイドやクライアントサイドのプログラムを書くための環境です。JavaScriptはブラウザ上で動作する言語のため、OSの機能にアクセスできずファイルの読み書きやネットワーク通信などに制限がありました。Node.JSを利用することでパソコン上でJavaScriptを実行するためのアプリケーション(node.exe)が動作するため、OSの機能にアクセスできるプログラムを書くことができるようになります。

オブジェクトデータベースマッパー(Object-Relational Mapper)

オブジェクトデータベースマッパー(O/Rマッパー)は、オブジェクト指向プログラミング言語とリレーショナルデータベースの間でデータ形式の相互変換を行うソフトウェアツールです。

A-3 IT関係の用語

最後にIT関係の用語をまとめました。IT関係ではどのような用語があり、使われているのか確認して行きましょう。

アセンブリ(assembly)

プログラミング言語の1つで「マシン語」に直接置き換えることができる言語です。または、DLLや.exeなどの実行モジュールのファイルを指す場合もあります。

アプリケーション(application)

使用する業務に応じて作成されたプログラムです。ワープロソフトや表計算ソフトなど汎用的なアプリケーションのほかに、特定の企業の業務に合わせて開発された業務用アプリケーションなどがあります。これに対して、OS、ドライバー、ファームウェアなどコンピューターの制御に使われるプログラムをシステムプログラムといいます。

インデント(indent)

文書で、文章の最初の行の開始位置を下げることです。テキスト エディタやワープロソフトでは、文章や行の開始位置を調整する機能のことです。HTMLではスタイルシートに「text-indent」があり、<p>タグに指定すると先頭の行の開始位置を下げることができます。

エミュレーター(emulator)

違う種類のコンピューター上で動作するソフトウェアを、擬似的に動作させるハードウェア、ソフトウェアのことです。

仮想化と似ていますが、仮想化は仕組み的に同じアーキテクチャのハードウェア構成上でしか動作できません。

クラウド(cloud)

クラウドコンピューティングの略で、インターネット経由で提供するサービスのことです。サービスには以下の種類があります。

SaaS(Software as a Service)

ソフトウェアの機能を提供するサービスです。ユーザーが直接利用するもので、GoogleマップやGmailなどがこれに該当します。

PaaS(Platform as a Service)

サーバーとしての機能だけを提供するサービスです。データベースサーバーやアプリケーションサーバーなど、アプリケーション用の機能をサービスとして提供します。

IaaS(Infrastructure as a Service)

サーバー環境をそのまま提供するサービスです。社内に構築していたサーバーをクラウド化したい場合など、移行がスムーズにできます。

クロスプラットフォーム(cross platform)

アプリケーションが異なるデバイス、OS(プラットフォーム)で動作することを指します。ゲームでは、異なるプラットフォーム間で通信して同時にプレイしたり、保存したデータを共有したりすることを指します。.NET MAUIでは、複数のプラットフォームで共有して利用できる機能に対してこの言葉を使っています。

コンテキストメニュー(context menu)

メニューはソフトウェアを操作するための標準的なユーザーインターフェイスで、操作を表す文字列リストから目的の操作を選択するものです。コンテキストメニューはこれの一種で、操作する場所や選択されている項目、状況によって変化するメニューになります。通常のメニューは固定的に配置されていますが、コンテキストメニューは選択されているユーザーインターフェイスやマウスカーソルの位置にポップアップ表示されます。

スプラッシュスクリーン（splash screen）

アプリケーションの起動時に表示される画面のことです。起動に時間がかかるアプリケーションが起動中を示すために表示するもので、起動処理が終わると消えます。

正規表現（reguler expression）

文字列のパターンマッチングを行うための表記法です。多くのプログラミング言語がサポートしていて、.NET Frameworkでも以下のクラスを使って利用することができます。

- System.Text.RegularExpressions.Regex

このクラスを利用するとパターンと一致した文字列の存在チェックや置換などの処理を高速に行うことができます。

ソースファイル（source file）

ソースコードを記述したファイルのことです。ソースコードはテキストで書かれたプログラムのことです。単に元になるファイルのこと指す場合もあります。

スタブ（stub）

開発中のプログラムが別プログラムのモジュールを利用する場合に、開発中のプログラムのテスト用に用意する仮のモジュールのことです。

チェックアウト（checkout）

ソース管理の用語で、リポジトリからファイルを取り出すことです。

チェックイン（checkin）

ソース管理の用語で、リポジトリにファイルを書き込むことです。

データベース（database）

必要な情報を必要な形で保存しているデータの集合のことです。通常は大量のデータを蓄積し高速に検索するためのシステムやソフトウェアのことを指します。SQL ServerやOracle、SQLiteがこれに該当します。

ハードウェア（hardware）

「ソフトウェア」の対比語で物理的な機械のことです。コンピューターやその部品、周辺機器のことを指す場合が多いです。

バージョン（version）

ソフトウェアをリリースする際につける段階を表す番号や文字列のことです。その段階のソフトウェア自体を指すこともあります。

ワークスペース（workspace）

プログラム開発をするときの作業スペースを言います。言語や開発環境などで微妙にニュアンスが変わるが、基本的にプロジェクトが入っているフォルダーのことを指します。

BASIC（Beginner's All-purpose Symbolic Instruction Code）

初心者向けのプログラミング言語で、1970年末から1980年代初頭にかけて8ビットCPUを使ったメーカー製のパソコンに標準で搭載されていました。この時に搭載されていたBASICインタプリタはほとんどがマイクロソフト製でした。これがきっかけで同社は躍進し、Visual Basic 6.0やVisual Basic.NETと続いています。

Microsoft Azure（旧称：Windows Azure）

2010年1月にマイクロソフト社がサービス公開したクラウドプラットフォームで、アプリケーションやデータのホスティングを行うことが可能です。2024年時点で世界60以上のリージョンが存在し、日本では埼玉県と大阪府にリージョンが開設されています。

- https://azure.microsoft.com/ja-jp/

SharePoint

マイクロソフト社の製品で「ファイル・情報共有サービス」で、業務におけるファイルや情報をひとつのシステムで集約することができます。これにより情報共有の効率性が生まれ組織内のコミュニケーションや業務を円滑にします。SharePointのサーバーは社内に構築するオンプレミス版と、クラウド製品として利用するオンラインサービスがあります。Microsoft365はSharePointサービスが含まれています。

SQL Server

マイクロソフト社が開発した関係データベース管理システム(RDBMS)です。企業サーバー向けの高機能なシステムから組み込み系の小規模なシステムまで幅広く対応します。Windowsと親和性が高く、.NETなどWindows系のアプリケーションでよく利用されます。

プラットホーム(platform)

コンピューター・通信において、ソフトウェア(アプリケーション)を動かすための土台となる環境のことを言います。アプリケーションの場合は対応するハードウェアやOSのことを指します。通常、Windows用に作られたアプリケーションはMacやiOSでは動作はしません。これをプラットフォームが異なるなどと表現することがあります。様々なプラットフォームで動作するものは、8章で述べた「クロスプラットフォーム」といいます。

マイクロソフトアカウント(microsoft account)

アカウントを作成したWindowsOSのパソコンにログインするためのアカウントをローカルアカウントというのに対し、複数のパソコンで使用できるアカウントのことを指します。登録の際にはインターネット接続が必要です。購入したアプリやコンテンツ、クレジットカード情報などを一括管理でき、他のパソコンやタブレットなどの異なる端末で設定を同期できます。また、任意のWindowsストアアプリを自由にダウンロードすることもできます。

コンポーネント

コンポーネントは、特定の機能を実行するための独立したソフトウェアユニットで、他のコンポーネントと組み合わせて複雑なアプリケーションやシステムを構築します。
各コンポーネントは、特定の機能を実行するためのコードとインターフェースを提供します。
主な利点を以下に示します。

- 同じコンポーネントを異なるアプリケーションで使用できることを意味します。開発時間とコストを削減し、コードの品質を向上させることができます
- システムを独立したモジュールに分割することで、各モジュールを個別に開発、テスト、修正、更新できます

継続的インテグレーション(CI:Continuous Integration)

継続的インテグレーションは、ソフトウェア開発においてビルドやテストを頻繁に繰り返し実行する手法で、問題を早期に発見し開発の効率化や品質向上、リリース速度の向上を図ります。

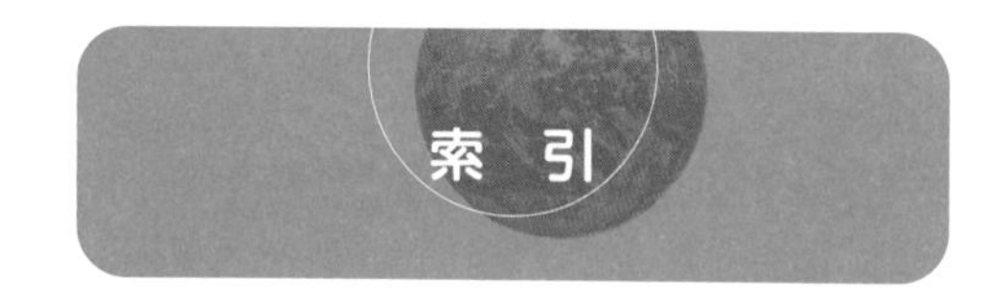
索 引

【た行】

おわりに

本書はVisual Studioについて解説していますが、後半はアプリケーションの開発方法に近い内容になっています。Visual Studioはアプリケーションを開発するためのツールなので、そのような内容となっていますが、請負開発、パッケージソフトの開発に20年以上携わってきた実際の開発者が集って書いたものですので、安心して読んでください。

Visual Studioは、プログラミング言語や.NETのバージョンアップ、新しいアーキテクチャのリリースなどに合わせてマイクロソフト社が1997年から提供してきた歴史あるツールです。当初から実装されているデバッガーは本当に便利で、これなしでは開発できないと言ってもおかしくありません。

本書が、これからソフトウェア開発を始める方の最初の一歩として役立ってくれるととても嬉しいです。

著者一同

■著者紹介

保科 尚郁（Takafumi Hoshina）
1980年生まれ。Microsoft系（.NET Framework）開発に携わりたく、2002年10月に転職して株式会社Knowlboへ入社。現在、各PC、サーバーのセットアップ作業からプロダクトマネージメント業務、データセンター運営管理、Microsoft365管理などなど・・・幅広く業務をこなしつつ、カスタマー対応（提案、開発）までこなす「何でも屋さん」として活動中。

緒方 強支（Tsuyoshi Ogata）
1971年生まれ。埼玉県在住。MCP取得（Programing C#）。専門学校卒業後、株式会社Knowlboへ入社。自社パッケージソフトの開発を担当。入社してすぐにマイクロソフト社の開発環境を使い始めたので、Visual C++から数えるとVisual Studio歴は30年。趣味はランニング。プログラミングもランニングも「自由」を感じられるところが好き。

佐々木 隆行（Takayuki Sasaki）
小学校6年生の時にFM-8というパソコンでBASICを使用しプログラミングを始める。高校生には自作のハードウェアでファミコンとパソコンを接続し、ファミコンのゲームをクロスプラットフォームで開発。アセンブリがなかったので、MOS 6502のマシン語を直接打ち込んでいた。社会人2年目でとある大企業のトレーニーのC++とMotifの教育をしていた。自宅のFM-TOWNSにはLinuxをインストールしていたが、そのときのVer.0.96とかで毎週のようにバージョンアップしていた。王国民で時々アビサポ。

● カバー・本文デザイン
菊池　祐（ライラック）
● DTP
朝日メディアインターナショナル株式会社
● 編集
原田 崇靖
● 技術評論社ホームページ
https://gihyo.jp/book

改訂新版 Visual Studioパーフェクトガイド

2019年7月 4日　初　版　第1刷発行
2024年7月10日　第2版　第1刷発行

著者　ナルボ
発行者　片岡　巌
発行所　株式会社技術評論社
東京都新宿区市谷左内町21-13
電話　03-3513-6150　販売促進部
03-3513-6160　書籍編集部
印刷／製本　TOPPAN クロレ株式会社

定価はカバーに表示してあります。

ISBN978-4-297-14200-1 C3055
Printed in Japan

■ お問い合わせについて

本書の内容に関するご質問は、下記の宛先までFAXまたは書面にてお送りください。なお電話によるご質問、および本書に記載されている内容以外の事柄に関するご質問にはお答えできかねます。あらかじめご了承ください。

〒162-0846
東京都新宿区市谷左内町21-13
株式会社技術評論社　書籍編集部
「改訂新版　Visual Studio パーフェクトガイド」質問係
[FAX] 03-3513-6167
[URL] https://book.gihyo.jp/116

なお、ご質問の際に記載いただいた個人情報は、ご質問の返答以外の目的には使用いたしません。また、ご質問の返答後は速やかに破棄させていただきます。